AGRICULTURE

GÉNÉRALE

TYPOGRAPHIE FIRMIN-DIDOT ET Cie. — MESNIL (EURE).

BIBLIOTHÈQUE DE L'ENSEIGNEMENT AGRICOLE

PUBLIÉE SOUS LA DIRECTION DE

M. A. MÜNTZ

Professeur à l'Institut National Agronomique

AGRICULTURE
GÉNÉRALE

PAR

A. BOITEL

PARIS

LIBRAIRIE DE FIRMIN-DIDOT ET Cᴵᴱ

IMPRIMEURS DE L'INSTITUT

56, RUE JACOB, 56

1891

INTRODUCTION.

Ampère et Gasparin ont établi clairement que l'A-
griculture est une science au même titre que la méde-
cine, l'architecture et la météorologie et tant d'autres
sciences d'application. La science est un ensemble de
vérités qui se rapportent à un même objet, ou qui
se rapportent à des objets différents considérés à un
même point de vue. La science agricole comprend
toutes les vérités relatives à la production et à l'utilisation des végétaux, considérées au point de vue
d'un profit ou d'un produit net pour l'exploitant.
Car la nature économique est inséparable de la production et de l'utilisation des plantes. Le but essentiel
de l'agriculteur est d'obtenir des produits dont la valeur dépasse les frais d'exploitation. Toute entreprise
n'est durable qu'autant qu'elle produit plus qu'elle
ne consomme. Sous ce rapport, l'Agriculture se range

parmi les sciences économiques. Elle se présente toujours sous le double aspect d'une science à la fois économique et technologique. L'agriculture diffère de la Zootechnie par son objet. La première a trait aux végétaux cultivés ou spontanés, la seconde vise exclusivement la production des animaux.

Une vérité scientifique passe d'une science dans une autre, quand on l'envisage à un point de vue différent de celui de la science mère dont elle dérive. Une notion minéralogique ou géologique considérée au point de vue de la science pure, rentre dans le domaine de la science agricole, dès qu'on l'envisage au point de vue de la production végétale. La minéralogie agricole et la géologie agricole empruntent à la minéralogie et à la géologie des notions qui, présentées sous un point de vue spécial, font partie intégrante de la science agricole.

L'Agriculture est donc une science qui a pour objet la production ou l'utilisation des végétaux. Anciennement l'Agriculture embrassait non seulement les plantes cultivées et spontanées, mais encore les animaux de la ferme, le gibier et les poissons; autrement dit la chasse et la pêche. A mesure qu'une science atteint un plus haut degré de développement et de perfectionnement, elle se divise en plusieurs sciences distinctes, soit par leur objet, soit par leurs modes de procéder. C'est ainsi qu'en retirant les animaux de l'Agriculture, on a fait d'autres sciences qui se nomment zootechnie, pisciculture, ostréiculture, quand il s'agit des animaux de la ferme, des poissons ou des huîtres. L'Agriculture comprend, d'après sa nouvelle définition, non seulement toutes les plantes cultivées en grande culture, mais encore les végétaux horticoles et forestiers. Pour ne point compliquer l'étude de l'Agriculture, on a reconnu la nécessité de la diviser en plusieurs branches parfaitement déterminées par leur objet et leurs procédés d'opération. Ainsi l'horticulture diffère de l'Agriculture proprement dite par la nature de ses produits qui sont des légumes, des fruits ou des fleurs, par ses procédés qui sont des travaux à main d'homme, et par l'étendue limitée des surfaces cultivées. La sylviculture s'entend, au contraire, de la production des végétaux ligneux; elle a ses procédés de culture et d'exploitation bien distincts de ceux de l'Agriculture proprement dite. De cette dernière se détachent encore plusieurs branches spéciales, telles que la viticulture, ou la culture de la vigne; la moriculture c'est-à-dire la culture du mûrier; l'arboriculture fruitière ou la production des fruits, qui peut aussi être considérée comme une branche de l'horticulture. Cette dernière se divise dans ce cas en trois branches : la culture maraîchère pour les légumes, l'arboriculture pour les fruits, et la floriculture pour les fleurs. Affranchie des sciences qui s'y rattachaient dans le passé, l'Agriculture proprement dite n'embrasse plus que les végétaux produits sur de grandes surfaces et par des procédés qui exigent l'emploi des machines mises en mouvement par des animaux et quelquefois même par la force de la vapeur.

Autrefois, on distinguait dans l'Agriculture, la science, l'art et le métier; ces distinctions n'ont aucune raison d'être : les notions agricoles, qu'elles se rapportent à la science, à l'art ou au métier, ont toujours pour objet la production des végétaux, et, à ce titre, elles constituent par leur ensemble un corps de doctrines qui sont du domaine de la science agricole. Il est vrai que la science agricole revêt un caractère différent, suivant la manière dont elle est pratiquée par les individus. On désigne sous le nom d'agronome celui qui possède la science agricole sans la mettre en application sur le terrain. L'agriculteur réunit la science à la pratique, il est comparable au chimiste qui possède la science de la chimie et qui la pratique sous forme de manipulation. Le cultivateur possède une science plus restreinte; elle ne dépasse guère les pratiques de sa localité.

On distingue dans l'Agriculture, la théorie et la pratique. Ces deux divisions comprennent toutes les vérités de la science agricole. La théorie s'entend des vérités exposées dans les livres et dans les cours ; la pratique signifie la mise en application de ces mêmes vérités sur le terrain. Le théoricien possède la science agricole sans en faire aucune application; le praticien, au contraire, met en œuvre sur le sol les diverses données de la science.

Aucune culture ne peut donner de résultats satisfaisants, si le climat et le sol ne lui conviennent pas, et si elle n'est pas appropriée aux circonstances économiques du pays.

Nous aurons donc à étudier tout d'abord l'influence du climat sur les cultures, c'est-à-dire la climatologie agricole ou l'Agriculture considérée au point de vue des influences météorologiques. Nous examinerons ensuite le sol dans ses rapports avec les plantes cultivées. A propos du sol, il y aura à rechercher les substances à y introduire dans le but d'assurer autant que possible le succès des cultures. Cette étude comprend les engrais, les amendements et les façons aratoires.

Il faut, avant tout, que les cultures soient appropriées aux circonstances économiques de chaque localité. Mais il est bien rare que les cultures parfaitement appropriées au sol et au climat, ne soient pas en même temps les plus avantageuses à produire.

Nous allons par conséquent faire l'étude de la climatologie agricole, et passer ensuite à l'Agrologie, comprenant le sol, les façons aratoires et les engrais.

Quelles sont les sciences qui forment la meilleure préparation à l'étude de l'Agriculture? Évidemment l'étude de la météorologie prépare admirablement celle de la météorologie agricole.

Pour connaître le sol, il faut étudier les roches dont il dérive; et pour connaître ces roches, il faut énumérer les minéraux dont elles sont formées.

C'est dire que la minéralogie agricole et la géologie agricole doivent être la base de l'Agrologie.

Il n'est pas nécessaire que la minéralogie agricole comprenne la cristallographie, les cristaux n'offrant que peu d'importance dans la constitution du sol. Les minéraux les plus utiles à connaître sont ceux qui sont les plus répandus et qui ont servi à constituer les roches superficielles dont sont formées les terres arables.

En ce qui concerne la géologie, ce qu'il importe de bien connaître, c'est la pétrologie ou l'étude des roches. Pour l'étude du sol, la paléontologie n'offre pas une grande utilité, il en est de même des fossiles. Il suffira de connaître les plus répandus à la surface du sol et ceux qui sont caractéristiques des roches. Il n'est pas utile d'étendre beaucoup la conchyliologie, et de consacrer beaucoup de temps à l'étude des innombrables espèces dont sont peuplées les différentes assises géologiques. L'examen des minéraux et des roches, avec l'aide de bonnes cartes géologiques, suffira généralement pour déterminer avec précision l'origine géologique du sol.

L'étude des roches superficielles fournit sur les propriétés chimiques, physiques et physiologiques du sol, des renseignements importants qu'on ne peut obtenir avec la même facilité et la même promptitude de l'analyse chimique. Cette dernière rend des services incontestables, elle fait connaître les éléments utiles ou nuisibles contenus dans le sol et le sous-sol. Ce sont là des indications utiles et propres à guider l'Agriculteur dans le choix des engrais et des cultures.

Mais l'analyse chimique ne s'applique jamais qu'à des surfaces restreintes, elle nous laisse dans l'indécision sur le degré d'assimilabilité des éléments dont elle donne le dosage. Elle exige l'intervention d'un chimiste dont les opérations sont souvent très longues et très délicates. La détermination des roches superficielles permet d'apprécier rapidement, avec un degré suffisant d'exactitude, la composition chimique du sol; elle a en outre l'immense avantage d'embrasser de vastes étendues. Partout où la même roche affleure à la surface, on retrouve le même sol jouissant des mêmes propriétés physiques, chimiques et physiologiques. Dans les champs accidentés, les différentes roches qui affleurent à la surface fixent l'observateur sur les modifications qui en résultent dans les diverses propriétés du sol.

Si aux observations climatologiques et géologiques, d'une localité, on joint l'examen des végétaux herbacés et ligneux, avec des détails sur l'hydrographie et la topographie des surfaces cultivées, on sera alors en mesure de déterminer, sur un point donné, les cultures à tenter avec les plus grandes chances de succès.

Ce qui distingue principalement l'agrologie moderne de celle qui se professait il y a une cinquantaine d'années, c'est qu'on peut la baser sur la géologie, grâce aux progrès considérables réalisés par un grand nombre de géologues français.

Nous possédons maintenant d'excellentes cartes géologiques; elles sont d'un usage indispensable pour la détermination des roches constitutives du sol. Ces cartes prennent de plus en plus les caractères de cartes agrologiques, à mesure que les géologues s'attachent davantage à représenter exactement les roches superficielles d'où dérivent le sol et le sous-sol.

Elles font connaître en outre les roches sous-jacentes, parfois si utiles à l'agriculteur quand il peut y trouver des amendements pour le sol, des matériaux propres aux constructions de la ferme ou à l'entretien des chemins, et des niveaux d'eau précieux pour les besoins de son exploitation.

AGRICULTURE GÉNÉRALE

PREMIÈRE PARTIE

CHAPITRE Iᵉʳ.

CONDITIONS CLIMATOLOGIQUES ET MÉTÉOROLOGIQUES DES CULTURES.

L'ensemble des circonstances météorologiques qui ont de l'influence sur les végétaux constitue le climat.

Le climat exerce une influence considérable sur le choix des cultures. En ce qui concerne la chaleur, le froid et la lumière, les plantes ont des exigences essentiellement différentes. Certains végétaux supportent sans souffrir les froids les plus rigoureux, 15, 20 et 25° au-dessous de zéro, tandis que d'autres périssent quand le thermomètre descend à une température voisine de 0°.

Dans le climat il y a à considérer les minima et les maxima de température, le régime des pluies, la direction, l'intensité et la fréquence des vents, l'état hygrométrique de l'air, la nébulosité et les heures de soleil. Ces diverses circonstances météorologiques exercent sur les plantes cultivées une action favorable ou défavorable suivant les exigences de chaque culture. Il est donc indispensable de bien connaître l'état climatologique de la localité où l'on doit se livrer à l'exploitation du sol. Cette étude n'offre aucune difficulté quand il existe dans le pays un observatoire où l'on note régulièrement les phénomènes météorologiques. Malheureusement les observatoires ne sont pas suffisamment multipliés et beaucoup de départements en sont encore dépourvus.

A défaut d'observatoire météorologique dans le voisinage d'une localité, on peut obtenir des renseignements utiles de l'observatoire le plus rapproché de l'endroit à étudier, en ayant égard aux circonstances locales qui sont de nature à modifier les observations recueillies sur un autre point de la région. Il y a en outre les renseignements à puiser auprès des personnes qui ont une longue expérience de la localité.

Les pratiques locales, les cultures du pays fournissent aussi à ce sujet de très utiles indications. La dépaissance des animaux en toute saison le jour et la nuit, la végétation non interrompue des crucifères, la maturité des artichauts et des choux-fleurs au cœur de l'hiver sont l'indice d'une température douce et de la rareté des gelées. La présence des aurantiacées (orangers, citronniers, cédratiers), des palmiers, des rosiers et des violettes en fleur, de l'eucalyptus, des mimosas et des camélias fleuris en hiver, dénote un climat provençal où le thermomètre descend très rarement au-dessous de zéro.

I.

Minima de température. Leurs effets sur les cultures.

Les moyennes de température dont se servent les géographes pour déterminer les lignes isothères, isochimènes et isothermes sont plus nuisibles qu'utiles à l'agriculteur; il y aurait de l'imprudence à en tenir compte dans le choix des cultures. Deux localités situées sur la même ligne isochimène peuvent avoir des minima et des maxima de température très différents; par exemple les températures — $10°$ et $+ 16°$ donnent la même moyenne que les températures $+ 1°$ et $+ 5°$. Les deux localités qui offriraient ces moyennes en hiver se trouveraient placées sur la même ligne isochimène. Cependant quelles différences présenteraient les cultures hibernales! La première aurait de fortes gelées funestes aux plantes délicates et sensibles, tandis que la seconde où le thermomètre se trouve toujours au-dessus de zéro pourrait se livrer à la culture des plantes les plus frileuses de la Provence et de l'Algérie.

On voit que la connaissance des minima de température doit sérieusement préoccuper l'agriculteur qui tient à mettre ses cultures dans les meilleures conditions de succès.

Il ne faut pas croire que les localités placées sous le même degré de latitude se comportent de la même manière sous le rapport des minima et des maxima de température. L'altitude, le voisinage de la mer, les montagnes, les abris naturels, le régime des vents et l'exposition apportent de profondes modifications à ces diverses températures. Bayonne se trouve plus au midi que Nice, cependant le climat de Nice comporte des végétaux qui périraient à Bayonne sous l'action du froid de l'hiver. La situation privilégiée de cette partie de la Provence tient à des abris naturels constitués par le magnifique rideau des Alpes-Maritimes et des montagnes de l'Esterel.

Montpellier, plus méridional que Nice, ne possède ni orangers, ni eucalyptus, ce qui tient aux minima de tem-

pérature qui descendent à — 7° — 8° et tueraient les aurantiacées tandis que l'olivier, la vigne et l'amandier n'en
souffrent pas sensiblement. Les minima et les maxima de
température assignent aux cultures des limites infranchissables qu'on a tenté de tracer autrefois sur les cartes
de géographie. On y indiquait par des courbes les limites
septentrionales du maïs, de la vigne, etc. Ces limites
sont loin d'être conformes à la réalité, tant sont variables dans une même région les conditions climatologiques de chaque localité.

Quoi qu'il en soit, il existe, pour la plupart des cultures, une limite septentrionale et une limite méridionale
au delà desquelles les plantes ne se trouvent pas dans
de bonnes conditions de succès et de durée.

L'olivier, par exemple, ne résiste pas aux froids
d'une grande partie de la France. Il ne vient pas dans le
sud-ouest, dans les départements des Landes, des
Basses et Hautes-Pyrénées. Il apparaît, au contraire,
dans les Pyrénées-Orientales, le Languedoc, le Dauphiné et la Provence. C'est aussi l'arbre de la Corse et
de l'Algérie.

Plus au sud, il devient de moins en moins fécond à
mesure que l'on se rapproche davantage de l'équateur.
En Corse et en Algérie il produit très peu d'olives sous
la zone maritime : les chaleurs extrêmes de l'été favorisent
les insectes qui attaquent le fruit et le font tomber avant
sa maturité. A cette latitude, c'est la montagne qui
favorise sa fécondité. Au niveau de la mer, dans les
plaines basses de la Corse et de l'Algérie, on obtient facilement de magnifiques oliviers comme arbres, mais généralement inféconds par suite des ravages des insectes.

Les limites de la culture du dattier sont encore plus
restreintes. Il est vrai qu'il se montre en Provence et
dans les trois provinces de l'Algérie, mais il ne donne

de bonnes dattes que dans les oasis du Sahara. A l'état d'arbre il est vigoureux et bien développé dans les parties les plus chaudes de la France et de l'Italie; il y produit des fleurs et des fruits, mais ses dattes restent vertes et ne sont jamais mangeables. C'est qu'elles ne jouissent pas sous ce climat des chaleurs extrêmes (35 à 40°) qui sont nécessaires pour leur parfaite maturité. Cet arbre, si exigeant pour la chaleur, redoute moins le froid que la plupart des aurantiacées, il supporte des minima qui tuent l'oranger et le citronnier. Dans les oasis, où le thermomètre descend parfois à 6° ou 7° au-dessous de zéro, l'oranger ne peut prospérer qu'à l'ombre protectrice des palmiers. Prenons d'autres exemples parmi les cultures mieux connues des agriculteurs des régions tempérées. Le pommier et le poirier, si productifs sous le climat doux et humide de la Bretagne, de la Normandie, du nord et du centre de la France, ne donnent plus de bons fruits dans les régions des orangers. Là les fruits ne reprennent de la qualité qu'aux altitudes des montagnes où le climat affecte les caractères des régions du Nord.

En ce qui concerne les céréales, admirons la prévoyance de la Providence : les cultures si importantes pour l'alimentation des hommes et des animaux sont celles dont les limites occupent le plus d'espace sur le globe terrestre. Le froment prospère sous la zone glaciale, en Suède et en Norwège ; il donne également un grain de bonne qualité à l'ombre des palmiers dans le Sahara de la province de Constantine. Il en est de même de l'orge et de l'avoine, le maïs fait exception; ses exigences au point de vue des maxima de température ne lui permettent pas de s'avancer beaucoup vers le nord, surtout quand il est cultivé en vue de la production du grain. La vigne redoute également les minima extrêmes, no-

tamment au printemps, à l'époque de la reprise de la
végétation. Une faible gelée suivie de soleil détruit avec
les jeunes bourgeons toutes les espérances du vigne-
ron.

On voit d'après ces observations combien il importe
de connaître exactement le tempérament de chaque
plante, combien il est nécessaire, avant de tenter une
culture, de savoir comment elle se comporte en présence
du froid et de la chaleur, combien il est utile de s'assurer qu'elle trouvera sur la surface qu'elle occupera les
conditions climatologiques favorables à sa végétation et
à sa fructification. Dans un même domaine on peut
trouver des points favorables à la vigne, aux crucifères
pendant l'hiver, tandis que des champs plus bas, plus
humides, moins bien exposés sont sujets à des gelées
printanières qui stériliseront la vigne, ou à des minima
hibernaux qui détruisent les cultures de choux et de tur-
neps.

Les observations sur les lieux, l'examen des végétaux
spontanés, et au besoin des observations thermométri-
ques guident sûrement à ce sujet l'homme désireux de
placer ses cultures dans les meilleures conditions de
végétation.

On doit tenir grand compte des minima normaux et
ordinaires, mais il faut aussi avoir égard aux minima
exceptionnels. Ce sont les plus redoutables par l'importance des ravages qu'ils exercent sur les végétaux
herbacés et ligneux.

De 1871 à 1880 la France a subi deux minima extrêmes qui ont causé d'immenses dégâts dans le centre,
le nord et l'est de la France. Le 11 décembre 1871 le
thermomètre est tombé à Paris à — 21°. Cette année-là
les blés d'hiver ont été complètement détruits. On les a
imparfaitement remplacés au printemps par des variétés

américaines qui ont gazonné sans donner un seul épi à la récolte.

Ce froid exceptionnel a détruit beaucoup d'arbres fruitiers, notamment des pommiers, des poiriers, des noyers, etc. Il en a été de même du magnolia, du laurier-tin et du laurier-amande.

L'hiver de 1879-1880 a été plus funeste encore aux végétaux de la même région. A Paris le thermomètre a marqué le 10 décembre 23°,9 au-dessous de zéro, c'était 4° plus bas qu'en 1871. Aussi les désastres ont été plus considérables. Tous les pins maritimes de la Sologne sont morts. La perte a été évaluée à une quarantaine de millions pour une petite région d'une surface égale à celle d'un département. Il n'est plus resté de pommiers à cidre et à couteau, dans le nord et le centre de la France. Tous les merisiers de l'Est destinés à la fabrication du kirch ont été détruits par cette gelée. Il en a été de même des pruniers, des cerisiers, du pin sapo, des cèdres, du wellingtonia, du lierre, de quelques chênes, et du châtaignier. Le pin sylvestre, le pin noir d'Autriche, l'épicea, le bouleau ont parfaitement résisté. Ce sont les espèces d'origine méridionale qui ont le plus souffert. Il faudra plus de cinquante ans pour réparer un tel dommage, pour revoir les beaux vergers et les magnifiques pommiers qui donnaient aux populations un cidre abondant, meilleur et moins cher que les boissons artificielles auxquelles ce pays sera condamné tant que les nouvelles plantations n'auront pas remplacé celles qui ont disparu en 1879. C'est 30 ans d'attente, le pommier exigeant 25 ou 30 ans pour se mettre en plein rapport.

Dans une même localité toutes les propriétés n'ont pas été également frappées. Ce sont les endroits bas et humides qui ont le plus souffert. A l'école des Merchi-

nes, à une assez forte altitude, aucun arbre fruitier n'a
été détruit, tandis que tout a disparu dans les vallées de
la Meuse et de l'Ornain.

Les minimas exceptionnels causent de loin en loin
des pertes importantes sur les cultures arbustives du
Midi, telles que les oliviers, les citronniers et les orangers. En 1820 un froid de — 13° a détruit les oliviers
aux environs d'Orange. On voit dans les départements
du Gard et des Bouches-du-Rhône des oliviers en buis-
sons et en cépées, composés de rejets, ce sont des oliviers
dont les troncs primitifs ont été détruits par la gelée. Les
oliviers d'Antibes, de Nice, de Menton et de la Corse
forment au contraire des arbres magnifiques établis sur
un seul tronc; il en est qui par leur grosseur et leur développement dénotent une existence plus que séculaire.
C'est bien la preuve que dans ces localités ils n'ont
jamais eu à souffrir de l'intensité du froid.

Les minima exceptionnels n'attaquent pas les plantes
basses quand elles sont couvertes d'une bonne épaisseur
de neige. C'est un manteau qui défend contre les froids
extrêmes les céréales et les fourrages d'hiver.

Les minima de température du printemps, autrement
dit les gelées printanières, nuisent beaucoup aux plantes
cultivées, quand celles-ci se sont mises à végéter sous
l'influence d'un temps doux et humide. Ces gelées font
souffrir et quelquefois périr les céréales d'hiver, les
vesces, les haricots et les pommes de terre. Les alternatives de gel et de dégel soulèvent le sol et brisent les
racines des céréales. Il faut dans ce cas rouler le terrain
aussitôt que l'état du sol le permet, afin de faciliter le
développement de nouvelles racines. La pomme de terre
repousse facilement après avoir perdu par la gelée ses
premières feuilles. Il en est de même de la luzerne, aussi
sensible à la gelée que le haricot et la pomme de terre.

Quant à la vigne, sa récolte est aux trois quarts compromise, quand la gelée vient à détruire les premiers bourgeons où se trouvent, à l'état rudimentaire, les organes qui produisent le raisin.

II.

Effets de la lumière solaire sur les cultures.

Les observatoires bien organisés notent exactement les heures de soleil, l'intensité de la lumière et l'état nébuleux du ciel. Les contrées favorisées en hiver d'une température douce, accompagnée d'un soleil brillant, sont en mesure de produire des fleurs et des légumes que des pays plus froids et plus nébuleux peuvent obtenir seulement dans la saison du printemps et de l'été. Cannes, Hyères et Nice sont les seules localités en France qui produisent, au milieu de l'hiver, des roses, des jacinthes, des anémones, des mimosas, des tubéreuses, etc. La Corse et l'Algérie possèdent des localités où les mêmes plantes végèteraient avec le même succès en hiver. C'est de ces pays qu'on reçoit à Paris pendant l'hiver des petits pois, des haricots verts, des artichauts et des tomates. Ces primeurs sont cultivées sur des surfaces abritées, bien ensoleillées, à des expositions chaudes et exemptes de gelées. A la même latitude que Nice, le Sud-Ouest ne peut tenter en hiver aucune culture de fleur ou de primeur à cause du manque de chaleur et de lumière, de l'état nébuleux et pluvieux du ciel. Le camélia fait exception, il est plus précoce et plus fécond que sous le climat provençal.

L'agriculteur aime les journées de soleil aux époques

de la fécondation et de la maturité des céréales. Le soleil donne du poids et de la qualité aux grains, il rend les fruits sucrés et savoureux ; il donne au foin sec et à l'herbe des pâturages plus de saveur et de valeur nutritive, à la betterave un développement plus grand de la matière sucrée ; enfin un beau soleil, en automne, au moment de la maturité du raisin, est une condition indispensable pour que les vins français acquièrent toutes leurs qualités. Par les années sombres et pluvieuses, les grains, le vin, le foin, la betterave, les fruits et en général tous les produits du sol ne sont jamais de bonne qualité.

III.

Les pluies dans leurs rapports avec les cultures.

L'agriculteur ne saurait trop étudier le régime des pluies, c'est-à-dire la pluviosité du milieu où il doit développer ses spéculations culturales. Il sait qu'il a à bénéficier des pluies bienfaisantes qui viennent, dans la saison chaude, fournir aux plantes l'humidité dont elles ont grand besoin pour accomplir toutes les phases de leur végétation. Il sait aussi qu'il est exposé à subir des pertes considérables par l'effet des longues sécheresses estivales ou des inondations pour le cas où ses champs sont situés sur la zone submersible d'un cours d'eau. D'un autre côté les eaux de pluie et de rivière peuvent lui être d'une grande ressource pour l'arrosage en hiver et en été de ses surfaces engazonnées.

Le régime des pluies s'étudie sans difficulté pour les localités pourvues de bonnes observations pluviométriques. Le pluviomètre enregistreur procure les observa-

tions les plus complètes et les plus précises. Il donne
non seulement les quantités d'eau tombées à chaque
pluie, mais, en outre, la durée de la pluie et l'heure
à laquelle elle est tombée. L'instrument n'est pas cher
ni difficile à observer, il devrait faire partie du matériel de toute exploitation bien conduite et bien or-
ganisée.

A l'aide des observations pluviométriques on sait le
nombre de jours de pluie dans le courant d'une année,
leur répartition dans les mois et les saisons, et la quantité totale d'eau tombée dans les 12 mois de l'année.

Les climats les plus humides ne sont pas toujours
ceux qui reçoivent la plus forte quantité d'eau, mais
ceux qui pendant toute l'année offrent un grand nombre
de jours de pluie. De petites pluies journalières avec un
ciel nébuleux constituent des climats humides comme
ceux de la Bretagne, de la Normandie, de l'Angleterre, de
la Belgique et de la Hollande. Ces petites pluies persistantes humectent le sol et profitent aux plantes mieux
que la même quantité d'eau provenant d'une forte pluie
tombée dans un court espace de temps. Les fortes pluies
de peu de durée, telles qu'elles se produisent dans les
contrées méridionales, procurent quelque bien accom-
pagné souvent de très graves inconvénients.

A Montpellier, il est tombé en une seule fois et en
peu d'heures, 57 millimètres d'eau en 1885 et 45 millimètres en 1884. Si le sol est perméable cette eau passe
immédiatement dans le sous-sol avec peu de profit pour
les cultures et en emportant les parties solubles des engrais. La terre est-elle imperméable et fortement incli-
née, les surfaces sont ravinées, et les eaux charrient à
la rivière les engrais et les parties meubles du terrain.
Il en résulte souvent des inondations qui, en hiver, opèrent dans les vallées, sur les prairies, des colmatages

fertilisants tandis qu'en été elles rendent les foins vaseux et immangeables. Les cultures couvertes d'eau en hiver ne sont pas compromises même après plusieurs jours de submersion; dans les mois d'été les récoltes en pleine végétation sont perdues par une inondation de quelques heures.

Dans le Midi on observe que les pluies diurnes profitent mieux aux plantes que les pluies nocturnes. Ces dernières sont généralement suivies d'un soleil ardent fatigant pour les plantes et dissipant trop vite par l'évaporation l'humidité du sol. Les pluies du jour surviennent habituellement par un temps couvert, elles pénètrent le terrain la nuit suivante et échappent en partie à l'action du soleil qui succède.

Dans les régions du Nord et du Centre, de l'Est et de l'Ouest, les pluies sont estivales et hibernales. On peut dire qu'il y pleut toute l'année. La pluie, en été, gêne trop souvent la fenaison, la moisson et les vendanges. Il est rare qu'on y souffre de la sécheresse.

Les contrées placées sous l'influence de l'océan Atlantique jouissent ou souffrent de la pluie pendant toute l'année. La Méditerranée produit des effets tout différents, elle donne à la Provence, à la Corse, à l'Italie et à l'Algérie de fortes pluies pendant l'hiver, et très peu d'eau pendant l'été. Cette pluviosité est d'autant plus fâcheuse que dans le Midi les pluies estivales sont pour les plantes infiniment plus efficaces que les pluies hibernales dont on pourrait en grande partie se passer sans aucun inconvénient.

Les quantités d'eau tombées sont influencées principalement par le voisinage de la mer et par l'altitude des terrains. Elles varient énormément pour des localités assez peu éloignées. Les Pyrénées reçoivent en moyenne un mètre d'eau par an. Le pays basque, plus rapproché de la mer, en reçoit 1^m,40. Il tombe dans la vallée de la Seine 0^m,50 d'eau, et 0,60 dans celle de la Loire ; un mètre dans la Haute-Auvergne (Cantal) et 0^m,50 dans la Limagne. En 1862, il régnait en Limagne une sécheresse telle que les blés d'automne n'avaient point germé, faute d'humidité ; la récolte a été nulle sur des terrains très fertiles où l'on voit habituellement de magnifiques cultures de froment. La Champagne pouilleuse, si pierreuse et si perméable, ne reçoit que 0^m,40 à 0^m,50 d'eau. En Beauce, il tombe en moyenne 0^m,60 d'eau. Patay, situé dans la même plaine, en reçoit 0^m,90, probablement sous l'influence des forêts voisines et de la Loire. L'ancienne ferme-école de Montberneaume (Loiret), au sol pierreux, calcaire, desséchant, souffrait énormément de la rareté des pluies, tandis que les fermes situées à quelques kilomètre de là et rapprochées de la forêt d'Orléans recevaient, en été, des pluies bienfaisantes pour leurs cultures. Ces pluies, comme la grêle, suivent certaines zones qui sont bien connues des compagnies d'assurances et des habitants de chaque localité. La commune où j'ai ma propriété du Perche n'a jamais été grêlée de mémoire d'homme ; les pluies y sont aussi plus rares et moins abondantes que dans d'autres villages du voisinage où la grêle apparaît plusieurs fois dans une période de dix années.

M. Pagnoul, directeur de la station agronomique du Pas-de-Calais, a organisé des stations météorologiques sur plusieurs points du département. Les bulletins publiés font voir que pour des localités peu éloignées les unes des autres, les quantités d'eau tombées varient dans le même mois du simple au double.

M. de Gasparin indique dans le 2e volume de son ouvrage le nombre de jours de pluie et la quantité d'eau tombée dans l'année pour un grand nombre de localités.

Je cite les chiffres les plus intéressants de ce tableau. Ce sont des quantités moyennes :

LOCALITÉS.	Jours de pluie.	Hauteur d'eau tombée.
		Millimètres.
Lille.........................	169	748
Laon..........................	164	669
Paris.........................	157	563
Châlons-sur-Marne.............	103	403
Troyes........................	120	605
Dijon.........................	139	617
Lyon..........................	119	776
Arles.........................	107	610
Orange........................	90	738
Marseille.....................	60	512
Toulon........................	44	476
Montpellier...................	86	689
Corse... { Ajaccio.............	115	000
{ Bastia	113	000

IV.

Prévision de la pluie.

On sait que les travaux de la ferme sont subordonnés à l'état de la température. Certains travaux tels que les façons aratoires, les labours, les ensemencements, la fenaison et la moisson, exigent impérieusement du beau temps. Si la pluie est imminente, on doit se hâter d'achever les opérations qui devraient être entravées par le mauvais temps. Aussi le cultivateur est-il très intéressé à deviner, la veille, l'état de la température du lendemain.

Dans chaque région il existe des pronostics qui sont basés sur une longue expérience et qui trompent rare-

ment le praticien doué d'un bon esprit d'observation.
Dans le nord et le centre de la France, c'est signe de
pluie quand le vent se maintient à l'Ouest, au Sud-
Ouest et au Sud. La lune cerclée, la couleur blanche du
soleil, des nuages bas, foncés, grisâtres, sont des indices
à peu près certains de pluie, surtout si en même temps il
survient des baisses barométriques successives. La trans-
parence de l'air qui fait voir nettement des objets qu'on
aperçoit à peine en temps ordinaire, le son des clo-
ches du côté du vent pluvieux, la gelée blanche du
matin, la chaleur piquante du soleil, le vol bas des hi-
rondelles, l'acharnement des taons sur les animaux, des
cousins sur les personnes, le réveil des rhumatismes,
toutes ces remarques appuyées et fortifiées par les observations tirées du baromètre, de l'hygromètre et de la
girouette, annoncent la pluie d'une manière à peu près
certaine. On peut en outre profiter des avertissements
télégraphiques. Nous savons qu'une bourrasque venant
d'Amérique, passant par Valentia, nous arrive dans le
Perche 24 heures après son apparition en Bretagne. En
temps de fenaison et de moisson, nous prenons nos
mesures en conséquence. Au mois de juin, à la Saint-
Médard, quand il se met à pleuvoir, on doit craindre
une longue série de pluies torrentielles très nuisibles aux
travaux de la fenaison. Il est clair que les remarques
qui s'appliquent au climat de Paris sont en défaut pour
des localités soumises à des influences météorologiques
toutes différentes.

En Algérie rien ne vient en été si le sol n'est pas humecté par des pluies ou par des arrosages. Il est donc
très important de connaître les localités les plus favorisées sous le rapport du nombre de jours de pluie et de
la quantité d'eau tombée dans l'année. Des stations
météorologiques assez nombreuses ont permis d'établir

avec exactitude des cartes où l'on indique le régime des pluies pour les trois provinces de notre colonie africaine. On a constaté que les pluies vont en décroissant de l'Est à l'Ouest et de la mer au Sahara. Il pleut plus à Tunis qu'à Alger, plus à Alger que sur les côtes du Maroc. A Bougie et à Djidjelli il tombe $1^m,10$ à $1^m,20$ d'eau, $0^m,80$ à Alger, dans le Sahel, la Mitidja, Médéah et la grande Kabylie. Saïda, Boghar, Batna ne reçoivent que $0^m,50$ d'eau, les Hauts plateaux du Sahara seulement $0^m,20$ et, l'intérieur du Sahara 0^m10. Certains points du désert sont quelquefois sans pluies pendant plusieurs années de suite. Les pluies sont croissantes de septembre à décembre, époque de leur maximum; elles décroissent de janvier au 1er mars.

Les cultures ont à souffrir de la sécheresse pendant les mois de mai, juin, juillet et août. Il y a par conséquent huit mois pluvieux et quatre mois secs qui sont eux-mêmes les plus chauds de l'année. La répartition des pluies n'est pas favorable aux plantes cultivées; la pluie leur fait défaut précisément dans la période la plus chaude de l'année, quand le sol est desséché et brûlé par le soleil. Aussi, dans cette saison, les cours d'eau tarissent, et les irrigations ne sont généralement possibles qu'à l'aide des nappes souterraines relevées au niveau du sol par différentes machines hydrauliques.

En 1881, les colons de la province d'Oran ont éprouvé des pertes considérables par l'effet d'une sécheresse qui a duré près d'une année. Les semences mises en terre n'ont pas germé faute d'humidité. La graine, la paille, les fourrages, les pâturages, tout a été détruit par la sécheresse. Il a fallu se défaire à tout prix des animaux de travail et de rente sous peine de les laisser mourir de faim. Ça été la ruine pour beaucoup de colons.

En Afrique, l'eau vaut plus que la terre. Il n'y a rien

à espérer d'une exploitation privée de pluies estivales, d'eaux courantes ou de nappes souterraines faciles à ramener à la surface. Dans une telle situation on manque en été de légumes, de fruits, d'herbe et de fourrages pour les animaux. Aux calamités de la sécheresse vient souvent se joindre le fléau des sauterelles; elles dévorent tout dans la ferme, même les cultures arbustives qui sont complètement dépouillées de leurs feuilles. Un incendie qui aurait embrasé toute la plaine ne l'aurait pas plus desséchée ni plus dénudée.

V.

Hydrographie agricole.

En Algérie aussi bien qu'en France, l'eau est d'une nécessité absolue dans toute exploitation : il faut de l'eau potable pour les divers besoins du ménage, il en faut en toute saison en grande quantité pour abreuver les animaux de la ferme. L'eau est encore très avantageuse pour l'arrosage des jardins et des prairies. Elle est d'autant plus importante qu'on habite un pays plus sec et plus méridional. Dans le midi, l'eau, dit-on, vaut plus que la terre. On retire plus de produits d'un hectare copieusement arrosé que de dix hectares privés d'eau. Celui qui a en vue une grande entreprise agricole doit examiner avec le plus grand soin toutes les eaux dont il pourra disposer. C'est une circonstance très heureuse que de posséder un cours d'eau intarissable et bien disposé pour l'arrosage des parties basses du domaine. Des sources abondantes rendent aussi de grands services d'abord pour l'eau potable qu'elles peuvent fournir, et ensuite pour l'arrosage, si elles sont à mi-côte et supérieures aux cultures qui ont besoin d'irrigation.

Si le sol est imperméable, les eaux pluviales à l'époque des orages et des grandes pluies coulent à la surface, et celles qui viennent des terrains supérieurs sont utilisables pour l'arrosage des prairies et des cultures situées à un niveau inférieur. On peut, dans ce cas, établir de grands réservoirs pour les emmagasiner. Ces réserves d'eau faites dans un moment où les cultures n'ont pas besoin d'être arrosées sont précieuses plus tard quand les plantes souffrent de la chaleur et de la sécheresse.

Les eaux des toits, celles des terres cultivées et des cours de ferme, devraient toujours être utilisées; ces dernières sont chargées de principes fertilisants qui en rendent l'emploi très avantageux sur les prairies voisines.

La Corse, la Provence et le Languedoc souffrent également de la rareté des pluies estivales, mais les sécheresses y sont moins persistantes et moins désastreuses qu'en Algérie. C'est la cause principale de la cherté des fourrages dans le Midi et des difficultés qu'on y éprouve à élever et à engraisser les animaux. C'est ce qui fait qu'aux plantes herbacées on préfère les cultures arbustives telles que la vigne, l'olivier, l'amandier et le mûrier. Les végétaux ligneux dont les racines plongent profondément dans le sol supportent mieux la sécheresse que les céréales et les fourrages qui vivent dans la couche superficielle de la terre.

Autant en été on apprécie les pluies calmes et abondantes, autant on redoute les orages accompagnés trop souvent de grêle ou de vents violents qui couchent et détruisent les récoltes.

Dans les régions du nord et du centre, la neige ne déplaît pas à l'agriculteur. Il sait qu'elle protège la culture contre les rigueurs extrêmes de l'hiver, et que les céréales semées tardivement germent très régulièrement sous la neige à l'abri des rongeurs et des oiseaux. De forts amas de neige ont l'inconvénient d'encombrer les routes et de gêner les transports de la culture. La neige qui tombe par un temps calme s'accumule sur les arbres rameux et les charge tellement qu'il en est qui se brisent ou qui perdent une partie de leurs branches.

Quant aux glaciers qui existent sur les hautes montagnes, ce sont des réservoirs d'une grande ressource pour les irrigations d'été.

Malheureusement les montagnes d'où sortent les fleuves de l'Algérie ne sont pas très élevées; il n'y a aucun glacier, et les neiges n'y sont pas persistantes. C'est ce qui fait que ces fleuves tarissent en été et sont d'une faible ressource pour les arrosages, à moins qu'on y emmagasine de l'eau pendant l'hiver à l'aide de barrages qui servent à établir d'immenses réservoirs pour les arrosages d'été. Ces barrages, très chers à construire, n'ont pas produit tout le bien qu'on en attendait. Ils ont l'inconvénient de s'envaser et de perdre ainsi une grande partie de leur capacité sans qu'on ait trouvé jusqu'à présent le moyen de parer à cette difficulté. Parfois, ils cèdent à la pression de l'eau et causent en aval des dégâts incalculables. On a vu des villages disparaître et quantité de personnes noyées par la rupture d'un barrage de la province d'Oran.

Les glaciers des Alpes qui alimentent le Rhône et les fleuves de la Lombardie sont d'immenses réservoirs naturels d'un prix inestimable pour l'arrosage des cultures. Ils donnent d'autant plus d'eau que les chaleurs sont plus intenses et plus durables. En Corse, le Tavignano prend sa source au milieu des neiges du Monte-Rotondo, aussi il conserve un débit satisfaisant au milieu de l'été. Tandis que le Tagnone, et d'autres rivières qui viennent des montagnes peu élevées se dessèchent à l'époque des plus fortes chaleurs.

J'ai connu un agriculteur des environs de Bologne qui déplorait la faible altitude des Apennins. Si ces montagnes étaient plus hautes, me disait-il, nos rivières ne sécheraient pas en été et nous ne manquerions pas d'eau pour l'arrosage de nos prairies.

VI.

État hygrométrique de l'air.

L'état d'humidité de l'air se mesure par l'hygromètre et le psychromètre. Les observations météorologiques, quand on en trouve de bien faites, font connaître exactement l'état hygrométrique d'un pays.

Les contrées les plus hygrométriques sont celles qui longent l'océan Atlantique. La Bretagne, la Normandie, l'Angleterre, la Belgique et la Hollande jouissent d'une atmosphère humide, d'un ciel nébuleux où le thermomètre descend rarement au-dessous de zéro et où les maxima de température ne sont jamais très élevés. Ce sont des conditions naturelles qui assurent la permanence des herbages même pendant l'hiver et qui permettent, comme à Roscoff, la production des artichauts, des choux-fleurs et d'autres légumes comme primeurs. En été la culture maraîchère en plein sable et fumée aux algues marines est florissante sans aucun arrosage, l'humidité de l'air suffit aux besoins des plantes. Tout concourt à la production économique des légumes, travaux faciles, engrais pour rien, et aucun frais d'arrosage. Les conditions sont les mêmes à Gand pour la culture des tulipes et des autres végétaux que produisent les grands établissements horticoles de cette province. Là encore les résultats sont magnifiques sans que le pépiniériste et le jardinier se préoccupent en été de l'arrosage de ses plantes.

Ces conditions climatologiques sont celles qui favorisent en Bretagne la végétation des espèces herbagères, de la pomme de terre, du sarrasin, de la poire, notamment aux environs de Brest (Plougastel Daoulas) et du pommier. Elles conviennent moins aux céréales; néanmoins l'avoine atteint de beaux rendements en Bretagne et en Normandie. La vigne n'aime pas un tel climat; elle y mûrit difficilement son raisin. La presqu'île de Rhuïs en Morbihan fait exception. On y cultive la folle jaune, le cépage rustique estimé pour la production de l'eau-de-vie. Il y donne des produits d'autant plus appréciés qu'ils remplacent, imparfaitement il est vrai, la fine champagne détruite en grande partie par le phylloxera.

VII.

Effets de la grêle et des gelées sur les végétaux.

La pluie congelée sous forme de grésil ou de grêle est un phénomène météorologique toujours funeste aux cultures. La grêle anéantit les récoltes herbacées; elle meurtrit la vigne, les arbres fruitiers, et les stérilise parfois pour plusieurs années. Il n'y a de remède à ce fléau que l'assurance dont les frais sont en rapport avec les chances de grêle pour chaque localité. Aux dégâts des récoltes, s'ajoute souvent la destruction totale ou partielle des toitures de la ferme.

Les gelées printanières auxquelles sont si sujets les

jeunes bourgeons de la vigne, les jeunes pousses de la
pomme de terre, du haricot, de la luzerne exercent
leurs ravages dans les conditions climatologiques les
plus diverses.

Le 21 avril 1881, j'ai vu des vignes gelées à la Senia
près d'Oran, à une faible altitude, dans le voisinage d'un
cours d'eau. Ce même jour beaucoup de vignes ont été
gelées sur le territoire du Sidi-Bel-Abbès, à l'altitude
de 500 mètres.

En France, plus au nord, les gelées printanières se
produisent beaucoup plus tard. Au milieu du mois de
juin, des gelées blanches atteignent souvent la pomme
de terre, le haricot et la luzerne.

Veut-on se livrer à une culture arbustive sensible à
la gelée, telle que celle de la vigne, des orangers, des
citronniers et des cédratiers, il est indispensable de s'assurer d'avance qu'on n'aura pas à redouter les gelées
qui compromettent le succès des récoltes. Les aurantiacées ne se plaisent que dans des espèces de serres naturelles abritées contre les vents froids et violents et exemptes de gelées hibernales et printanières. La vigne ne redoute pas les gelées modérées d'hiver, mais au printemps
les petites gelées suivies de soleil enlèvent tout espoir de
bonne récolte en détruisant les jeunes bourgeons qui
portent les rudiments du raisin.

Il existe dans les dunes des environs d'Alger des
vignes précoces en pleine végétation à la fin de l'hiver.
J'y ai vu des raisins tout formés au mois de mai. Là il
n'y a jamais trace de gelée. On se borne à défendre ces
vignes contre la violence du mistral par des arbres
verticaux suffisamment rapprochés. Ces raisins mûrissent et sont livrées à la consommation dans le courant
de juin.

Dans le Var, les Alpes-Maritimes et la Corse, les endroits bien abrités et bien exposés, où il ne gèle jamais, se rencontrent assez communément.

C'est là qu'on installe les orangeries quand on y trouve l'eau nécessaire aux arrosages d'été.

Les plantes en fleur sont particulièrement sensibles aux gelées printanières. Le seigle, très résistant aux grands froids de l'hiver, n'offre que des épis vides de grain, s'il est surpris par une petite gelée à l'époque de la fécondation de ses fleurs.

Les plaines basses, les champs voisins des cours d'eau sont généralement des localités gélives où la culture de la vigne n'offre aucune chance de succès. Les meilleures vignes de la Bourgogne se cantonnent sur les côteaux secs et perméables et jouissant d'une bonne exposition; elles ne descendent jamais sur les terrains bas et humides de la vallée. Cette règle ne souffre pas d'exception dans les régions de l'est et du centre. Dans les contrées méridionales on y déroge souvent sans de graves inconvénients. On voit en Suisse de riches vignobles qui descendent jusqu'aux bords des lacs de Genève, de Zurich et de Neuchâtel. Les mêmes observations s'appliquent aux lacs de la Savoie, à celui d'Annecy, par exemple.

Il faut croire qu'une grande masse d'eau ne provoque pas les gelées printanières à l'exemple des rivières qui arrosent d'étroites vallées. La gelée sur un terrain sec est assez inoffensive; elle est au contraire meurtrière pour la vigne dont le sol est humide ou fraîchement remué. La gelée suivie de soleil est toujours mauvaise pour les bourgeons jeunes et tendres; le mal est moins intense quand le ciel est nébuleux, ou quand on parvient, par des nuages artificiels, à empêcher l'action calorifique des rayons du soleil levant.

J'ai vu des orangers ne pas pâtir à Cannes d'une

température de — 6° dont ils auraient fortement souffert si le sol et les arbres avaient été mouillés avant l'apparition de la gelée.

A défaut d'observations météorologiques, il est possible de deviner les surfaces épargnées par les gelées à l'aspect des végétaux cultivés et spontanés. En Provence, les surfaces non gélives produisent au milieu de l'hiver de l'avoine stérile en floraison, de la pomme de terre en pleine végétation, de la luzerne, du *dyplotaxis erucoïdes* en fleur, de l'alysson maritime en fleur, de l'amandier fleuri au mois de janvier. Le jasmin, les roses, les anémones et les tubéreuses, si abondants en hiver sur quelques points des Alpes maritimes, dénotent toujours un climat exceptionnellement doux et exempt de gelées.

En Algérie, dans les plaines basses de la zone maritime, la température est tellement douce que les chaumes de blé produisent spontanément une herbe très abondante et précieuse pour l'alimentation des troupeaux. En Corse et en Provence il en est à peu près de même. Les troupeaux trouvent en hiver une pâture plus abondante que celle des mois d'été. Dans ces régions, l'absence de pluie, l'extrême chaleur détruisent toutes les plantes herbacées, et les troupeaux s'acheminent dans les montagnes élevées pour y trouver le pâturage qui a disparu de la plaine. Les localités privilégiées sous le rapport des gelées offrent à notre admiration de beaux orangers, de gigantesques eucalyptus, des mimosas d'une beauté incomparable et chargés de fleur lorsque, sous le climat de Paris, les végétaux sommeillent sous la neige et sous un ciel humide et brumeux. Mais en été, la comparaison est tout à l'avantage des régions du Nord. Des chaleurs lourdes désolent les contrées du Midi, le sol se dessèche et les fleurs et les gazons meurent par le manque de fraîcheur. Dans les localités privées d'eau, la végétation s'arrête et subit une interruption comparable à celle qu'éprouvent les végétaux en hiver dans les contrées septentrionales. Il arrive même que le maïs et la vigne, qui aiment tant la chaleur et le soleil, souffrent énormément quand le thermomètre se maintient quelque temps entre 30 et 40°. Le maïs en terre légère se dessèche et meurt sur place. Le raisin grille et n'est plus bon à rien. Dans les jardins, on éprouve beaucoup de peine à sauver les légumes, tant les arrosages deviennent inefficaces sur un sol brûlant sur lequel l'eau passe de suite à l'état de vapeur. J'ai constaté en Corse qu'à l'heure de la plus forte chaleur, les ruisseaux cessaient de couler tant l'évaporation était énergique. On n'y retrouvait de l'eau que pendant la nuit et au commencement de la journée.

En ce qui concerne le froid, nous possédons quelques moyens de défense : nous avons recours à des abris constitués par des rideaux d'arbustes à feuilles persistantes ou par des murs d'une certaine hauteur. C'est ce qui fait que les arbres en espaliers donnent des fruits plus abondamment et plus régulièrement que les arbres de plein vent.

Cette observation très exacte pour le Nord, devient fausse pour le Midi où le poirier et les arbres à noyau grilleraient et seraient stériles si on commettait l'imprudence de les palisser sur des murs surchauffés par le soleil.

Quant aux chaleurs extrêmes dont souffrent les cultures du Midi, il est bien difficile d'en prévenir les effets autrement que par de copieux arrosages, quand on a l'avantage de disposer d'eaux fraîches et abondantes.

VIII.

Le vent dans ses rapports avec les cultures.

Le vent fournit une force motrice utilisée en Hollande et dans d'autres localités pour le désséchement des terrains bas et humides, souvent encore pour donner l'eau nécessaire à l'arrosage des jardins.

Il importe à l'agriculteur de se rendre compte du régime des vents de sa localité. Il est utile d'en connaître la fréquence, l'intensité et la direction. Ces données sont fournies par les stations météorologiques. Le vent modéré n'est pas malfaisant; il ressuie le terrain détrempé par les pluies, il concourt à la dessiccation des foins et des céréales, il contribue, dit-on, à la fécondation des graminées par la dissémination plus complète du pollen. Au contraire, les vents violents occasionnent toutes sortes de dommages dans les fermes; ils couchent et perdent les récoltes, ils font tomber les fruits avant leur maturité, ils brisent les jeunes bourgeons de la vigne qui étaient l'espoir de la vendange. Si le vent violent affecte les allures d'un ouragan, dès lors, les pertes de l'agriculteur deviennent incalculables.

Il n'y a plus seulement des blés versés et des meules renversées, mais des arbres déracinés, des toitures enlevées, et des jardins complètement dévastés.

Les vents de mer nuisent aux cultures par leur violence et leur causticité. Beaucoup de plantes ne supportent pas les vapeurs salines de la mer. A l'époque des tempêtes, le vent de mer souffle avec une telle violence que les végétaux en sont souvent meurtris et brisés. Les surfaces exposées directement aux vents de mer ne sont pas cultivables tant qu'elles ne sont pas convenablement abritées. Elle n'est pas longue la liste des végétaux qui résistent aux vents de l'Océan et de la Méditerranée. Ce sont les Tamarins, les Atriplex, et un arbuste exotique, le *myoporum tobiræ,* vigoureux en Provence et en Gascogne, lors même qu'il serait battu constamment par les vents salés. En Provence, les palmiers et le laurier-rose offrent aussi une belle végétation au bord de la Méditerranée. Sur les plages du golfe de Gascogne, c'est le tamarin qui occupe exclusivement la bande la plus rapprochée des vagues de la mer, partout où le sol est marneux ou argileux. Si la falaise fait place à des dunes, la 1ʳᵉ zône reste en pâturage, la 2ᵉ porte des pins maritimes, et les cultures apparaissent à l'abri des forêts résineuses à une distance de la mer de 2 à 3 kilomètres.

Les vents les plus redoutés des agriculteurs, à cause des dégâts qu'ils causent, sont le mistral, le vent d'autan, le sirocco, le libeccio en Corse.

Sur les rives de l'Océan, le vent dominant est celui de l'ouest; généralement il amène de la pluie. Les vent du sud et du sud-ouest sont également pluvieux. Les vents du nord et de l'est sont au contraire l'indice du beau temps. L'agriculteur examine constamment la direction du vent pour savoir s'il doit, ou s'il ne doit pas pleuvoir.

Le mistral est un vent du nord-ouest d'une violence extrême; il exerce ses ravages dans le bassin de la Méditerranée, en Provence, en Corse et en Algérie. Il descend la vallée du Rhône, et souffle violemment à Avignon, Nîmes, Marseille. C'est un vent glacial qui nuit aux végétaux par sa violence et par sa basse température. Ce serait peine perdue de cultiver l'oranger ou d'autres végétaux sensibles sur des surfaces battues par le mistral. Dans la vallée du Rhône, on défend du mistral les légumes les plus rustiques par des abris verticaux placés perpendiculairement à la direction du vent. Ce sont des brise-vents en paillassons, en cyprès, ou en cannes de Provence (Arundo Donax). Plus au midi, en Provence et en Algérie, on oppose au mistral des rideaux d'eucalyptus, de pins maritimes; quelquefois, on préfère des murs élevés en maçonnerie quand il s'agit d'abriter une orangerie, une cédraterie, ou un jardin.

Le sirocco est le vent du désert; c'est un vent du sud apportant du Sahara une chaleur et une poussière suffocantes. Ce vent d'Afrique, dont les effets se font sentir en Corse et sur les côtes de la Provence, est un fléau pour notre colonie africaine. Là, toute la nature est en souffrance tant que dure le sirocco. Les hommes, les animaux, les plantes, tout souffre de cet air enflammé et poussiéreux. Il est plus supportable l'hiver que l'été. On le redoute surtout à l'époque de la maturité des céréales et du raisin. Sous l'influence du sirocco, les raisins sèchent dans les vignes, ce qui produit un grand déficit dans le rendement en vin. Généralement ce vent funeste se termine par une bonne pluie qui vient rafraîchir l'atmosphère et procure aux plantes un arrosage bienfaisant et réparateur.

Le vent d'autan sévit dans la vallée de la Garonne, notamment dans la plaine de Castres, autant que le mistral dans la vallée du Rhône. Il paraît que c'est un vent du sud qui vient de la Méditerranée, enfilant d'abord la vallée du Rhône et s'engouffrant ensuite avec une violence inouïe dans une brèche située entre les Montagnes noires et les Pyrénées. De là, il gagne Castres, Toulouse, Rodez, etc. Les localités où il souffle violemment n'ont pas de beaux arbres, et ceux qui existent sont fortement inclinés dans le sens de la direction du vent. On conçoit qu'un vent d'une force telle qu'il renverse les voitures et fait dérailler les trains du chemin de fer du Midi doit prodigieusement ravager les cultures de la contrée. On a vu, aux environs de Castres, le vent d'autan dévaster des champs de maïs et en disperser au loin les tiges et les épis, bien que le maïs soit de toutes les céréales la plus robuste et la plus résistante à la verse. Sous un tel climat, le vent limite beaucoup le choix des cultures. On doit prudemment préférer la prairie naturelle au trèfle et à la luzerne, la vesce à la féverolle, le maïs fourrage au maïs à grains, la pomme de terre, la betterave, en un mot les plantes qui laissent peu de prise au vent, d'autan. Ce vent, dont on souffre aussi dans l'Aveyron, arrête et compromet la fécondation du froment quand il survient au moment de la floraison de cette céréale. Aussi, on remarque que les champs abrités contre ce vent donnent des produits plus réguliers et plus abondants.

La plaines se défendent mal contre les vents nuisibles aux cultures; les pays accidentés offrent au contraire des abris naturels qui sont la conséquence des reliefs du terrain. Au pénitencier de Chiavari, l'amandier, très fertile à l'exposition du sud-est, ne produit pas d'amandes à celle du nord-ouest, d'où vient le mistral. Non seulement ce vent détruit les fleurs, mais il tourmente les arbres et les rend difformes et souffreteux. Il en est de même de l'oranger, du citronnier et du cédratier. Ils n'ont aucun succès quand on les place dans la sphère d'activité du mistral. Un Anglais, désireux d'établir des cédrateries sur des terrains qui bordent le golfe d'Ajaccio, se mit à rechercher au milieu de ses vallons et de ses collines les points les mieux abrités contre le mistral. Tout son domaine a été garni un mo-

ment de petits drapeaux dont il étudiait attentivement
les mouvements pendant tout le temps que durait le
mistral. Les points où le vent n'agitait pas les drapeaux
étaient délimités et marqués pour les plantations d'orangers ou de cédratiers.

Au domaine de Casabianda, placé dans une partie
découverte de la plaine orientale, les orangers et les
citronniers, mal abrités contre les violences du libeccio,
perdaient leurs feuilles en hiver et ne donnaient aucun
fruit.

En Algérie, les orangeries accessibles au mistral sont
abritées par un rideau d'arbres de haute dimension et à
feuilles persistantes. On emploie à cet usage le cyprès
pyramidal, le thuya et l'eucalyptus. Cette dernière
essence procure des abris très élevés, mais on l'accuse
d'être vorace et d'affamer les orangers les plus rapprochés du bois vert, en les privant de l'eau et de l'engrais
qui leur étaient destinés.

L'olivier et la vigne ne souffrent pas trop de la violence du vent. Cependant, j'ai vu en Algérie des cépages
dont les jeunes bourgeons étaient brisés et détachés
par le mistral. On doit dans ce cas choisir des cépages
dont le jeune bois montre plus de résistance, et placer
les lignes des ceps dans la direction du vent. Le hou-
blon, le colza, l'œillette, certaines variétés de blé, l'a-
voine redoutent les régions des tempêtes et des grands
vents. Elles exigent une atmosphère calme et à l'abri
des agitations qui détériorent et perdent les récoltes.

IX.

Rosées et évaporation de l'eau terrestre.

Les stations météorologiques notent les rosées et la

quantité d'eau évaporée en 24 heures. Ces renseignements intéressent beaucoup l'agriculteur. Les localités douées en été de rosées fréquentes et abondantes souffrent moins de la rareté et de l'absence de pluie. L'évaporation de l'humidité du sol nuit aux cultures quand elle s'exerce en été par un temps sec, un vent violent et une température élevée. L'horticulture y remédie par des paillis dont on couvre le sol. En grande culture, il est plus difficile de la combattre. Néanmoins, on lutte dans une certaine mesure contre les effets de l'évaporation par les hersages qui aplanissent la surface et diminuent l'étendue évaporante, et qui, par l'ameublissement du sol, facilitent l'absorption de la rosée; on obtient le même résultat par les coups de rouleau qui brisent les mottes et aplanissent complètement le sol. Tels sont les moyens de conserver à la terre une fraîcheur qu'elle perdrait plus promptement si le champ restait motteux et avec tous les reliefs d'un labour incliné à 45°. Les plantes soumises à une évaporation exagérée offrent des feuilles dans un état de crispation qui révèle la souffrance dont elles sont le siège. Les plantes à l'ombre souffrent moins que celles qui sont en plein soleil. C'est dire que dans le Midi, l'exposition du nord convient mieux à certaines productions que celle du sud; les plantes potagères s'y plaisent mieux en été, elles exigent moins d'arrosages, et sont moins promptes à durcir et à monter.

CHAPITRE II.

CLIMATS GÉNÉRAUX DE LA FRANCE, LEUR INFLUENCE SUR LES
PRODUCTIONS VÉGÉTALES ET ANIMALES.

Il n'est pas d'étude plus intéressante que celle qui
démontre l'influence que le climat exerce sur les végétaux spontanés, les cultures et les productions animales.
On a divisé la France en 7 climats distincts et caractérisés par les conditions naturelles qui la régissent. Bien
que toutes les localités d'un même climat soient influencées par des phénomènes météorologique analogues,
il s'en faut qu'elles en ressentent les effets au même
degré et avec la même intensité. Chaque localité offre,
pour ainsi dire, un climat spécial déterminé par l'altitude et l'exposition des surfaces, la nature du sol, les
abris naturels, les reliefs des terrains, le voisinage des
cours d'eau, de la mer, des forêts, etc. : toutes circonstances qui modifient le régime des pluies et des vents,
les minima et les maxima de température.

Le climat d'une région résulte d'un ensemble de phénomènes météorologiques dus principalement au degré
de latitude de la région, à son altitude moyenne et au
voisinage plus ou moins immédiat de la mer et des
montagnes.

L'altitude est la circonstance qui atténue le plus profondément l'influence de la latitude. A mesure qu'on
s'élève dans les contrées méridionales, on se rapproche
davantage du climat des régions tempérées. En Corse
et en Algérie, on rencontre des localités élevées où l'on
produit les fruits et les grains du nord de la France. A

Medeah, à une altitude de 1,000 mètres, on récolte des pommes de reinette pareilles à celles de la Limagne et de la Normandie; elles font les délices des habitants d'Alger et de la zone maritime, qui produisent d'excellentes oranges, mais qui manquent absolument de pommes et de poires. Les vins des montagnes de la Corse ressemblent aux vins ordinaires de la Bourgogne, tandis que ceux de la plaine sont capiteux et très alcooliques. D'après les forestiers les plus compétents, on retrouve les mêmes conditions climatologiques, soit qu'on s'élève à une altitude de 180 mètres, ou que dans une plaine on s'avance vers le nord de 220 kilomètres; 81^m,80 d'altitude, en nombre rond 82 mètres d'altitude, reculent le climat d'un degré de latitude. La température moyenne de l'année s'abaisse d'un degré centigrade quand l'altitude augmente de 180 mètres ou bien quand dans la plaine on s'avance de 220 kilomètres vers le nord. On comprend dès lors comment il se fait que les montagnes élevées des contrées méridionales présentent successivement tous les climats depuis ceux des régions tempérées jusqu'à ceux des régions les plus froides et les plus septentrionales.

Revenons aux climats généraux de la France; ce sont les climats Girondin, Armoricain, Séquanien, Vosgien, Rhodanien, du Plateau central et Méditerranéen. Étudions leurs ciconscriptions, leurs conditions naturelles et leurs principales productions.

I.

Climat Girondin.

C'est celui du sud-ouest de la France. Il comprend les bassins de l'Adour, de la Garonne, de la Charente et de la Sèvre. Il est limité à l'est par le plateau central, et à l'ouest par l'Océan. Il est soumis à l'influence du plateau central, de l'Océan et des Pyrénées. L'hiver n'y est pas rigoureux, il y est cependant trop froid pour les aurantiacées et les eucalyptus. La vigne et le figuier y donnent d'excellents fruits.

C'est sous ce climat qu'on trouve les grands crus de Bordeaux qu'on ne peut reproduire dans aucune autre partie du monde; on y récolte, dans le département de la Charente-Inférieure, les plus fines eaux-de-vie de France. Il est assez pluvieux : on compte à Bordeaux 107 jours de pluie par année, donnant une couche d'eau de $0^m,83$. Saint-Sever reçoit $0^m,60$ et Bayonne $1^m,40$. Le maïs est la céréale dominante dans les départements des Landes, des Basses et Hautes-Pyrénées; il y réussit mieux et rend plus que le froment. Les prairies artificielles, le trèfle ordinaire, le trèfle incarnat, les choux et les navets s'accomodent bien de ce climat humide et doux pendant l'hiver.

Les vents d'ouest et de sud-ouest y soufflent souvent avec violence; ils viennent de l'Océan, apportant fréquemment la pluie et les tempêtes. On y élève plusieurs bonnes races de bêtes à cornes, fortes et vigoureuses dans les fertiles vallées de l'Adour et de la Garonne, moins développées sur les maigres pâturages des landes. C'est sous ce climat que vivent les races garonnaise, bazadaise, basquaise, et bretonne d'importation. Les forêts qui occupent les dunes et les sables des landes se composent principalement de pins maritimes soumis au résinage, associés à un certain nombre de chênes-lièges.

II.

Climat Armoricain.

Il comprend la région de l'Ouest soumise à l'influence de l'océan Atlantique; savoir, la Bretagne, la Normandie, la Picardie occidentale, l'Artois, la Flandre, la Touraine, l'Anjou et le Maine. L'influence de la mer s'affaiblit, bien entendu, à mesure que l'on s'éloigne des côtes de l'Océan. Ce sont les presqu'îles de la Bretagne et du Cotentin qui montrent le type complet du climat armoricain dans les basses altitudes; les niveaux élevés apportent d'importantes modifications au type armoricain; les hivers y sont moins doux. Les montagnes Noires et les montagnes d'Arrez, deux chaînes qui occupent un assez grand espace au centre de la basse Bretagne, offrent des plateaux et des sommets qui atteignent 200, 300 et 391 mètres d'altitude. Ces régions sont conséquemment plus froides que les zones basses qui longent l'Océan. A l'altitude de 200 mètres, la végétation des conifères et des prairies s'arrête en hiver, tandis qu'elle continue sans interruption sur les terrains bas, voisins de l'Océan. Là, comme dans la presqu'île du Cotentin, les animaux passent toute l'année en plein air, rentrés la nuit en Bretagne, laissés dehors dans le Cotentin. C'est en définitive un climat doux en hiver, pluvieux, nébuleux, n'offrant jamais de grands écarts de température ni en hiver ni en été. pas de froid rigoureux, pas de chaleurs excessives, des pluies réparties régulièrement sur tous les mois de l'année, en moyenne 152 jours de pluie par an, 220 à Brest. On retrouve un climat analogue sur les zones maritimes et basses de l'Angleterre, de la Belgique et de la Hollande. Ce n'est

pas le pays du bon vin et des fruits savoureux, mais des
contrées d'herbages, de vergers à cidre où l'élevage des
animaux et les produits du laitage constituent les principales productions de la ferme. C'est le climat par
excellence de la fraise, de la cerise et de la framboise.
La fraise, qui aime l'atmosphère humide et sombre, ne
vient nulle part aussi bien qu'en Angleterre, et dans le
Finistère à Plougastel Daoulas et dans l'anse de Lau-
berlach. Grâce à la douceur du climat de la Bretagne,
le figuier y mûrit ses fruits et le camélia y donne en
plein air de jolies fleurs comparables à celles de la Provence.

La zone maritime de ce climat plaît aux pommes à
cidre, à l'herbage, à la pomme de terre, aux choux, aux
navets, aux rutabagas, au sarrasin, aux légumes (artichauts, choux-fleur, choux, salades et oignons, pomme
de terre, etc.). En Bretagne l'avoine réussit mieux que le
froment. A mesure qu'on s'éloigne de la mer, les céréales
et les prairies artificielles occupent une plus grande
place dans la ferme, ainsi qu'on l'observe dans la plaine
de Caen et dans les plaines de l'Artois et de la Picardie.
La vigne, cultivée sur un seul petit canton en Bretagne,
dans la presqu'île de Rhuis, prend de l'importance en
Anjou et en Touraine où elle mûrit ses raisins et donne
des vins la plupart estimés et classés parmi les bons
vins de consommation.

Le climat armoricain combiné avec les aptitudes variables du sol a donné lieu à plusieurs races d'animaux
dont nous ne pouvons faire ici qu'une simple énuméra-
tion. C'est d'abord la petite race bretonne si précieuse
par sa sobriété, les qualités de son lait, et son entretien
facile dans les landes de la Bretagne et de la Gascogne.
Viennent ensuite la race choletaise, très recommandable
pour les animaux de travail et de boucherie; la race nor-

mande et la race flamande, les plus grandes laitières des vaches françaises. Les excellents chevaux bretons, les élégants chevaux normands, les beaux chevaux percherons et les gros chevaux boulonnais s'élèvent aussi sous le climat armoricain. Aucune autre partie de la France ne produit des chevaux de travail qui soient comparables aux percherons sous le rapport de la force, de la taille et des allures.

Les forêts, sous ce climat dépourvu de hautes montagnes, sont peuplées des essences propres aux régions tempérées. On y observe suivant les terrains le chêne, le charme, le bouleau, le hêtre, le châtaignier, et le pin maritime sur les cantons les plus sablonneux du Maine.

III.

Climat Séquanien.

Il embrasse le bassin géologique de Paris, c'est-à-dire le bassin de la Seine, moins le cours inférieur de cette rivière et une partie du bassin de la Loire. Les provinces qui jouissent de ce climat sont l'Ile de France, la Picardie orientale, la Brie, la Champagne, l'Orléanais, la Beauce, la Sologne, une partie du Berry et du Nivernais. Il est plus froid que l'armoricain, moins nébuleux et moins humide, plus chaud et mieux ensoleillé en été. Sous l'influence des minima de température, la végétation est interrompue complètement pendant l'hiver. Les animaux de la ferme sont pendant cette saison en stabulation permanente et alimentés avec les produits récoltés et mis en réserve pendant l'été. Les écarts de la température de la nuit au jour ne sont pas considérables. C'est une bonne condition de salubrité.

L'hiver, les jours sont brumeux et sombres, les gelées sont fréquentes et le thermomètre tombe à 8, 10, 15° et quelque fois plus au-dessous de zéro. La neige est souvent persistante, le sol est gelé, ce qui arrête les labours, mais facilite les transports. La plus belle saison s'étend de mars à novembre. Les vents d'ouest, du sud et du sud-ouest amènent la pluie s'ils sont assez fréquents. Il tombe $0^m,50$ à $0^m,60$ d'eau par an. Les chaleurs ne sont pas excessives en été; elles suffisent pour bien mûrir les céréales, les fruits à pépins et à noyau et les raisins.

La partie septentrionale souffre souvent en été et en automne du manque de chaleur et de l'abondance des pluies, notamment aux époques de la fenaison et de la moisson. C'est une région de vallées et de grandes plaines à sol généralement fertile. On y voit les plus belles et les plus riches exploitations de la France confiées à de grands fermiers ou cultivées directement par les propriétaires du sol. Là, comme dans les bonnes terres de la Flandre et de l'Artois, on s'adonne principalement à la culture des céréales, des fourrages, de la betterave fourragère et industrielle. Grâce à la fertilité du sol et aux soins dont il est l'objet, ces diverses cultures y atteignent des rendements très élevés. Le froment rend 30 à 40 hectolitres de grain par hectare, la betterave, 40 à 50,000 kilogr. de racines. Beaucoup de fermes cultivent la betterave pour la fabrication du sucre et de l'alcool, notamment en Picardie, en Brie et en Beauce. D'autres, en petit nombre, cultivent la pomme de terre pour la fabrication de la fécule. Plus au midi, dans l'Orléanais et le Berry, les terres sont moins fertiles, les industries annexées à la ferme sont plus rares; on s'adonne principalement à la culture des céréales, des plantes fourragères et de la vigne. Dans la partie nord du climat Séquanien on se livre à l'engraissement des animaux, tandis que dans la partie méridionale on trouve plus d'avantages à élever des moutons et des bêtes à cornes.

Aux environs de Paris, beaucoup d'exploitations entretiennent des vaches normandes ou flamandes pour la vente du lait en nature ou pour la fabrication du beurre ou du fromage. En Sologne, en Berry et en Nivernais, on élève des moutons des races solognote, berrichonne, charmoise, southdown et dishley, pures ou croisées. La Beauce préfère le métis-mérinos comme producteur de laine et de viande. Dans le Nivernais, on élève la race charolaise, très appréciée pour le travail et pour la boucherie. De toutes les races françaises, elle est la mieux conformée, la plus précoce, et la plus apte à prendre la graisse ; au point de vue du lait, elle se montre inférieure à la normande et à la flamande qui occupent l'autre extrémité de ce climat. Les chevaux élevés en Nivernais dérivent de la race percheronne.

La végétation forestière ne diffère pas de celle du climat armoricain; les essences dominantes sont le chêne, le charme et le bouleau. En Sologne, le pin maritime est l'essence la plus productive et la mieux appropriée au sol, tandis qu'en Champagne, c'est le pin sylvestre et le pin noir d'Autriche qui peuvent seuls croître et végéter sur les terres sèches et crayeuses du pays.

IV.

Climat Vosgien ou du Nord-Est.

Il comprend la Lorraine, l'Alsace et une partie de la Franche-Comté, c'est-à-dire cinq départements, savoir : les Ardennes, Meuse, Meurthe-et-Moselle, les Vosges, et la Haute-Saône.

Il est essentiellement montagneux, condition qui rend les hivers très froids, longs et rigoureux, et les étés courts' et très chauds. Ce ne sont pas des circonstances favorables aux cultures. En hiver, le thermomètre descend parfois à 25° et 26" au-dessous de zéro et monte en été à + 36° et + 37°. Les points culminants atteignent 1250^m d'altitude (Ballon d'Alsace) et 1426^m (Ballon de Guebwiller). Il tombe, à Nancy, 0^m.78 d'eau, 1^m,58 et 1^m,70 dans les parties les plus montagneuses. On compte 123 jours de pluie à Épinal. Les rivières sont nombreuses et abondamment approvisionnées d'eau en toute saison. La prairie en vallée et en côteau, fortement et intelligemment arrosée, occupe la place la plus importante parmi les cultures de la ferme dans la région montagneuse de la Lorraine et de la Franche-Comté.

Les plaines basses, comme les environs de Nancy et les arrondissements de Neufchateau et de Mirecourt (Vosges), montrent très atténués les caractères du climat vosgien. On en a la preuve dans l'existence de vignobles importants qui disparaissent complètement sous le climat rigoureux des arrondissements d'Épinal, de Saint-Dié et de Remiremont. La vigne reparaît aux bonnes expositions et aux moyennes altitudes de cette région.

Les terres basses comme celles de Meurthe-et-Moselle offrent à peu près les productions végétales du climat séquanien; la vigne, qui disparaît dans les cantons les plus montagneux, reprend une place assez importante sur les côteaux bien exposés de la Meuse, de Meurthe-et-Moselle, de la Haute-Saône et de l'arrondissement de Neufchâteau (Vosges).

Dans les montagnes des Vosges les sommets les plus élevés n'offrent que des bois et des pâturages. Les vallées sont en culture ou en prairies suivant qu'elles sont submersibles ou insubmersibles, arrosables ou non arrosables. Le sol y est généralement léger, perméable et siliceux, conditions qui imposent la culture du seigle et celle de la pomme de terre. Cette solanée trouve, dans cette partie des Vosges, le sol et le climat qu'elle affectionne; elle y atteint de forts rendements, précieux pour l'alimentation des petites féculeries établies sur les nombreux cours d'eau de ces montagnes.

Les magnifiques forêts de sapins qui occupent les sommets et ·les parties abruptes des montagnes communiquent à cette région des aspects pittoresques, inconnus sous les climats doux et tempérés. On y admire les superbes dimensions du sapin des Vosges et du hêtre, de l'épicea. Plus bas apparaissent le chêne, le charme, le bouleau et les autres essences de la région tempérée.

Cette contrée n'est pas le berceau de races très importantes si on en excepte la race femeline de la vallée de l'Ognon, la tourache ou franc-comtoise qui est la race des montagnes. On y voit surtout beaucoup de bêtes à cornes importées de la Suisse. La petite race vosgienne rappelle la bretonne par sa robe et sa taille; elle est la bête de la lande et des terrains pauvres.

Les chevaux ardennais étaient appréciés pour leur sobriété et leur résistance à la fatigue. Des croisements irrationnels ont fait disparaître en grande partie cette race dont on tirait autrefois d'excellents chevaux pour le

train des équipages militaires. Les chevaux franc-com-
tois, communs et de petite taille, se recommandent
comme animaux de trait résistants et peu exigeants.

V.

Climat Rhodanien ou du Sud-Est.

Il commence à la naissance des monts Faucilles
(Vosges) et se prolonge jusqu'à Valence, Privas et Digne. Il se trouve compris entre le 47° et le 44° de latitude. Il embrasse la Bourgogne, la Franche-Comté (la
Bresse, la Dombes), le Lyonnais, le Dauphiné et la Savoie. Il s'applique, dans les limites ci-dessus, aux vallées
de la Saône, du Rhône, et de Grésivaudan, ainsi qu'aux
pentes d'altitude moyenne des montagnes du Charolais,
des Cévennes, du Jura et des Alpes. Il est évident que
les fortes altitudes de cette région ne peuvent pas se
rattacher à ce climat. L'hiver, influencé par les montagnes du Jura et des Alpes, est pluvieux et froid. Les
pluies sont rares en été dans les plaines. Les vents dominants sont le vent du sud, brûlant et sec en été, et le vent
du nord, toujours froid et violent; il n'est autre que le
mistral. En hiver, le thermomètre descend très bas à
Lyon (7, 8, et 10° au-dessous de zéro); en été, il atteint des
maxima très élevés.

La pluie d'une année représente, à Lyon, une couche
de 0m776 d'eau et de 0m920 à Grenoble. Les pluies sont
bien réparties dans les différents mois de l'année.

Les principales productions de ce climat sont d'abord
nos excellents vins de Bourgogne qui, au dire des viticulteurs compétents, supportent bien la comparaison

avec les meilleurs vins de Bordeaux. On les récolte sur les côteaux est et sud des départements de la Côte-d'Or et de Saône-et-Loire. Dans les vallées et les plaines se trouvent les prairies naturelles, les cultures de blé, d'avoine, de maïs, de fèves et de prairies artificielles. La vallée de Grésivaudan, de même que les parties basses et fertiles de la Savoie, montre des vignes en hautains vigoureuses et d'un excellent rapport. Le noyer, le mûrier, les poiriers et les pommiers, les cerisiers, les pruniers et les châtaigniers en demi-montagne donnent aussi d'abondants produits dans la vallée de l'Isère et dans les deux départements de la Savoie.

On trouve, sous ce climat, beaucoup de bêtes à cornes d'origine] Suisse. En Saône-et-Loire, l'arrondissement de Charolles est le berceau de la belle race charolaise. De là, elle s'est répandue dans les départements voisins, notamment dans ceux de l'Allier, de la Nièvre et du Cher. Aux environs de Chambéry, on trouve la race tarentaise, de taille moyenne, et très appréciée dans le Midi pour le lait et le travail. En Bresse s'est développée une petite race dite race bressane, rustique et peu exigeante. Le cheval dombiste est un petit animal commun, sobre et dur à la fatigue. Les volailles de la Bresse engraissées au maïs sont classées parmi les meilleures de la France. Les forêts occupent les points culminants des montagnes; le sapin, qui en est l'essence dominante, occupe les altitudes les plus fortes et les plus froides.

VI.

Climat Méditerranéen ou Provençal.

Il comprend les parties basses de la Provence et du

Languedoc méridional. C'est la zone méditerranéenne, aux altitudes variables de o^m à 200 et 3oo mètres, qui offre le véritable caractère de ce climat dont on trouve l'analogue dans les zones maritimes de l'Italie, des îles de la Méditerranée et de l'Algérie. Dès qu'on dépasse 3oo mètres dans les Cévennes, l'Esterel, les Maures et les Alpes Maritimes, on retombe dans des climats plus froids, semblables aux climats rhodanien ou vosgien.

Pour bien connaître tous les éléments du climat provençal avec les modifications dont il est l'objet suivant les localités, il faut consulter les observations météorologiques des stations de Montpellier, Marseille, Toulon et Nice.

A Montpellier, le thermomètre descend souvent en hiver à — 7° et — 8°. Ces minimas excluent la culture de l'oranger, rendent incertaine celle de l'eucalyptus globulus. Marseille offre les mêmes conditions de température. C'est à partir de Toulon et d'Hyères que les minima diminuent et que la culture de l'oranger, des fleurs et des primeurs d'hiver (artichauts, petits pois, salades, etc.) devient possible et avantageuse. Il n'est pas de pays en France plus agréable pendant les mois d'hiver, depuis le mois de décembre jusqu'à celui d'avril. On y jouit constamment, à cette époque de l'année, d'un beau temps et d'une douce température, tant le soleil inonde de chaleur et de lumière ce petit coin privilégié de la Provence. Les écarts sont considérables entre la température du jour et celle de la nuit. Le thermomètre, qui descend aux environs de zéro à 7 heures du matin, remonte à 15° ou 18° à 2 heures de l'après-midi. Les minima au-dessous de zéro ne sont pas fréquents. Ils descendent rarement au-dessous de — 3° et — 4°. Les pluies, abondantes à la fin de l'automne et au commencement du printemps, sont très rares en été. Il en résulte des sécheresses qui grillent les gazons et font mourir les plantes herbacées, au moins toutes celles qui ne sont pas arrosables. Les arbustes et les arbres montrent une plus grande résistance : la vigne et l'olivier supportent les sécheresses mieux que les céréales et les fourrages. Ces derniers, toujours peu abondants et chers, rendent difficiles l'élevage et l'entretien du bétail. Les prairies et la luzerne irriguées rendent beaucoup, mais elles n'occupent jamais de grandes étendues dans les fermes, et on a toujours plus d'avantages à vendre le foin qu'à le faire consommer.

Le soleil d'hiver avec sa chaleur et sa lumière permet, dans la région d'Hyères, de Cannes et de Menton, la culture des fleurs pour la France et l'étranger. Les roses, les anémones, les jacinthes, les violettes remplissent tous les jours des wagons à destination de Paris, Londres, Berlin et de plusieurs autre villes du nord de l'Europe. Des champs de roses, de jasmins et de géraniums alimentent au printemps les grandes usines de France pour la fabrication des parfums. Les fleurs d'oranger servent au même usage; l'arbre qui produit des oranges est moins cultivé et rapporte moins que celui qu'on soigne au point de vue de la fleur.

L'olivier occupe encore plus d'espace que l'oranger; sa longévité est incalculable aux environs de Grasse, d'Antibes et de Menton. Il est d'un bon rapport quand les olives ne sont pas atteintes par des insectes et les arbres ravagés par des champignons parasites.

Avant l'apparition du phylloxera, la vigne y produisait des vins plus remarquables par la quantité que par la qualité. Grâce à des conditions spéciales de sol, de climat et de soins, les vignes de l'Hérault atteignent des rendements qu'on ne retrouve dans aucune autre partie de la France. On récolte jusqu'à 200 et 300 hectolitres de vin par hectare, quand beaucoup de vignobles n'en donnent que 20 ou 3o dans d'autres conditions de sol et de climat. Là, comme en Algérie, aucune culture ne peut lutter avec celle de la vigne, au point de vue du bénéfice, quand on peut la mettre à l'abri du phylloxera et des maladies cryptogamiques.

On souffre, sous ce climat, du sirocco ou vent d'Afrique et du mistral ou vent du nord-ouest. Le premier, sec et brûlant, nuit à toutes les plantes cultivées; on le redoute à l'époque de la vendange; il dessèche le raisin et diminue dans de fortes proportions son rendement en vin. Le mistral est surtout redoutable en hiver par sa violence et sa basse température; cet air glacial détruit les fleurs soumises directement à son action malfaisante. Aussi, pour les plantes comme pour les malades, on recherche particulièrement les endroits abrités du mistral, comme Cannes, Nice, Menton et quelques villes d'Italie. L'oranger, le citronnier, l'amandier, exposés au mistral, demeurent tout à fait improductifs. La vigne et l'olivier ne paraissent pas souffrir sensiblement de ce vent froid si nuisible à tant d'autres cultures.

Sous ce climat, il n'existe aucune race d'animaux digne d'être mentionnée. On n'y voit que du bétail d'importation. Les boucheries s'aliment de bœufs et de moutons italiens. Les vaches laitières proviennent de la Suisse ou de la Savoie. Ce sont des vaches schwitz ou tarentaises. Les forêts de l'Esterel offrent comme essences dominantes le pin d'Alep en sol calcaire, le pin maritime et le pin pignon sur les terres granitiques ou sur les dunes siliceuses des bords de la mer. Il s'y associe des chênes verts et quelques chênes-lièges.

VII.

Climat Auvergnat ou du Plateau central.

Il comprend la Marche, le Limousin, le Poitou, l'Auvergne et la partie montueuse et septentrionale du Languedoc.

Ce climat s'applique aux parties montagneuses de ces diverses provinces. Ce sont les surfaces les plus considérables dont les altitudes varient entre 600 et 1000^m. Le Puy-de-Dôme (1465^m), le Plomb du Cantal (1858^m) et le pic de Sancy (1886^m) ont un climat plus froid encore que le climat général de l'Auvergne. D'un autre côté, la plaine de la Limagne à l'altitude de 426^m, et plusieurs vallée basses rentrent dans les climats tempérés propres à la vigne, au noyer, aux arbres fruitiers, aux céréales, aux prairies naturelles et artificielles, aux racines, en un mot à toutes les cultures du climat séquanien.

Sous les altitudes de 600 à 1000^m, le climat offre beaucoup d'analogie avec le climat vosgien. Il serait facile d'en connaître tous les éléments, en consultant les observations météorologiques recueillies au Puy-de-Dôme, à Clermont et sur d'autres points de l'Auvergne et des Cévennes.

Sous ce climat, les hivers sont longs et rigoureux. La neige persiste pendant six mois sur les pâturages des montagnes. Les pluies sont abondantes au printemps et en automne. Il en tombe 1^{m}88 à Limoges et 1^{m}13 à Aurillac. Dans le Cantal, on pratique la culture exclusivement pastorale. On voit là des fermes qui n'ont que des prairies naturelles et des pâturages en montagne souvent très éloignés du siège de la ferme. Pendant la mauvaise saison, les troupeaux qui ont vécu à la montagne pendant l'été reviennent en stabulation permanente à la ferme, dans une étable dite la grange, dont le grenier, situé au-dessus des animaux, renferme tout le foin nécessaire à leur alimentation hibernale. C'est ainsi qu'est traitée la belle race de Salers, remarquable pour le travail et la production du lait. A la montagne on fait avec ce lait le fromage du Cantal, en en réservant une partie pour les veaux qu'on élève. Le fromage et les élèves, tels sont les principaux produits de ces troupeaux. Quant aux vaches réformées, elles sont vendues aux emboucheurs de l'Allier et du Nivernais. Dans ce mode d'exploitation on manque de litière pour les animaux; ceux-ci couchent sur la dure, sur des planchers en bois ou sur un pavage qu'on lave à grande eau tous les matins. On dispose d'eaux très abondantes qui, enrichies des déjections solides et liquides des animaux, servent ensuite à l'arrosage des prairies situées à un niveau inférieur à celui de la grange. C'est ainsi qu'on féconde les prés, dont les deux coupes constituent les approvisionnements pour l'alimentation du troupeau pendant l'hiver. La race d'Aubrac, qui vit dans les montagnes de l'Aveyron, fournit comme celle de Salers d'excellents bœufs de travail, des élèves pour la vente et des fromages qui diffèrent peu de ceux du Cantal. La race du Mézenc dans le département de l'Ardèche, la race limousine dans celui de la Haute-Vienne, la race creusoise dans celui de la Creuse, fournissent des bœufs parfaitement appropriés aux circonstances et aux besoins de chaque localité. Ce sont ces animaux qui font les transports et les travaux des champs. Ils sont très estimés comme bêtes de travail et de boucherie.

Les plateaux moins élevés de cette région, calcaires

et secs comme on en trouve dans les causses du Lot et de l'Aveyron, produisent une herbe courte et fine qui convient mieux au mouton qu'à la bête à corne; on y entretient les moutons du Larzac, dont les brebis fournissent le lait servant à la fabrication du fromage de Roquefort.

CHAPITRE III.

Leur influence sur les cultures et les végétaux spontanés.

La Corse est un vaste département (874,710 hectares) très montagneux. On peut dire que les neuf dixièmes de sa surface sont en montagnes. Qu'on retranche de sa superficie totale la plaine orientale et un petit nombre de vallées étroites, tout le reste est en montagnes aux pentes abruptes et rocheuses. Les terres incultes ou incultivables connues sous le nom de maquis occupent un étendue de 348,309 hectares. De magnifiques forêts prennent des surfaces considérables. Les cultures, qui sont principalement celles de la vigne, de l'olivier, des céréales et du châtaignier, n'occupent qu'une faible partie du département. Il faut savoir que beaucoup de terrains dépassent l'altitude de 600 et 700^m qui sont en Corse les limites des végétaux cultivés. Il y a plusieurs chaînes de montagnes d'une grande hauteur qui parcourent l'île dans le sens de sa longueur. Les trois montagnes principales sont le Monte-d'Oro à l'altitude de 2653^m, le Monte-Rotondo à celle de 2764^m et le Monte-Cinto à celle de 2816^m. Rappelons que 820^m d'altitude ramènent à un climat situé à 250 lieues plus au nord. On peut dès lors deviner qu'on retrouvera en Corse tous les climats de la France et ceux des contrées les plus septentrionales de l'Europe.

Autour du golfe d'Ajaccio, on jouit du climat provençal, aussi doux, aussi ensoleillé l'hiver que le climat de Nice et de Menton. On y cultive avec succès l'oranger, le citronnier et le cédratier dans les endroits abrités du mistral et bien pourvus d'eau.

A l'altitude de 5oo à 6oo^m on vit sous un climat analogue à celui de la Bourgogne, favorable à la vigne, à l'olivier et aux céréales, à l'orge principalement. La troisième zone appartient aux châtaigniers et aux forêts; la quatrième zone, où les hivers sont longs et rigoureux, n'offre que des bois et des pâturages alpestres. La neige y persiste pendant 5 à 6 mois.

C'est dans cette région élevée qu'on rencontre les belles forêts de Laricio et de hêtres. Le pin maritime, le chêne vert et le chêne-liège affectionnent au contraire les régions plus basses et plus chaudes. Les maquis de cette zone basse se composent essentiellement de lentisques, de myrthes, d'arbousiers, de chênes verts, de cistes et de phillyréas. Sous le climat d'Ajaccio le thermomètre se maintient souvent au-dessous de zéro. On ne compte à Ajaccio que 48 jours de pluie; il tombe davantage d'eau à Bastia et sur toute la côte orientale.

Les vents de mer causent beaucoup de mal aux cultures de la Corse. Le mistral, vent du nord, ravage la côte occidentale en hiver par sa violence et sa température glaciale. Le libeccio, vent du sud-ouest, sévit avec une violence extrême sur la côte orientale. Enfin le sirocco ou vent d'Afrique dessèche les plantes et les fruits, en été et en automne; on le redoute surtout à l'époque de la maturité du raisin.

Les terres basses, qui sont les plus fertiles et les plus faciles à cultiver, sont malheureusement insalubres.

La malaria y règne pendant toute la durée de la saison, chaude. Il faut les abandonner sous peine d'y contracter une fièvre mortelle, et chercher à la montagne un air plus frais et plus pur. Ces émigrations périodiques jettent un grand trouble dans les travaux de la culture. Le vent, la malaria et le banditisme sont, dit-on, les trois fléaux de la Corse. Il est certain qu'elle jouit d'un beau climat et d'un sol facile à féconder par le travail. Ce serait un pays plein de ressources et agréable à habiter, s'il n'avait pas tant à souffrir de la malaria et du banditisme. La Corse est au nombre des départements les moins peuplés. Sa population est de 262,701 habitants, ce qui fait 39 habitants par kilomètre carré ; il y en a 68 pour l'ensemble de la France. Pendant l'hiver, les travaux les plus pénibles sont effectués par des Italiens de l'ancien duché de Lucques.

Les principales cultures de la Corse sont, nous le répétons, celles du froment, de l'orge et de la vigne. On rencontre aussi quelques champs de luzerne et des prairies naturelles sur les rives de certaines rivières. Quelques terrains privilégiés et bien abrités produisent des oranges, des citrons et des cédrats. La Balagne possède de vastes olivettes dont on tire de l'huile d'excellente qualité. Aux moyennes altitudes de l'arrondissement de Corte on admire des châtaigniers séculaires, dont les châtaignes constituent une précieuse ressource pour l'alimentation des hommes et des animaux.

Les animaux vivent en plein air toute l'année ; chevaux, bêtes à cornes, moutons, chèvres et porcs trouvent leur nourriture dans les maquis et les terres incultes. Le cheval seul jouit parfois d'une petite écurie. Ces races soumises à une alimentation irrégulière et peu abondante sont restées petites et à moitié sauvages. Les chevaux se montent et s'attellent à des voitures légères. On ne s'en sert pas pour les travaux des champs : on les trouve trop petits et trop faibles.

Les principales essences forestières sont le hêtre et le pin Laricio pour les fortes altitudes, le pin maritime, le chêne vert et le chêne-liège pour les zones plus basses et plus chaudes. L'eucalyptus globulus se plaît et réussit dans la région des orangers, pourvu qu'on le place dans des alluvions fraîches et fertiles.

CHAPITRE IV.

Productions correspondantes.

Si de la Corse nous passons en Algérie après avoir traversé la Méditerranée dans la direction du sud nous gagnons, sur les côtes d'Afrique, le 38e degré de latitude. Nous sommes à 11 degrés plus au sud que Paris, c'est-à-dire à 275 lieues. Avant d'analyser les principaux climats de l'Algérie, il est indispensable d'entrer dans quelques détails de statistique pour avoir une idée approximative des ressources et des richesses naturelles du pays. On désigne sous le nom de Tell l'ensemble de toutes les terres cultivables et habitables par les Européens. Le Tell représente une bande de terrains parallèle aux côtes de la Méditerranée; son étendue est de 14 millions d'hectares, ce qui équivaut à la surface de 24 ou 25 départements. La longueur du Tell, de la Tunisie au Maroc, est de 1,000 à 1,100 kilomètres; sa largeur est assez variable; elle est de 100 à 120 kilomètres à l'ouest, de 70 à 80 au centre et de 150 à l'est. Alger se trouve à peu près à moitié chemin de la Tunisie au Maroc. On compte 418 kilomètres d'Alger à Oran.

Le Tell comprend de grandes plaines, de belles vallées, des plateaux et des montagnes de moyenne altitude dans le Sahel et dans les premiers contreforts de l'Atlas

Le Sahel est une petite chaîne qui longe la Méditerranée dans les provinces d'Alger et d'Oran; elle ne dépasse pas l'altitude de 402 mètres. Les montagnes de l'Atlas présentent des altitudes qui varient de 1,000 mètres à 1,640 mètres. Il n'y existe conséquemment aucun glacier, aucun sommet où la neige puisse persister longtemps pendant l'hiver. Aussi, les rivières qui descendent de l'Atlas ont un débit qui diminue considérablement au printemps et en été, dès que les pluies cessent de tomber dans les montagnes.

On distingue cinq climats généraux en Algérie, en se basant sur les observations météorologiques recueillies dans les diverses stations de la colonie. Le service météorologique, confié à des officiers du génie, est parfaitement organisé. Pour un grand nombre de localités, il est facile d'être exactement renseigné sur le régime des pluies et des vents, sur les minima et les maxima de température et les autres météores qui ont une action sur les cultures.

Les cinq climats de l'Algérie sont :

1° Le climat maritime.

2° Le climat des contrées montagneuses du Tell.

3° Le climat des hauts plateaux.

4° Le climat saharien.

5° Le climat mixte des hauts plateaux de la province de Constantine.

I.

Climat maritime.

Il offre de grandes analogies avec les parties les plus chaudes du climat provençal et du climat maritime de la Corse. On y reçoit autant de chaleur, de lumière, de vents et de pluies hibernales, et on y souffre des mêmes sécheresses pendant l'été. Les minima descendent rarement au-dessous de zéro. C'est la région des orangers et de l'eucalyptus globulus. En été, les maxima atteignent 27° ou 28°. Tel est le climat des villes du littoral; d'Alger, d'Oran, de Blida, de Philippeville et de Bone dont les altitudes sont de 15 mètres, 70 mètres 100 et 140 mètres. Sous ce climat, le dattier acquiert de belles dimensions comme arbre, mais il ne fait pas assez chaud pour que ses dattes parviennent à maturité. On y cultive, comme primeurs destinées à l'exportation, des artichauts, des petits pois, des haricots et des raisins précoces.

Généralement chaque exploitation entretient un verger composé d'orangers, de mandariniers et de citronniers; on en obtient des fruits en abondance quand on est en mesure de les fumer et de les arroser largement. Sur les terres fertiles de la Mitidja, les cultures les plus importantes sont celles de la vigne et du froment. On fait aussi du lin d'hiver pour sa graine. Les prairies artificielles et naturelles, rares dans les provinces d'Alger et d'Oran, occupent plus d'espace dans la province de Constantine. Les herbes spontanées des chaumes poussent vigoureusement sous l'influence des pluies d'automne. Elles sont d'une grande ressource pour l'alimentation des animaux en hiver et au printemps; ces herbes sont consommées sur place ou séchées et converties en foin qu'on désigne sous le nom de foin de chaume. La luzerne bien arrosée rend beaucoup, néanmoins cette culture est très restreinte. On préfère appliquer les arrosages à des produits d'une plus grande valeur.

II.

Climat des contrées montagneuses du Tell.

Il est plus froid et plus chaud que le précédent. Les minima de température tombent souvent à — 5° et les maxima s'élèvent à + 32°. C'est le climat de Tlemcen à 800 mètres d'altitude, de Miliana à 740 mètres, de Médéa à 900 mètres, de Constantine à 600 mètres, de Teniet-el-Had et de Tebessa à 1,000 mètres. Ce climat est trop froid pour l'oranger, mais il convient très bien au froment, à l'orge, à l'avoine, à la luzerne. La vigne, l'olivier et l'amandier s'en accommodent parfaitement. On y récolte en outre la figue de Barbarie (cactus opuntia) et tous les fruits des régions tempérées, savoir, les pommes, les poires, les prunes, les cerises et les abricots.

III.

Climat des hauts plateaux ou de la steppe.

Les hauts plateaux de l'Atlas comprennent 11 millions d'hectares à des altitudes qui dépassent généralement 1,000 mètres. Djelfa est à 1,150 mètres et Geryville à 1,360. C'est une région de pâturages occupée seulement par des tribus nomades. Les Européens supporteraient difficilement ce climat extrême à cause des écarts considérables de la température dans la même journée. En hiver les minima tombent à 6° ou 7° au-dessous de zéro; en été, le thermomètre atteint 37° et 38°. Beaucoup de ces terrains produisent de l'alfa qu'on recueille et qu'on exporte en grande partie en Angleterre pour la fabrication du papier.

IV.

Climat mixte des hauts plateaux de Constantine.

Il participe du 2e et 3e climat, c'est-à-dire du climat des parties montagneuses du Tell et de celui des hauts plateaux. Les productions sont celles qui correspondent à l'un ou l'autre des deux climats en question.

V.

Climat saharien.

On n'est pas d'accord sur l'étendue du Sahara; les uns la disent de 45 millions d'hectares, d'autres la réduisent à 18 millions. L'étendue totale de l'Algérie serait donc de 14 millions d'hectares pour le Tell, de 11 millions pour les hauts plateaux et 45 millions pour le Sahara, ce qui ferait en tout 70 millions. Suivant M. Macès on ne devrait compter que 60 millions, superficie supérieure à celle de la France qui n'atteint pas 53 millions d'hectares.

Le climat saharien est le plus froid et le plus chaud des cinq climats de l'Algérie. Les minima oscillent entre 7° et 8° au-dessous de zéro et les maxima s'élèvent et se soutiennent souvent à 45° et 50° au-dessus de zéro. C'est la région des oasis, c'est-à-dire des forêts de palmiers. Le palmier dattier (phœnix dactylifera) est l'arbre providentiel des régions désertiques. On ne le cultive que dans les endroits abondamment pourvus d'eau pour l'arrosage des arbres pendant la saison chaude. On dit vulgairement que le dattier doit avoir le pied dans l'eau et la tête dans le feu. Il y a généralement 100 dattiers par hectare. On calcule à Biskra qu'il faut 100 mètres cubes d'eau par arbre, ce qui fait 10,000 mètres par hectare. Cette eau se prend le plus souvent dans des rivières souterraines qu'on fait remonter à la surface par des barrages. A l'aide de sondages on va chercher à de grandes profondeurs des nappes jaillissantes qui servent à l'arrosage des dattiers. Un arbre en plein rapport donne, en moyenne, 72 kilogrammes de dattes, soit par hectare 7,200 kilogrammes. C'est une production d'environ 1,500 francs par hectare. Le dattier résiste à des froids de 7° à 8° qui tueraient l'oranger, et il exige pour mûrir ses dattes une série de températures élevées (45° à 50°). Dans le Sahara on ne peut conserver d'orangers qu'à l'abri des dattiers. Dans les oasis c'est encore sous les dattiers que les indigènes produisent des légumes et quelques parcelles de céréales.

Outre les productions végétales particulières à chaque climat, l'Algérie élève et entretient un nombre considérable de moutons, de bêtes à cornes et de chevaux.

Les races d'Afrique sont petites et vigoureuses. Les moutons font exception; par leur poids et leur taille ils se rapprochent des bons moutons français. Les chevaux de Sétif ont de la taille et beaucoup de vigueur; ce sont de bons chevaux de selle. On les emploie très peu aux travaux des champs. Les bœufs arabes sont petits et trop faibles comme bêtes de trait. La petite race de Guelma, basse sur jambes et bien conformée, est appréciée pour ses qualités laitières et son aptitude à l'engraissement. Les animaux de trait des colons sont d'origine européenne; on a eu recours à la race charolaise pure ou croisée pour les bœufs de trait, et à de forts chevaux ou à de grands mulets achetés en France pour les gros transports et les travaux aratoires qu'il était impossible d'exécuter avec les bêtes indigènes. Les colons ne sont pas dans des conditions favorables à l'élevage; les fourrages naturels ou artificiels sont peu abondants et difficiles à produire régulièrement. Les Arabes, mettant à profit un système pastoral pratiqué en toute saison par les déplacements périodiques du Tell aux hauts plateaux, se livrent à l'élevage du mouton et des bêtes à cornes dans des conditions exceptionnelles d'économie, puisqu'il se fait au pâturage sans aucun frais de construction et d'alimentation à l'étable. Le colon qui dispose de pâtures par les herbes spontanées de ses chaumes, engraisse, en hiver, les moutons et les bêtes à cornes qu'il achète à de bonnes conditions quand les pasteurs arabes sont obligés de diminuer les effectifs de leurs troupeaux. Il reste encore de grandes étendues de terre à mettre en valeur en Algérie et en Tunisie. Les défrichements pour la culture de la vigne prendraient plus d'extension, si la colonie attirait plus d'Européens se livrant à l'exploitation du sol.

VI.

Populations diverses de l'Algérie.

En 1881 on comptait en Algérie :

156.365 Français.
155.072 étrangers.
33.312 israélites.
2.462.936 musulmans.

Les étrangers sont des Espagnols du sud de l'Espagne, des Italiens venant d'Italie ou des îles de la Méditerranée. Chaque nation prend dans la colonie le rôle qui convient à ses goûts et à ses aptitudes. L'Espagnol aime l'agriculture, il est énergique et laborieux, il excelle dans les travaux de défrichement et de culture.

Les Mahonais sont les premiers jardiniers de l'Algérie, ils obtiennent avec de l'eau et de l'engrais des primeurs de toutes sortes dans les dunes des environs d'Alger, terrains d'une valeur nulle avant la conquête.

Les Français recherchent de préférence les professions commerciales ou industrielles, les postes de maître de chantier, de chef d'exploitation, d'entrepreneur de travaux. Ils aiment commander et diriger les autres. Les indigènes montrent également des aptitudes différentes suivant leur origine. Les Arabes, paresseux, et maladroits, sont peu propres aux travaux manuels les plus élémentaires, mais personne ne s'acquitte avec plus de soin et d'intelligence de la garde des troupeaux; le Kabyle est moins bon pasteur, mais il exécute avec plus de perfection tous les travaux de la ferme.

En résumé, l'Afrique est un pays d'avenir. On y trouve un sol de bonne qualité, beaucoup de chaleur et de lumière, deux agents puissants de la végétation quand on peut y associer en été d'abondantes irrigations. Les plaines et les vallées du Tell se prêtent à l'organisation d'exploitations faciles et productives. Que de beaux produits ne peut-on pas tirer, sous le climat maritime, des riches alluvions des vallées de la Medjerda (Tunisie), du Chéliff, des plaines de l'Habra, d'Eghris, de la Mitidja et de Bone; la vallée du Chéliff, longue de 695 kilomètres, offre souvent 4 kilomètres de largeur. Celle de la Medjerda n'est ni moins longue ni moins large. La Mitidja, aux portes d'Alger, se compose de

210,000 hectares à l'altitude de 50 à 100 mètres.

Aux environs de Bone il existe une autre plaine de 100,000 hectares. Sur ces terres privilégiées où l'eau ne manque pas, la viticulture, les cultures diverses offrent d'excellentes conditions de succès et de profit.

CLIMATS DE LA TUNISIE. — PRODUCTIONS CORRESPONDANTES.

La Tunisie, dans sa partie cultivable et habitable pour les Européens, offre une superficie d'environ les deux tiers d'un département de l'Algérie. Suivant M. de Lanessan, auquel nous devons un excellent volume intitulé *la Tunisie,* la surface totale de la Régence comprendrait 11 à 12 millions d'hectares, environ le quart du territoire français.

En raison de la configuration du pays, la zone maritime n'est pas moindre que celle de l'Algérie ; elle atteint une longueur d'environ 900 kilomètres. C'est un avantage naturel d'une valeur inappréciable, attendu que sous le climat africain, ce sont les terres les plus rapprochées de la mer qui offrent le plus de ressources pour l'agriculture. Cette zone comprend toujours les terres chaudes et humides, les vallées et les plaines les plus étendues et les plus fertiles.

L'orographie de la Tunisie offre de grandes analogies avec celle de l'Algérie. On y trouve, le long de la mer, une région basse qui correspond au Tell algérien, des montagnes de différentes hauteurs qui représentent les montagnes du Sahel et celles de l'Atlas. Les montagnes de la Kroumirie ont une altitude telle que la neige y persiste pendant tout l'hiver. Parmi les terres les plus productives comparables à celles de la Mitidja, il faut citer celles de la Medjerda, de la vallée de Milianah, des plaines de Tunis, de Bizerte, d'Utique, du cap Bon et de l'Enfida.

Les ressources en eau sont plus importantes qu'en Algérie. Les rivières conservent leurs eaux plus long-temps en été et les nappes souterraines sont fréquentes et peu éloignées de la surface.

On jouit en Tunisie de tous les climats de l'Algérie; le climat méditerranéen se manifeste sur les parties basses de la zone maritime. On retrouve celui des montagnes du Sahel sur les montagnes d'une altitude moyenne, et enfin, celui des hauts plateaux, sur les montagnes les plus élevées de la Kroumirie et des autres parties montagneuses du pays.

La zone maritime reçoit en hiver des pluies abondantes; il y pleut plus qu'en Algérie. On sait qu'en Afrique, sur la côte méditerranéenne, les pluies vont en diminuant de l'est à l'ouest. C'est une circonstance heureuse pour les cultivateurs tunisiens.

Le Sahara Tunisien présente, sous le rapport climatologique, des conditions analogues à celles du Sahara de Constantine. Les oasis y produisent des dattes aussi abondantes et aussi recherchées du commerce que celles de l'Oued-rir. Dans la zone maritime le thermomètre descend rarement au-dessous de zéro. En hiver les maxima atteignent de 15° à 18°, au printemps ils varient de 18° à 25°, et en août, d'après M. de Lanessan, la température s'élève à 25°, 30° et quelquefois 50° à Tunis. Les pluies vont en diminuant à mesure qu'on s'avance vers le Sahara. D'après le même auteur, une ligne droite tracée de Sfax à Feriaria sépare les terres qui reçoivent des pluies abondantes de celles qui en sont privées. Ce sont celles qui sont au nord de cette démarcation qui, sous ce rapport, sont les plus favorisées. Celles qui sont au sud subissent souvent des sécheresses dé-

sastreuses qui rendent très incertaines les cultures herbacées et font grand mal aux cultures arbustives privées
d'arrosages.

Là, comme en Algérie, on a à souffrir de la violence
du vent qui vient tantôt du côté de la mer et tantôt du
côté des montagnes. Celui qu'on redoute le plus est le
sirocco ou vent du désert; chaud et sec, il porte la
température à un degré qui fait souffrir les hommes, les
animaux et tous les végétaux. La vigne, délaissée par
les indigènes, est au contraire la culture la plus importante pour les colons européens, celle qui doit leur
donner les plus gros bénéfices. Le climat et la fertilité
du sol assurent les hauts rendements en raisin et en
vin.

Les indigènes s'adonnent principalement à la culture
des céréales, notamment à celle du blé dur et de l'orge.
Ils cultivent sur des surfaces importantes l'olivier, sur
les terres accidentées et de moyenne altitude. Le dattier produit des dattes de qualité supérieure dans les
provinces sahariennes du Djend et de Nefzavno. Les dattiers des environs de Gabès donnent des fruits peu re-
recherchés; mais à l'ombre de ces arbres, on cultive avec
succès le grenadier, l'amandier, l'abricotier, la vigne,
l'orge, le maïs, le henné, le piment, les tomates, les roses
et le géranium. L'alfa se récolte sur les parties les plus
élevées des montagnes. En fait d'animaux, les indigènes
entretiennent des moutons à grosse queue, des bœufs, des
chevaux, des chameaux et des ânes. Les moutons sont
assez gros. Les chevaux et les bœufs sont de petite taille
et d'une faible ressource pour les travaux aratoires. Il
existe, dans les montagnes, des forêts d'une certaine
importance. Le pin d'Alep et le chêne vert occupent
les terrains calcaires, tandis que le chêne-liège et le
chêne-zen se sont emparés des pentes silicieuses.

A l'exemple de l'Algérie, les colons ont introduit quelques plantations d'eucalyptus et de casuarina (1). La Tunisie est plus peuplée que l'Algérie ; on y compte 2,125,000 habitants. L'Algérie, quatre fois plus étendue, n'a guère que 2,807,000 habitants. Les Tunisiens passent pour être moins guerriers et moins turbulents que les indigènes de l'Algérie. Sous le rapport de la sécurité, l'avantage reviendrait à la Tunisie. Ce qui manque le plus à cette dernière, ce sont les bons chemins, les voies ferrées, et une législation qui soit en rapport avec l'état actuel de la civilisation européenne

(1) La plupart des renseignements qui concernent la Tunisie ont été extraits de l'ouvrage de M. de Lanessan.

CHAPITRE V.

CLIMATS NUISIBLES AUX TRAVAILLEURS, TERRES INSALUBRES. MALARIA DE LA CORSE ET DE L'ALGÉRIE.

Ce n'est pas tout de placer les plantes dans de bonnes conditions météorologiques, et d'offrir à chaque culture un climat conforme à son tempérament et à ses exigences spéciales, il faut encore que l'air respirable ne contienne rien qui soit nuisible à la santé des travailleurs. Il est constant que certaines contrées très fertiles, mais restées incultes ou mal cultivées, ne sont pas saines à habiter pendant toute l'année. A l'époque de la saison chaude, les populations y sont atteintes de la fièvre, dont les effets sont d'autant plus redoutables, que l'on se rapproche davantage de l'équateur. Sous un climat tempéré on vit avec la fièvre; on en meurt au contraire dans les régions du midi où l'insalubrité est désignée communément sous le nom de malaria. Quel est le principe de cet élément morbide? Sont-ce des miasmes, des spores d'algues microscopiques ou bien des microbes paludéens? La science incline pour des microbes. On connaît bien les conditions topographiques favorables au développement de ce principe morbide, et les précautions à prendre pour échapper à ses terribles effets, mais on a longtemps ignoré sa nature et son mode de génération. Tout ce que nous savons, c'est que les terres parfaitement cultivées sont toujours exemptes de malaria, et que, dans les régions insalubres, le mal diminue d'intensité par les progrès et l'extension des cultures.

Sont réputés insalubres les terres marécageuses, les bords des étangs, des canaux, les landes, les maquis de la Corse, les broussailles de l'Algérie, les prairies mal assainies, les fosses et les pièces d'eau mal entretenues, et soumises à des alternatives de mise en eau et de dessèchement, les pays d'étangs, les watteringues et les polders conquis sur l'Océan, et les alluvions basses des deltas qui se forment aux embouchures des fleuves. La Sologne, la Brenne et la Dombes possèdent encore de nombreux étangs qui, en été, causent la fièvre aux travailleurs de ces localités. La Camargue, c'est-à-dire le delta du Rhône, est également soumise à une influence paludéenne qui s'étend sur les parties voisines du département du Gard et de l'Hérault. La zone maritime de la Corse est infestée de malaria et devient inhabitable pendant toute la saison chaude. En Algérie, en Espagne et en Italie nombre de localités basses et humides occasionnent aux populations des fièvres pernicieuses qui déciment les familles et viennent apporter de sérieux obstacles aux travaux de la culture.

Dans les pays de montagnes, l'atmosphère, insalubre sur les terres basses, retrouve sa pureté et sa fraîcheur à certaines altitudes bien connues des populations. En Corse, la malaria disparaît des terrains qui sont à 200 ou 300 mètres au-dessus du niveau de la mer. C'est aux altitudes de 300 et 400 mètres qu'on observe les villages réputés sains et habités sans déplacement pendant toute l'année. Les villages situés dans plaine ou dans les vallées basses sont évacués à l'approche des chaleurs. Les habitants ont double demeure : celle de la plaine, agréable, saine et chaude en hiver, et celle de la montagne, fraîche et salubre en été, quand la malaria rend la plaine dangereuse et inhabitable. L'obligation de deux résidences avec les déménagements qui en sont la conséquence devient très onéreuse pour les populations, sans compter le trouble qui en résulte pour les travaux de la culture et l'entretien des animaux de la ferme.

Il est donc bien important, quand on veut coloniser un pays mal connu au point de vue de la salubrité, d'éviter, au début, les localités les plus insalubres. Les végétaux fournissent à ce sujet des indications précieuses dont on aurait grand tort de ne pas tenir compte. Les surfaces couvertes de joncs, de carex, d'aulnes, de peupliers et de saules, dénotent un sol imperméable, humide et favorable au développement de la malaria. Les orangers, le myrthe, le lentisque et les cistes se plaisent sur les terres chaudes des régions insalubres. En Algérie, le ricin et le laurier-rose occupent les terres basses et humides en sous-sol. Ce sont toujours des localités qui inspirent peu de confiance au point de vue de la salubrité.

Quelques travailleurs peuvent impunément résider sur les terres insalubres en s'astreignant à certaines mesures de préservation. On ne doit pas se tenir dehors avant le lever ni après le coucher du soleil. Si la chose est possible, il est prudent de passer la nuit sur un endroit élevé et exempt de malaria. On évitera de sortir à jeun et de se mouiller à la pluie ou à la rosée. Un bon régime tonique; du café le matin, du vin de quinquina, l'eau d'Orezza servent aussi à combattre les effets de la malaria.

Quant à l'assainissement des localités, on l'effectue par le développement des cultures. On doit donner la préférence aux cultures arbustives, à la vigne, aux mûriers et aux amandiers. Les végétaux à feuilles caduques passent pour être plus assainissants que les essences résineuses à feuilles persistantes. L'eucalyptus, dont les

feuilles persistent toute l'année, paraît faire exception.
Par la puissance et l'activité de sa végétation, il enlève
au sol une forte dose d'humidité; il assainit aussi les
endroits marécageux et les rend moins propres au développement de la malaria. Que d'entreprises agricoles
tentées dans les colonies ont échoué par suite de l'insalubrité de la contrée! On ne saurait donc faire trop
attention aux conditions de l'hygiène au milieu desquelles se trouveront les travailleurs agricoles. Il faut,
avant tout, trouver un air pur, de bonnes eaux potables
et un bon climat pour les hommes et pour les cultures.

CHAPITRE VI.

LIMITES CLIMATÉRIQUES DES CULTURES.

Les cultures sont subordonnées à deux sortes de limites : les unes sont naturelles, les autres économiques. Les cultures cessent partout où elles coûtent plus qu'elles ne rapportent, partout où l'on manque de main-d'œuvre pour les soigner, de débouchés pour les écouler.

Les limites naturelles sont dites polaires quand elles sont déterminées du côté du nord, et équatoriales du côté du midi. Il y a, en outre, les limites imposées par l'altitude, qu'on peut aisément comparer aux limites polaires.

Chaque culture a des limites en latitude et en altitude. Citons quelques exemples : la culture du dattier a sa limite polaire dans les oasis du Sahara entre le 35e et le 34e degré de latitude, plus au nord la chaleur manque pour la maturité des dattes; cet arbre s'avance vers l'équateur, à travers le Sahara; on le retrouve encore au 32e degré de latitude. Nous ignorons sa limite exacte du côté de l'équateur. L'oranger ne dépasse pas au nord les endroits les plus chauds de la Provence, c'est sa limite polaire; sa limite équatoriale s'arrête en Algérie, aux premiers plans du petit Atlas. L'eucalyptus globulus s'avance un peu plus au nord que l'oranger, et reste dans la même limite équatoriale. L'olivier se dirige vers le pôle nord plus que les deux végétaux précédents, et il atteint de plus fortes altitudes, mais sa limite équatoriale s'arrête sous le climat qui convient à l'oranger. La vigne va plus au nord, et monte plus haut que l'olivier. Elle s'avance vers le nord et l'est de la France et dans les parties les moins élevées de la Suisse; dans le Midi, elle gagne l'Afrique et s'y élève à une grande hauteur. On la voit à Médéah, à 900 mètres au-dessus du niveau de la mer. En Europe, elle n'atteint pas les mêmes altitudes. En Suisse, dans les cantons de Genève, de Vaud et de Neufchatel on trouve de riches vignobles aux altitudes de 375 mètres, 400 mètres et 500 mètres. Les vignes de l'Arbois, dans la Franche-Comté, sont à l'altitude moyenne de 400 mètres. C'est une culture qui offre par conséquent une marge considérable pour ses limites en latitude et en altitude. Les limites en latitude servent à déterminer ce que l'on désigne sous le nom d'aire de végétation.

L'aire de végétation comprend toutes les localités où la plante cultivée jouit du climat qui lui permet de parcourir toutes les phases de sa végétation.

L'aire de végétation d'une culture serait régulière et n'offrirait aucune solution de continuité, si le globe terrestre ne présentait pas fréquemment des reliefs qui viennent modifier le climat général de chaque contrée. Les collines et les montagnes, en modifiant les conditions climatologiques, occasionnent de fréquentes lacunes dans l'aire de végétation des cultures : c'est ce qui nous a forcé de renoncer aux régions établies autrefois par les agronomes. La région indiquait toute une circonscription où une culture quelconque devait se trouver dans de bonnes conditions de végétation. C'était une idée fausse, attendu que dans ce qu'on appelait la Région des orangers, il existait beaucoup de terrains impropres à cette culture. Le climat de l'oranger est une expression plus précise et plus juste. Ce terme résume les conditions météorologiques propres à cette culture.

Par une vue providentielle, le froment est l'une des cultures qui offre l'aire de végétation la plus étendue en latitude et en altitude. Suivant M. Risler, cette céréale exige pour la maturité de son grain 2,134° au-dessus de 6°. Il faut croire qu'elle reçoit cette quantité de chaleur sous les altitudes et les latitudes les plus diverses. Le froment parvient à maturité en Suède, à Alten, sous le 70° degré de latitude. M. Tisserand rapporte qu'à l'école d'agriculture de Skibotten (Suède), sous le 69°,28' de latitude, le blé de mars mûrit en 114 jours. On sait que sous cette latitude les nuits sont très courtes en été, et que le soleil fournit en 24 heures une forte somme de chaleur et de lumière.

On voit que la limite polaire du froment est extrêmement septentrionale. L'orge, le seigle, l'avoine ont à peu près la même limite polaire. En Suède, l'orge et le seigle ont plus d'importance que le froment. En Écosse, sous le 57° de latitude, l'avoine occupe le premier rang parmi les céréales; l'orge arrive au second rang. On fait peu de blé et de seigle.

Le froment, qui s'accommode du climat de la Suède, supporte encore celui de l'Algérie; il atteint de bons rendements dans les terres fertiles du Tell. A Tougourt, à l'ombre des palmiers, sous le 33° degré de latitude, les cultivateurs des oasis parviennent à cultiver cette précieuse céréale. Sur les plateaux des montagnes on peut encore le cultiver avec succès. J'en ai vu de belles récoltes dans le Jura, aux altitudes de 700 et 800 mètres, et dans l'Algérie à l'altitude de 900 mètres aux environs de Médéah.

CHAPITRE VII.

RÉPARTITION DES CULTURES.

C'est sous le climat méditerranéen, en France, en Corse et en Algérie, qu'on peut le mieux étudier la répartition des cultures basée sur l'altitude des localités et les conditions météorologiques de chaque pays.

Donnons quelques exemples de cette distribution des végétaux cultivés et spontanés à des altitudes bien déterminées. Dirigeons notre première excursion de Nice à l'observatoire. On passe du niveau de la mer à l'altitude de 372 mètres. En faisant cette ascension par des sentiers en lacet au milieu des cultures, on jouit d'une vue magnifique de mer et de montagnes. Le sol dérivé du terrain crétacé est éminemment calcaire et très pierreux; il est fortement incliné et doit être disposé en terrasses horizontales avec murs de soutènement partout où l'on se décide à le mettre en culture. Le coteau que nous gravissons est situé sur la rive gauche du Paillon, et voit le soleil à l'ouest et au sud-ouest. Il n'est pas complètement à l'abri du mistral qui y pénètre plus ou moins par la vallée de cette rivière ou plutôt de ce torrent côtier. Toute la vallée du Paillon et les premières terrasses du coteau sont couvertes d'orangers cultivés pour les fruits ou pour les fleurs à distiller. L'oranger ne monte pas bien haut, il n'occupe que les points les mieux abrités contre le mistral. Les terrasses de cette colline sont garnies d'oliviers, de vignes, de figuiers avec cultures maraîchères intercalées. L'olivier est la culture qui prend le plus de place. Au milieu des vignes et des oliviers, on cultive la fève et la pomme de terre; on y trouve aussi quelques parcelles de froment.

Le terrain non emblavé parmi les cultures d'oliviers et de vigne se couvre spontanément d'avoine stérile (*avena sterilis*), graminée vigoureuse et précoce qui, sur la jachère et sur les vieux chaumes, devient ici comme en Algérie une véritable plante fourragère. Elle pousse activement en hiver; et, à l'ombre des oliviers, elle montre sa panicule en plein hiver, aux mois de janvier et de février.

Vers l'altitude de 200 mètres, les cultures disparaissent et font place aux végétaux spontanés, dont l'ensemble constitue des bois de médiocre valeur composés de pin d'Alep associé aux arbustes qui composent naturellement les landes en terrain calcaire. Voici, par ordre d'importance, la liste de ces espèces spontanées :

Pin d'Alep.................	*Pinus halepensis*, CCCC.
Calycotome	*Calycotome spinosa*, CC.
Romarin (en fleur en hiver).	*Rosmarinus officinalis*, C.
Lentisque..................	*Pistaceia lentiscus*, C.
Genévrier	*Juniperus oxycedrus*, AC.
Ciste blanc...............	*Cistus albidus*, AC.
Autre Ciste	*Cistus salviæfolius*, AC.
Phillyrea	*Phillyrea angustifolia*, AC.
Caroubier.................	*Ceratonia siliqua*, rare.

Au milieu de ces bois et de ces cultures on trouve en fleur, au mois de février, parmi les végétaux herbacés, des anémones et de la véronique à feuilles de lierre.

Aux environs de Cannes la répartition des végétaux est à peu près la même, sauf les modifications dues à la nature du sol. L'oranger y est cultivé principalement pour les fleurs destinées aux parfumeries de Grasse. La vallée et les terrains bas produisent en outre des roses, des jacinthes, des anémones, des œillets, etc., pour la vente en hiver à Paris et aux autres capitales de l'Europe septentrionale. Le jasmin, la cassie, la rose et d'autres fleurs soumises à l'arrosage donnent en été des produits destinés à la fabrication des parfums.

A Cannes comme à Nice, le citronnier (*Citrus limonum*) est assez rare et n'est pas d'un bon rapport; il n'y trouve pas les abris et la chaleur qui assurent l'abondance et la régularité de ses produits. Il en est à peu près de même de l'oranger (*Citrus aurantium*); à peu d'exception, les oranges manquent de qualité et on préfère se livrer à la culture du bigaradier (*Citrus bigaradia*), dont les fleurs s'écoulent avantageusement chez les fabricants de parfums.

La véritable patrie du citronnier, c'est Menton qui est la station la plus chaude et la mieux abritée que l'on rencontre sur les rives de la Méditerranée, depuis Hyères jusqu'à Gênes. Nulle part on ne trouve du citronnier en plus grande quantité et donnant lieu à un commerce aussi important en France et à l'étranger. Le citronnier occupe à Menton le fond des vallées et les coteaux à des hauteurs qui atteignent près de 3oo mètres; les seuls obstacles à sa culture dans les niveaux inférieurs à 3oo mètres, c'est le manque d'eau pour son arrosage en été, ou l'état rocheux des surfaces. Dans ce cas, il est remplacé par l'olivier d'abord, et ensuite par du bois et des landes. Voici d'ailleurs la répartition des végétaux cultivés et spontanés qu'on rencontre dans le canton de Menton, en passant du niveau de la mer aux fortes altitudes des montagnes voisines.

Faisons d'abord une excursion de Menton à Roquebrune. Du niveau de la mer on passe à 244^m d'altitude. En suivant le sentier du Muletier, on chemine constamment sur un sol calcaire, pierreux, fortement incliné, en route étroite pavée et disposée en escalier sur la plus grande partie de sa longueur qui est d'environ cinq kilomètres.

Au bas et à une faible hauteur on traverse de belles cultures de citronnier, puis on entre dans une magnifique forêt d'oliviers. Ce sont les plus beaux et les plus vieux de la contrée; tous annoncent une longévité de plusieurs siècles. Dans ces endroits où la gelée ne les atteint jamais, ces arbres sont pour ainsi dire éternels; quand le tronc principal vient à périr de vétusté, la souche primitive émet des jets latéraux qui prennent la place du sujet disparu. C'est une nouvelle génération qui se développe sur la souche mère dont la durée semble pour ainsi dire illimitée. Ce qui contribue à maintenir la prospérité de ces plantations, c'est qu'on a soin de les fumer régulièrement et de donner au sol et aux arbres les façons qui sont nécessaires pour favoriser la végétation des oliviers et pour obtenir tous les ans une abondante récolte d'olives. Arrivé au haut du sommet où est situé Roquebrune, on retrouve de beaux vergers de citronniers, preuve évidente que cette culture peut s'élever à près de 250ᵐ d'altitude.

A Menton aboutissent quatre vallées étroites qui offrent les mêmes conditions de sol et de culture. Le sol dérivant du coteau inférieur est généralement siliceux-sablonneux. Il résulte de la désagrégation d'un grès dur et résistant par place, friable et attaquable à la pioche sur d'autres endroits. Grâce aux abris naturels, le citronnier réussit au fond des vallées et sur les coteaux dans toute la zone arrosable par les dérivations qu'on a pratiquées sur les cours d'eau de ces vallées. La zone non irrigable est consacrée à l'olivier, à l'exception des surfaces où la roche quartzeuse, résistante et non désagrégeable, se montre rebelle à toute culture. Au milieu de ces rochers les parties meubles se garnissent des végétaux spontanés suivants :

Pin maritime..............	*Pinus maritimus.*
Chêne pédonculé..........	*Quercus robur.*
Arbousier................	*Arbutus unedo.*
Olivier sauvage...........	*Olea europea.*
Genévrier................	*Juniperus oxycedrus.*
Phillyrea............,......	*Phillyrea angustifolia.*
Ciste....................	*Cistus salviæfolius.*
Petite bruyère............	*Calluna vulgaris.*
Sambois.................	*Daphne gnidium.*
Dactyle..................	*Dactylis hispanica.*
Froment pinné............	*Triticum pinnatum.*
Andropogon..............	*Andropogon hirtum.*
Lavande.................	*Lavandula stœchas.*

L'excursion de Menton à Castellar, dont l'altitude est de 290 mètres, montre les mêmes cultures et les mêmes végétaux spontanés, avec cette différence que le pin d'Alep, sur les marnes, remplace le pin maritime qui vient de préférence sur les terres siliceuses.

Le citronnier se cantonne au fond de la vallée et s'élève en coteau à 150 ou 200 mètres, puis viennent les oliviers qui dépassent l'altitude de Castellar et atteignent celle de 300 mètres. Plus haut les terrains portent des forêts de bois résineux (pin maritime ou pin d'Alep). Après ces bois apparaissent des sommets complètement dénudés. Ce sont des rochers calcaires battus par le vent et les tempêtes. Le ravinement par les pluies et la rigueur du climat y réduisent la végétation à sa plus simple expression. Les essences ligneuses n'y viennent pas, et les plantes herbacées croissent difficilement sur des surfaces fortement inclinées et complètement privées de terre végétale.

CHAPITRE VIII.

TOPOGRAPHIE AGRICOLE. — RELIEF DES TERRAINS. INCLINAISON DES SURFACES.

L'étude du relief des terrains doit vivement préoccuper l'agriculteur appelé à déterminer les cultures les mieux appropriées à son sol et à son climat.

Il y a à considérer l'inclinaison des surfaces, l'exposition dont elles jouissent et leur situation topographique. Les pentes trop prononcées, celles qui dépassent 5 o/o rendent plus difficiles et plus onéreux tous les travaux de la culture ; si elles atteignent l'inclinaison de 45°, elles deviennent incultivables et utilisables seulement par le boisement ou l'engazonnement. Les terres en pente livrées à la culture sont exposées au ravinement par les eaux pluviales, l'eau qui coule à leur surface emporte dans la vallée les parties meubles du sol avec les substances solubles des engrais. La terre se dénude dans les parties les plus élevées des champs, et si l'on tient à ce que la fertilité n'en soit pas diminuée, il faut reprendre en bas les terres emportées par les eaux pluviales et les rapporter dans le haut des champs. Ce sont des frais qu'on n'a pas à supporter sur les surfaces suffisamment inclinées pour l'assainissement, mais où la pente n'est pas assez forte pour donner lieu au ravinement. Les terrains sans pente offrent d'autres inconvénients, les eaux s'y accumulent, et pour peu que le sol et le sous-sol soient imperméables, les plantes y souffrent d'une humidité trop abondante et trop prolongée.

Il y a donc à faire grande attention au relief et à la situation relative des terres qui composent les différentes parties d'un domaine. Suivant la situation des surfaces, on distingue des plaines, des vallées, des coteaux, des plateaux, des collines et des montagnes.

Les plaines sont de grandes surfaces, d'une faible altitude par rapport à la mer ou aux vallées environnantes, et d'une inclinaison pour ainsi dire insensible. C'est là qu'on voit les exploitations les plus étendues et les plus importantes de la France, celles où les champs offrent des dimensions et des formes favorables à l'exécution des travaux aratoires. La Belgique, la Hollande, la Russie et la Moravie possèdent d'immenses plaines qui sont le siège de vastes exploitations faciles à cultiver et généralement très productives. Qui ne connaît en France les riches plaines de la Flandre, de la Picardie, de la Beauce, de la Brie. La Sologne et le Berry offrent des plaines d'une moindre fertilité, mais faciles encore à mettre en valeur par la culture ou les essences forestières. Il existe parfois au milieu des montagnes des plaines qui sont d'autant plus appréciées que les autres surfaces offrent des accidents et des pentes qui les rendent incultivables.

En Auvergne, la plaine de la Limagne, dont l'altitude varie entre 270 et 300 mètres, est d'une fertilité proverbiale. Elle produit en abondance des céréales, des fourrages et des fruits de toutes sortes. La plaine de Montbrison à l'altitude de 376ᵐ et celle de Roanne à l'altitude de 320ᵐ sont plus froides et moins fertiles, par suite de la nature du sol et du voisinage des hautes montagnes.

Aux environs de Paris on cite plusieurs plaines d'une grande fertilité; telles sont la plaine de Saint-Denis, la plaine de Trappes, la plaine de Lonjumeau et les grandes plaines de la Brie.

En Algérie et en Corse il existe de vastes plaines très fertiles mentionnées précédemment.

Les plateaux sont des plaines à de fortes altitudes;
leur situation élevée les rend plus ou moins improductifs;
les plateaux les plus étendus dépendent des montagnes
de l'Auvergne. La Planèze est un vaste plateau du Cantal,
situé entre Saint-Flour et Murat; il est à 900 et 1,000
mètres au-dessus du niveau de la mer. On le considère
comme le grenier de l'Auvergne. On y fait d'abondantes
récoltes de seigle. Bien que son sol soit de bonne qualité, le froment n'y vient pas à cause du climat trop re-
froidi par le voisinage des montagnes; c'est ce qu'indique
ce dicton auvergnat : *sans le Cantal et le Mont-Dore
le bouvier de la Planèze conduirait son attelage avec
un aiguillon d'or.*

La Bresse et la Dombes forment un vaste plateau qui
domine les vallées du Rhône et de la Saône; les céréales
et les fourrages en sont les productions principales. L'imperméabilité du sol, la présence de nombreux étangs en
Dombes, et le voisinage des montagnes du Jura en
rendent le climat froid, pluvieux et impropre à la vigne.

Parmi les plateaux dont l'étendue est considérable,
citons encore le plateau de Langier, très élevé et très
froid, conséquence de son altitude qui est de 387 mètres.
Il convient néanmoins aux cultures de céréales et de
fourrages.

Les causses de l'Aveyron, de la Lozère et du Lot sont
des plateaux calcaires, secs et froids, qu'on ne cultive pas
et qu'on abandonne à dépaissance des troupeaux de moutons. Ils y jouissent en été d'un pâturage d'excellente
qualité où dominent les meilleures espèces de graminées
et de légumineuses. Le plateau des Mille-Vaches dans le
département de la Corrèze se désigne ainsi par ironie;
c'est une vaste bruyère qui s'élève à 800 mètres d'altitude;
elle frappe l'attention du voyageur par son étendue,
sa stérilité et l'absence de toute habitation. Il est dou-

teux qu'on n'y ait jamais nourri mille têtes de bétail comme son nom semblerait l'indiquer.

Vallées.

Les vallées offrent généralement des surfaces d'une grande production; peu inclinées comme les plaines, elles sont faciles à travailler et à cultiver. Leur importance est en rapport avec leur étendue, qu'on peut facilement apprécier d'après la largeur et la longueur moyenne de chacune d'elles.

Parmi les vallées on distingue celles qui sont habituellement submersibles et celles qui ne le sont qu'exceptionnellement. Les premières, colmatées et inondées tous les ans, sont constamment à l'état de prairies naturelles; les autres, composées généralement de terres légères, friables et faciles à cultiver, sont consacrées à des cultures diverses. Certaines parties plus fraîches, plus basses et plus inondables sont encore en prairies naturelles. Parmi les vallées livrées en grande partie à la culture, il faut citer celles de la Seine et de ses affluents, celles de la Loire, de la Garonne, de l'Adour, du Rhône, de l'Isère (Grésivaudan). Au contraire, c'est la prairie naturelle qui domine dans les vallées de la Meuse, de la Moselle et de la Saône. En Algérie, toutes les vallées sont livrées à la culture. La prairie naturelle n'aurait pas de raison d'être dans des vallées où les rivières sont desséchées pendant la plus grande partie de la saison chaude. Les deux plus grandes vallées de l'Algérie et de la Tunisie sont celles du Chéliff et de la Medjerda. La prairie naturelle s'y dessécherait et mourrait en été; les céréales, la vigne et plusieurs autres cultures arbustives s'y trouvent, au contraire, dans de bonnes conditions de végétation.

Côteaux, collines et montagnes

Les coteaux bien exposés conviennent à la vigne, quand le climat ne fait pas obstacle à cette culture; souvent on est obligé de disposer le terrain en terrasses superposées pour prévenir le ravinement du sol. On peut aussi y développer la prairie naturelle; elle y est très productive si on peut l'arroser avec de bonnes eaux provenant des terrains supérieurs.

Non loin des grandes chaînes de montagnes, les surfaces sont accidentées et mamelonnées; il est impossible d'y trouver de grandes étendues régulières et peu inclinées comme celles qui conviennent aux cultures herbacées. Tout le pays n'offre que des collines à pentes rapides utilisables seulement par le pâturage ou par la culture des végétaux ligneux. Il y a en France une quantité considérable de ces terrains tourmentés le long des Pyrénées, des Alpes, du Jura et du plateau central. Tous les départements qui confinent à ces montagnes, et ils sont nombreux, présentent ces reliefs très accusés où les surfaces fortement inclinées se prêteraient mal à des cultures herbacées. Les fruits, les cultures arbustives, l'herbe et le bois sont les seuls produits à demander à ces terrains accidentés. Suivant les climats et les expositions on y plante des châtaigniers, de la vigne, des amandiers, des oliviers et diverses essences forestières.

C'est là qu'on pratique avec le plus de succès l'arrosage des prairies quand on dispose, à un niveau supérieur, d'eaux abondantes et de bonne qualité. Quant aux montagnes élevées qui succèdent aux collines, toute culture y est interdite par la rigueur du climat. Le bois et l'herbe naturelle sont les seuls produits qu'on puisse utilement en retirer.

DEUXIÈME PARTIE

ÉTUDE DU SOL DANS SES RAPPORTS AVEC LES VÉGÉTAUX CULTIVÉS ET SPONTANÉS

CHAPITRE Ier.

MINÉRAUX ET ROCHES CONSTITUTIVES DU SOL.

La plante cultivée ou spontanée exige pour parcourir toutes les phases de sa végétation : 1° un climat apte à lui fournir l'eau, la lumière et la chaleur dont elle a besoin; 2° un sol qui lui serve de base et de soutien, qui permette à ses racines de s'étendre dans tous les sens, et qui lui fournisse les substances nécessaires à sa parfaite alimentation. La plante trouve les éléments de sa vie végétale dans l'air et dans le sol. Pour ce qui est des éléments et des agents atmosphériques utiles ou nuisibles aux plantes, l'intervention de l'homme est excessivement limitée. Il en est autrement des substances que la plante emprunte au sol; dans cette sphère l'homme peut, au contraire, beaucoup pour assurer le succès des végétaux cultivés.

L'étude de l'agriculture basée sur les besoins des plantes se divise naturellement en trois parties, savoir : 1° la climatologie agricole qui est l'étude des besoins des plantes au point de vue du climat; 2° l'agrologie ou l'étude des exigences des plantes au point de vue du sol; 3° la science des engrais ou l'étude des substances à incorporer au sol en vue de la bonne alimentation des cultures. Le chapitre précédent a été consacré à la climatologie agricole. Nous passons maintenant à l'agrologie proprement dite, c'est-à-dire à l'étude du sol dans ses rapports avec la végétation. Disons d'abord ce qu'est le sol; c'est la couche superficielle du globe terrestre dans laquelle se développent les racines des végétaux.

La connaissance approfondie du sol exige qu'on en étudie les propriétés physiques, chimiques et physiologiques. Par propriétés physiologiques nous entendons les aptitudes favorables à la végétation des plantes. Autrefois l'agrologie avait peu de rapports avec la minéralogie et la géologie; on étudiait chaque sol en particulier sans se préoccuper de son origine géologique. Cette méthode excluait les vues d'ensemble et obligeait à recommencer l'étude du sol pour chaque domaine, et même pour chaque parcelle d'un même domaine. Il était même souvent nécessaire de faire plusieurs analyses dans la même parcelle.

Les progrès de la géologie ont permis de simplifier considérablement l'étude du sol et du sous-sol. Il faut savoir que le même minéral qu'on désigne sous le nom de *roche* quand il se présente en masse sur de vastes étendues, embrasse parfois des surfaces considérables, des départements entiers et souvent même des provinces. Les roches constituent par leur décomposition et leur désagrégation le sol des forêts, des landes et des terres cultivées. Il est évident que toutes les terres issues d'une même roche, offriront des qualités ou des défauts identiques au point de vue des plantes. On conçoit dès lors combien il est important d'étudier les propriétés de la roche qui a produit le sol et qui a donné à toute une contrée une physionomie spéciale due en grande partie à l'origine géologique de la terre arable.

Comment parvient-on à déterminer et à connaître physiquement et chimiquement les roches affleurantes et constitutives du sol. Nous possédons maintenant de bonnes cartes géologiques; elles indiquent exactement les roches superficielles et les roches sous-jacentes. L'étude de ces dernières n'est pas non plus indifférente pour l'agriculteur, auquel il importe de savoir s'il n'existe pas dans le sous-sol des substances utiles aux plantes et qu'il aurait intérêt à ramener dans le sol et s'il y a des couches imperméables constituant des réservoirs d'eau utilisables pour les besoins de la ferme. On devine aussi combien il est utile, pour avoir une idée complète et exacte de l'agrologie d'une contrée, d'un domaine, d'une parcelle de terrain, de déterminer la nature et la succession des roches constitutives du sol, du sous-sol, à une profondeur aussi forte que possible.

L'interprétation des cartes géologiques sur le terrain exige qu'on reconnaisse à leurs caractères extérieurs et au besoin à l'aide d'essais chimiques peu compliqués, les minéraux dont les roches sont composées. L'étude de ces minéraux, qu'on désigne sous les noms de pétrologie ou de lithologie, n'offre aucune difficulté sérieuse; elle s'étend à un petit nombre de minéraux, à ceux qui sont les plus importants et les plus répandus à la surface du globe. Nous allons les énumérer, et en indiquer les caractères distinctifs, leurs propriétés physiques et leur composition chimique; propriétés que nous retrouverons plus ou moins modifiées par les agents atmosphériques, par les végétaux qui s'y sont développés spontanément et par les opérations diverses qu'ils subissent de la part des agriculteurs.

Les sols dérivent des roches, les roches dérivent des minéraux, les minéraux dérivent des corps simples. Pour bien connaître toutes les propriétés des sols, il faut donc faire une étude sérieuse des corps simples, des minéraux et des roches dont les éléments désagrégés et quelquefois modifiés sous l'action des agents atmosphériques constituent la série si variée et si importante des terres arables.

Les corps simples qui servent à constituer les minéraux sont au nombre de 16. Le tableau suivant les indique avec leurs symboles, leurs poids atomiques et leurs équivalents.

		Poids atomique.	Équiv.
Aluminium	Al	27.5	13.75
Azote	Az	14	14
Calcium	Ca	40	20
Carbone	C	12	6
Chlore	Cl	35.5	35.5
Fer	Fe	56	28
Fluor	Fl	19	19
Hydrogène	H	1	1
Magnésium	Mg	24	12
Manganèse	Mn	55.2	27.6
Oxygène	O	16	8
Phosphore	P	31	31
Potassium	K	39.1	39.1
Silicium	Si	28	14
Sodium	Na	23	23
Soufre	S	32	16

Les minéraux les plus importants, ceux qui forment les roches constitutives des sols, sont les suivants :

Quartz.	Talcite.
Sables quartzeux.	Protogine.
Grès.	Diorite.
Grauwacke.	Ophite.
Arkose.	Porphyre.
Molasse.	Basalte.
Psammite.	Péridot.
Silex.	Pyroxène.
Meulière.	Dolérite.
Feldspath.	Trachyte.
Orthose.	Mélaphyre.
Albite.	Laves.
Oligoclase.	Scories.
Labrador.	Cendres volcaniques.
Anorthite.	Calcite.
Petrosilex.	Dolomie.
Micas.	Argiles.
Amphibole.	Schistes.
Talc.	Marnes.
Micaschiste.	Phosphate de chaux
Gneiss.	Gypse.
Granit.	Fer oxydé.
Syénite.	Tourbe.

Quartz Si O².

Le quartz pur n'est autre chose que la silice de la chimie; il renferme 46,67 de silicium et 53,33 d'oxygène. Après l'oxygène qui représente, en poids, la moitié de l'écorce terrestre, le quartz est la substance la plus abondante et la plus répandue dans les différentes formations géologiques. On prétend qu'il représente à lui seul les deux tiers des masses minérales du globe terrestre. Le silicium forme 28 pour 100 de toutes les roches cristallines d'origine éruptive. Suivant M. de Lapparent :

« Le groupe qui comprend l'oxygène, le silicium, l'aluminium, le magnésium, le calcium, le potassium, le fer
et le carbone constitue les 977 millièmes de la terre. Dans
ce qui reste, la prédominance appartient à l'ensemble du
soufre, de l'hydrogène, du chlore et de l'azote. » Le silicium, avide d'oxygène, ne se trouve jamais à l'état de
pureté. C'est sous la forme de silice ou de silicate
qu'il entre dans la composition des terres arables.

La silice, si abondante dans la nature, si commune
dans la constitution des roches, se retrouve en quantité plus ou moins considérable dans tous les sols. Il n'y
a guère que les terres calcaires qui n'en soient pas riche-
ment pourvues. Néanmoins, elles en renferment encore
des doses appréciables, puisque les végétaux qui croissent sur ces terrains accusent de la silice à l'analyse
chimique. Parmi les minéraux terreux, il n'en est pas
de plus stable et de plus inaltérable que le quartz : il
se montre insensible à l'action des agents atmosphériques, insoluble dans l'eau, résistant à la gelée, inattaquable par les acides, d'une grande dureté représentée
par 7 (10 étant le maximum de ce caractère); il fait
feu au briquet, il raye le verre et n'est pas rayé
par une pointe d'acier. La silice se montre en grande
masse à l'état de roche, à la surface du globe. Ces
roches sont compactes ou continues, fragmentaires,
pierreuses ou caillouteuses, graveleuses ou sablonneuses.
Quand elles se montrent au grand jour, elles donnent
naissance à des sols rocheux, caillouteux, graveleux et
sablonneux. Parmi ces types de terrain il n'y a guère
que les terres sablonneuses siliceuses qui soient cultivables. Nous en étudierons plus loin les qualités
et les défauts, très variables suivant les climats et la
situation des surfaces.

Le quartz se présente dans le sol sous différents états.

faciles à distinguer d'après les caractères extérieurs du minéral ; les formations les plus anciennes le montrent à l'état cristallin, transparent, vitreux. Vu en grandes masses rocheuses, il constitue la roche connue sous le nom de quartzite, roche rebelle à toute végétation qui forme des surfaces incultes et improductives, et qui gêne et brise les instruments quand elle est invisible dans le sol ou le sous-sol, au milieu de parties meubles.

Le quartz existe à l'état de petits cristaux d'une désagrégation plus ou moins facile dans la plupart des roches d'origine ignée ; le quartz à l'état de ciment empâte certaines roches plutoniques ou sédimentaires. Les terres schisteuses de transition contiennent souvent de nombreux fragments de quartz blanc, laiteux et opalin. On les ramasse pour en faire des matériaux de route. C'est un macadam de bonne qualité.

A l'état de grains ténus, il forme des sables coulants et friables qui constituent des terres arables, sablonneuses siliceuses, éminemment perméables à l'eau et très faciles à travailler. Ces terres siliceuses occupent de grandes étendues, aux environs de Paris, dans certaines vallées, au bord de la mer, en Europe et en Afrique. Elles sont immenses dans les déserts du Sahara. Les sables siliceux agglutinés par un ciment de nature variable forment des grès qui reçoivent différentes désignations suivant la composition chimique de la substance agglutinante, suivant l'âge géologique des roches formées par ces grès. Les grès les plus anciens sont les grès siliceux, le vieux grès rouge, le grès vosgien, le grès bigarré, et le grès infraliasique. Aux grains siliceux de ces différents grès se joignent des grains de feldspath, des paillettes de mica et des traces de fer oxydé et de manganèse ; la grauwacke est un grès formé de grains de quartz, de schiste micacé avec prédominance de grains feldspathiques. Ce grès est très commun dans les terrains de transition.

L'arkose est un grès composé de grains siliceux associés à des grains d'orthose ou d'albite. Ce grès apparaît dans les terrains secondaires et tertiaires, au voisinage des roches granitiques.

La mollasse se compose de grains siliceux réunis par un ciment calcaire; elle forme une roche verdâtre très commune en Suisse. Elle est employée comme pierre de taille pour les constructions de Genève et de plusieurs autres villes de la Suisse. Elle affleure à la surface dans beaucoup de localités et donne naissance à des sols sablonneux, légers, fertiles et faciles à travailler.

Les grès forment des masses rocheuses d'une puissance très considérable, exploitées pour le pavage des routes et pour les constructions. Ils sont quelquefois noyés dans des sables d'une très grande épaisseur. C'est ce qui se produit pour les grès qu'on extrait au milieu des sables de Fontainebleau : ce sont des grès calcarifères.

Le psammite est un grès avec de l'argile et souvent du mica. On le trouve dans les terrains houiller et triasique.

Les grès apparaissent à la surface et occupent de grands espaces dans certaines parties de la France, notamment dans le département des Vosges. Sous l'influence des agents atmosphériques, ils se désagrègent et se dépouillent du feldspath et des autres substances plus ou moins altérables; il ne subsiste que les grains siliceux qui forment des terres sablonneuses à sous-sol plus ou moins imperméable, quand la roche sous-jacente s'oppose à la filtration des eaux pluviales.

Les détritus des grès des montagnes et des coteaux sont emportés dans les vallées des Vosges par suite du ravinement; ils y forment des terres siliceuses sablonneuses éminemment propres à la culture de la pomme de terre, du seigle, et à la création de prairies qui deviennent très productives par l'effet des irrigations.

Le quartz se montre sous forme de silex, sortes de rognons empâtés dans la craie ou dans les argiles des terrains tertiaires. Ces silex, noirs dans la craie, jaunâtres dans les terrains tertiaires, sont parfois très abondants à la surface du sol. Ils forment des terres cailloteuses de qualité médiocre et nuisibles aux instruments par l'usure que la silice occasionne sur les organes en fer. Ces silex sont ramassés et employés pour les routes ou les constructions. C'est une pierre solide, résistante à l'eau et à la gelée.

Quand les silex prennent de fortes dimensions et deviennent celluleux et caverneux, on les désigne sous le nom de meulière.

La meulière est abondante dans les terrains des environs de Paris ; elle est employée sous forme de gros mœllons plus ou moins plats, très appréciés pour les constructions hydrauliques. C'est cette meulière qui a servi à la construction des fortifications de Paris ; on l'emploie à la construction des égouts et des murs de fondation des maisons de Paris ; elle prend bien le mortier et fait une maçonnerie d'une grande solidité. Elle est moins appréciée de l'agriculteur, quand elle existe dans le sol et le sous-sol en gros blocs difficiles à extraire. Il faut absolument en débarrasser les champs sous peine de briser les instruments aratoires et de renoncer aux labours profonds, si utiles pour assurer la bonne végétation des cultures.

A l'état de combinaison, nous retrouverons le quartz dans la plupart des roches dont nous allons continuer l'étude et l'examen.

La silice existe à l'état gélatineux ou à l'état de molécules impalpables dans la composition de certains sols; sous ces deux formes, ses propriétés physiques diffèrent complètement de la silice sablonneuse ou fragmentaire. La gaize qui, suivant M. Nivoit, occupe de vastes surfaces dans l'Argonne, est composée en grande partie de silice à l'état gélatineux et soluble dans la potasse; sa désagrégation produit un sol ingrat, plus propre au bois qu'à la culture.

Les Feldspaths.

Les feldspaths sont des minéraux d'une grande importance en agrologie. Ils entrent dans la composition des roches primitives ou d'origine ignée, d'où dérivent directement ou indirectement toutes les terres arables. Ces principaux feldspaths sont l'orthose, l'albite, l'oligoclase, le labrador et l'anorthite.

Orthose ($K^2 Al^2 Si^6 O^{16}$).

C'est un silicate dont l'alumine et la potasse sont les bases principales. Voici sa composition chimique :

Silice...................................	64 à 68
Alumine.................................	17 à 29
Potasse.................................	7 à 14
Soude...................................	1 à 6
Chaux...................................	0.3 à 2
Magnésie et oxyde ferreux...............	0 à 1

La moyenne de la teneur en silice est 65 %, en potasse 12 à 13 %. Densité, 2,53; dureté, 6. L'orthose est généralement rose, mais elle présente aussi toutes les couleurs; elle raye le verre; elle est inattaquable par les acides. On la trouve à l'état cristallisé ou compact dans le gneiss, le granit, la syénite, la protogine, le porphyre et plusieurs autres roches ignées. Elle est le plus abondant de tous les feldspaths de l'écorce terrestre.

L'orthose se présente rarement en grande masse rocheuse ; c'est à l'état de cristaux ou à l'état compact qu'elle entre dans la composition des roches granitoïdes porphyriques et basaltiques ; les cristaux se rapportent au prisme oblique rectangulaire, incliné de 112°, avec deux clivages faciles, perpendiculaires.

Ce sont ces cristaux qui, associés au quartz et au mica, font partie intégrante de la plupart des roches plutoniques. Ces roches diverses affleurent dans des régions d'une grande étendue. On comprend dès lors le rôle important de l'orthose dans la constitution des terres arables.

L'orthose n'est pas stable et inaltérable comme le quartz ; sa potasse est attaquée par l'eau chargée d'acide carbonique, il se forme du carbonate de potasse soluble dans l'eau. Ses cristaux se trouvent ainsi détruits, laissant pour résidu du silicate d'alumine qui devient la base de toutes les argiles. Une partie du carbonate de potasse résultant de l'altération de l'orthose, est emportée par les eaux pluviales, une autre partie imprègne le silicate d'alumine qui reste. C'est ce qui explique la présence de la potasse dans la plupart des argiles.

L'altération des cristaux d'orthose dans les roches granitoïdes entraîne la désagrégation de toute la roche.

Les roches granitoïdes dont l'orthose s'est décomposée, se désagrègent et deviennent friables et pâteuses sous l'action de l'eau ; les cristaux de quartz, devenus libres, sont empâtés dans le silicate d'alumine hydraté. Cette altération de la roche, connue sous le nom de kaolinisation, produit une matière plastique plus ou moins blanche qui n'est autre chose que le kaolin dont on fait la terre à porcelaine quand, par la décantation, on l'a dépouillée de ses cristaux de quartz, et qu'on a isolé à l'état de pureté le silicate d'alumine. C'est par la kaolinisation que les roches granitoïdes passent de l'état rocheux à celui de terres arables, meubles et friables.

L'orthose n'est pas seulement utile aux plantes par ses propriétés physiques, mais elle a sur le quartz un autre avantage, c'est de mettre à la disposition des végétaux la potasse qui joue un rôle très important dans l'alimentation des végétaux. Nous démontrerons dans une autre partie de ce volume qu'il n'est pas de terre fertile quand l'analyse chimique n'y trouve pas 2 kilog. de potasse pour 1000 kilog. de terre fine. Aucune culture ne peut réussir dans un sol qui ne contient pas dans des proportions convenables l'azote, l'acide phosphorique, la chaux et la potasse.

L'orthose, par sa décomposition est, la source principale où les végétaux puisent la potasse dont ils ne peuvent se passer; cet élément s'emmagasine dans les argiles qui le cèdent peu à peu aux plantes cultivées. Dans les régions granitiques, elle communique aux eaux d'irrigation des propriétés alcalines très favorables à la végétation des prairies naturelles.

Albite ($Na^2 Al^2 Si^6 O^{16}$).

L'albite ou feldspath sodique tire son nom de la blancheur de ses cristaux. Il contient 66 à 69 % de silice, 12 % de soude à laquelle peuvent s'associer 2 % de potasse et 3 % de chaux. C'est donc un silicate double d'alumine et de soude. Ses cristaux représentent un prisme bi-oblique avec deux clivages non rectangulaires. Sa densité varie de 2,54 a 2,64; sa dureté entre 6 et 6,5. Ce feldspath

path est moins répandu que l'orthose; on le rencontre principalement dans les diorites et les divers porphyres, associé à l'amphibole. Ce minéral n'a pas, en agriculture, la même importance que l'orthose; il entre plus rarement dans la composition du sol, et la soude est loin de valoir la potasse pour la nutrition de végétaux.

Oligoclase (Ca, Na^2)^2 Al^4 Si^9 O^{26}.

L'oligoclase est un feldspath sodico-calcique contenant 62 % de silice, 6 à 12 % de soude, 1 à 6 % de chaux et presque toujours un peu de potasse; sa dureté = 6, sa densité = 2,69 à 2,75. Ses cristaux dérivent d'un prisme oblique à base parallélogramme. On en trouve dans certains granits en même temps que ceux d'orthose, ceux-ci étant toujours plus abondants. L'oligoclase amorphe entre encore dans la composition de diverses roches porphyriques ou trachytiques; les roches qui contiennent de l'oligoclase donnent en se désagrégeant un sol renfermant une certaine proportion de chaux, l'une des substances minérales qui servent à la nutrition des végétaux et qui, en facilitant la nitrification du sol, contribuent dans une large mesure aux succès des cultures. Les granits qui contiennent à la fois de l'orthose et de l'oligoclase procurent aux sols qui en dérivent deux substances très utiles : la potasse et la chaux, sans lesquelles la plupart des cultures ne donnent pas de résultats satisfaisants. Quand le sol en est dépourvu, il faut, à grands frais, lui en fournir sous forme d'engrais et d'amendement, comme nous le verrons lorsque nous traiterons de la préparation et de l'emploi des substances fertilisantes.

Labrador (Ca Na^2 Al^2 Si^3 O^{10}).

Le labrador ou labradorite est un silicate d'alumine, de chaux et de soude; il contient 52 % de silice, 6 à 13 % de chaux et, au plus, 5 % de soude. Sa densité est de 2,68 à 2,76 ; sa dureté est de 6. Il cristallise en prisme bi-oblique avec deux clivages faciles non rectangulaires. Ses cristaux sont incolores, gris, présentant souvent des reflets opalins. Il est attaquable par les acides chlorhydrique ou sulfurique, ils le dissolvent en donnant une gelée abondante de silice. Il entre pour une grande part, à l'état de cristaux ou de ciment empâtant, dans la composition des roches volcaniques et de certains phorphyres. Les roches labradorites d'origine volcanique constituent, en se désagrégeant, des terres d'une grande fertilité. Elles fournissent aux plantes la potasse, la chaux et généralement l'acide phosphorique, trois substances qui, outre l'azote, forment un aliment qui suffit à tous les besoins des plantes cultivées.

Anorthite (Ca Al^2 Si^2 O^8 ou Ca^2 Al^4 Si^4 O^{16}).

L'anorthite est le plus calcaire de tous les feldspaths. Il contient 43 % de silice et jusqu'à 19 % de chaux; 3 % au plus d'alcali ; densité 2,69 à 2,75 ; dureté 6. Elle se présente en petits cristaux vitreux et brillants, transparents ou seulement translucides, dérivant d'un prisme oblique à base parallèlogramme. Son clivage est très facile, elle est très soluble dans l'acide chlorhydrique en laissant une gelée. Elle est assez fréquente dans les roches éruptives. Elle entre comme élément dans la constitution de la diorite orbiculaire de Corse. Ce minéral tire son importance en agrologie de la chaux qui entre dans sa composition.

Les minéraux nommés *pétrosilex*, *obsidienne*, *ponce*, *rétinite* peuvent être considérés, au moins en partie, suivant M. de Lapparent, comme des variétés compactes de feldspath orthose où domine la texture amorphe. Ces minéraux constituent rarement des roches considérables; ils n'ont pas d'importance en agrologie. Le pétrosilex, très dur et très résistant, fournit un excellent macadam pour la confection et l'entretien des chemins.

Les feldspaths donnent au sol, par leur décomposition, de l'alumine, de la silice, de la chaux, de la potasse et de la soude. L'alumine et la silice entrent dans la composition des végétaux, mais en faible quantité, et le sol en contient toujours en quantité suffisante pour les besoins des plantes. La chaux et la potasse ont une grande importance. Quand le sol en est trop appauvri, il est indispensable de lui en donner sous forme d'engrais ou d'amendement, sous peine de voir les récoltes souffrir et ne pas atteindre des rendements satisfaisants. Le sol contient de la potasse attaquable par les acides. Il peut en outre en renfermer qui soit inattaquable par les acides. Les végétaux mettent à profit ces deux sortes de potasse; ils profitent en outre de celle qui est apportée par les eaux. Il n'y a lieu d'employer les engrais potassiques que pour les terrains qui, contenant moins de 1 pour 1000 de potasse attaquable, sont dépourvus de réserves importantes de potasse inattaquable et qui n'en reçoivent pas des eaux courantes. Sans recourir à l'analyse chimique, tout sol où les engrais potassiques n'exercent aucun effet sur les cultures contient évidemment de la potasse autant que les plantes en exigent.

Suivant P. de Gasparin, les plus hauts dosages de potasse se rencontrent indifféremment dans les terres fertiles et dans celles qui sont stériles. Il n'en est pas de la potasse comme de l'acide phosphorique. Les sels de potasse sont très solubles, et il est facile d'en rendre au sol autant qu'il en faut pour le succès des cultures. L'acide phosphorique, au contraire, forme dans le sol des sels insolubles dont la répartition dans toute la masse est lente à opérer. La présence seule du carbonate de chaux, en faible proportion, suffit pour entraver son application.

Micas.

Les micas entrent fréquemment dans la constitution des terres arables dont ils modifient les propriétés physiques et chimiques. Ils abondent dans certaines roches d'origine ignée, et on les retrouve encore dans les grès et les sables des roches sédimentaires. Sous ce nom, on réunit des minéraux de composition très variable, mais offrant des caractères extérieurs communs; ils se présentent en feuillets minces, brillants, à éclat métallique : densité 2,78 et 3,1 ; dureté moyenne 2,5. Ils se coupent au couteau. Chauffés dans un tube, ils dégagent de l'eau chargée d'acide fluorhydrique. Ils sont difficilement attaqués par l'acide chlorhydrique. L'acide sulfurique décompose complètement les micas magnésiens et laisse la silice sous forme d'écailles blanches nacrées.

Les micas noirs, ferro-magnésiens, des granits, gneiss, micaschistes, syénites, etc., sont composés comme il suit, suivant M. de Lapparent :

SiO^2............................	40 %.
Al^2O^3............................	15 à 16 %.
Fe^2O^3............................	2 à 5 —
FeO............................	4 à 15 —

MgO......................... 16 à 26 %
K²O. .... 7 à 8 —
Na²O........................ 0,5 —
H²O......................... 0 à 4 —

L'aluminium peut être, pour une grande part, remplacé par le fer. Dès lors le mica de couleur très foncée devient attirable à l'électro-aimant.

Les micas blancs dits potassiques sont composés comme il suit :

SiO²........................ 45. 5 %.
Al²O³....................... 36. 5 —
Fe²O³....................... 1 -
FeO........................ 1 —
MgO .... 0. 5 -
CaO .... 0. 3 —
K²O........................ 9 —
Na²O....................... 0. 7 —
H²O........................ 5 —
Fl......................... 13 —

On voit, d'après cette analyse, que les micas potassiques ne contiennent que 1 ou 2 % de potasse de plus que les autres. Par leur décomposition, ils fournissent au sol de la potasse et un peu de chaux. On rencontre des sols remplis de paillettes de mica qui résistent à l'action des agents atmosphériques. Ces sols sont légers, perméables et se ravinent facilement quand ils sont fortement inclinés.

Amphibole.

L'amphibole est un silicate de magnésie et de chaux avec du protoxyde de fer en proportion variable. Elle cristallise en prisme oblique rhomboïdal. Dureté 5,6;

densité 2,9 à 3,3. Elle se divise en trois sous-espèces, d'après la composition et la couleur.

La *trémolite* : blanche ou verdâtre, silicate de chaux et de magnésie composé comme il suit : silice 55 à 60 %, magnésie 24 à 28, chaux 12 à 15. En prismes allongés ou en masses fibro-rayonnées dans les roches primitives des Alpes.

Le *hornblende* : vert foncé ou noir; silicate de chaux, magnésie et protoxyde de fer avec alumine. Densité 3 à 3,4; dureté 5,5; composé comme il suit : silice 42,2; chaux 13 à 23; magnésie 4 à 20; oxyde ferreux 7 à 29; oxyde ferrique 0 à 10; alumine 13,9 avec un peu de soude et de potasse. Il entre dans la composition de la syénite, de la diorite et des trachytes.

L'*actinote* : verte, intermédiaire entre les deux précédentes par sa composition; sous les mêmes formes et avec le même gisement que la trémolite.

L'amphibole entre comme élément dans la composition de plusieurs roches importantes. Elle contribue à la fertilité des sols par la chaux qu'elle contient.

Talc $(H^2 Mg^3 Si^4 O^{12})$.

Le talc est un silicate hydraté de magnésie : densité 2,6 à 2,8; dureté 1 à 1,5. Il contient 62 à 63 % de silice; 32 à 33 de magnésie; 4,7 à 4,9 d'eau; 4,6 d'oxyde ferreux. Laminaire par suite d'un clivage facile. Vert clair ordinairement et passant au rouge par altération. Infusible, onctueux au toucher; se laisse rayer par l'ongle. Seul ou associé il forme des assises et des masses considérables dans les terrains primitifs; il se rencontre aussi dans des roches ignées plus récentes. Le talc communique au sol des propriétés physiques spéciales, mais les éléments dont il est composé contribuent peu à la fertilisation des terres arables.

Micaschiste.

Le micaschiste est un minéral essentiellement composé de mica et de quartz. Il apparaît en grandes masses à la surface, c'est-à-dire à l'état de roche, et donne par sa désagrégation des sols micaschisteux formés de particules libres de mica et de quartz. Ce minéral non altéré est laminaire ou grenu; schistoïde, gris ou noirâtre, rarement blanchâtre, avec cristaux accidentels d'orthose, d'amphibole, de tourmaline et de pyrite. Cette roche passe pour être la plus ancienne des roches primitives. Elle occupe de grands espaces dans le Limousin, les Pyrénées, les Vosges, les Alpes, l'Esterel, l'Ardèche, le Var (Hyères et la Crau d'Hyères), la Vendée aux environs des Sables-d'Olonne. Les sols micaschisteux offrent comme élément utile la potasse du mica, mais ils sont pauvres en chaux et en acide phosphorique.

Gneiss.

Le gneiss est une roche composée d'orthose, de quartz et de mica. Il est laminaire ou grenu, schistoïde, rougeâtre, gris ou noirâtre. Il occupe les parties inférieures du terrain primitif. Il apparaît à la surface et il a servi à former le sol sur de vastes étendues en Limousin, en Bretagne, dans le Lyonnais, l'Esterel, les Vosges, la Saxe et la Suède. Les terres gneissiques offrent des caractères analogues à ceux des terres granitiques. Ce sont des terres pauvres, faciles du reste à améliorer en y apportant les substances fertilisantes dont elles sont dépourvues. Ce minéral est d'une détermination très facile; sa

texture est schistoïde ; les particules de mica, de quartz
et de feldspath sont visibles et très reconnaissables. Il
renferme souvent d'autres minéraux disséminés dans sa
masse. Cette roche est d'une grande importance en agrologie ; ses nombreux affleurements ont donné lieu à un
sol gneissique bien caractérisé par ses propriétés physiques, chimiques et physiologiques. De plus, cette roche
remaniée par les eaux a fourni les matériaux de certaines alluvions et de certaines roches sédimentaires
dont la composition minéralogique offre beaucoup d'a-
nalogie avec celle de la roche originaire.

Granit.

Les roches granitiques occupent encore plus d'espace
que les roches gneissiques. Parmi les roches primitives,
c'est certainement la plus importante et la plus intéressante à étudier. Les sols granitiques s'étendent sur des surfaces immenses dans la Normandie, la Bretagne, la Vendée, le Morvan, le Limousin, l'Auvergne, les Cévennes,
les Pyrénées, les Vosges, la Saxe, la Finlande, etc. Les
terres granitiques représentent à peu près le cinquième
de la surface de la France. Le granit n'est pas plus difficile à reconnaître que le gneiss ; il est constitué comme
ce dernier par de l'orthose, du quartz et du mica ; il est
laminaire ou grenu, parfois porphyroïde par la présence de gros cristaux d'orthose. C'est une roche massive, rougeâtre, grise ou noirâtre, renfermant quelquefois des cristaux d'albite et des cristaux microscopiques
d'apatite (phosphate de chaux). Certains granits contiennent en outre du feldspath oligoclase. Les sols
issus des granits sont généralement riches en potasse,
mais la chaux et l'acide phosphorique n'y sont pas en
proportions suffisantes pour les besoins de la plupart

des plantes cultivées. Ce sont des terres pauvres qu'on ne rend productives qu'en y apportant, par le fumier, les engrais chimiques et les amendements calcaires, les substances qui servent à la nutrition des plantes cultivées. La leptinite est de l'orthose grenu avec un peu de mica ; la pegmatite est une variété de granit à gros grains dans laquelle le mica, assez rare, se présente en grandes feuilles argentines. Ces deux roches, généralement associées au granit proprement dit, produisent par leur désagrégation des sols analogues aux sols granitiques.

Syénite.

La syénite est une roche granitoïde dans laquelle le mica est remplacé par de l'amphibole hornblende. Elle est laminaire ou grenue, parfois rendue porphyroïde par de grands cristaux d'orthose ; massive, rouge ou brun rouge. C'est une roche ignée des terrains primitifs et de transition. Elle forme plusieurs vallons des Vosges. On la retrouve encore en Normandie, dans le Tyrol, la Saxe, la Norvège et à Syène en Egypte, où l'on en a fait de grands obélisques en partie transportés dans les diverses capitales de l'Europe. Par sa désagrégation la syénite donne des terres analogues à celles qui dérivent du granite, avec cette différence que l'amphibole qui entre dans sa composition augmente un peu leur richesse en chaux. Cependant, cette substance ne s'y trouve pas en quantité suffisante ; on est obligé d'en rapporter dans les herbages syénitiques du Cotentin pour les maintenir dans un bon état de production.

Talcschiste ou Talcite.

Le talcite est une roche formée de talc schistoïde ou compact, uni au feldspath ; il est luisant, comme satiné et onctueux au toucher, vert ou gris, rougeâtre par décomposition, parfois rendu porphyroïde par des cristaux ou des noyaux de quartz, d'orthose ou d'albite avec cristaux accidentels de grenat, de pyrite, de grenatite. On trouve le talcite en grandes assises formant les parties supérieures du terrain primitif dans le plateau central, les Vosges, la Bretagne, les Pyrénées, les Alpes, la Saxe, l'Écosse et la Scandinavie.

Les terres dérivées du talcite ne sont pas bien connues. Elles sont peu étendues en France, et elles occupent les parties supérieures des montagnes destinées aux essences résineuses ou aux pâturages.

Protogine.

La protogine est un minéral qu'on rencontre à l'état de roche en Savoie, dans le Tyrol et en Corse. Elle forme le soubassement de la colonne Vendôme. C'est une roche granitoïde où le talc remplace le mica du granite. Elle se compose d'orthose, de quartz et de talc; elle est laminaire ou grenue, d'apparence granitique; quelquefois porphyroïde par la présence de gros cristaux d'orthose; quelquefois stratifiée ou schistoïde, grise, verdâtre ou rougeâtre, avec cristaux accidentels de mica, de chlorite et de sphène.

Elle forme le massif du mont Blanc. C'est le sommet le plus élevé de l'Europe. De cette montagne elle s'est répandue sous forme d'alluvions, par l'effet des glaçons et des eaux courantes, dans les vallées et sur les coteaux de la Savoie. Elle est très commune parmi les cailloux roulés du lac de Genève. Les terres arables dérivées de la protogine présentent des propriétés semblables à celles des terres granitiques.

Diorite.

Cette roche n'occupe pas de grands espaces; elle est composée d'amphibole hornblende et de feldspath labrador ou albite. Elle est laminaire ou grenue, tabulaire ou massive comme l'amphibolite qu'elle accompagne ou remplace. Elle n'a pas d'importance comme roche constitutive du sol, mais, en raison des minéraux calciques dont elle est composée, elle est apte, quand elle se présente à l'état meuble, à fournir, sous forme d'amendement, le calcaire aux sols qui n'en sont pas suffisamment pourvus.

L'amphibolite, composée d'amphibole laminaire ou grenue; l'ophite des Pyrénées qui, paraît-il, n'est que de l'amphibolite, sont des roches très dures n'occupant d'ailleurs que de faibles surfaces. Peu importantes au point de vue agrologique, elles sont recherchées pour la confection et l'entretien des routes; il est peu de minéraux plus durs, plus résistants et moins altérables. L'amphibolite sert à cet usage en Bretagne et en Limousin. L'ophite des Pyrénées rend les mêmes services dans les localités voisines de cette chaîne de montagnes.

Porphyre.

Le porphyre est composé d'orthose ou d'albite compacts, avec cristaux d'orthose, de quartz et de mica; il offre la même composition que le granit, mais sa structure est différente. Il consiste dans une pâte compacte feldspathique dans laquelle sont noyés les cristaux de feldspath, de quartz et de mica. Cette pâte porphyrique est rouge, bleue ou violacée; les cristaux de feldspath sont blanchâtres avec des formes très nettes. Le quartz se présente souvent en cristaux bipyramidés. Parfois le

porphyre se montre sans cristaux et réduit à sa pâte feldspathique compacte.

Par sa décomposition le porphyre produit des sols
aussi pauvres que les sols granitiques; ils renferment
de la potasse, mais ils manquent de chaux et d'acide
phosphorique. Sa dureté et sa résistance en font d'excellents matériaux pour les routes. Le macadam le plus estimé provient, dans la région du Nord, du porphyre de
Lessine (Belgique); celui de Paris vient d'un porphyre
du Morvan. Dans le département des Alpes-Maritimes, on
emploie au même usage le porphyre bleu des Romains,
très abondant dans les montagnes de l'Esterel. Le macadam porphyrique est très supérieur à celui que l'on con-
fectionne avec des pierres calcaires ou siliceuses.

L'eurite ou pétrosilex se compose d'orthose ou d'albite
compacts sans cristaux; elle est massive, rouge, verte ou
noirâtre. Elle accompagne ou remplace le porphyre. On
en fait également un excellent macadam. Cette roche
n'a pas d'importance en agrologie.

Basalte.

Le basalte est une roche compacte formée par la réunion du feldspath labrador et du pyroxène, presque inti-
mement fondus ensemble, unis à des rognons de péridot
granulaire (olivine de M. de Lapparent).

L'olivine, ainsi nommée à cause de sa couleur qui rappelle celle de l'olive, est un silicate magnésien où la magnésie peut être remplacée par une proportion variable
de fer. On y trouve 40 % de silice, 50 % de magnésie et
15 % d'oxyde ferreux.

Le pyroxène renferme de la chaux en proportion au
moins égale et généralement supérieure à celle de la magnésie. C'est un silicate de magnésie, chaux et protoxyde

de fer, dont la formule est Ca (Fe Mg) Si² O⁶. L'analyse donne 54 à 55 % de silice, 24 à 25 % de chaux, 18 à 19 de magnésie, 1 à 4,5 d'oxyde ferreux; 0,2 à 2 d'alumine.

Le péridot est un silicate de magnésie et de protoxyde de fer. Il cristallise en prisme droit rectangulaire modifié sans clivage. Il est disséminé en cristaux, en grains ou en masses grenues dans les roches volcaniques. Il est souvent abondant dans les basaltes et les trachytes.

. Le péridot, olivine ou chrysolite, est d'aspect vitreux, à éclat gras d'un vert jaunâtre, analogue au vert bouteille, transparent ou translucide, infusible au chalumeau, soluble avec gelée dans les acides. Dureté 6, 5 à 7; densité 3, 35. Poussière blanche.

Le pyroxène augite du basalte est noir ou vert très foncé; il cristallise en prismes hexagones ou octogones à pointements variés; fusible en verre noir, poussière gris-verdâtre : Dureté 5 à 6; densité 3, 3. Il est fréquemment disséminé dans le basalte, les laves et les scories à l'état grenu et compact dans leur pâte. Ce minéral est abondant dans les roches volcaniques du plateau central.

Il contient jusqu'à 8 % d'alumine, 45 à 51 de silice; 18 à 23 de chaux et 3 à 16 de magnésie.

Le labrador et le pyroxène forment la masse du basalte; ce sont deux roches calciques qui fournissent au sol basaltique la chaux en quantité suffisante pour les besoins des végétaux. Le labrador y joint une bonne dose de potasse. L'analyse chimique y discerne en outre du phosphate de chaux. La présence de ces trois substances communique au sol basaltique une fertilité très supérieure à celle du sol granitique.

La dolérite est un basalte dont les éléments sont plus discernables. Elle est d'une décomposition plus facile, ce qui fait qu'on préfère le sol doléritique au sol basaltique. Le basalte est une roche importante en agrologie; elle occupe des étendues assez considérables dans le plateau central, aux bords du Rhin inférieur, autour de l'Etna, en Irlande et à l'île de la Réunion.

Cette roche se présente sous forme d'une pâte noire compacte, assez souvent porphyroïde par des cristaux de labrador et de piroxène. On la trouve en coulées, souvent divisée en prismes verticaux par suite du retrait par le refroidissement. Par sa décomposition le basalte fournit aux plantes de l'acide phosphorique, de la potasse et de la chaux, trois substances très utiles pour l'alimentation des végétaux.

Trachyte.

Il est formé de rhyacolithe compact ou légèrement grenu, poreux, rude au toucher, renfermant assez souvent des cristaux qui lui donnent une texture porphyroïde; il est massif, gris, blanchâtre ou rougeâtre, avec cristaux disséminés d'amphibole noire, de mica, de pyroxène et d'apatite. On le trouve en coulées dans l'Auvergne.

Le rhyacolithe est un feldspath vitreux. C'est un silicate d'alumine, de potasse, soude et chaux, contenant, p %, 66,2 de silice, 19,8 de potasse, 3,9 de soude, 2 de chaux.

Suivant M. Truchot, le trachyte du Mont-Dore contient 2, 4 % de chaux, 4, 11 de potasse, 0,217 d'acide phosphorique.

D'après Johnstone, les trachytes d'Écosse contiennent:

Chaux......................	2.36 à 11, 10 %.
Phosphate..................	0.05 à 01 %.

Les sols trachytiques de l'Auvergne offrent une fertilité analogue à celle des terres basaltiques ; les trachytes occupent des surfaces moins étendues que les basaltes.

Mélaphyre.

Cette roche est composée de labrador et de piroxène augite formant une pâte compacte, noire, avec cristaux de ces mêmes minéraux et cavités renfermant souvent du quartz et du calcaire cristallisés. En se décomposant, elle constitue des terres très fertiles aux environs d'Antibes (Alpes-Maritimes), riches en acides phosphorique, en potasse et en chaux.

Les laves, les scories, les cendres volcaniques ont une composition chimique analogue à celle des basaltes et des trachytes. A l'état meuble, elles donnent des terres fertiles, notamment en Italie dans le voisinage des volcans. De Rome à Naples, le sol est formé de pouzzolane rougeâtre ou brune. Ce sont des scories décomposées qui constituent des terres légères, fertiles et faciles à cultiver.

Calcite (Ca CO^3).

Il n'est aucun minéral plus important en agrologie. Aucune terre n'est fertile quand elle en est appauvrie ou complètement dépourvue. La calcite remplit dans le sol deux rôles très importants, elle concourt à l'alimentation des plantes ; toutes les cultures en consomment d'assez fortes quantités. Une récolte de 40 hectolitres de froment consomme 25 kilogrammes de chaux, 116 kilogrammes de potasse et 37 kilogrammes d'acide phosphorique.

La calcite remplit un autre rôle non moins important que le premier, elle désacidifie les terrains acides, qui sont impropres aux cultures tant que le principe acide n'a pas été neutralisé; elle facilite la nitrification du sol, c'est-à-dire qu'elle provoque la formation des nitrates, forme sous laquelle les végétaux assimilent l'azote. Il est donc très utile que l'agriculture sache distinguer la calcite à tous ses états et sous toutes ses formes.

La calcite, si commune à la surface de l'écorce terrestre où elle constitue, à l'état pur ou mélangé à d'autres minéraux, des terres arables sur de vastes régions, est connue sous différents noms qu'il est bon de rappeler ici. Elle se nomme :

En chimie, carbonate de chaux.

En minéralogie, calcite, spath calcaire, spath d'Islande.

En géologie, calcaire, craie, tuffeau, travertin.

En industrie, pierre à chaux, castine, pierre à bâtir, blanc d'espagne.

Elle cristallise dans le système rhomboédrique. On compte plus de 170 formes simples observées; le nombre des combinaisons est pour ainsi dire illimité.

Le calcaire cristallisé désigné communément sous le nom de marbre, se rencontre généralement dans les roches d'origine ignée ou dans les roches sédimentaires métamorphiques. Ces marbres sont utilisés pour la fabrication de la chaux destinée au sol ou aux constructions, mais ils n'entrent pour rien dans la constitution des terres.

Les roches calcaires qui servent à la constitution du sol sont amorphes; elles sont d'origine minéralogique ou organique, et quelquefois des deux origines à la fois. Il paraît que les roches calcaires, si puissantes dans certaines régions, résultent de précipitations chimiques effectuées sur les roches primitives ou des fossiles qui ont recueilli cette substance dans les eaux. Il y a par conséquent des calcaires fossilifères, et d'autres purement minéralogiques. Les calcaires cristallisés ont une densité qui varie de 2,70 à 2,75, une dureté égale à 3. Ils sont rayés par une pointe d'acier. Ces caractères servent à les distinguer du quartz. L'essai par un acide est le plus simple et le plus caractéristique, même avec un acide faible ; il y a toujours une effervescence vive qui ne se manifeste pas au même degré avec les autres minéraux carbonatés, tels que les carbonates de magnésie ou de fer beaucoup plus rares dans la nature.

Le calcaire produit de la chaux vive par la calcination : humecté d'acide chlorhydrique, il colore la flamme d'alcool en rouge-jaunâtre. En agrologie nous n'avons affaire qu'aux variétés compactes. Nous allons indiquer les principales et les plus répandues à la surface du sol.

Le calcaire lithographique qu'on exploite à Châteauroux, peu altérable à l'air, formant des sols très poreux et très perméables. Le calcaire oolithique, très commun dans les régions jurassiques, reconnaissable à sa texture granuleuse figurant des œufs de poissons. La craie est un calcaire tendre, tachant, couvrant une étendue considérable dans la Champagne pouilleuse et dans la région du Nord.

Ces premiers calcaires ont été déposés dans les eaux marines.

Le calcaire grossier, abondant dans le bassin parisien, très fossilifère, est aussi d'origine marine.

Le travertin et le tuf calcaire ont été déposés dans les eaux douces à l'état concrétionné.

On distingue encore le calcaire silicifère formant les grès de Fontainebleau ; le calcaire magnésifère ou dolomie ; la glauconie, qui est un calcaire avec silicate de fer, gris-verdâtre, qu'on trouve dans le terrain crétacé, et dans l'éocène.

En ce qui concerne les autres variétés amorphes, leur étude appartient à la lithologie plutôt qu'à la minéralogie.

Dolomie.

Elle a pour formule $CaMgC^2O^6$ c'est-à-dire $CaCO^3$ $+MgCO^3$. Elle contient 54,21 % de carbonate de chaux et 49,79 de carbonate de magnésie. Elle est soluble dans les acides avec une effervescence lente, elle est grenue. Elle se désagrège en sable pour former des terrains dolomitiques dans le département de la Haute-Saône. Elle est grisâtre ou jaunâtre. Son état sablonneux et rude au toucher empêche de la confondre avec le calcaire. La poudre fait effervescence avec les acides, mais les fragments non pulvérisés se dissolvent lentement et sans effervescence appréciable.

Argiles.

Les argiles qui font partie des terres arables sont les argiles plastiques et les glaises.

L'argile plastique est un silicate d'alumine hydraté, $H^8Al^4Si^5O^{20}$ donnant 52 % de silice et 12,5 d'eau, ou $H^6Al^2Si^3O^{16}$ correspondant à 65,5 de silice et 12 d'eau. Elle est onctueuse, happe fortement à la langue, fait pâte avec l'eau, éprouve un retrait par la chaleur; infusible, attaquable en partie par les acides, elle est blanche, grise, jaunâtre, noirâtre, parfois marbrée. Elle renferme souvent des matières étrangères, sable, mica, oxyde de fer. Le sol formé d'argile est plastique et difficile à travailler. L'argile pure est infusible; lorsqu'elle contient de la chaux, elle devient plus ou moins fusible.

La terre glaise est une argile plastique impure. Elle devient une marne quand le calcaire dépasse 15 %.

Les argiles diverses proviennent de la décomposition des feldspaths des roches primitives.

Schistes.

Les schistes sont des silicates d'alumine hydratés, ne se délitant pas dans l'eau, ce qui les distingue nettement des argiles. Ils sont très abondants, à l'état de fragments, dans les terrains de transition. Ils font rarement et faiblement effervescence avec les acides. Ils sont schistoïdes, feuilletés; toutefois on en trouve de compacts. Ils sont bleuâtres, noirs ou rougeâtres.

Le calschiste est formé de lames de schiste et de feuillets de calcaire; il fait effervescence avec les acides; ou le trouve dans les terrains secondaires et tertiaires. A Evian, on trouve des terres arables composées de calschistes appartenant aux terrains jurassiques.

Les schistes argileux et feuilletés ou compacts sont communs dans les Ardennes, en Normandie, en Bretagne, dans l'Anjou et dans quelques autres parties de la France. Il en résulte des sols perméables ou imperméables, suivant l'état de décomposition des schistes, généralement pauvres en chaux et en acide phosphorique.

Marnes.

La marne est un mélange d'argile et de calcaire en proportions variables; elle fait effervescence avec les acides; elle se délite sous l'action de l'eau, ce qui s'observe rarement pour les argiles.

La marne calcaire contient 50 à 90 % de calcaire.

La marne argileuse contient plus de 50 % d'argile et moins de 25 % de silice.

La marne siliceuse contient plus de 50 % de silice.

On distingue la marne humifère, celle qui renferme une proportion notable de matières organiques ; la marne magnésienne, celle qui contient de la magnésie. Les marnes se rencontrent dans les terrains secondaires et tertiaires. Il n'en existe pas dans les terrains plus anciens.

Le carbonate de chaux disparaît du sol de deux façons : par les plantes qui en absorbent une certaine quantité, et par les eaux pluviales chargées d'acide carbonique. Il se forme du bicarbonate de chaux soluble qui se perd dans le sous-sol par filtration s'il est perméable, ou qui s'écoule à la surface, emporté par les eaux pluviales, si le terrain est imperméable. C'est de cette façon-là que la dépense est la plus considérable.

Phosphates de chaux.

Le phosphate de chaux se présente sous 3 états : cristallisé, c'est l'apatite ; compact avec des impuretés, c'est la phosphorite ; sous forme de noyaux, ce sont les nodules ou croprolithes.

L'apatite $Ca^5Ph^3O^{12}$ (Fl,Cl,) est un phosphate de chaux avec chlorure et fluorure de calcium mélangés. Elle contient 91 à 92 % de phosphate de chaux, 0 à 4 de chlorure de calcium et 4,5 à 7,5 de fluorure de calcium. Elle cristallise en prisme hexaèdre avec clivage facile à la base. Densité 3,4 ; dureté 5. Elle est verte, claire où foncée, ou violette, phosphorescente par la chaleur, soluble dans l'acide azotique ; très abondante au Canada.

Les phosphorites du Lot, de l'Aveyron et du Tarnet-Garonne sont une apatite compacte, à structure radiée, concrétionnée, mamelonnée où stalactiforme. On les transforme en superphosphates pour les besoins de l'agriculture.

Les nodules phosphatés du grès vert et de diverses autres formations sont un mélange de phosphate de chaux et de carbonate de chaux. Il sont très employés en agriculture à l'état naturel ou transformés en superphosphates. On en trouve des gîsements considérables dans la Meuse, les Ardennes, la Marne, le Cher, l'Ain et au milieu des assises du grès vert.

Enfin on rencontre dans le département de la Somme du phosphate de chaux associé à du carbonate de chaux à l'état de sable jaunâtre qu'on exploite également comme engrais. L'apatite en cristaux microscopiques est fréquente dans les roches éruptives et métamorphiques, sous forme de prismes hexagonaux le plus souvent incolores, en plaques minces.

Gypse.

Le gypse, ou pierre à plâtre H^4CaSO^6 est de la chaux sulfatée hydratée. Il cristallise en prisme oblique rectangulaire avec un clivage facile vertical. Densité 2,31 à 2,33; dureté 1,5 à 3. Il se raye facilement avec l'ongle. Chauffé, il décrépite, il perd son eau, blanchit et donne le plâtre. Il est soluble dans 300 à 400 fois son volume d'eau. Il est cristallin, laminaire, grenu ou presque compact. Les cristaux sont généralement disséminés dans les roches argileuses. On le trouve aussi en amas et en strates irréguliers dans les terrains primitifs ou sédimentaires. Il n'entre pas dans la constitution du sol; mais, sous forme d'engrais ou d'amendement, il contribue au développement de certaines cultures.

Fer oxydé hydraté $(2 Fe^2 O^3, 3 H^2 O)$.

Parmi les composés du fer, un seul est intéressant en agrologie : c'est le fer hydroxydé appelé encore limonite, sesquioxyde de fer hydraté, fer sesquioxydé hydraté. Beaucoup de sols en renferment une certaine quantité. Il contient 59 % de fer, 26,0 d'oxygène et 15,0 d'eau. Ce corps est brun ou jaune; il est soluble dans l'acide chlorhydrique. Il colore en jaune le sol dans lequel il est généralement associé à l'argile. Il ne paraît pas servir à la nutrition des plantes, mais la coloration qu'il imprime au sol communique à ce dernier la propriété de mieux absorber les rayons du soleil. Il n'a pas de propriétés fertilisantes, mais une qualité réchauffante favorable à la végétation des plantes cultivées. M. P. de Gasparin cite un terrain dans le Gard qui contient 40 % de sesquioxyde de fer. De même que l'alumine, il retient, par une affinité naturelle, l'acide phosphorique et la potasse séparée des silicates : il devient, selon M. P. de Gasparin, un magasin naturel pour la nutrition des végétaux. Il paraîtrait que le sesquioxyde de fer retiendrait les éléments minéraux et l'ammoniaque, et l'alumine conserverait les matières organiques. Le sesquioxyde de fer paraît contribuer à la ténacité du sol au même titre que l'alumine hydratée.

Tourbe.

La tourbe résulte de la décomposition plus ou moins avancée de végétaux qui se sont développés dans l'eau ou sur un sol constamment humide. Les surfaces tourbeuses se rencontrent dans les vallées de la Somme, de l'Oise, de la Seine, quelquefois aussi sur les coteaux où suintent des eaux de sources. On en voit de grandes étendues en Hollande, en Irlande, en Suède et en Suisse, dans les vallées et sur des surfaces plus ou moins inclinées. C'est, suivant M. de Lapparent, de la matière végétale à peine minéralisée, renfermant des débris reconnaissables de végétaux herbacés, abandonnant à la distillation, comme le bois, de l'acide acétique et presque toujours de l'ammoniaque. On y trouve 51 à 57 % de carbone, 5 à 10 d'hydrogène, 18 à 30 d'oxygène, 2 à 3 d'azote et 2 à 14 de cendres. C'est une matière noire ou brune, spongieuse, combustible, très hygroscopique, impropre à la végétation de beaucoup de plantes. Elle produit des sphagnum, des carex, des joncs, du molinia cœrulea; peu d'arbres. On trouve la tourbe dans les régions froides et tempérées. Dans le Midi, à la place de la tourbe, on rencontre des terres de bruyères : elles sont fréquentes en Corse, en Provence, en Algérie. La tourbe existe encore sous le climat girondin. Aux environs de Bayonne, le marais d'Orx, d'une étendue de 1200 hectares, est éminemment tourbeux sur toute sa surface.

La tourbe est une roche composée, comme la houille, de matières organiques végétales; elle contient une notable proportion d'azote, 1 à 3 % de son poids. Cet azote n'est pas directement utilisable par les végétaux, mais il le devient quand on le met en présence des substances minérales qui en facilitent la nitrification.

Sur les roches minérales désagrégées, superficielles, et soumises à l'action des agents atmosphériques, se développent des végétaux spontanés; les bruyères, les ajoncs, les fougères, sur les terrains pauvres en carbonate de chaux; les genévriers, l ebuis, les euphorbes, etc., sur les terrains calcaires. Ces végétaux, décomposés sur place pendant une longue suite d'années, constituent à la surface un terreau acide aussi riche en azote que la tourbe. C'est une sorte de terre de bruyère infertile naturellement, mais apte à se fertiliser par l'apport des substances minérales dont elle est dépourvue. Les roches d'origine minérale mettent à la disposition de l'agriculteur de la chaux, de la potasse, de l'acide phosphorique. Les roches d'origine végétale comme la tourbe, le terreau, la houille, fournissent le cinquième élément sans lequel la plupart de nos cultures n'auraient aucun succès.

Au point de vue de la nutrition des plantes on voit combien il est utile de connaître les minéraux et les roches constitutifs du sol et du sous-sol. Avant de recourir aux engrais industriels d'un prix toujours assez élevé, il sera souvent plus économique d'utiliser, pour compléter la composition du sol, les éléments naturels qui existent à la portée de l'agriculteur, soit à la surface du sol, soit dans les couches diverses du sous-sol.

En résumé, les minéraux que l'agriculteur a grand intérêt à connaître sont ceux qui contiennent de l'acide phosphorique, de la potasse, de la chaux et de la magnésie. Quant à l'azote, les minéraux de l'ancien monde n'en renferment pas en quantité appréciable; le nitrate de soude, qui en contient 16 %, n'existe pas à l'état naturel dans l'ancien monde, mais on en trouve des gisements considérables dans l'Amérique méridionale, au Chili et au Pérou. C'est de là qu'on tire l'engrais azoté si fréquemment employé pour les cultures de céréales et de betteraves. L'azote, si abondant dans l'atmosphère sous forme de gaz libre, et en faible proportion sous forme d'ammoniaque et d'acide nitrique, ne semble pas suffire aux besoins des plantes cultivées, pas plus que celui que le sol tient en réserve, à l'état d'azote organique, dans les terres cultivées de longue date. C'est seulement dans les terres incultes couvertes de bruyères comme les landes de la Bretagne et du plateau central, comme les maquis de la Corse et les broussailles de l'Algérie qu'on trouve une bonne provision d'azote apte à être assimilé par les cultures dès qu'on y associe l'acide phosphorique et la chaux par l'emploi du phosphate tribasique de chaux. Ces terres incultes contiennent de l'azote et généralement de la potasse; en y apportant du phosphate de chaux, elles possèdent dès lors les quatre substances qui complètent l'alimentation des plantes cultivées. En Algérie, les broussailles possèdent naturellement de la chaux, de l'acide phosphorique et de la potasse.

Par les façons aratoires qui sont la conséquence du défrichement, l'azote des broussailles se nitrifie et devient assimilable pour les plantes cultivées. Là, on n'est pas obligé d'appliquer le phosphate de chaux aux terres nouvellement défrichées. On en obtient de bonnes récoltes de céréales sans aucune addition d'engrais minéral.

Le problème de la fertilisation d'une lande granitique ou schisteuse se résout ainsi par l'unique emploi des substances minérales. La lande renferme de la potasse par son argile dérivée de l'orthose, et de l'azote par la décomposition des végétaux spontanés; joignons à ces deux éléments le phosphate tribasique de chaux, et nous possédons dans le sol les quatre substances le plus utiles aux cultures. Le sol sera désacidifié par le phosphate de chaux qui, par suite de cette réaction, deviendra soluble et assimilable. Le phosphatage produit un effet d'une grande utilité; il fournit aux cultures un aliment indispensable et il détruit dans le sol une acidité dont ne peut s'accommoder aucune plante cultivée.

TROISIÈME PARTIE

CHAPITRE PREMIER.

FORMATION DU SOL.

Le sol résulte de la décomposition et de la désagrégation des roches sous l'influence des agents atmosphériques. Le sol est dit autochthone, lorsque la décomposition est faite sur place; et hétérochthone lorsqu'il est formé par des débris de roches transportés et déposés par les eaux.

Les roches ignées soumises à toutes les influences atmosphériques, à celles de la pluie, de l'eau chargée d'acide carbonique, de la chaleur solaire, de la gelée, des mousses et des lichens se sont désagrégées et décomposées. Les micaschistes, les gneiss, les granites, les roches volcaniques qui contiennent toutes des silicates terreux et alcalins ont fourni par leurs débris des silicates d'alumine hydratée, c'est-à-dire des argiles qui, suivant M. Paul de Gasparin, ne sont pas précisément des silicates, mais seulement un mélange d'alumine hydratée et de silice hydratée impalpable ou gélatineuse. L'eau chargée d'acide carbonique a transformé les silicates de potasse, de soude et de chaux en carbonates des mêmes bases, et les a dissipés dans les eaux courantes. Cette altération des roches primitives par les eaux courantes a donc déplacé les éléments des roches ignées, déposant les argiles, les cristaux de quartz, au fond des lacs et des mers, et faisant un triage subordonné à la vitesse des courants d'eau.

La kaolinisation des roches primitives a dû s'opérer en grand de la même façon que nous voyons faire la séparation de l'argile des cristaux de quartz dans la préparation du kaolin.

L'altération des roches primitives s'opère sous nos yeux sur les roches primitives qui affleurent à la surface du sol, sur les matériaux qui ont servi à la construction de nos habitations et des monuments publics. La cathédrale de Coutances, bâtie avec la syénite de Normandie, et les églises de Bretagne, faites avec les granits de cette région, s'altèrent à la longue et exigent de fréquentes réparations, quand on n'a pas eu la précaution de se servir des roches primitives les plus dures et les plus résistanes.

Les roches primitives ainsi altérées et remaniées par les eaux ont fourni tous les éléments des roches sédimentaires. Ces dernières ont subi en outre des réactions chimiques dans le sein des eaux; il en est résulté des précipitations de carbonates de chaux. De plus, les êtres animés qui ont peuplé les eaux et les végétaux qui se sont développés sur les surfaces émergeantes, ont continué à modifier et à transformer les débris résultant des roches primitives. Ce sont ces diverses modifications qui ont donné lieu aux formations argileuses, calcaires, marneuses, siliceuses et sablonneuses, formations qui sont tantôt complètement meubles et friables, tantôt dures, compactes et rocheuses. Les mollusques, par exemple, condensent et solidifient les sels de chaux dissous dans l'eau de mer. Ces animaux en forment des roches d'une puissance considérable avec une substance tellement diluée dans l'eau que les chimistes ont souvent de la peine à en constater la présence avec les réactifs dont ils disposent. On comprend alors que les terres arables dérivent tantôt de roches ignées, tantôt de roches sédimentaires, suivant que ce sont les premières ou les secondes qui apparaissent à la surface de l'écorce terrestre. La détermination de la roche affleurante fait connaître l'origine minéralogique et géologique du sol et fournit des caractères généraux qui s'appliquent souvent à de très grandes surfaces. Cette étude préliminaire, qui se traduit par des conséquences très importantes au point de vue des productions végétales et animales de la contrée, ne suffit pas pour deviner toutes les aptitudes du sol et pour en obtenir des productions autres que celles qui s'y développent spontanément. Il est indispensable alors d'étudier avec attention les propriétés physiques et chimiques du sol. Il faut savoir comment se comporte le sol avec l'eau et la chaleur, comment sa composition chimique diffère de celle de la roche d'où il provient; il faut savoir en un mot si ce terrain offrira aux cultures qui lui seront confiées les conditions physiques et chimiques nécessaires pour que ces plantes puissent parcourir avec succès toutes les phases de leur végétation.

Commençons par l'étude des conditions physiques favorables ou défavorables aux cultures.

CHAPITRE II.

I.

Perméabilité.

L'atmosphère et le sol doivent fournir aux plantes toute l'eau nécessaire à leur développement. C'est le sol qui doit donner la partie la plus importante. La plante meurt quand le sol devient trop sec; elle souffre et finit même par périr quand le sol contient longtemps une trop grande quantité d'eau. Nous entendons parler de la plupart des végétaux cultivés : on sait que le riz et certaines espèces aquatiques exigent au contraire un sol constamment humide et rempli d'eau. Un sol frais, ni trop sec, ni trop humide, est celui qui convient aux plantes les plus importantes de la culture.

L'eau qui tombe sur le sol coule à la surface, où s'infiltre dans son épaisseur en le traversant et en gagnant le sous-sol et les autres couches sous-jacentes. Dans le premier cas, le sol est dit imperméable; dans le second il est qualifié de perméable à l'eau. Ces qualités opposées impriment à l'agriculture locale un cachet spécial qui frappe l'attention des esprits les moins curieux et les moins observateurs. Les contrées perméables comme la Beauce et le Berry forment un contraste frappant avec les contrées imperméables, telles que la Sologne et le Perche. Après une forte pluie, les régions imperméables offrent partout des flaques d'eau, des chemins et des fossés pleins d'eau, des cultures souffreteuses par suite d'un excès d'humidité, des travaux en retard, conséquence de l'état boueux du sol. Au contraire, dans les régions perméables les traces de la pluie disparaissent immédiatement, l'eau traverse le sol comme un filtre, les cultures profitent de la pluie au lieu d'en souffrir; on sème de bonne heure au printemps, et le sol, prompt à se ressuyer, se laboure et se façonne en tout temps et quelques heures après la pluie.

La perméabilité, dont on comprend maintenant toute l'importance, est due à la division moléculaire du sol. Le sol pierreux, ou graveleux, à l'exclusion de particules impalpables, montre la perméabilité à sa plus grande puissance. Il absorbe instantanément toute l'eau tombée à sa surface.

Le sol composé exclusivement de particules impalpables s'imbibe d'eau; mais une fois gorgé d'eau, il s'oppose à sa circulation et ne laisse, pour ainsi dire, rien filtrer dans le sous-sol. On réalise dans ce cas l'imperméabilité la plus complète et la plus absolue.

L'analyse physique du sol consiste à séparer par des lavages et la décantation les particules palpables des particules impalpables; les particules palpables autres que les pierres sont des grains qui ont passé dans un tamis dont les mailles ont 1/10 de millimètre. Ce qui ne passe pas dans ces mailles fait partie du lot pierreux. Ces pierres plus ou moins grosses jouent le role de corps inerte dans la masse du sol. Leur influence est à peu près nulle sur l'alimentation des végétaux et sur la circulation de l'eau dans le sol.

Nous avons donc à considérer les proportions de sables et de parties impalpables. Ces dernières ferment les interstices du sable dans une mesure qui varie avec les proportions respectives de ces deux lots.

L'imperméabilité est réalisée quand il y a 30 parties d'impalpable pour 70 de sable. La perméabilité reparaît et se montre d'autant plus active que l'impalpable devient de moins en abondant.

II.

Ténacité.

La ténacité du sol s'entend de la résistance qu'il oppose à l'action des instruments aratoires. Cette propriété est du plus grand intérêt pour l'agriculteur; elle a pour effet, suivant son degré d'intensité, d'augmenter dans d'énormes proportions les frais de la culture. Les terres non tenaces se labourent en tout temps avec un seul cheval, tandis que les terres compactes, contenant une forte proportion de particules impalpables, demandent 2, 3 et 4 chevaux pour le même travail et ne sont pas abordables en toute saison.

La ténacité, due à la finesse des particules terreuses, se rattache par des liens étroits à l'imperméabilité du sol.

Les sols tenaces sont aussi classés parmi les terres imperméables, de même que les sols les moins tenaces font partie des terres perméables; ce sont les terres qu'on désigne communément sous le nom de sables.

Parmis les terres imperméables on constate différents degrés de ténacité, suivant la composition chimique des particules impalpables. La ténacité est faible quand l'impalpable est composé exclusivement de carbonate de chaux; elle atteint son maximum pour l'impalpable composé d'argile, de sesquioxyde de fer, et pour les mélanges d'argile et de carbonate de chaux.

Les terres les plus tenaces sont celles qui sont argileuses, ferrugineuses, marneuses, argilo-calcaires et calcaires-argileuses.

Une forte dose de carbonate de chaux et de magnésie avec une faible proportion d'argile et de sesquioxyde de fer donne un sol compact, invariable sous l'action de la chaleur et moyennement tenace. Quand l'argile et le calcaire sont dans les mêmes proportions, le sol est très compact, se crevasse et se durcit par la dessication, et il devient très tenace, parfois inattaquable par les instruments.

Beaucoup d'argile et peu de carbonate de chaux produisent un sol rès compact, très tenace, et se contractant par la dessication.

La perméabilité et la ténacité sont, parmi les propriétés physiques du sol, celles qui intéressent le plus l'agriculteur et qu'il examine avec le plus d'attention ; il les désigne par des expressions qui les peignent en un seul mot. Il nomme terres fortes celles qui sont tenaces et imperméables, terres légères celles qui sont perméables et non tenaces ; les terres franches sont moyennement tenaces et moyennement imperméables. Mais quand on veut déterminer avec précision le degré de ténacité et de perméabilité d'un sol, il faut le soumettre à l'analyse physique pour déterminer exactement leur teneur en sable et en parties impalpables.

Les terres qui contiennent moins de 30 % d'impalpable se rangent parmi les sols plus ou moins perméables et d'une ténacité plus ou moins faible, suivant la proportion de sable.

Les terres qui ont plus de 30 pour % d'impalpable sont toujours imperméables. Quant à leur ténacité, elle est subordonnée aux proportions respectives de carbonates de chaux et de sesquioxydes d'alumine et de fer.

C'est par l'analyse chimique qu'on détermine ces proportions.

Des terres dépassant 30 % d'impalpable ne sont pas tenaces si le carbonate de chaux et de magnésie entre pour une forte proportion dans cet impalpable.

Pour un même sol la ténacité varie énormément avec son degré de dessication ; tel sol facile à labourer à l'état de fraîcheur devient dur comme la brique et inattaquable par la charrue quand, par l'effet d'une sécheresse prolongée, il s'est fortement desséché et crevassé. On est forcé d'attendre la pluie pour y mettre la charrue.

Certaines terres marneuses offrent une compacité et une ténacité telles, qu'il est impossible de les ameublir par la charrue, la herse et le rouleau. Il n'y a que la gelée qui les divise, les ameublit et les met dans l'état convenable pour les ensemencements de printemps ; les gelées opèrent sur ces terrains une division extrême très favorable au développement des plantes. La compacité du sol est funeste aux cultures. Tout bon sol est perméable à l'eau et à l'air, deux conditions à remplir pour faciliter les réactions qui fournissent aux plantes les aliments dont elles ont besoin.

Dans ce qui précède nous avons supposé avoir affaire à des surfaces à peu près horizontales. Dans ce cas, les eaux pluviales pénètrent les sols perméables et passent dans le sous-sol en plus ou moins grande quantité, suivant l'aptitude plus ou moins forte du sol à retenir l'eau. Il y a un grave inconvénient à ce que le sol soit lessivé par les eaux pluviales ; les eaux d'infiltration emportent dans le sous-sol les parties solubles du sol, celles qui précisément devaient servir à l'alimentation des plantes cultivées. Nous verrons plus loin comment on peut en partie atténuer cette déperdition par l'emploi des labours profonds et par les cultures des plantes à racines pivotantes.

Gasparin estime que l'inclinaison des terres cultivables ne devrait pas dépasser un angle de 2°55 correspondant à une pente de 0^m,05 par mètre. Dans la pratique, on trouve des champs où la pente est beaucoup plus considérable. Dans les pays de montagne, on en voit qui atteignent l'inclinaison de 45°. Il faut que ce soit des terres fortes ; les terres légères seraient ravinées et précipitées dans la vallée à la première pluie. Les forêts occupent des pentes qui parfois dépassent l'inclinaison de 45°. On voit dans les régions montagneuses des arbres, comme le chêne vert, s'accrocher et végéter sur des pentes abruptes et sur des rochers à pic. J'en ai rencontré maints exemples dans les montagnes des Alpes et de la Corse. Il n'en est pas moins vrai qu'il y a de graves inconvénients à cultiver des terres fortement inclinées, surtout si leur imperméabilité permet aux eaux pluviales de couler à la surface. Ces eaux ravinent le sol, les parties meubles sont portées au bas du champ, la terre végétale s'y accumule au détriment de la partie supérieure où le sol diminue constamment d'épaisseur. En même temps, les parties solubles des engrais, charriées par les eaux, enrichissent le bas des champs au préjudice des parties hautes. Si on veut maintenir et régulariser la fertilité de toute la surface, il faut constamment transporter dans la partie supérieure les terres descendues à la partie inférieure. Cette pratique, suivie dans beaucoup de localités, impose des frais de main-d'œuvre et d'attelage qu'on n'a pas à supporter sur les surfaces faiblement inclinées. Tous les travaux de culture s'exécutent avec plus de difficultés sur les terres en pente. L'horizontalité parfaite, acceptable en sol perméable, aurait pour les terres imperméables l'inconvénient de nuire à l'égouttement et à l'assainissement des champs. Les cultures y souffriraient d'un excès d'humidité à l'époque des pluies.

Le sol perméable reposant sur un sous-sol perméable laisse passer sans obstacle les eaux pluviables dans les couches souterraines. C'est un désavantage dans le Midi et dans les régions privées de pluies estivales. On aime au contraire ces sortes de terrains sous les climats humides où l'on reçoit de la pluie régulièrement pendant toute l'année. On montre, en Bretagne, à Roscoff, et en Belgique, à Gand, des cultures horticoles très prospères sur des sables excessivement perméables qui ne sont pas arrosés autrement que par les eaux du ciel sous forme de pluie et de brumes. Le sol perméable repose parfois sur un sous-sol imperméable. C'est un avantage dans le Midi; l'humidité du sous-sol remonte dans le sol et vient en aide aux cultures. Cette eau en réserve est précieuse pendant les périodes des sécheresses. Les terres sablonneuses qu'on cultive avec tant de profit dans les dunes des environs d'Alger doivent leur fécondité aux nappes souterraines du sous-sol.

Dans la zone tempérée de la France, le sol perméable couvrant un sous-sol imperméable souffre d'un excès d'humidité; il est indispensable de faire abaisser le plan d'eau par le drainage ou par des fossés d'assainissement. Les terres de la Brie se trouvaient dans cette situation; les cultures avaient à y souffrir de l'imperméabilité d'un sous-sol argileux plus ou moins encombré de meulières. Le drainage a remédié à cet état de choses en faisant abaisser les eaux qui nuisaient aux plantes et qui gênaient les opérations de la culture.

Sur les surfaces fortement inclinées et imperméables par la nature du sol ou du sous-sol, les eaux pluviales s'écoulent avec vitesse en suivant les lignes de plus grande pente. On éprouve alors tous les inconvénients du ravinement; les terres meubles et les engrais de la hauteur vont se perdre au fond de la vallée, laissant à nu et stérilisant les terrains des niveaux les plus élevés.

Le boisement est généralement la meilleure destination à donner à ces surfaces déclives sujettes au ravinement. Les essences ligneuses se plaisent dans de telles conditions; elles n'y souffrent jamais d'un excès d'humidité; elles favorisent l'imbibition des eaux pluviales dans le sol; elles en retardent la descente dans la vallée par l'effet de leurs feuilles et de leurs racines, conditions qui assurent l'alimentation des sources locales et qui préviennent les inondations occasionnées par les pluies sur les surfaces découvertes et non boisées.

Dans les pays qui n'ont pas d'autres surfaces que des pentes fortement inclinées, ce qui est le cas des régions montagneuses, on est bien obligé de s'en contenter pour l'établissement des jardins, des cultures arbustives et de quelques autres plantes cultivées. Si le terrain était conservé avec sa disposition naturelle, le sol se ravinerait par les pluies, et les travaux appliqués aux cultures seraient pénibles et difficiles. On obvie à ces divers inconvénients en disposant le terrain en terrasses superposées. Ces terrasses horizontales permettent à l'eau pluviale de pénétrer facilement dans le sol au profit des plantes cultivées. Si l'eau arrive en excès, elle suinte lentement d'une terrasse à une autre par les murs de soutènement. Ces derniers produisent dans ce cas un effet analogue à celui qu'on obtient par le drainage. Les surfaces en terrasses horizontales ou en gradins exigent, pour le maintien des terres, des murs de soutènement en pierres sèches. Les régions montagneuses possèdent généralement des sols et des sous-sols plus ou moins pierreux, plus ou moins rocheux. La construction des murs de soutènement procure un emploi avantageux de ces matériaux encombrants. Le terrassement des gradins n'occasionne pas autant de frais de main-d'œuvre qu'on pourrait le supposer. On prend toujours la terre de la terrasse supérieure pour compléter la terrasse inférieure et on rejette la terre de haut en bas dans la pente vide laissée entre le mur de soutènement et la pente naturelle du terrain. Les terres en gradins se rencontrent fréquemment dans les régions accidentées du midi de la France. On voit cette disposition sur les coteaux du Rhône, de la Saône et de leurs affluents. On la retrouve encore souvent en Italie, en Corse et dans beaucoup d'autres pays. Ces terrasses horizontales sont adoptées principalement pour les cultures arbustives, telles que la vigne, l'olivier, l'amandier et l'oranger. Les gradins emmagasinent les eaux pluviales d'autant plus précieuses qu'elles servent à des végétaux exposés à souffrir des longues sécheresses estivales.

Les dimensions des terrasses dépendent de l'inclinaison générale des surfaces et de la hauteur à admettre pour les murs de soutènement. Les terrasses les plus larges sont les plus avantageuses dans le cas ou les travaux de culture doivent être effectués par des attelages et des instruments aratoires. Pour une égale hauteur de mur les terrasses sont d'autant plus larges que l'inclinaison du sol est moins prononcée.

Les murs en pierres sèches coûtent moins cher que ceux garnis de mortier et donnent un passage plus facile aux eaux souterraines. Ils n'offrent pas une grande solidité, et pour cette raison il serait imprudent de leur donner une grande hauteur; cette dimension varie entre 1 mètre et 2 mètres. Un calcul bien simple permet de connaître exactement la hauteur des murs de soutènement.

Soit A C la pente du terrain. La hauteur verticale A B, représente la hauteur totalisée des murs de soutènement ; la projection horizontale B C représente la largeur totalisée des terrasses.

$$A\ B = 30$$
$$B\ C = 45 ;$$

Si on veut des terrasses de 3 mètres de largeur, il y en aura $\frac{45}{3} = 15$; la hauteur totale 30 mètres divisée par 15 donnera 2 mètres pour la hauteur de chaque mur de soutènement. Si le sol manque de pierres, on remplace les murs par des talus engazonnés. Les terrasses bien exposées au soleil concentrent la chaleur et favorisent la maturité des raisins. En Corse, les terrasses exposées au sud produisent les raisins les plus précoces et les vins les plus fins et les plus capiteux. Cette remarque s'applique aux vignes en gradins de l'Ardèche, des montagnes du Forez, du Languedoc et de la Provence.

III.

Hygroscopicité du sol.

L'hygroscopicité est la propriété qu'a le sol de retenir l'eau dont il est imbibé. La dose d'humidité la plus favorable aux plantes est de 25 % du poids du sol sur une épaisseur de $0^m,30$. Voici les quantités d'eau retenues par les différentes natures de sol, quand on oblige l'eau à les traverser : ces expériences sont dues à Schubler, directeur d'Hofwil (Suisse).

SOL.		Quantité retenue.	
Sable silicieux.............	25 %	du poids du sol.	
Sable calcaire.............	29	—	
Terre calcaire fine........	85	—	
Argile pure................	70	—	
Humus.....................	190	—	
Terre forte d'Hofwil........	52	—	

L'argile plastique de Grignon que j'ai expérimentée en a retenu 41 %. On voit que l'hygroscopicité augmente avec la ténuité des particules terreuses. Le sable calcaire ne retient que 29 % du poids du sol, tandis que la terre calcaire fine en conserve 85 %. L'humus, résultat de la décomposition des fumiers, contribue à accroître cette propriété plus importante encore pour le midi que pour le nord de la France. La dessication du sol est une propriété inverse de l'hygroscopicité. Elle a pour effet d'enlever au sol l'eau qu'il devait à son pouvoir hygroscopique.

Les terres restent fraîches tant qu'elles renferment 15 à 23 % d'eau sur une épaisseur de 0m,30; elles deviennent sèches et défavorables aux plantes, quand elles conservent moins de 10 % d'eau sur une profondeur de 0m,33. Les végétaux jaunissent et finissent par mourir quand le sol n'a plus que 6 % d'eau. C'est une observation faite à Grignon par la sécheresse de 1870.

Des terres saturées d'eau ont été placées pendant 4 heures dans un milieu chauffé à 48°,7. Voici les quantités d'eau perdues ou évaporées par chaque terrain, dans l'espace de 4 heures, sur 100 grammes d'eau introduits dans chaque lot :

	Quantité perdue pour 100 parties d'eau de la terre.
Sable siliceux............................	88.4
Sable calcaire............................	75.9
Terre argileuse........................	34.9
Argile pure............................	31.9
Calcaire fin............................	28.0
Humus..............................	20.0
Terre forte de jardin....................	32.0

En plein air, les déperditions de l'eau contenue dans le sol s'accroissent considérablement par l'élevation de la température, la force du vent et l'état de dessication de l'air. Le sol subit une faible dessication par une température basse coïncidant avec un temps calme et une atmosphère chargée d'humidité. Les agriculteurs connaissent l'action desséchante des vents secs et violents qu'on désigne sous le nom de *hâles*. Quand ils soufflent pendant l'été, ils sont nuisibles aux cultures en détruisant les bons effets de la pluie et en enlevant au sol une humidité dont les plantes ont grand besoin. L'évaporation s'accroît en raison de l'étendue des surfaces exposées à l'air. Le labour à 45° favorise l'évaporation. Le hersage, en restreignant cette surface, diminue au contraire le pouvoir évaporant du sol. En été, les hersages maintiennent la fraîcheur du sol, et en hiver les labours à 45° en favorisent la dessication et l'assainissement.

IV.

Capillarité du sol.

La capillarité a pour effet de faire remonter dans le sol l'eau mise en réserve dans le sous-sol. Elle est la conséquence de la dessication du sol. Le sol compact peut être comparé à une série de petits tubes parallèles serrés les uns contre les autres. La dessication à la surface opère dans ces tubes un vide qui est immédiatement comblé par l'eau remontant du sous-sol par l'influence de la capillarité. La capillarité ne s'exerce, bien entendu, qu'à la condition qu'il existe dans le sous-sol une couche aquifère apte à mettre en activité l'effet capillaire du sol. Les terrains salés montrent bien les effets de la force ascensionnelle des liquides à travers le sol. Dès qu'il fait sec, et que le sol devient le siège d'une puissante évaporation, on voit apparaître des efflorescences salines, résultat de l'évaporation de l'eau salée ramenée à la surface par l'effet de la capillarité. Le cultivateur qui veut empêcher la production de ces cristallisations très nuisibles aux cultures, recouvre la surface d'un paillis, sorte de couverture de paille ou de roseau, qui s'oppose à l'évaporation de l'eau productrice des efflorescences salines.

La force ascensionnelle de l'eau a une limite maxima qu'elle ne saurait dépasser. Cette limite doit vraisemblablement varier avec la nature du sol et la ténuité des particules terreuses. Plus elles sont fines, plus elles contribuent à l'élévation des eaux souterraines. Au milieu des vignes d'Aigues-Mortes, on voit des endroits, 20 ou 30 centimètres plus bas que les autres parties du terrain, se refuser à porter de la vigne, et ne produire que les salicornes et autres plantes propres aux terres salifères. On remarque le même effet dans les polders conquis sur les grèves de l'Océan. L'eau salée des fossés d'assainissement remonte à une certaine hauteur dans le sol; les surfaces les plus basses, baignées d'eau salée par l'effet de la capillarité, restent improductives à côté de surfaces couvertes de magnifiques récoltes, qui, si tuées 0^m,40 à 0,50 plus haut, ne souffrent pas des effets de la capillarité. Les effets sont faciles à constater dans les terrains assainis par des fossés ouverts ; on voit que les fossés d'un mètre de profondeur, quand ils contiennent 0^m,33 d'eau, donnent de l'humidité 0,33 plus haut dans l'épaisseur du sol par l'effet de la capillarité, les derniers 33 centimètres échappent à l'action de la capillarité. Si les fossés n'avaient que 0^m,66 de profondeur, l'humidité remonterait à la surface, et nuirait aux cultures.

Suivant M. P. de Gasparin, les terres calcaires de la vallée de la Durance doivent en grande partie leur prodigieuse fertilité à la capillarité, qui met à portée des plantes l'eau des nappes sous-jacentes. Ce sol n'est pas riche par lui-même, mais l'eau remontant par la capillarité sert largement à la nutrition des plantes par les éléments qu'elle tient en dissolution. Ces terres se louent jusqu'à 300 francs l'hectare.

La capillarité ne produit pas toujours une action si heureuse sur les plantes. Beaucoup de prairies naturelles où le sol est trop rapproché du plan d'eau souffrent d'un excès d'humidité. Les bonnes plantes dépérissent par l'eau qui remonte à la surface et sont remplacées par des espèces aquatiques peu recherchées des animaux. Ces prés humides sont froids et tardifs. L'évaporation constante dont le sol est le siège s'oppose à son réchauffement, ce qui retarde la reprise de la végétation au printemps. Le remède à cette fâcheuse situation est dans l'emploi du drainage ou des fossés d'assainissement suffisamment profonds pour abaisser le plan d'eau et diminuer les effets de la capillarité.

La capillarité s'exerce avec toute son activité sur un sol compact faisant corps avec le sous-sol. On la gêne et on l'interrompt en détruisant la continuité entre le sol et le sous-sol. Ce résultat s'obtient par les labours, les hersages et les binages. Ces façons diverses exécutées pendant l'été, contribuent à maintenir l'humidité dans les profondeurs du sol au profit des plantes. C'est ce qui a donné lieu à ce dicton : *Qu'un binage vaut un arrosage.* Le sol tassé et formant croûte à la surface gêne la végétation des plantes ; le binage qui l'émiette et l'ameublit atténue l'action de la capillarité, permet l'accès de l'air aux racines et facilite les réactions favorables au développement des plantes. Le rouleau brise et émiette les mottes, il diminue les surfaces exposées à l'air, il met obstacle à l'évaporation de l'eau et atténue ainsi les effets de la capillarité ; mais il ne faut pas qu'il comprime le sol et rende son contact plus immédiat avec les parties du sous-sol, sinon il produirait un effet contraire à celui du hersage et rendrait plus active la capillarité.

Il faut bien reconnaître que les façons aratoires modifient profondément les propriétés physiques du sol. Un sol imperméable, à l'état inculte, devient perméable par le travail de la charrue et des autres instruments aratoires. Les eaux pluviales qui coulent à la surface d'une lande, sont complètement absorbées dans le champ voisin ameubli et rendu perméable par un profond labour. C'est un moyen certain de se procurer une réserve d'eau pour les époques de sécheresse.

Dans le Perche, les chaumes non labourés avant l'hiver sont assainis au printemps par l'évaporation marchant de pair avec la capillarité. On peut les travailler et les ensemencer au printemps. Les chaumes labourés avant l'hiver restent longtemps humides et inabordables à l'époque des semailles du mois de mars. Le labour d'hiver a fait obstacle à la capillarité, utile dans ce cas pour l'assainissement du terrain, et de plus le sol tassé et imperméable a laissé couler à la surface les eaux pluviales qu'il aurait en grande partie retenues s'il avait été à l'état de terre labourée. C'est ainsi que par les façons aratoires, on augmente ou on diminue l'hygroscopicité et la capillarité du sol au profit des plantes cultivées. Les effets obtenus varient, du reste, avec la nature du sol. On agit différemment, suivant qu'on a affaire à des terres perméables ou imperméables, calcaires, argileuses ou argilo-siliceuses. L'art de l'agriculteur consiste à façonner son terrain, suivant le mode le plus favorable à la végétation de ses cultures : il faut augmenter l'hygroscopicité du sol qui en manque, la diminuer sur celui qui en a trop, activer ou ralentir l'action capillaire suivant les exigences des diverses cultures.

V.

Hygrométricité du sol.

L'hygrométricité est la faculté plus ou moins grande que possède le sol d'absorber la vapeur d'eau contenue dans l'air. La quantité absorbée est subordonnée à l'état hygrométrique de l'air, à la nature du sol et à son état de division. Schubler a étudié cette propriété en plaçant différents terrains dans les mêmes conditions de température et d'humidité. Il a pris 5 grammes de chaque sol qu'il a étendus sur une surface de 36 centimètres carrés. Il a placé chaque lot dans une atmosphère contenant de la vapeur d'eau et maintenue à une température de 19°. Voici comment ces terres se sont comportées pendant des périodes de 12, 24, 48 et 72 heures. Chaque colonne du tableau suivant indique l'eau absorbée par les différents sols :

	12 heures.	24 heures.	48 heures.	72 heures.
	gr.	gr.	gr.	gr.
Sable silicieux.....	0.000	0.000	0.000	0.000
— calcaire......	0.010	0.015	0.015	0.015
Argile pure........	0.185	0.210	0.240	0.245
Terre forte du Jura.	0.070	0.095	0.100	0.100
Humus...........	0.400	0.481	0.550	0.600

Les terrains se classent ainsi quand on les considère au point de vue hygrométrique : l'humus vient en 1re ligne, puis arrivent, dans l'ordre décroissant, l'argile, la terre du Jura, le sable calcaire et le sable siliceux dont l'hygrométricité est tout à fait nulle.

On augmente cette propriété en facilitant l'accès de l'air dans le sol. Il faut avoir soin de rompre sa compacité par des façons aratoires; il faut labourer, herser, biner et écrouter la terre, après que les pluies ont constitué une pellicule continue à la surface. La pénétration de l'air au milieu du sol facilite l'absorption de la vapeur d'eau, mais elle favorise en outre la nitrification ou l'assimilation des substances qui servent à la nutrition des plantes. Ces expériences démontrent en outre que l'apport des matières organiques, l'emploi fréquent du fumier, en un mot tout ce qui augmente la proportion d'humus rend le sol plus hygrométrique et plus avide d'humidité. Le sable siliceux des dunes manque d'hygroscopicité et d'hygrométricité; il se dessèche avec une extrême facilité, mais c'est le terrain qui se réchauffe avec le plus de rapidité et qui conserve le mieux sa chaleur. Il est impropre à la culture du maïs, plante estivale dont la végétation embrasse la période la plus chaude de l'année ; mais il convient mieux que tout autre terrain aux cultures hibernales, aux petits pois résistant au froid, fleurissant en février et mars, et atteignant leur maturité en mars et avril. Il n'est pas de sol en Algérie et dans la région du sud-ouest, dans les dunes de la Gascogne, qui soit plus favorable à la culture des primeurs. Les mêmes observations s'appliquent aux fraises et aux légumes de la Bretagne, sur les terres siliceuses situées au bord de la mer.

VI.

Contraction du sol.

Sous l'influence de la dessication, certains terrains ne se durcissent pas, ne se contractent pas. Ils sont immobiles, suivant l'expression admise par M. P. de Gasparin. Tels sont les terrains sablonneux, purement siliceux ou purement calcaires. Ils restent meubles ; friables en temps sec et en temps de pluie, on peut les façonner par tous les temps. La classe des terrains imperméables par la présence du sesquioxyde d'alumine et de fer ou par diverses proportions d'argile et de calcaire, subissent par la dessication un retrait, une contraction qui augmente considérablement leur ténacité et les difficultés de leur ameublissement.

En se desséchant, ils se crevassent, deviennent durs comme de la pierre et ne sont plus attaquables par la charrue et les autres instruments aratoires. Ce sont les terres argileuses, argilo-siliceuses, argilo-ferro-siliceuses, argilo-calcaires qui se comportent ainsi dans les périodes de longues sécheresses. Les plantes souffrent aussi de la contraction du sol ; leurs racines sont comprimées,

parfois déchirées. Elles sont à la fois privées d'air et
d'humidité. Schubler a mesuré expérimentalement la
contraction du sol sur des prismes desséchés à la température de 18° pendant plusieurs semaines. 1000 parties ont perdu en volume les quantités suivantes :

Calcaire	30
Glaise maigre	60
Glaise grasse	89
Terre argileuse	114
Argile pure	183
Magnésie	151
Terreau	200
Terre forte d'Hofwil	120
Sable siliceux	000
— calcaire	000

Les terres vaseuses constituées par de l'argile unie à
du terreau éprouvent par la dessication un retrait considérable. J'ai vu les polders d'Isigny former, par la dessication, des prismes branlants comme les prismes basaltiques, séparés entre eux par d'énormes crevasses où
une canne disparaissait dans toute sa longueur. On
avait peine à marcher sur le sol crevassé et s'ébranlant
sous les pieds.

On remédie à la contraction du sol par les procédés qui ont pour effet de s'opposer à sa dessication.
Par les hersages, qui ralentissent l'évaporation, et les
façons, qui rendent le sol plus meuble et plus hygrométrique, par les labours, qui mettent obstacle à l'action
capillaire du sous-sol.

Nous avons vu précédemment les conditions physiques et chimiques qui réalisent la ténacité du sol. Cette
ténacité augmente ou diminue, suivant la nature du sol
et son degré de dessication. Schubler, après avoir desséché à l'air des briquettes formées de sols divers, s'est

livré à des expériences pour apprécier leur degré de résistance. Il plaçait ces briquettes sur deux supports, et, au milieu de chaque briquette il suspendait le plateau d'une balance qu'il chargeait de poids jusqu'à la rupture de la briquette.

L'argile pure, admise comme type de ténacité, s'est rompue sous un poids de 11 kilogr. 10. Le tableau suivant résume les résultats de ces expériences :

	Ténacité relative.	Ténacité en poids.
		kil.
Argile pure....................	100.0	11.10
Terre argileuse.........	83.3	9.25
Argile grasse.................	68.8	7.64
— maigre.................	57.3	6.36
Humus ou terreau.............	8.7	0.97
Terre calcaire fine............	5.0	0.55
Sable calcaire.................	0.0	0.00
— siliceux.................	0.0	0.00

La ténacité du sol a des conséquences incalculables, au point de vue de l'exploitation économique du sol. Une entreprise agricole peut devenir ruineuse par le fait d'un sol argileux, tenace et intraitable par l'humidité et la sécheresse. L'ancien directeur de l'école de la Saulsaie, M. Nivière, accusait son sol d'être alternativement de la boue ou de la brique, deux extrêmes funestes aux plantes et très gênants pour les façons aratoires. Les insuccès de cet agriculteur instruit et intelligent ont été attribués, avec raison, au mauvais climat de la Dombes et aux propriétés physiques du sol dues à la présence d'une forte dose de silice gélatineuse unie à l'argile et au sesquioxyde de fer.

VII.

Adhérence ou adhésion.

Ne confondons pas la ténacité avec l'adhésion ou l'adhérence du sol. On définit l'adhérence la propriété qu'a le sol de s'attacher, de coller aux instruments aratoires. Les sols calcaires ferrugineux adhèrent aux instruments, à la bêche et au versoir de la charrue, bien qu'ils possèdent une faible ténacité. De même un terrain argilo-siliceux très tenace peut parfois montrer peu d'adhérence aux instruments; il polit au contraire la bêche et le versoir, et leur donne un éclat brillant qui empêche l'adhérence de la terre sur ces instruments. Schubler a mesuré expérimentalement l'adhérence de différentes natures de sol. Sous le plateau d'une balance il suspendait un disque en fer qu'il appliquait sur une terre mouillée. Il voyait dans l'autre plateau le poids qu'il fallait employer pour opérer le détachement du disque. Voici les terres dont il a déterminé l'adhérence relative :

Adhérence du sable siliceux		0.19
—	— calcaire	0.20
—	de la terre calcaire	0.71
—	— argileuse	0.86
—	de l'argile pure	1.32
—	de la terre franche d'Hofwil	0.28

Le disque en fer produit une adhérence un dixième moins forte que le disque en bois.

Pour certaines terres fortes de Roville, Mathieu de Dombasle a constaté que le versoir en bois fatiguait moins les attelages que le versoir en fer. Ce fait d'observation vient contredire le résultat obtenu par Schubler avec le disque en bois.

En pratique, l'adhérence du sol n'est pas difficile à observer. Les jardiniers qui ont affaire à un sol adhérent sont obligés de nettoyer constamment leur bêche avec une palette en bois; il en est de même du laboureur pour le versoir de sa charrue. Les terres non adhérentes polissent les instruments, ce qui diminue le frottement et rend le travail moins pénible pour les hommes et les animaux. Les terres non adhérentes, grâce à une forte proportion de sable siliceux, sont faciles à travailler, mais elles ont l'inconvénient d'user promptement les instruments en fer. L'adhérence comme la ténacité varie avec le degré d'humidité du sol. Il y a un moyen d'apprécier mathématiquement la ténacité et l'adhérence du sol, c'est de mesurer, à l'aide du dynamomètre, l'effort nécessaire pour y effectuer un labour dans des conditions et des dimensions déterminées.

VIII.

A quel degré d'humidité doit-on façonner le sol?

Cette question a une très grande importance en pra - tique. Un ensemencement peut être compromis, et une récolte manquée, par une façon exécutée mal à propos. Les façons aratoires ont pour principal objet l'ameublissement du sol, sa compacité étant toujours nuisible au développement des plantes. Cet état meuble et friable, on ne l'obtient pour certains sols qu'à la condition de l'entamer à un degré déterminé d'humidité. S'il est trop mouillé, la charrue le lève en grosse mottes difficiles à réduire après qu'elles ont subi une certaine dessication. S'il est trop sec, le travail est pénible pour les attelages, et la terre se met encore en gros fragments d'un émiettement difficile. Le sol de moyenne consistance se façonne bien à une dose moyenne d'humidité ; il doit être frais, ni trop humide, ni trop sec, contenir 20, 30, 40 % au plus de son poids d'eau. L'agriculteur n'a ni le temps, ni le moyen de doser l'eau de son sol. C'est par un essai avec sa charrue et sa herse qu'il voit si le sol est dans l'état convenable pour être façonné dans de bonnes conditions d'ameublissement.

Les terres légères, perméables, sablonneuses, graveleuses et pierreuses se façonnent par tous les temps sans aucun inconvénient. Ce sont les terres fortes, ou les terres franches qui ne se façonnent qu'à un degré déterminé d'humidité. Il existe des terres marneuses d'un ameublissement impossible par les instruments aratoires. Une partie des terres marneuses de la formation du Lias est irréductible par la seule action des instruments aratoires. Il n'y a que les gelées qui les émiettent et les réduisent en particules plus fines et plus régulières qu'on ne pourrait le faire avec les instruments les plus perfectionnés.

Il y a des marnes qui éprouvent le même effet sous l'action des pluies. On voit dans la Limagne des hommes armés de tridents se mettant 2 ou 3 pour retourner le sol en fragments d'une grosseur énorme ; on croirait voir des morceaux de rochers couvrant toute la surface. A la première pluie, ces gros morceaux de terre tombent en poussière et procurent un sol très divisé et friable, très favorable aux ensemencements et à la germination des grains. Les régions méridionales exemptes de fortes gelées ne peuvent compter que sur la pluie pour le délitement et l'ameublissement des terres marneuses ou argileuses. Il y a des argiles qui se comportent comme des marnes sous l'influence de la pluie et de la gelée. L'ameublissement sans compacité, sans tassement, celui qui facilite l'accès de l'air et la circulation de l'eau, tel est l'état du sol le plus désirable, le plus favorable à la végétation des cultures ; c'est cet état que l'agriculture s'efforce constamment d'obtenir avec le concours des agents atmosphériques et à l'aide des façons aratoires. Cette division des particules terreuses constitue la partie la plus délicate et la plus difficile de l'art de l'agriculteur, notamment dans les régions à terres fortes et tenaces. Un labour effectué mal à propos sur un terrain trop ressuyé ou trop desséché, peut nuire au sol pendant un an ou deux, et compromettre le succès de plusieurs cultures.

IX.

Pouvoir absorbant du sol.

Depuis bien des années l'usage des engrais chimiques s'est beaucoup répandu. On en emploie d'énormes quantités pour des sommes très considérables. Ce sont des engrais complémentaires qui restituent au sol les substances que les fumiers n'y rapportent pas en quantité suffisante, et qui ont disparu de la ferme sous forme d'animaux ou de grains vendus et exportés au dehors. Beaucoup de contrées ne peuvent plus se passer de ces engrais supplémentaires ; les cultures seraient manquées, si on se contentait de ne donner au sol que les engrais produits dans la ferme ; les fumiers renferment les substances fertilisantes à l'état peu soluble ; l'azote, la potasse, l'acide phosphorique engagés dans des combinai-

sons organiques se mettent lentement et péniblement
à la disposition des plantes. Les engrais chimiques au
contraire sont très solubles dans l'eau; en temps de
pluies abondantes, ils sont exposés à disparaître du
sol par la filtration des eaux pluviales dans le sous-sol,
ou par l'écoulement de ces mêmes eaux à la surface.
On s'est efforcé de connaître par des expériences l'importance de ces déperditions, la faculté relative des terres
au point de vue de l'absorption des substances employées
comme engrais chimiques. Il importe surtout de savoir
après combien de temps la substance mise en contact
avec le sol s'est incorporée aux éléments de ce sol pour
servir à l'alimentation des plantes.

L'absorption est variable suivant la nature du sol,
la concentration de la dissolution et la durée du contact.
Cette dernière influence est plus faible que les deux
autres.

M. Brustlein, collaborateur de M. Boussingault, a
agi avec du carbonate d'ammoniaque en dissolution
dans 100 c. d'eau. Voici le résultat obtenu :

NATURE DU SOL.	Quantité de sel.	Alcali absorbé par 50 gr. de terre.
	gr.	gr.
Terre argilo-calcaire............	0.029	0.014
Terre moins forte..............	0.029	0.011
Terre sableuse siliceuse........	0.029	0.008

Il a répété la même expérience avec une dissolution
de potasse et une autre de soude. La potasse a été mieux
absorbée que la soude.

Vœlcker a fait des recherches du même genre
sur la potasse et la soude, et sur le phosphate de chaux
soluble.

Le sol siliceux sablonneux absorbe rapidement ce dernier sel; mais après 26 jours de contact, il restait encore du superphosphate non combiné.

Sur un sol calcaire l'absorption a été plus rapide; au bout de 8 jours il n'en restait plus qu'une petite quantité.

Sur l'argile tenace, l'absorption a été de moitié en 24 heures, des 2/3 en 8 jours, et des 3/4 en 26 jours.

Sur une autre argile tenace, l'absorption a été encore plus rapide. Le sable ferrugineux a un pouvoir absorbant très faible; après 17 jours, il restait plus du quart du phosphate de chaux.

Le sol marneux possède une puissance absorbante considérable. L'alumine, l'oxyde de fer, le carbonate de chaux rendent le phosphate insoluble et favorisent l'absorption du sel à l'état soluble.

Dans un sol siliceux l'acidité du sel persiste. M. Bobierre a vu le superphosphate nuire à la germination du sarrasin, ce qui ne se produit pas dans une terre qui rend insoluble cet engrais chimique. Dans le Perche où le calcaire et l'oxyde de fer ne manquent pas, le superphosphate devient promptement insoluble. On se demande dans ce cas, s'il ne serait pas plus économique et plus avantageux de remplacer le superphosphate par le phosphate fossile qui coûte moitié moins cher. Des savants d'une grande autorité soutiennent que c'est une erreur de transformer le phosphate tribasique naturel, insoluble, en phosphate acide soluble, puisqu'il retourne immédiatement à l'état insoluble dès qu'il est dans le sol en contact avec des argiles, des oxydes de fer ou du carbonate de chaux.

Il est certain que l'eau qui traverse le sol, ou qui court à sa surface, emporte les éléments solubles du fumier et des engrais chimiques. Les eaux de drainage traversent le sol et le sous-sol; elles contiennent de la potasse en petite quantité, de la soude, *beaucoup de chaux*, de la magnésie, de l'alumine, du chlore, de l'acide sulfurique, un peu d'acide phosphorique, un peu d'ammoniaque. La quantité de matière dissoute n'est jamais considérable; on y trouve principalement des nitrates et des sels de chaux. Les substances enlevées par le drainage ne sont pas perdues, quand on a la précaution de s'en servir pour l'arrosage des prairies.

Le sulfate d'ammoniaque et le nitrate de soude sont les deux sources principales de l'azote qu'on livre aux plantes sous le nom d'engrais chimiques. On a grand intérêt à savoir comment ils se comportent dans le sol, s'ils ne sont pas perdus par les eaux pluviales et si l'ammoniaque ne se dissipe pas dans l'air. Le sulfate d'ammoniaque n'est pas à employer dans les sols calcaires; il se transforme en carbonate d'ammoniaque qui se volatilise dans l'atmosphère.

Le nitrate de soude descend dans le sol par les pluies abondantes, mais il remonte ensuite par l'effet de l'évaporation de l'eau et de la capillarité. C'est l'engrais qui semble le mieux convenir à la betterave. Le blé, au contraire, se trouve mieux de l'emploi du sulfate d'ammoniaque, dans le Perche. Aux Merchines, dans les terres de la Meuse, c'est le nitrate de soude qui produit le meilleur effet sur la culture du froment. Le nitrate de soude, si disposé à se perdre, convient principalement aux cultures de printemps. Le sulfate d'ammoniaque peut, dans certains cas, s'appliquer sans inconvénient aux céréales d'automne. Nous venons d'étudier le rôle de l'eau dans le sol et dans l'alimentation des plantes. Il nous reste à examiner les effets de la chaleur sur le sol et sur la végétation. C'est un autre facteur de la production dont les effets ne sont pas moins importants que ceux de l'eau. La chaleur et la lumière sont deux agents qui, unis à l'eau, concourent puissamment à la vie et au développement des végétaux.

X.

Échauffement du sol.

La quantité de chaleur solaire reçue par le sol dépend de beaucoup de circonstances dont les principales sont la latitude, l'altitude, la pureté du ciel, la longueur du jour, la température de l'air et l'exposition des surfaces, autrement dit le degré d'inclinaison des rayons solaires.

Dans une localité déterminée, l'échauffement du sol est singulièrement favorisé par l'exposition et les abris. L'exposition du midi est la plus chaude, surtout si elle est à l'abri des vents qui refroidissent l'atmosphère.

A conditions égales d'exposition et d'abri, la composition minérale n'a qu'une faible action sur l'échauffement du sol.

Sous l'influence des rayons solaires,

Le sable siliceux blanc a atteint.... $43°.25$ } différence : $2°$
L'argile blanche .... $41°.25$ }
Le sable siliceux noir............. $50°.87$ } différence : $2°$
L'argile noire.................... $48°.87$ }

La couleur exerce sur l'échauffement du sol une action plus sensible que la composition minérale. La différence de température varie entre $7°$ et $8°$.

Le sable siliceux blanc s'élevant à $43°.25$ } différence : $7°.62$
Le même sable noir atteint...... $50°.87$ }
L'argile blanche s'élevant à.. .. $41°.25$ } différence : $7°.62$
L'argile noire atteint............ $48°.87$ }

Profitant de la propriété que possède la couleur noire de concentrer la chaleur solaire, les paysans de la vallée de Chamounix, au dire de Saussure, répandent des schistes noirs sur leurs champs couverts de neige, afin d'en hâter la fusion, d'avancer le moment des ensemencements et la reprise de la végétation sur les alpages et les prairies naturelles. Les murs blancs, aptes à refléter la chaleur, sont préférés dans les régions du Nord ; on les reconnaît favorables aux arbres fruitiers en espalier. Plus avant dans le Midi, c'est le mur noir qui semble le mieux convenir aux cultures fruitières. La région chaude renonce aux espaliers appliqués sur des murs. Ils ne résisteraient pas à la haute température à laquelle ils y seraient soumis. En Provence, en Corse et en Algérie, le système des espaliers n'est plus connu. Les murs feraient griller les arbres fruitiers.

L'intensité solaire attaque les écorces et peut tuer les arbres et les plantes herbacées. On modère l'action de la chaleur en couvrant les troncs d'un lait de chaux. On badigeonne dans le même but les vitres des serres et des châssis. Cet enduit blanc prévient les températures extrêmes qui nuisent aux plantes et qui peuvent même les détruire. Les fleurs se portent mal à l'exposition directe des rayons solaires ; elles durent davantage et conservent mieux leurs brillantes couleurs, quand elles sont abritées sous le feuillage des grands végétaux ligneux. A l'école de Montpellier un cépage américain restait souffreteux sur un sol de couleur blanche. On a coloré ce terrain avec un calcaire rouge ferrugineux ; à partir de ce moment, la vigne à constamment montré une magnifique végétation.

L'humidité relative du sol exerce une action très sensible sur sa température. La différence peut varier de 7° à 8°.

L'évaporation constante d'une humidité qui se renouvelle constamment par l'action capillaire maintient le sol à une température basse qui retarde la reprise de la végétation. Les terres humides sont dites terres froides pour cette raison. Les prairies humides sont en retard d'un mois sur celles qui sont situées en terre sèche bien assainie. Les terres noires et sèches sont chaudes et conviennent à la production des primeurs.

Les terres fraîchement remuées sont le siège d'une évaporation qui en abaisse la température au point de favoriser la formation de la gelée blanche. Aussi, les vignerons évitent de façonner les vignes à l'époque des gelées printanières. Les herbes spontanées de la vigne, le voisinage des bois et des cultures concourent au refroidissement du sol; les praticiens y font grande attention quand il s'agit de façonner la vigne au premier réveil de la végétation, ou quand on veut établir une vigne dans un canton où cette culture n'a pas encore été expérimentée. Pendant la nuit l'air est moins froid que le sol. On peut préserver les ceps de la gelée en les maintenant loin du sol à l'aide de fils de fer où d'échalas qui les relèvent et les placent dans une position verticale. Un praticien du Médoc m'a affirmé qu'il évitait souvent les ravages de la gelée, en maintenant le sol net de mauvaises herbes et en évitant de le façonner à l'époque critique des gelées printanières.

XI.

Refroidissement du sol.

Le refroidissement du sol est en rapport inverse avec son poids et la grosseur de ses particules.

La terre desséchée à 100° pèse plus ou moins, suivant sa composition minérale.

			kil.
Le mètre cube d'une glaise sablonneuse pèse....			2.103
—	d'un loam d'Ofwil pèse..........		1.404
—	—	d'Orange pèse........	1.126

Le terrain tourbeux nage, et se trouve par conséquent plus léger que l'eau. Une terre est dite pesante quand elle se montre lourde à la bêche, à la brouette ou au tombereau.

La terre caillouteuse se refroidit moins vite que la sablonneuse, celle-ci moins vite que l'argile et la tourbe. Les raisins mûrissent les premiers sur les terres pierreuses et caillouteuses. Au point de vue de la nutrition des plantes, les pierres sont considérées comme étant très nuisibles ; en effet, un sol pierreux ne nourrit les plantes que par les parties meubles, la partie pierreuse constitue une masse inerte qui diminue d'autant la portion utile aux végétaux. A d'autres points de vue les pierres ne sont pas inutiles, elles réchauffent les plantes et préviennent leur déchaussement par les gelées printanières. Il n'est pas prouvé non plus que leur rôle soit nul dans l'alimentation des végétaux. Les végétaux attaquent les corps insolubles ; on en a un exemple dans les lichens qui se fixent et vivent sur les roches les plus dures et les plus résistantes. Les praticiens reconnaissent dans tous les cas que les terres pierreuses produisent les meilleurs vins et les grains les plus estimés pour leurs qualités et leur poids. Un sol pierreux peut d'ailleurs dissimuler un sous-sol non pierreux, fertile et apte à donner de belles luzernes et de belles cultures arbustives. J'ai rencontré des fermiers qui préféraient des terres très pierreuses à d'autres argileuses ou sablonneuses complètement exemptes de pierres. On doit néanmoins reconnaître que le sol pierreux n'est pas toujours facile à cultiver; il use bien facilement les instruments aratoires; il exige un soc pointu, conformé d'une certaine façon. Le brabant double qui est la charrue la plus commode et la plus facile à diriger, ne fonctionne pas bien sur un sol pierreux. Il n'est pas question ici du sol rocheux impossible à façonner et interdit aux cultures herbacées. Le bois et le pâturage sont les produits des surfaces où les masses rocheuses ne contiennent pas les parties meubles qui constituent la bonne terre arable.

En résumé, les propriétés physiques les plus favorables aux cultures sont une consistance moyenne obtenue par une heureuse association de la silice, de l'argile et du calcaire, une perméabilité moyenne favorable aux plantes dans les temps de pluie et de sécheresse, une bonne provision des substances qui servent à l'alimentation des végétaux, l'aptitude du sol à conserver sa fertilité sans aucune déperdition par les eaux souterraines ou les eaux superficielles, une coloration propre à concentrer et à conserver la chaleur notamment dans les régions tempérées, enfin la netteté du sol en ce qui concerne les mauvaises graines dont l'abondance et le développement portent un si grand préjudice à toutes les récoltes.

La composition trop élémentaire du sol n'est généralement pas désirable. Les terres qualifiées de terres franches possédant les qualités physiques que nous venons d'esquisser valent mieux et sont ordinairement plus avantageuses qu'un sol exclusivement siliceux, calcaire ou argileux.

Nous passons à la classification des terres. Les classifications présentent le grand avantage de grouper ensemble les objets qui offrent les mêmes caractères et les mêmes propriétés. On en apprécie l'importance dans l'étude des animaux et des plantes. Une bonne classification des terres n'est pas moins utile à l'agriculteur qui a tant d'intérêt à connaître les propriétés des terrains divers sur lesquels il base les résultats de ses spéculations végétales et animales.

CHAPITRE III.

CLASSIFICATION DES TERRES.

La meilleure classification est celle qui est basée sur les propriétés physiques, chimiques et physiologiques du sol. Les sols dérivés d'une même roche possèdent évidemment les mêmes propriétés physiques et chimiques. Il y a entre la roche et le sol qui en dérive, des relations intimes faciles à constater sur place à l'aide des principes de la minéralogie et de la géologie. La même roche communique au sol des propriétés agricoles ou physiologiques qui ne changent pas tant qu'on demeure sous les mêmes circonstances climatériques. Ce n'est pas à dire que le sol et la roche sous-jacente offrent une composition chimique identique. Mais la roche altérée et modifiée sous l'influence des agents atmosphériques, produit des débris détritiques qui constituent un sol de même nature partout où la roche a été soumise aux mêmes influences météorologiques. On comprend dès lors l'importance de la détermination de la roche constitutive du sol. Pour arriver à cette détermination, il suffit d'avoir entre les mains une bonne carte géologique et de savoir distinguer les roches affleurantes d'après leurs caractères extérieurs. C'est la science des roches ou la pétrologie appliquée à l'étude du sol. Cette constatation n'offre pas de sérieuses difficultés. Les carrières ouvertes dans le pays, les matériaux de route et de construction, les tranchées des routes et des chemins de fer, et au besoin quelques sondages fournissent à ce sujet toutes les indications dont on peut avoir besoin.

La géologie fait connaître la roche dont les débris ont constitué le sol, mais elle donne en outre des indications précieuses sur la série des roches qu'on peut trouver en allant à de plus grandes profondeurs. On peut aussi utiliser, pour l'amendement des terres et pour les approvisionnements d'eau, des couches de terrain dont on n'aurait pas soupçonné la présence si on n'avait pas eu recours à la géologie.

La classification géologique communique à l'agrologie des vues générales, des appréciations étendues qu'on ne saurait obtenir des autres systèmes de classification. Prenons pour exemple les terrains granitiques. Est-ce que les terres granitiques de la Bretagne ne ressemblent pas, sous les rapports physiques, chimiques et physiologiques, aux terres granitiques de la Creuse et de la Corrèze? A part les différences culturales qui sont dues au climat, on retrouve dans le sol la même composition minérale et chimique, et dans les landes et les bois les mêmes végétaux spontanés.

La classification géologique devient par le fait une classification basée sur la composition chimique et les caractères physiques du sol. Il est clair que la même roche produit partout des débris de même nature et doit par conséquent former partout le même sol, qu'on l'observe en Bretagne, dans le centre de la France, en Afrique, en Amérique, dans le nord ou le midi de l'Europe. La même roche embrasse souvent des régions d'une étendue considérable; d'autres fois dans le même champ surgissent à la surface 3 ou 4 roches différentes; cela se produit généralement sur les terres en pente, sur les coteaux des vallées d'érosion. Il suffit dans les deux cas de connaître l'analyse chimique des roches affleu-

rantes pour deviner la composition chimique du sol,
composition qui nécessairement variera avec celle des
roches et dans le même sens. Il suffira par conséquent
d'avoir une idée exacte de la composition des roches et
des. modifications qu'elles subissent par les agents atmosphériques et les plantes spontanées, pour connaître
les propriétés physiques et chimiques du sol sans
passer par des analyses coûteuses, difficiles, qui exigent
l'intervention d'un chimiste habile. Le chimiste opé-
rant en dehors de toute préoccupation géologique, se
croira obligé d'analyser tous les champs et même de
faire plusieurs analyses dans le même champ. On comprend dès lors combien l'étude chimique du sol devient
plus simple, quand elle prend pour base la composition
des roches.

On ne resterait pas dans la vérité si on n'avait pas
égard aux modifications que subissent les roches superficielles par les agents atmosphériques et par les végétaux cultivés ou spontanés. Nous n'indiquerons ici que
les modifications principales causées par les végétaux et
les eaux pluviales, nous réservant d'exposer ultérieure-
ment les autres causes d'altération. L'eau chargée d'a-
cide carbonique décompose les silicates alcalins des
roches primitives et éruptives. C'est par cette altération
que les feldspaths se transforment en argiles. La kaolinisation des roches feldspathiques entraîne leur désagrégation; elle donne naissance à des argiles et à des
grains ou cristaux quartzeux. Si les pentes sont rapides
et les eaux abondantes, l'argile disparaît en suspension
dans les eaux courantes, et le sable siliceux restant en
place produit un sol sablonneux-siliceux, autrement dit
des arènes perméables, légères, et d'une médiocre fertilité.

Si les surfaces ne se laissent pas raviner, l'argile et

les cristaux quartzeux restent en place, constituant un sol argilo-siliceux ou silicéo-argileux qu'on rencontre si communément dans les régions granitiques.

Le sol granitique ainsi constitué, s'il est abandonné à lui-même, se convertit en une lande où croissent spontanément les bruyères, l'ajonc, le genêt, la fougère, la molinie bleue et quelques autres graminées acides. Les débris de ces plantes se mêlent aux débris de la roche; ils forment un terreau acide qui dissout et fait disparaître du sol toute trace d'acide phosphorique, et qui, sur les silicates alcalins, continue l'œuvre commencée par les eaux pluviales chargées d'acide carbonique. C'est ainsi que se forment les terres humiques, dites terres de bruyères, sur les formations gneissiques et granitiques. Le sol, granitique à l'origine, se transforme, par le temps, en sol granito-humique, comprenant de l'argile avec plus ou moins de potasse, du sable quartzeux et des matières organiques plus ou moins riches en substances azotées. Il y manque de la chaux et de l'acide phosphorique pour donner une alimentation complète aux différentes familles des plantes cultivées.

Les corps simples forment les espèces minérales, les espèces minérales forment les roches, et les roches forment les sols.

Si nous savons discerner sur place les roches, il nous sera facile de déterminer les sols constitués par les débris de ces roches.

Les roches se divisent en 2 grandes classes basées sur leur mode de formation : les roches d'origine ignée, celles qui se sont produites par l'action du feu, et les roches d'origine aqueuse qui résultent des débris des premières déposés au sein des eaux. Ces deux classes de roches donnent lieu à deux grandes classes de terres : la première comprenant les terres plutoniennes, d'origine

ignée, et, la seconde les terres neptuniennes ou sédimentaires, d'origine aqueuse.

Étudions d'abord les terres d'origine ignée.

Iʳᵉ SECTION.

TERRES PLUTONIENNES.

Les terres plutoniennes résultent de roches surgissant
de bas en haut. Les matières fluides et incandescentes se
sont montrées à jour, perçant l'écorce terrestre et venant émerger à la surface. Ces roches se distinguent facilement de celles qui sont sédimentaires, elles sont
composées généralement de minéraux cristallisés, dur-
cis par le feu; elles ne possèdent pas de fossiles; leur
dureté, leur couleur, l'absence de stratification ne permettent pas de les confondre avec les roches sédimentaires. A la surface, les matières organiques dont elles
sont recouvertes et les altérations qu'elles ont subies
en rendent la détermination moins facile; mais, par
un simple lavage ou par la calcination, il est aisé de
reconnaître les minéraux constitutifs de la roche. Un
sondage peu profond dans le sous-sol ne laisse aucun
doute sur l'origine géologique du sol. Cet examen, facilité d'ailleurs par de bonnes cartes géologiques, fournit sur la composition du sol et sur ses propriétés
physiques des renseignements très complets, qu'on de-
manderait vainement à l'analyse purement chimique.
Si à ces observations agrologiques on joint celles qui se
rapportent aux eaux et aux reliefs des surfaces, aux végétaux spontanés, aux essences forestières et aux races
d'animaux, on possède tous les éléments d'une mono-

graphie complète des terres qu'il s'agira de décrire et d'apprécier.

La classe est basée sur le mode de formation, — 1re classe : terre plutonienne.

Le genre est basé sur la nature de la roche, ex. : terre micaschisteuse.

L'espèce est basée sur la composition minéralogique de la roche.

Les sous-espèces tirent leur dénomination de l'état de division des minéraux constituants.

Une terre plutonienne, granitique, argilo-siliceuse, pierreuse, s'entend d'un sol d'origine ignée, formé par le granite, composé d'argile et de quartz, l'argile étant prédominante, et encombré d'une forte proportion de pierres granitiques. On peut pousser plus loin les sous-divisions et avoir égard au degré de perméabilité, caractère physique très important au point de vue agrologique. Étudions le 1er genre, les terres granitiques, ou granitoïdes.

PREMIÈRE CLASSE.

CHAPITRE IV.

TERRES GRANITIQUES ET GRANITOÏDES.

Le granite, la pegmatite, la leptinite, le gneiss, le micaschiste, la syénite, la protogine présentent de grandes analogies au point de vue de la texture et de la composition minéralogique. Leurs débris constituent des sols analogues, dont les propriétés diverses dérivent de la proportion des minéraux constituants. Ces minéraux sont le quartz, le feldspath, le mica, l'amphibole et le talc.

Parmi les roches granitoïdes, c'est le granite proprement dit qui est le plus important, à cause de l'étendue qu'il occupe à la surface du globe terrestre. Les terres granitiques comprennent en France dix millions d'hectares, c'est le cinquième de la superficie totale du pays. Elles occupent les régions suivantes :

La Bretagne, les Vosges, le plateau central (Cévennes, Montagnes d'Auvergne, Morvan, le Forez) les Alpes, les Pyrénées, les Maures. l'Esterel, la Corse et quelques points très restreints en Algérie. Voilà pour la France.

A l'étranger l'Écosse, l'Irlande. l'Angleterre, la Scan-

dinavie, la Silésie, la Saxe, la Bohême, la Bavière, l'Espagne, l'Amérique du Nord, la Chine et la Guyane
possèdent d'immenses étendues en terres granitiques.

Les granites et les gneiss, formés d'espèces minérales
d'une composition bien déterminée, les contiennent dans
les proportions les plus diverses. Dans certaines roches,
le quartz devient tellement dominant que le caractère
granitique finit par disparaître complètement ; d'autres
fois c'est le feldspath ou le mica qui prend le rôle dominant. Ce défaut d'homogénéité se remarque sur des roches
très voisines les unes des autres. J'ai vu, en Corse, du
granite inaltérable et d'une dureté excessive, à côté d'un
granite se transformant en kaolin attaquable à la bêche
et à la pioche. Ce dernier formait le sol, et l'autre donnait d'excellentes pierres à bâtir.

Les propriétés physiques et chimiques des terres granitiques dépendent des minéraux constitutifs de la roche.
Le granite fortement quartzeux produira, par sa désagrégation, un sol sablonneux siliceux pauvre en argile et
en potasse, tandis qu'un granite très feldspathique donnera naissance à un sol argileux bien pourvu de potasse.
Le granite à oligoclase contient 4 à 5 % de carbonate
de chaux.

Voici la composition moyenne du granite d'après
MM. Nivoit et de Lapparent.

	Nivoit	De Lapparent
Silice......................	72	72.0
Alumine...................	15	16.0
Potasse...................	7	6.5
Soude....................)		2.5
Chaux.................... (	4	1.5
Magnésie.................)		1.5
Oxyde de fer.............	2	1.5
Totaux.	100	101.5

On sait que les sols les plus fertiles contiennent, suivant M. Paul de Gasparin :

1 millième 1/2 de potasse,
1 à 2 millièmes d'acide phosphorique,
plus une bonne proportion de chaux.

La perméabilité des terres granitiques tient à plusieurs causes ; elle est due tantôt à la composition minéralogique du sol, tantôt aux fissures de la roche granitique du sous-sol.

Le sol siliceux sablonneux se laisse traverser par l'eau, tandis que le sol argileux provenant d'un granite fortement feldspathique arrête les eaux pluviales et montre tous les caractères de l'imperméabilité. Examinons la composition chimique des terres granitiques.

Le quartz, le mica, le feldspath n'abandonnent au sol que de la silice, de l'argile, de la potasse, de la magnésie, du fer et du fluor ; la potasse seule sert utilement à l'alimentation des plantes. Les autres substances ont peu d'importance, les plantes en trouvant toujours en quantité suffisante dans le sol.

Le soubassement de l'obélisque de Luqsor, les bordures et les dalles des trottoirs de Paris, sont en granite d'une extrême dureté qui met un temps infini à se désagréger et à prendre le caractère terreux. Le granite bleu de Saint-Brieuc, recherché pour les constructions et les dallages, finit cependant par s'altérer à la surface du sol. Ses détritus donnent du sable à bâtir, ce qui indique qu'il est abondamment siliceux : le sol dérivé de ce granite est léger, sablonneux, perméable et très facile à cultiver. Les terres des environs de Saint-Brieuc, de la colonie de Saint-Plan, proviennent de cette roche. Fumées et enrichies de calcaire par le sable de mer, elles sont d'une grande fertilité pour les céréales, la betterave, les légumineuses et les crucifères (choux et navets).

Il faut bien convenir que le granite finit toujours par s'altérer à l'air. Les monuments granitiques de la Bretagne et de la Normandie accusent partout des traces de cette altération. Les clochers à jour, blancs à l'origine, noircissent par le temps malgré le soin qu'on apporte à les construire avec le granite le plus dur et le plus inaltérable. Le granite syénitique du Cotentin est encore plus décomposable que le granite proprement dit; cet effet est dû sans doute à la présence de l'amphibole dans cette roche. Il suffit de voir le mauvais état des murs de la ville de Coutances, et de la maçonnerie de ses monuments, pour comprendre avec quelle facilité cette pierre se désagrège sous l'influence des agents atmosphériques.

Les routes de la Corse sont entretenues avec du macadam granitique. Ces matériaux sont réputés de mauvaise qualité; ils se convertissent promptement en boue ou en poussière, et sont bien inférieurs au macadam calcaire des autres pays, bien que ce calcaire soit loin de valoir pour cet usage les roches porphyriques.

La composition chimique du granite varie dans le même sens que ses éléments minéralogiques. Il y a donc à faire grande attention aux minéraux dont il est formé et aux proportions relatives de ces minéraux. Cette composition assez complexe fournit des indications précieuses sur les propriétés chimiques et physiques des terres granitiques; les granites contiennent presque tous une faible quantité d'apatite ou de phosphate de chaux, jamais assez pour les besoins des plantes. Le feldspath qui entre dans leur composition est généralement de l'orthose, dont la potasse est utile aux végétaux. A l'orthose se joint parfois l'oligoclase, feldspath qui contient de 1 à 6 % de chaux. Le mica blanc est potassique, tandis que le noir est sodique. Les terres granitiques à oligoclase sont aptes à porter du froment, tandis que d'autres privées de minéraux calcaires ne peuvent produire que du seigle. Sur le sol granitique de la Corrèze, le froment ne vient pas ; on en obtient au contraire de bonne qualité sur les terres granitiques de la Corse. On en a fait l'expérience au Pénitencier agricole de Chiavari. La vesce est magnifique à Chiavari. Ce fourrage, qui exige de la chaux dans le sol, ne viendrait pas sur des granites qui ne lui donneraient que de la potasse. Quoi qu'il en soit, la chaux n'est jamais abondante dans les terres granitiques. On est toujours obligé de les chauler ou de les marner, quand on veut y atteindre de forts rendements de céréales et de fourrages ; le trèfle et le froment exigent dans le sol 1 à 5 % de chaux.

Le granite syénitique diffère du granite proprement dit par la substitution de l'amphibole au mica. L'amphibole hornblende est un silicate de chaux et de magnésie renfermant 13 à 23 % de chaux. La syénite devrait mieux valoir que le granite pour la constitution de terres arables. J'ai examiné avec beaucoup d'attention les terres syénitiques des ballons d'Alsace et des herbages du Cotentin. Je n'ai pas trouvé de différence sensible avec les terres granitiques. La végétation est la même, les légumineuses n'y sont pas plus abondantes, et les races d'animaux n'accusent aucun effet de la roche syénitique. Cela tient sans doute à la faible proportion de l'amphibole dans ces roches et peut-être aussi à la lente décomposition du silicate de chaux et de magnésie.

Les gneiss sont composés des mêmes éléments que le granite, mais avec une répartition différente ; ils ont une texture schistoïde : les minéraux forment des strates et ne sont pas mélangés régulièrement comme on l'observe dans le granite. Ils m'ont paru plus altérables que les granites. On les rejette pour l'entretien des routes. On les emploie moins pour la construction des murs. En Provence, à Cannes et à Nice, on préfère le calcaire jurassique au gneiss pour la construction des habitations. Les micaschistes occupent moins d'espace que les granites, les syénites et les gneiss. Ils apparaissent assez rarement à la surface; composés de mica et de quartz, ils ne peuvent donner par leur désagrégation que des terres pauvres, dépourvues de chaux et d'acide phosphorique. La seule substance utile qu'on puisse en espérer, c'est une petite quantité de potasse provenant de la décomposition plus ou moins lente du mica.

Les terres granitiques, syénitiques, gneissiques et micaschisteuses, ont ensemble un air de parenté, qui se manifeste principalement par leurs propriétés chimiques et physiques. Toutes sont riches en quartz à l'état de petits cristaux, toutes présentent des paillettes de mica, à l'exception de la syénite où le mica est remplacé par l'amphibole. Toutes possèdent du feldspath; le micaschiste seul n'en contient qu'une très faible quantité.

La protogine de la Savoie produit un sol analogue aux terres précédentes par le quartz et le feldspath; il n'y a de différence que par le mica, qui y est remplacé par le talc, lequel est un silicate de magnésie et de fer hydraté. On peut donc la ranger encore parmi les roches granitoïdes; elle est bien caractérisée par le quartz et le feldspath. Les terres qui résultent des roches granitoïdes ont, comme caractères communs, leur richesse en potasse et leur pauvreté en chaux et en acide phosphorique.

Les régions granitiques présentent de nombreux accidents de terrains. Les formations plutoniennes, s'étant soulevées de bas en haut, ont dû naturellement donner naissance à de hautes montagnes, à des collines, à des surfaces plus ou moins mouvementées. On n'y observe

Jamais les immenses plaines des formations sédimentaires. On y rencontre parfois, çà et là, des plateaux élevés, d'une certaine étendue; mais ces surfaces sont, en général, fortement inclinées, et conviennent mieux au boisement et à l'engazonnement qu'aux cultures proprement dites.

Dans le midi, on peut y cultiver la vigne, l'olivier, l'amandier et le mûrier, à la condition de disposer le sol en terrasses horizontales quand l'inclinaison dépasse la pente de 5 centimètres par mètre. Au reste, le ravinement par les eaux pluviales se produit principalement sur les terres imperméables. La pluie ne pénétrant pas le sol, coule à la surface avec d'autant plus de vitesse que la pente est plus considérable. Les terrasses facilitent l'imbibition de l'eau dans le sol et, la partie non absorbée, se dirige lentement dans la vallée, sous forme de suintement à travers les murs de soutènement. Dans le midi, où les plantes ont à souffrir de la chaleur, il importe d'utiliser le mieux possible les eaux d'orage pendant l'été; l'usage des terrasses horizontales est le seul moyen d'atteindre sûrement ce résultat.

Les eaux pluviales s'infiltrent plus ou moins lentement à travers les fissures des roches granitoïdes et elles donnent lieu à une infinité de petites sources, qui naissent à flanc de coteaux ou au fond des vallées. Ces suintements produisent des surfaces marécageuses, difficiles à cultiver et à engazonner. Le mieux est de capter ces petites sources et de les emmagasiner dans des réservoirs pour l'usage des irrigations. C'est ainsi qu'on les utilise en Corse, en Bretagne et dans le Limousin.

La plupart des terres granitiques sont légères, perméables et faciles à cultiver. On en trouve quelquefois qui sont argileuses et fortes, mais elles sont des exceptions dans les régions granitiques.

Les terres granitiques du Limousin sont pour la plupart à l'état de prairies naturelles irriguées. Les surfaces cultivables produisent principalement du seigle, de l'avoine, des raves ou navets et des topinambours. Les betteraves, le trèfle et le froment n'y réussissent qu'après que le sol a été enrichi de la chaux dont il est naturellement dépourvu.

Les voies ferrées, en réduisant les frais de transport, ont permis de chauler, avec les chaux du Berry, les domaines du Limousin les plus rapprochés des stations. Ces terres granitiques, chaulées et bien fumées, produisent immédiatement de belles récoltes de froment, de trèfle et de betteraves. Les terres granitiques de la Bretagne et de la Normandie ont été portées à un haut degré de fertilité dans les localités voisines de l'Océan.

Les sables calcaires, les sables coquilliers, la tangue et les goëmons ont permis de compléter la composition chimique du sol, en lui donnant des engrais naturels riches en chaux et en acide phosphorique. Si, à la potasse des roches granitoïdes, on vient ajouter, en Bretagne et en Normandie, des matières azotées par du goëmon et du fumier, de la chaux et de l'acide phosphorique par de la tangue, des sables calcaires et coquilliers, le sol possède alors tous les éléments qui assurent le succès des cultures. Les herbages, l'avoine, le seigle, le froment, le sarrasin, la pomme de terre, les choux donnent des produits abondants sur les granites améliorés par les engrais de mer. Le pommier à cidre y est aussi d'un excellent rapport. Les granites non améliorés ne produisent guère que du seigle, du sarrasin, du bois et des landes comme pacages.

Les landes de la Bretagne contiennent, comme plante dominante, l'ajonc (*Ulex Europæus*) dont les jeunes pousses, hachées et pilées, constituent, pendant l'hiver, une bonne nourriture pour les chevaux et les bœufs.

A l'ajonc, se joignent les bruyères, quelques pieds de genêt, de la fougère, de la molinie bleue (*Molinia cœrulea*) et quelques autres graminées. Ces végétaux, récoltés périodiquement, fournissent la litière qu'on met sous les animaux dans les étables.

Les landes granitiques de la Provence, et celles de la Corse connues sous le nom de *Maquis*, se composent de végétaux tout différents, sous l'influence d'un climat plus chaud et moins humide que celui de la Bretagne. Voici les principaux végétaux qu'on y rencontre.

L'arbousier, *Arbutus unedo*.
La bruyère arborescente, *Enea arborea*.
Les petites bruyères de la Bretagne.
Le lentisque, *Pistacia lentiscus*.
Le myrthe, *Myrtus communis*.
Le chêne vert, *Quercus ilex*.
Plusieurs cistes.
Le phyllirea angustifolia.
Le calycotome épineux.

La végétation forestière, sous le climat armoricain, en sol granitique, comprend principalement le chêne, *Quercus robur*; le châtaignier, *Castanea vulgaris*; le bouleau, *Betula alba*; le hêtre, *Fagus sylvatica*; le charme, *Carpinus betulus*.

Sous le climat provençal et en Corse, les essences principales sont :

Le pin d'Alep, *Pinus halepensis*.
Le pin maritime, *Pinus maritimus*.
Le pin pignon, *Pinus strobus*.
Le pin laricio, *Pinus laricio* (Corse).

Le chêne liège, *Quercus suber*.

Le chêne vert, *Quercus ilex*.

L'eucalyptus globulus.

Les mimosas, la cassie et le caroubier (à Cannes, Nice et Menton).

Le sol purement granitique, non amélioré, ne nourrit que de petites races d'animaux. Telles sont : les vaches bretonnes, les bœufs morvandiaux, les chevaux du Limousin, de la Corse et de la Sardaigne, les moutons de la Creuse, les petits sangliers corses. Cela tient aux herbes qui sont peu nutritives, et au manque d'acide phosphorique dans le sol. Les animaux des régions calcaires, transportés sur les terres granitiques, dégénèrent promptement et perdent leurs qualités originaires. La race charolaise se soutient mal, quand elle passe des bons herbages du Nivernais dans les maigres pâturages du Morvan. Il en est de même de la race de Salers quittant les montagnes basaltiques pour vivre dans les pauvres pâturages de la Corrèze. Par des améliorations bien comprises, on peut obtenir de très bons produits des terres granitiques. Les terres nouvellement défrichées, traitées par le phosphate fossile, produisent à peu de frais de belles récoltes de seigle, de sarrasin, de pommes de terre, de choux et de navets.

A l'École pratique du Lézardeau (Morbihan), les terres granitiques défoncées, enrichies de calcaire par les sables de mer, et fortement fumées avec des boues de ville et des engrais de ferme, ont été portées à un haut degré de fertilité. Les betteraves rendent, par hectare, 80.000 kilogrammes de racines, les avoines 60 hectolitres de grains, la pomme de terre 18,000 kilogrammes de tubercules, le topinambour 35,000 kilogrammes, les prairies naturelles arrosées 5000 kilogrammes de foin sec, le trèfle 40,000 kilogrammes de fourrage vert. Sur cette ferme granitique on entretient 667 kilogrammes de bétail vivant par hectare.

A quelques pas du domaine du Lézardeau, la lande reprend son empire sur des surfaces ondulées et granitiques, et cela parce que le propriétaire de ces terrains n'a pas le moyen de les assainir, de les irriguer et d'y apporter le calcaire et les autres éléments qui y font défaut. A l'état naturel le sol granitique n'est pas fertile ; il ne produit que du bois et de la lande quand il n'est l'objet d'aucune amélioration. Le bois et la lande le transforment à la longue en terre de bruyère plus ou moins acide. Si on le défriche, il faut y apporter immédiatement du phosphate fossile à la dose de 500 à 1,000 kilogrammes par hectare. Cet engrais désacidifie le sol et lui donne la chaux et l'acide phosphorique qui, unis à la potasse et à l'azote qu'il renferme déjà, le rendent apte à donner d'abondantes récoltes de céréales et de fourrages.

Le climat et l'altitude modifient profondément les propriétés physiologiques des terrains granitiques. Aux fortes altitudes de l'Auvergne, le pin maritime prospère ; sur les gneiss de l'Esterel, il est remplacé par le pin sylvestre, plus robuste et plus résistant aux basses températures des montagnes. En Corse, les régions granitiques, à des altitudes de 0 à 300 et 400 mètres, conviennent à la vigne, à l'olivier, à l'amandier et même à l'oranger, dans les endroits abrités et riches en eaux. Aux altitudes de 1,000 mètres et au-dessus, se développent des forêts où le pin laricio acquiert une grosseur et une hauteur vraiment prodigieuses.

En Savoie, sur le territoire d'Evian, la protogine descendue du mont Blanc produit un sol semblable à peu de chose près aux terres granitiques. Ce sol remanié par

les eaux et mélangé aux éboulis calcaires des collines
jurassiques du voisinage, atteste une prodigieuse fertilité
par les produits qu'on en obtient. La vigne, le châtaignier y atteignent des dimensions colossales. La vigne
connue sous le nom de crosse, atteint, en hauteur et en
largeur, des dimensions telles, qu'il faut un tronc de grand
châtaignier muni de ses branches principales pour la
soutenir et la palisser. Cette vigne séculaire est disposée
en lignes espacées, de manière à permettre entre les lignes
toute espèce de cultures. Les crosses n'occupant que
peu d'espace, rapportent autant de vin que si le champ
était complètement couvert de ceps. Grâce à la fertilité du
sous-sol, l'arbuste y trouve toute sa nourriture; et les
plantes herbacées, intercalées (blé, pommes de terre
avoine, trèfle, légumes, etc.), profitent au contraire des
substances fertilisantes du sol. C'est une manière ingé-
nieuse d'exploiter le sous-sol par la vigne et le sol par les
cultures herbacées. Les crosses n'auraient pas de raison
d'être sur un terrain dont le sous-sol serait de mauvaise
qualité.

Le paysan tient grand compte de ces conditions agrologiques. Sur une terre sans profondeur, où dominent les
débris de la roche protoginique, il se garde de mettre des
crosses; il y pratique la vigne en plein, formée de ceps
rapprochés, sans aucune culture intercalaire. Les terres
protoginiques profondes et enrichies de calcaire par les
éboulis, dénotent une fertilité qu'on constate toujours
quand le sol résulte du mélange des roches ignées
avec les roches sédimentaires. Ces roches se complètent
les unes par les autres; elles fournissent aux plantes
tous les éléments dont elles ont besoin pour donner
des produits variés et abondants. Les vergers de cette
partie de la Savoie produisent en abondance des foins
de bonne qualité, bien qu'ils soient garnis de noyers,

de cerisiers, de pommiers, de pruniers et de figuiers,
d'un excellent rapport. Le climat et le sol sont à ce
qu'il paraît, très favorables à ces diverses productions,
faciles à écouler dans les cités populeuses des deux
rives du lac de Genève. Les cultivateurs de cette région
privilégiée affirment ne pas souffrir de la crise agricole
qui pèse si lourdement sur les autres régions de la
France. On a une idée de la fécondité de ce terrain, en
voyant la magnifique châtaigneraie de Neuvecelle, à
l'altitude de 373 mètres. Parmi ces châtaigniers on en
montre un véritablement monumental; il a 25 mètres
de hauteur et 14 mètres de circonférence. Les guides ne
manquent pas de le signaler à l'attention des voya-
geurs.

Dès qu'on dépasse les formations jurassiques, en gagnant les fortes altitudes dans la direction du mont
Blanc, les roches deviennent purement granitoïdes, sous
forme de granite, de protogine et de micaschiste. La
nature du sol et les fortes altitudes ne permettent plus
les riches productions des terres basses. La vallée de
Chamounix se trouve à l'altitude de 1,050 mètres. La prairie naturelle occupe la plus forte partie de cette vallée.
On y voit, çà et là, de petites parcelles de blé, de seigle,
de luzerne, de pommes de terre et de légumes divers. Les
surfaces inclinées qui dominent cette jolie vallée sont
totalement consacrées à des pâturages et à des forêts
d'épicéas et de mélèzes. A l'école pratique d'agriculture
d'Ecully, près Lyon, on voit un autre exemple de sol
gneissique associé au diluvium alpin silicéo-argileux. Ce
sol de deux origines différentes, où la roche plutonienne
s'associe à la roche sédimentaire, se prête à de riches
cultures de céréales, de fourrages et de vignes.

On ne se trompe guère sur les qualités et les défauts
du sol granitique, quand on a examiné attentivement les

minéraux dont il est composé, les cultures qu'on y pratique, les végétaux herbacés et ligneux dont se composent les landes et les bois de ce terrain. Par le fait de la culture ou de la végétation spontanée, la composition chimique du sol éprouve des modifications qu'il est quelquefois utile de constater par l'analyse chimique.

C'est le moyen de savoir quels sont les éléments que l'eau et la culture ont enlevés à la roche primitive. Le sous-sol rocheux, non soumis aux influences qui ont modifié le sol, peut contenir des éléments utiles qu'on aurait avantage à ramener à la surface. M. Paul de Gasparin a analysé une terre gneissique et la roche qui lui avait donné naissance.

Voici le résultat de ces deux analyses faites sur la partie attaquable par l'eau régale :

	Acide phosphorique.	Potasse.	Chaux.	Magnésie.
Roche de gneiss....	0.044	0.693	0.161	1.341
Terre gneissique...	0.051	0.263	0.085	0.850

On voit que la roche transformée en terre arable a éprouvé de fortes déperditions sur les éléments dont elle était composée. La potasse seule est restée en proportion suffisante pour les besoins des plantes. Le sol est au contraire très pauvre en chaux et en acide phosphorique. On pourrait lui en donner davantage par la roche sous-jacente, mais il sera vraisemblablement plus économique de l'enrichir de ces éléments par les amendements calcaires et les engrais chimiques.

Par les amendements et les fumures, la terre peut être plus riche que les roches en substances fertilisantes.

C'est ce que démontrent les analyses suivantes de M. Truchot :

	Chaux.	Ac. phosphorique.	Potasse.
Gneiss du Chery (Puy-de-Dôme).................	traces.	0.115	traces.
Terre du Chery (Puy-de-Dôme).................	traces.	0.108 à 0.405	0.021 à 0.040

Il y a dans le sol plus de potasse et d'acide phosphorique que dans la roche gneissique, mais la chaux et l'acide phosphorique y font défaut. Le sol ne deviendra fertile qu'en augmentant beaucoup les proportions de ces deux substances.

Les eaux provenant des formations granitiques sont de bonne qualité. Bien employées pour l'arrosage des prairies, elles produisent des herbes et du foin de bonne nature. C'est surtout en Limousin qu'on peut apprécier les excellents effets des arrosages d'hiver avec des eaux provenant des roches granitiques. L'analyse dévoile, dans ces eaux, de la chaux, de la potasse, de la magnésie, de l'acide phosphorique et d'autres substances qui servent à la nutrition des plantes.

Parmi les roches primitives, on estime particulièrement celles qui contiennent une certaine proportion de chaux. La diorite n'occupe jamais de grands espaces. Ses éléments principaux sont l'amphibole et le feldspath. Ce feldspath est de l'orthose, du labrador ou de l'oligoclase. On y trouve en outre de la magnésie et de l'acide phosphorique; la proportion de chaux varie de 1,78 à 9,32 p. 1000, d'après les analyses citées par M. Risler. Les terres dioritiques sont riches en chaux; elles sont très fertiles dans le comté de Cornouailles. En Bretagne, les diorites calciques servent, sous le nom de marne, à améliorer les terres pauvres en chaux.

Nous avons dit précédemment que les terres micaschisteuses offrent, au point de vue physique, beaucoup d'analogie avec les terres granitiques. Sous le rapport chimique, la différence est plus marquée; les premières se composent de quartz et de mica, mais elles manquent du feldspath qui est l'élément le plus important des terres granitiques.

Les terres micaschisteuses n'occupent pas de grandes surfaces en France. On en trouve des lambeaux dans la Vendée aux environs des Sables-d'Olonne, dans les montagnes des Alpes, des Pyrénées, des Maures, de l'Esterel, de l'Ardèche, du Limousin et des Vosges. Cette roche se rencontre encore, en quantité notable, dans la Saxe, la Scandinavie et les États-Unis.

Le mica et le quartz désagrégés, produisent un sol sablonneux, perméable, plus ou moins mélangé de fragments schisteux dont la présence indique nettement son origine géologique.

On reproche aux terres micaschisteuses des environs d'Hyères d'être sèches, perméables, pauvres en chaux, en argile et en potasse. Les cultures arbustives sont les seules qui puissent y réussir. Elles conviennent aux ficoïdes, aux mimosas, à l'eucalyptus, à l'amandier et à l'olivier. L'oranger même y vient bien, quand on est en mesure de lui donner beaucoup d'eau et d'abondantes fumures.

DEUXIÈME CLASSE.

TERRES ÉRUPTIVES.

Les roches éruptives sont moins anciennes que les roches primitives. Elles sont, comme ces dernières, d'origine ignée; elles ont jailli à la surface par des poussées dirigées de bas en haut, donnant lieu à des reliefs très prononcés, à des collines et à des montagnes.

Ces roches sont des porphyres, des trapps, des mélaphyres, des trachytes, des basaltes, des laves et des cendres volcaniques.

CHAPITRE V.

TERRES PORPHYRIQUES.

Le porphyre est une roche très dure, composée d'orthose ou d'albite compacts, avec des cristaux de feldspath, de quartz et de mica. Le pétrosilex où l'eurite est un porphyre sans cristaux apparents. Les terres porphyriques représentent, en France, suivant Burat, 1,500,000 hectares répartis dans les Vosges, le Morvan, les Maures, l'Esterel et le Jura. Cette roche est d'une dureté et d'une résistance qui la rendent précieuse pour la confection et l'entretien des routes. Le meilleur macadam de Paris, de la région du Nord et de la Provence, provient des porphyres qu'on tire de la Belgique, du

Morvan et de l'Esterel. Cette roche, exposée à l'action des agents atmosphériques, s'altère très lentement. On voit, à Rome, des colonnes porphyriques provenant des porphyres bleus de l'Esterel; elles datent des Romains et elles n'offrent, de nos jours, aucune trace d'altération.

A la longue, la roche soumise directement à la pluie, au soleil et à la gelée, finit par subir une certaine désagrégation; le feldspath se décompose et les cristaux qui y étaient empatés deviennent libres et plus faciles à être attaqués. J'ai eu l'occasion d'examiner de près les terres porphyriques de l'Estérel..Ce sont des surfaces très mouvementées, offrant des parties friables et meubles, à côté d'autres parties abruptes et rocheuses. Les vallées étroites des montagnes porphyriques sont seules cultivables. Ces alluvions constituent un sol maigre, où l'on obtient de chétives récoltes de seigle, d'avoine et quelques légumes. Les surfaces accidentées, à sous-sol rocheux, ne conviennent qu'aux essences forestières, qui y sont d'ailleurs peu vigoureuses. On y voit des échantillons rabougris de pin maritime, de chêne-liège et de chêne vert, au milieu desquels croissent le lentisque, trois sortes de bruyères, des cistes, des genévriers oxycèdres. Le laurier rose et le cognassier sauvage se développent de préférence sur les points humides des vallées.

On peut conclure de ce qui précède que les terres porphyriques n'ont d'importance qu'au point de vue forestier et en raison des excellents matériaux qu'on en retire pour l'entretien des routes. Le trapp des Vosges ressemble à un porphyre dépourvu de cristaux. On s'en sert pour les routes; on l'exploite, à Raon-l'Étape, pour en faire du macadam aussi dur et aussi estimé que le porphyre. Il n'a aucune importance en agrologie; ses affleurements donnent des surfaces rocheuses, incultivables et improductives.

CHAPITRE VI.

TERRES MÉLAPHYRIQUES.

Le mélaphyre, désigné encore sous le nom de labra-dorite, est une roche d'une grande richesse fertilisante quand elle se désagrège à l'eau et au soleil. On ne sau-rait mieux l'étudier que sur le territoire d'Antibes et des communes environnantes (Biot, Villeneuve). La masse volcanique est venue s'épancher au milieu des calcaires jurassiques, calcaires siliceux et ferrugineux d'une dureté et d'une infertilité remarquables, sur les-quels aucune végétation ne peut s'établir. La roche mé-laphyrique, au contraire, produit, en se décomposant, le sol le plus riche et le plus fertile du département des Alpes-Maritimes. Le mélaphyre se désagrège avec faci-lité, en laissant des blocs sphériques qui continuent à se décomposer et à fournir aux plantes les éléments dont elles ont besoin. Ces gros blocs noirs, à l'aspect rugueux et sablonneux, sont pris de prime-abord pour des rochers roulés par les eaux ; il est facile de s'assurer que cette forme sphérique n'est due qu'à un mode parti-culier de désagrégation. On peut d'ailleurs faire la même observation sur les blocs sphériques de basalte qu'on rencontre abondamment dans l'Ardèche, aux environs de Privas.

Le mélaphyre a été rangé par certains géologues parmi les roches trachytiques, qui contiennent de fortes doses de chaux, de potasse et d'acide phosphorique. La fertilité du sol mélaphyrique est semblable à celle des terres trachytiques du Puy-de-Dôme; il est donc à peu près certain qu'il y a une grande analogie dans la composition chimique de ces terrains et que l'analyse y révélerait une bonne proportion de chaux, de potasse et d'acide phosphorique.

A la longue, ces éléments fertilisants sont épuisés par le fait des cultures; les exploitants rendent au sol sa fertilité primitive par un profond défoncement qui met le sous-sol à la place du sol. Cette opération exécutée à la pioche et à la pelle, sur une profondeur de $0^m,60$, ne coûte pas moins de 500 fr. l'hectare. Ces frais sont largement couverts par l'accroissement de la fertilité du nouveau sol. On obtient ainsi une provision de chaux, de potasse et d'acide phosphorique moins chère et plus durable que si on se la procurait par l'achat des engrais chimiques. La roche mélaphyrique ne se présente pas partout avec le même degré d'altérabilité. On rencontre des coulées dures et celluleuses qui couvrent d'assez grande surfaces et qui résistent aux forces désagrégeantes de l'atmosphère.

Le sol n'est qu'un rocher continu et compact, rappelant la coulée de laves de Volvic (Puy-de-Dôme). On y découpe des pierres de taille de la dimension que l'on désire. C'est là qu'on construit sur place des fours à pain, et d'autres fours réfractaires à l'usage de la métallurgie; on les envoie tout faits et tout taillés en Algérie et dans diverses parties de la France. Cet usage fait désigner cette roche sous le nom de *pierre à feu,* dans le pays. Les surfaces rocheuses mélaphyriques sont d'une stérilité comparable à celle des calcaires jurassiques d'Antibes. On n'y voit qu'un maigre pâturage pour les moutons et les chèvres, et quelques végétaux ligneux de très chétive apparence.

Le mélaphyre résistant sert à la construction des maisons et au pavage. On voit des villages, comme Biot et Villeneuve, où l'on n'a pas employé d'autres matériaux pour la construction des maisons.

Le mélaphyre désagrégeable est celui qui occupe la plus grande surface à l'avantage des cultures. La vigne, l'olivier, le figuier, l'oranger, les céréales, la violette sous les oliviers, les légumes de primeur (pois, tomates, pommes de terre, artichauts, haricots. etc.), les fleurs de toutes sortes s'y cultivent avec succès pour l'exportation et la consommation locale.

On ne peut voir nulle part des oliviers plus beaux, plus féconds et plus vieux, que ceux venus sur le sol mélaphyrique d'Antibes. On les dit deux et trois fois séculaires. La roche donne naissance à un sol foncé, noirâtre, moyennement perméable, sensiblement sablonneux et facile à travailler; possédant en chaux, potasse et acide phosphorique, de quoi répondre largement aux exigences des plantes cultivées. Avec un peu des vidanges qu'on recueille partout sans la moindre déperdition, on fournit à ce sol la matière azotée qui vient compléter sa composition chimique et qui assure le succès de toutes les cultures propres à ce climat méridional.

CHAPITRE VII.

TERRES TRACHYTIQUES.

Les détritus des trachytes forment un sol analogue au sol mélaphyrique par sa couleur foncée, ses caractères physiques et sa richesse en potasse, en chaux et en acide phosphorique. Le trachyte du mont d'Or contient, d'après M. Truchot, 2,400 % de chaux, 4,110 de potasse et 0,217 d'acide phosphorique. Ceci explique la fertilité si remarquable du sol de Royat (Puy-de-Dôme), et explique, en partie, la prodigieuse fertilité de la Limagne recevant, sous forme d'alluvions, ces éléments d'origine volcanique qui viennent se joindre aux formations sédimentaires dont elle a été constituée. Les terres trachytiques de l'Auvergne portent, à des altitudes peu différentes de celles de la Limagne, (100 à 200ᵐ) des noyers, des arbres fruitiers de toute nature, des vignes, des cultures de luzerne, de vesce, de céréales et de légumes, d'une magnifique végétation et d'une très grande production.

Le trachyte, en longue coulée indécomposable, constitue au contraire, du côté de Volvic, un sol rocheux, sans fissure et impropre à toute végétation. Son aridité rappelle celle de la pierre à feu de Biot (Alpes-Maritimes). Cette roche est le siège de nombreuses carrières d'où l'on a tiré la pierre à bâtir des maisons et des monuments de la ville de Clermont. On y taille des dalles de toutes les dimensions, et on en fait un bon macadam pour l'entretien des routes. Ces divers usages, basés sur la dureté de la roche, indiquent suffisamment que, dans cet état de résistance, elle n'a aucune importance en agrologie, où l'on n'apprécie que les masses meubles et d'une pénétration facile pour les plantes, l'eau, et l'air atmosphérique. Ceci démontre que les caractères physiques du sol n'ont pas moins d'importance que sa composition chimique. Les substances fertilisantes d'une roche impénétrable et inaltérable sont comme non avenues pour les végétaux.

CHAPITRE VIII.

Le basalte offre une composition chimique analogue à celle des trachytes et des mélaphyres; il est riche en chaux, en potasse et en acide phosphorique. Il se distingue par ses caractères physiques; il est généralement plus dur et plus résistant, il affecte une forme prismatique qui lui est particulière. Les terres basaltiques n'occupent pas moins de 1,500,000 hectares, répartis dans les départements du Puy-de-Dôme, du Cantal, de la Corrèze, de la Haute-Loire, de l'Ardèche et de l'Hérault.

Le basalte est composé de labrador (Ca Na^2) Al^2 Si^3 O^{10} qui contient 6 à 13 % de chaux, et de piroxène (Ca Mg Fe) Si O^3 qui renferme de 18 à 19 % de chaux. Il s'y mêle souvent des cristaux d'apatite, Ca^5 P^3 O^{12} (Fl Cl). Cette roche contient conséquemment, en bonnes proportions, la chaux. la potasse et l'acide phosphorique, trois substances très utiles pour l'alimentation des végétaux. Cette heureuse association explique la fertilité naturelle des terres basaltiques.

La roche basaltique, naturellement dure et résistante, s'altère plus ou moins vite à l'air, suivant les proportions relatives des minéraux dont elle est composée. Suivant M. Risler, la décomposition commence par l'oxydation du fer et la formation de silicates d'alumine hydratés. Le silicate de chaux se décompose plus vite que celui de magnésie.

Ebelmen a comparé le basalte altéré avec celui qui ne s'était pas décomposé. Voici les résultats de ces deux analyses :

	Basalte altéré.	Basalte non altéré.
Silice..............	36,7	46,1
Alumine..........	30,5	13,2
Chaux............	8,9	7,3
Magnésie..........	0,6	7,0
Peroxyde de fer....	4,3	16,6 (protoxyde).
Potasse et soude....	1,5	4,5
Eau..............	16,9	4,9
Totaux........	99,4	99,6

D'après ces analyses, le silicate de magnésie se décomposerait plus vite que le silicate de chaux. D'autres analyses de M. Hanaman prouvent au contraire que le silicate de magnésie est plus résistant que celui de chaux.

Voici l'analyse physique, d'une terre basaltique française, faite par M. Paul de Gasparin; elle s'applique à un sol qui occupe de grands espaces dans l'Auvergne.

Analyse physique.	Pierres................	16,00 %
	Sable.................	69,70 —
	Argile................	14,30 —
Analyse chimique du sable et de l'argile soit 84 parties du sol.	Acide phosphorique......	0,416
	Potasse.................	0,280
	Soude..................	»
	Chaux..................	3,853
	Magnésie................	0,762
	Sesquioxyde de fer.......	12,290
	Alumine................	3,040
	Eau combinée...........	3,214
	Acide carbonique........	3,027
	Matières organiques......	5,290

Cette composition dénote un sol d'une grande fertilité; il est léger, moyennement perméable, il contient 4 fois plus d'acide phosphorique et 2 fois plus de potasse qu'il n'en faut pour une bonne terre ; la chaux y est aussi dans une très bonne proportion. La somme des matières organiques accuse une dose plus que suffisante d'azote. On ne doit donc pas s'étonner qu'on obtienne, d'un tel terrain, de riches productions de céréales, de betteraves, de fourrages et de vin.

Aux environs de Clermont, sur les coteaux qui dominent la plaine de la Limagne, les terres basaltiques se confondent avec les terres trachytiques. On y observe, comme sur ces dernières, une superbe végétation d'arbres fruitiers, de noyers, de céréales, de fourrages et de légumes. A des niveaux plus élevés de 500, 600 et 1,000^m, les cultures font place à des pâturages d'excellente qualité, composés des meilleures espèces de graminées et de légumineuses. C'est sur les montagnes basaltiques qu'on entretient les belles races de Salers et d'Aubrac, dont les animaux se recommandent comme bêtes de travail et de boucherie, et comme producteurs de lait pour le fromage.

A l'ancienne école régionale de Saint-Angeau, située à Riom-ès-Montagne, à une altitude moyenne de 1000^m, on cultivait principalement le seigle, le sarrasin et la vesce; le froment ne venait pas sous un climat où la neige ne durait jamais moins de six mois. Les pâturages de Saint-Angeau nourrissaient les troupeaux de Salers pendant la bonne saison, de mai à septembre, sans autre abri qu'une palissade verticale placée perpendiculairement à la direction des plus fortes bourrasques. Les animaux y étaient à moitié protégés contre la pluie et la violence des tempêtes.

Les fétuques, les avoines, la cretelle, la flouve, la

brize mélangée à quelques pieds de canche (*Aira cœs-pitosa, flexuosa*) composent les pâturages, avec une bonne proportion de trèfle blanc et de trèfle des Alpes. On y trouve d'autres plantes moins estimables, telles que le genêt (*Genista sagittalis*), la grande gentiane, la plus belle plante des pâturages alpestres, admirée des botanistes, mais délaissée par le bétail.

Sur le plomb du Cantal qui est le point culminant du département du Puy-de-Dôme, le pâturage n'offre pas une composition aussi riche ; les rigueurs du climat donnent ici, comme aux vallons des Vosges, la prédominance à une graminée assez mal classée parmi les plantes fourragères : je veux parler du nard raide, *Nardus stricta ;* il forme un gazon court et épais, à l'exclusion des autres graminées. A cette plante s'associent, en grande abondance, le trèfle des Alpes, l'alchémille (*Alchemilla vulgaris*) et la grande gentiane. Ces herbes sont inférieures, en quantité et en qualité, à celles des pâturages moins élevés et moins battus par les tempêtes.

On désigne sous le nom de Planèze, un vaste plateau basaltique, à l'altitude moyenne de 1,000 mètres, composé de terres fortes, d'une bonne fertilité. Au temps où l'Auvergne manquait de voies de communication, on surnommait la Planèze le grenier de la haute Auvergne. Ce plateau est situé entre les villes de Saint-Flour et de Murat. On y obtient, sans beaucoup de frais de fumure, de belles récoltes de seigle, grâce à la composition chimique de la roche basaltique. Mais les rigueurs du climat s'opposent à la culture du froment. La Planèze est dominée par le plomb du Cantal, les monts d'Aubrac et de la Margeride. Il vient de ces montagnes des courants d'air glacé et des tempêtes qui compromettent le succès des cultures plus sensibles et moins rustiques que le seigle. C'est ce qui a donné lieu à ce dicton auvergnat :

« Sans le Cantal et le mont d'Or, le bouvier de la Planèze
« dirigerait son attelage avec un aiguillon d'or. » On s'est
attaché, dans ces derniers temps, à boiser les parties rocheuses et impropres au pâturage. On se trouve très bien
du peuplement de pin sylvestre, essence appropriée au
climat, et facile à écouler quand elle atteint les dimensions des étais de mine. D'autres boisements, plus anciens, se composent de hêtres dont on voit des échantillons d'une grosseur et d'une hauteur très remarquables.

J'ai visité, un jour, un pointement basaltique formant
une sorte d'oasis au milieu d'un plateau granitique, sur
le territoire de Neuvic (Corrèze). Cette colline présente
une étendue de quelques centaines d'hectares. On la désigne sous le nom de puy de Manzagol. Les terres granitiques qui entourent ce Puy sont ou de la lande, ou
des terres à seigle d'une médiocre fertilité; le sol de
Manzagol, qualifié de terre fromentale, produit, au contraire, de belles récoltes de blé et de trèfle interdites aux
terres granitiques privées de chaux. On y trouve des
châtaigniers et des hêtres bien supérieurs à ceux des terrains granitiques. La stérilité du sol granitique comparée
à la fertilité du sol basaltique, forme, dans cette localité,
un contraste qui attire l'attention des exploitants au
moins autant que celle des géologues et des touristes.
Tout accuse l'influence de la roche basaltique; les maisons du hameau, les murs de clôture; les végétaux et
les animaux offrent des différences frappantes avec les
mêmes objets observés sur le sol granitique du chef-lieu
de la commune.

Aux environs de Privas et sur d'autres points de l'Ardèche, la roche basaltique s'est épanchée au milieu des
calcaires jurassiques. La chaîne du Coiron se compose
de collines basaltiques alternant avec des collines jurassiques. Ces basaltes se désagrègent à la manière des mé-

laphyres d'Antibes, ils sont sphéroïdaux; leur couleur noire et leur forme sphérique les font distinguer facilement dans la construction des murs et dans la confection des routes où l'on associe fréquemment le basalte avec le calcaire dont la couleur est blanche et toute différente de celle de la roche volcanique.

Sur la chaîne du Coiron, les versants calcaires se montrent incultes et improductifs; ils forment un contraste frappant avec les versants basaltiques où s'étagent de beaux mûriers et de belles luzernières cultivés à la place des vignes détruites par le phylloxera.

Sur les versants du mont Toulon, près de Privas, on remarque, sur le sol basaltique, des cultures de blé, d'avoine, de sainfoin et de luzerne. Le mûrier, l'amandier, le cerisier, le pêcher et l'abricotier y donnent d'excellents produits à toutes les expositions, excepté à celle du nord.

La dolérite n'est autre chose qu'un basalte dont les éléments sont plus apparents. Cette roche occupe peu d'espace. Les terres doléritiques sont sans importance dans l'agrologie française; l'Auvergne seule en possède quelques lambeaux.

Les laves sont des roches compactes, plus ou moins celluleuses, de même composition que les basaltes, mais de formation plus récente. Les laves trachytiques, qui existent en coulées aux environs de Clermont, fournissent de bonnes pierres à bâtir, mais elles sont d'une décomposition très lente; elles forment des surfaces rocheuses, impropres à toute végétation. C'est dans ces laves qu'on a ouvert les belles carrières de Volvic, d'où sont sortis tous les matériaux des maisons et des monuments de la ville de Clermont. La pouzzolane et les cendres volcaniques forment, au contraire, des terres légères et faciles à cultiver. Les cendres volcaniques cons-

tituent, dans la campagne de Naples, des terres d'une
grande fertilité. Elles occupent de grandes étendues
autour du Vésuve. Ce sont ces cendres qui ont détruit et
enseveli la ville de Pompéï. Sur les parties non encore
déblayées, j'ai vu de magnifiques topinambours. Au
1er avril, les blés étaient épiés sur ce sol volcanique; ils
étaient de toute beauté. Le maïs, l'orge, le lupin, les
fèves et le trèfle incarnat, y réussissent admirablement.
On fait, sur le même terrain, dans le voisinage de Naples,
une très riche horticulture comprenant l'artichaut, la
pomme de terre, les choux, les carottes, etc. Les orangers
de Sorente passent pour être les plus beaux et les plus
productifs de l'Italie. La vigne y donne aussi des vins
d'une grande réputation. M. Paul de Gasparin a analysé
le sol volcanique de la vigne qui produit le vin de La-
cryma-Christi, à la descente de Régina, près du Vésuve.
Voici les résultats de cette analyse :

Analyse physique.	Pierres	34.00
	Sable	59.00
	Argile	7.00
Analyse chimique du sable et de l'argile.	Acide phosphorique	0.358
	Potasse	3.470
	Soude	0.625
	Chaux	2.106
	Magnésie	0.779
	Sesquioxyde de fer	7.620
	Alumine	9.190
	Partie inattaquable par l'eau régale, calcinée	73.370

C'est un sol léger, perméable, très favorable à la végétation de la vigne. On y constate 20 fois plus de potasse
qu'il n'en faut, 3 fois et demie le dosage ordinaire de l'a-
cide phosphorique et une bonne proportion de chaux.

Si l'azote qui n'a pas été dosé s'y trouve en quantité suffisante, il y a là tous les éléments d'une grande fertilité. Ce dernier exemple démontre une fois de plus la richesse minérale des roches d'origine volcanique.

CHAPITRE IX.

Les roches plutoniennes ne s'étendent pas à de grandes surfaces dans notre colonie africaine. Le granite et le gneiss se montrent au jour sur une étendue de quelque importance dans la province de Constantine, aux environs de Philippeville et Djijelli, non loin de la Méditerranée. Les basaltes, les trachytes et les porphyres apparaissent sur des étendues insignifiantes aux environs de Bone, au cap de Fer. On trouve, à Collo, l'horizon plutonique le plus important; il consiste en une montagne toute couverte de bois. D'autres lambeaux volcaniques surgissent aux environs de Bougie, de Dellys et près d'Alger, au cap Matifou. On en rencontre d'autres traînées du côté de Blidah et de Cherchell. A l'ouest d'Oran, il existe quatre centres volcaniques dont un près de Nemours et les autres sur la frontière du Maroc. On peut dire que l'agriculture, en Afrique, n'a pas affaire aux terres d'origine ignée. Il existe une ligne de volcans qui part du Vésuve, de l'Etna, pour se diriger, à travers la Méditerranée, du côté de l'Algérie, en suivant une direction parallèle à la mer et en allant sur le Maroc. Ces volcans souterrains occasionnent d'assez fréquents tremblements de terre qui causent des dégâts considérables sur les exploitations soumises à ces terribles commotions.

Les cultures de l'Algérie embrassent principalement les formations sédimentaires qui sont généralement riches en calcaire. Les eaux ont raviné des assises calcaires et argileuses et ont formé, dans les vallées et les plaines, des dépôts meubles, bien composés sous le rapport des éléments minéralogiques. C'est là la cause principale de la fertilité naturelle du sol algérien, fertilité qui se traduit par de belles récoltes quand on ne manque pas d'eau pour les arrosages et quand les pluies ne sont pas trop rares en été.

Passons à l'étude de la seconde classe des terres, celles qui proviennent des roches sédimentaires.

2ᵉ SECTION.

TERRES SÉDIMENTAIRES.

Les roches sédimentaires résultent de la décomposition et de la désagrégation des roches plutoniennes. A l'origine du monde, l'écorce terrestre était constituée par des gneiss, des micaschistes et des granites. Tout le temps qu'a duré l'incandescence des roches primitives, il n'y avait à la surface du globe ni eaux, ni végétaux, ni animaux. Par le refroidissement, les vapeurs de l'atmosphère se sont condensées, et ont produit les eaux terrestres qui ont réagi sur les roches primitives en les désagrégeant et en facilitant leur décomposition. Les éléments désagrégés, charriés et triturés par les eaux des mers, des lacs et des fleuves, ont formé les roches sédimentaires dans une disposition horizontale qui s'est maintenue jusqu'à ce jour partout où les soulèvements intérieurs ne sont pas venus les déranger de leur position primitive. Sur les terres sédimentaires refroidies, ont apparu des animaux et des végétaux qui, prenant les matériaux de leur nutrition sur le sol, dans l'eau des mers et des lacs et dans l'atmosphère, ont associé aux débris des roches primitives des débris organiques qui ont enrichi ces roches sédimentaires de substances qui n'existaient pas dans les roches ou qui y existaient sous des formes et des caractères différents. Les roches sédimentaires, considérées au point de vue chimique, peuvent être divisées en quatre séries principales : 1° les roches siliceuses, 2° les roches argileuses, 3° les roches calcaires, 4° les roches argilo-calcaires qu'on désigne généralement sous le nom de *marnes*. Dans le passage d'une roche à une autre, on trouve les associations les plus diverses et les plus variées. La roche prend le nom de l'élément dominant qu'on fait suivre de termes indiquant les autres éléments principaux qui sont unis à celui jouant le rôle essentiel. Une roche argilo-siliceuse contient de l'argile et de la silice libre, avec prédominance du premier élément sur le second.

L'origine des argiles est bien connue, c'est la kaolinisation des roches primitives, l'attaque des silicates alcalins par les eaux chargées d'acide carbonique qui met en liberté le silicate d'alumine uni aux silicates alcalins dans les feldspath. Le gneiss et le granite, dépouillés en partie des silicates alcalins, mettent en liberté le silicate d'alumine hydraté et les cristaux de quartz et de mica que les eaux déposent ou transportent autre part, en en triant les divers éléments. Il en résulte des roches argileuses, siliceuses sablonneuses, ou des roches renfermant à la fois ces minéraux dans les proportions les plus variées.

Les roches calcaires ont une origine plus obscure et plus compliquée. Les roches primitives sont pauvres en chaux : le gneiss en contient seulement 0,25 %, le granite 0,70 %, le micaschiste 0,17 %. Les roches volcaniques sont beaucoup plus riches ; on y trouve de 8 à 10 % de chaux.

Ces roches, remaniées par les eaux chargées d'acide carbonique, ont laissé une partie de leur calcaire dans les mers et les autres grandes masses d'eau. Là des mollusques, en quantité innombrable, ont condensé la matière calcaire avec une telle puissance, que, par leurs coquilles,

ils en ont formé de véritables montagnes. Ce phénomène se continue encore de nos jours.

On attribue la formation des puissantes assises calcaires à des réactions chimiques. Le carbonate de potasse,
provenant de la décomposition des roches primitives, en
dissolution dans de l'eau qui contenait du chlorure de
calcium, a donné lieu à un précipité de carbonate de
chaux et à du chlorure de potassium qui restait en dissolution. Quoi qu'il en soit, il est bien évident que les
roches sédimentaires n'ont pas d'autre origine que les
roches primitives modifiées par les eaux, les agents atmosphériques, les végétaux et animaux spéciaux à chaque
période géologique.

Commençons par l'étude des terres d'origine sédimentaire les plus anciennes. Elles dérivent des roches dont
l'ensemble constitue ce que les géologues appellent les
terrains de transition.

CHAPITRE X.

I.

Parmi les roches sédimentaires, elles sont les plus anciennes et sont dites primaires pour cette raison. Ces terres, si bien caractérisées par les minéraux schisteux dont elles dérivent, ont de l'importance par l'étendue qu'elles embrassent sur le territoire français. Leur superficie totale atteint 5,000,000 d'hectares : c'est environ le dixième de la surface de la France. Elles s'étendent encore sur de grandes surfaces, en Espagne, en Allemagne, en Russie et en Angleterre. La Cornouaille, une partie du Devonshire et des comtés de Westmoreland et de Cumberland n'ont pas d'autres terres que celles qui proviennent des schistes cambriens

Ces terrains de transition offrent, comme roches principales, d'après l'ordre chronologique :

Des schistes argileux azoïques, cristallins (cambrien).
Des quartzites, des grauwackes et des grès (silurien).
Des schistes argileux et des schistes ardoisiers (—   ).
Des calcaires et schistes anthraxifères de la Sarthe et de la Mayenne.
Des calcaires siluriens de la Sarthe et de la Mayenne.
Des calcaires, et des calschistes dévoniens (dévonien).

L'aspect extérieur schistoïde est le caractère dominant de ce groupe. Les calcaires n'occupent pas de grands espaces, ils sont d'une décomposition lente et ne concourent pas à la formation du sol ; mais ils sont précieux pour la fabrication de la chaux employée à l'amélioration des terres schisteuses ; les schistes anthraxifères ne sont pas moins utiles pour la cuisson de la chaux, mais ils ne concourent en rien à la constitution du sol.

Les quartzites, les grès et les grauwackes constituent des roches exploitables pour l'usage des constructions et des routes ; ils n'entrent pour rien dans la formation des terres arables. Si parfois ils apparaissent à la surface, le sol devient rocheux, inculte, et pour ainsi dire improductif. S'il y pousse quelque chose, ce n'est qu'une mauvaise lande composée des plus chétives bruyères.

De toutes ces roches, les schistes seuls sont aptes à constituer le sol arable par leurs débris et par la désagrégation de leurs éléments. Partout où j'ai eu le moyen d'examiner sur place les terrains de transition, en Bretagne, en Normandie, en Anjou et en Provence, je n'ai trouvé que des terres schisteuses, faciles à distinguer aux fragments de schiste dont elles contiennent constamment une assez forte proportion. La roche schisteuse est plus ou moins altérable par les agents atmosphériques et plus ou moins attaquable par les instruments aratoires.

Les schistes sont des silicates d'alumine hydratés, avec de la magnésie et du fer ; ils se transforment en argile lorsqu'ils entrent en décomposition. L'imperméabilité du sol est subordonnée aux proportions relatives d'argile et de fragments schisteux. On trouve des terres schisteuses perméables et des terres schisteuses imperméables. Les plus estimées, sous le climat brumeux et pluvieux de la Bretagne, sont les terres schisteuses perméables ; elles sont plus faciles à travailler, ne réclament pas le drainage, et sont aptes à acquérir un bon degré de fertilité par les fumures et les chaulages; les terres schisteuses imperméables sont celles où les débris de schistes n'existent plus ou sont devenus très rares et très minces. On a alors affaire à des sols offrant tous les défauts des glaises. Gorgées d'eau, ces terres se transforment en une boue liquide, nuisible aux plantes et inabordable aux hommes et aux attelages. Par la sécheresse, elles durcissent et sont encore moins maniables que par les pluies. Ce sont de mauvaises terres, d'une amélioration pénible, peu propres aux cultures, et difficiles à boiser autrement que par des saules et des aulnes. Le drainage, le chaulage, les fortes fumures les améliorent sensiblement, mais ils n'en font jamais de bonnes terres. Généralement les frais d'une telle culture ne sont pas couverts par la valeur des produits; les terres schisteuses argileuses de la Bretagne restent communément à l'état de mauvaises landes.

Sur le domaine de l'école nationale d'Agriculture de Grand-Jouan, les terres schisteuses-argileuses sont en grande majorité. C'est ce qui explique, en partie, les insuccès de M. Rieffel dans l'entreprise si difficile du défrichement des landes de Nozay. Sur une centaine d'hectares, on ne possède, à Grand-Jouan, que 5 hectares perméables; ce sont les seules bonnes terres du domaine. Les autres sont imperméables, pleines d'eau en hiver, et d'une culture difficile et onéreuse.

Examinons la composition chimique des terres schisteuses. Les schistes, pauvres en chaux et en acide phosphorique, constituent des terres peu fertiles; en fait de substance utile, on ne peut guère y espérer qu'une certaine dose de potasse retenue par la partie argileuse du minéral.

M. Nivoit a analysé les schistes des Ardennes; leur teneur en acide phosphorique varie de 0 à 0,077 %.

M. Grandeau n'a trouvé que des traces de chaux dans un sol schisteux du département de l'Aisne. Le sol schisteux, abandonné à lui-même, n'a pas d'autres productions que la lande et un médiocre pâturage; il devient acide par l'accumulation des débris organiques. Cette acidité contribue à le dépouiller du peu qu'il contient de chaux et d'acide phosphorique. Quand on veut le mettre en culture par le défrichement, on doit s'attendre à n'y trouver que de l'azote organique et de la potasse. On rend l'azote assimilable par les plantes, et on complète heureusement la composition du sol, par l'addition d'une forte dose de phosphate tribasique de chaux. C'est un moyen simple et économique de désacidifier le sol, et de mettre à la disposition des plantes cultivées les quatre substances dont elles ont besoin, pour donner à l'exploitant des produits abondants et avantageux.

En Bretagne, les végétaux spontanés de la lande fournissent des indications précieuses sur la valeur relative des terres schisteuses; la fougère (*pteris aquilina*) indique un sol perméable, profond et riche en potasse : c'est de la lande de 1ʳᵉ classe.

Le genêt à balai (*sarothamnus scoparius*) et la grande bruyère (*erica scoparia*) croissent sur un sol moyennement perméable et assez profond : c'est de la lande de 2ᵉ classe.

L'ajonc (*ulex europæus*) se développe sur les terres argileuses, plus ou moins imperméables; c'est de la lande de 3ᵉ classe.

Les petites bruyères (*erica cinerea, calluna vulgaris, erica ciliaris*) s'emparent du sol peu profond, imperméable et aride; c'est de la lande de 4ᵐᵉ classe; la plus mauvaise de toutes.

Ces végétaux, examinés au point de vue de leur répar-

tition dans la lande, et de leur aspect plus ou moins
vigoureux, dénotent les propriétés physiques et chimiques du sol, plus vite et aussi sûrement qu'on pourrait le faire par l'analyse physique et chimique qui
demande beaucoup de temps et une assez forte dépense.

La bonne lande défrichée, phosphatée d'abord, ensuite chaulée, est soumise, en Bretagne, à l'assolement
triennal suivant :

1re année. Blé ou seigle.
2e   — Avoine.
3e   — Sarrasin, choux, navets, rutabagas, colza, trèfle avec
         ray-grass.

A la troisième année, on fait l'une de ces six cultures
avec une addition d'engrais chimique. Les crucifères
conviennent bien au climat, et au sol ayant reçu un supplément de phosphate de chaux. La pomme de terre
occupe encore une certaine place dans la troisième sole.
Quant au topinambour, qui se plaît aussi en Bretagne,
on le met en dehors de l'assolement.

Sur les terres non chaulées, on cultive le seigle et
jamais le froment. Les schistes, à l'état de rocher compact, tel qu'on en rencontre dans le système cambrien,
fournissent d'assez bons moëllons à bâtir. Dans la région
des terres schisteuses, tous les murs sont en schistes gris,
noirs ou bleus. Il existe, à Nozay, des carrières d'où l'on
tire de belles pierres de taille. On en fait des tables, des
dalles, des poteaux de barrières, des auges, etc. C'est
une pierre facile à tailler et à scier. On lui reproche de
manquer de résistance et de se briser facilement; d'un
autre côté, elle résiste à la pluie et à la gelée. Les
schistes qui ont un mètre et plus de hauteur sont utilisés pour clôturer les champs et les vergers. Placés sur

champ, maintenus et boulonnés sur des traverses en
bois, ils constituent des clôtures infranchissables au bétail, et d'un établissement facile et peu coûteux. Ces
clôtures sont très répandues dans la partie schisteuse
de la Bretagne.

Les terres schisteuses humides et imperméables, exigent différents procédés d'assainissement quand on veut
en tirer autre chose que de la lande. Les plus mauvaises sont celles qui manquent de pente et qui sont noyées
en hiver; celles-là ne sont pas cultivables.

Celles qui jouissent d'une pente favorable à l'écoulement des eaux ne supportent pas les cultures à plat; on
est obligé de les mettre en petits billons pour les cultures d'hiver.

Parmi les essences résineuses, le pin maritime en
terre assainie, est la seule qui se soutienne jusqu'à 40 ou
50 ans. Le pin sylvestre vient mal sur ce sol dépourvu
de calcaire. Le bouleau, le chêne et le chataignier viennent bien en bordures sur les levées garnies de fossés
d'assainissement; le pommier, si utile pour la fabrication du cidre, n'a de succès que sur les terres schisteuses
perméables et bien cultivées; il dépérit et meurt quand
le sous-sol est argileux, humide et imperméable.

Les animaux des terres schisteuses de la Bretagne
ne sont pas supérieurs à ceux des régions granitiques. La
vache et le cheval sont de petite taille, le mouton se
comporte mal sur des surfaces humides et avec des
herbes peu nutritives. Il y en a très peu : l'engraissement est préférable à l'élevage à cause du danger de
la pourriture pour les animaux qui séjourneraient trop
longtemps sur ces terres humides.

Les terres schisteuses non améliorées n'atteignent pas
un prix élevé. Sur le territoire de Nozay, en 1880, les plus
argileuses et les plus humides, celles où ne poussent que

des bruyères, valaient seulement 300 fr. l'hectare ; les meilleures, par suite de leur profondeur et de leur perméabilité, et des améliorations dont elles ont été l'objet, atteignaient le chiffre de 2000 fr. Les bonnes prairies assainies, irriguées, rapportent 5 à 6000 kil. de foin ; ce sont des alluvions schisto-granitiques qui valent 6000 fr. l'hectare.

II.

Terres schisteuses du Cotentin.

Les terres schisteuses du Cotentin dérivent du système cambrien ; elles ressemblent, par leurs caractères extérieurs, aux terres schisteuses de la Bretagne. Elles m'ont paru moins argileuses, contenant plus abondamment des fragments non décomposés de schistes, ce qui contribue à la perméabilité du sol. Les surfaces sont plus accidentées ; leur inclinaison en favorise l'égouttement. Aux environs de Saint-Lô, la chaux, la tangue et le fumier, administrés régulièrement au sol sous forme de *tombe*, concourent puissamment au maintien et à l'accroissement de sa fertilité. J'ai vu. au jardin de l'école normale, une terre tellement schisteuse qu'on était obligé d'y rapporter de l'argile pour augmenter sa consistance et diminuer son extrême perméabilité.

Ces circonstances, réunies à celles d'un climat doux, humide et pluvieux, ont fait, des terres schisteuses du Cotentin, un sol éminemment propre à l'herbage et aux prés-vergers. On peut dire que tout le pays est en herbage. C'est là qu'on élève cette belle race cotentine. aussi remarquable pour le lait que pour la viande. Le beurre et les élèves sont les deux spéculations principales des fermes du Cotentin ; la jument poulinière, en vue de l'élevage, est une spéculation accessoire. Les vaches de réforme vont se faire engraisser ailleurs, principalement sur les herbages plus nutritifs et plus calcaires de la vallée d'Auge. L'herbage schisteux produit du lait, des os et des muscles plus facilement et plus avantageusement que de la graisse. Grâce aux soins d'entretien et aux fumures des herbages, le pommier cotentin est plus vigoureux et plus productif que le pommier breton. Le cidre de Saint-Lô passe pour être le plus limpide et le plus agréable de la Normandie.

La tangue, qui vient par eau de Carentan, et la chaux, qu'on fabrique économiquement avec un calcaire formant un îlot dans le système cambrien, ont singulièrement facilité l'amélioration du sol schisteux du Cotentin. D'après des analyses d'Isidore Pierre, un mètre cube de tangue contient : 1 à 15 k. d'acide phosphorique; 0,40 à 13 k. de potasse ; 304 à 619 k. de chaux; 0,21 à 1 k. 95 d'azote.

Il n'est pas étonnant que ce sol, originairement aussi infertile que celui de la Bretagne, ait atteint un haut degré de fertilité par l'usage immémorial de la tangue, des fumures et des chaulages. Des herbes plus nutritives ont donné des animaux plus développés et plus aptes à la production du lait. Les bons herbages font les bons animaux. L'élevage a été une source de bénéfices aussi importants que le lait. Depuis bien des années, le Cotentin exporte des vaches dans plusieurs départements de la région du nord. Cette race rivalise avec la hollandaise et la flamande pour la qualité et l'abondance de son lait ; elle passe même pour donner un lait moins aqueux, pour être plus facile à nourrir et à acclimater. On n'aime pas le cheval dans les pâturages du Cotentin; on l'accuse, avec raison, de trop piétiner le terrain, de pincer l'herbe de trop près et même quelquefois de l'arracher ; on en ajoute un ou deux aux bêtes à cornes. Le rôle du cheval consiste à nettoyer l'herbage, en broutant les places salies et rebutées par les vaches.

On ne peut pas imaginer un système de culture plus simple et plus économique. Les constructions sont à peu près nulles, les animaux vivant dehors toute l'année. Les travaux aratoires se réduisent à peu de chose, à des transports d'engrais et à des travaux de culture pour de rares parcelles de blé, d'avoine d'hiver, de trèfle et de sainfoin. On s'étonne de voir de beaux sainfoins sur un sol peu riche en chaux. Cet effet est dû à la perméabilité du sol et à l'emploi répété des amendements calcaires. Le foin de trèfle et de sainfoin est destiné au cheval. La vache cotentine consomme, en hiver, du foin naturel en ration supplémentaire, alors que l'herbage ne peut plus la nourrir complètement.

III.

Terres schisteuses du Maine, de l'Anjou et de la basse Bretagne

Les terres schisteuses du Maine et de l'Anjou sont restées longtemps pauvres et peu productives. On n'y voyait guère, il y a 5o ou 6o ans, que du seigle, du sarrasin et quelque peu de choux, de navets et de pommes de terre. Les animaux y étaient mal nourris et de médiocre qualité. Les choses ont bien changé, dès qu'on s'est mis à utiliser le calcaire dévonien et l'anthracite qu'on trouve abondamment dans ce terrain de transition.

D'immenses fours à chaux, au milieu même des carrières, et situés aux abords des gares de la voie ferrée, ont produit la chaux pour l'agriculture à des prix très modérés. L'hectolitre de 75 k. s'est vendu o fr. 75, 1 fr. et 1 fr. 30. La chaux menue, c'est-à-dire le résidu des fours, s'obtenait encore à bien meilleur marché, à moitié du prix de la chaux en gros morceaux. C'est de cette époque que datent les progrès considérables des cultures dans cette contrée. A partir de ce moment, le froment a été substitué au seigle, et les prairies artificielles de trèfle, de luzerne ont permis de nourrir abondamment un nombreux bétail concurremment avec le foin des prairies naturelles, les racines, et d'abondantes récoltes de choux, de navets et de rutabagas. Une alimentation abondante et nutritive a eu pour conséquence le perfectionnement des bêtes à cornes par une forte infusion de sang anglais.

Il en est résulté cette belle race Durham-mancelle, si recommandable par sa précocité et sa belle conformation. Les simples métayers ont rempli leurs étables de jeunes bœufs, qu'on dispense du travail, et qu'on livre fin gras à la boucherie, à l'âge de trois ans. Les chevaux seuls sont affectés aux travaux des champs.

On peut dire que dans ce pays les cultivateurs ont l'amour et le culte de la chaux. On en incorpore, tous les ans, de fortes quantités au sol, sous forme de tombe ou de compost. La chaux se montre partout comme étant le symbole de la fertilité des terres et de la richesse du pays. Dans un rayon assez étendu autour de Laval, on voit, à chaque gare, des fours continus, accouplés par 4 ou 6, produisant des montagnes de chaux qu'on transporte de tous côtés par les wagons et par les tombereaux des cultivateurs. Dans les champs, on observe des tas de chaux qu'on recouvre de terre le long des haies, et que l'on brasse avec des vases, des feuilles, des curures de fossés, et, au besoin, avec du fumier lorsqu'on est sûr que la chaux a perdu sa causticité par son mélange avec les matières terreuses. La tombe n'est pas d'une composition uniforme et invariable. En moyenne, pour quatre hectolitres de chaux, on emploie 16 à 20 hectolitres de terre, et un mètre cube de fumier. Conduite et manipulée avec intelligence, la tombe devient une nitrière artificielle dont on a tiré les plus heureux résultats dans l'Anjou, la Normandie et la Bretagne.

Dans le département de Maine-et-Loire, aux environs d'Angers, on a transformé en terre très fertile, un sol naturellement pauvre et peu propre aux cultures. Les magnifiques pépinières, qui occupent tant d'espace sur le territoire de cette ville, et qui produisent, pour la France et pour l'étranger, des quantités énormes d'arbres fruitiers, d'arbustes d'ornement, ont été établies sur un sol schisteux rendu fertile, meuble, perméable et facile à travailler par des défoncements, des apports de sable et par un large emploi des fumures et de la chaux. Leclerc-Thouin raconte, dans son intéressante monographie de Maine-et-Loire, que les vignerons rapportent, de temps à autre, des schistes rouges sur leur terrain au prix de grands sacrifices. Ils dépensent jusqu'à 450 fr. pour amender de la sorte le sol affecté à la vigne et aux arbres fruitiers. Il n'est pas démontré que ces schistes n'apportent rien d'utile pour l'alimentation des plantes. Dans tous les cas, leur effet le plus apparent est de rendre le sol plus perméable à l'eau et à l'air, et plus facile à travailler. Les végétaux profitent toujours d'une amélioration qui facilite la nitrification du sol et le fait mieux bénéficier des eaux pluviales.

IV.

Dans le département d'Ille-et-Vilaine, aux environs de Rennes, les terres schisteuses améliorées par la chaux et les fumures sont très appréciées des cultivateurs. J'y ai vu de belles cultures de céréales (blé, orge et avoine), de fourrages naturels et artificiels, de betteraves, de pommes de terre et de sarrasin ; le pommier y vient très bien, il s'y montre vigoureux et fertile. C'est sur cet arbre que l'on compte pour la production du cidre, l'unique boisson des gens de la campagne.

Le sarrasin qui est la céréale des terrains pauvres, n'a pas été abandonné sur les terres schisteuses améliorées. On l'apprécie comme plante nettoyante, bien appropriée au climat, peu épuisante, et donnant, à peu de frais, un grain souvent très abondant. Avec la faible dépense de 400 à 500 k. de phosphate fossile on peut, par une température favorable, obtenir une bonne récolte de blé noir, très précieuse pour l'alimentation des gens de la ferme et des animaux de la basse-cour. En résumé, les terres schisteuses ne sont mauvaises que dans les localités éloignées des fours à chaux, et où l'argile et le défaut de pente les rendent humides, imperméables et très difficiles à ameublir.

Ailleurs, là où les pentes sont suffisantes, et où l'on a su approfondir ces terrains et les fertiliser par la chaux et les engrais, on peut les amener à un haut degré de fertilité. On cite, dans la Mayenne, des terres schisteuses qui atteignent, en blé, le rendement de 36 hectolitres de grain par hectare, et qui se louaient 100 fr. en 1884.

V.

Terres schisteuses de la Provence.

Sur le territoire de la ville d'Hyères, il y a des vallées et des plaines schisteuses dérivant du système cambrien.

Les collines qui délimitent les vallées sont schisteuses ou calcaires (muschelkalk); les collines schisteuses ont donné, par éboulement et alluvionnement, des alluvions schisteuses; les collines du Muschelkalk ont fourni aux schistes de la vallée le calcaire dont ils étaient naturellement dépourvus. Ce sont alors des alluvions schisto-calcaires. La proportion du calcaire varie d'une rive à l'autre; mais nulle part la terre n'en est entièrement dépourvue. Les eaux de la rivière proviennent des terrains crétacés, et elles répandent par débordement, au moment des fortes crues, la matière calcaire sur toute l'étendue de la vallée.

Les collines schisteuses constituées par des quartzites et des schistes cristallins, sont incultes et incultivables. Il s'y est développé des bois de médiocre apparence. On y voit principalement des chênes-lièges, des chênes verts, de l'olivier sauvage, du myrthe, des cistes, la bruyère arborescente, le calycotome épineux, le genêt d'Espagne, le phyllirea à feuilles étroites, la lavande et le romarin.

La stérilité des collines, due à l'état rocheux des surfaces, forme un contraste frappant avec la richesse des vallées et des plaines basses, où dominent les alluvions schisto-calcaires, mélange heureux d'argile et de fragments schisteux avec les débris des roches calcaires et marneuses du trias. L'association de ces terrains d'origine différente produit un sol très fertile. Les vallées du Gapeau et du Roubaud, la plaine de Sauvebonne dont le sol est schisto-calcaire-ferrugineux d'une couleur rougeâtre, témoignent d'une fertilité comparable à celle de la Limagne. On y trouve, sur de grandes surfaces, des primeurs d'artichauts, de pois, de salades et de fèves. La vigne, l'olivier, les rosiers y montrent une vigueur exceptionnelle, et sont l'objet d'une culture soignée et productive. Remarquons que ces terres schisteuses, qui réclament impérieusement de la chaux dans les autres contrées, la reçoivent ici, sans aucuns frais, par les cours d'eau qui ont traversé dans leur cours supérieur les terrains crétacés, jurassiques et triasiques.

CHAPITRE XI.

TERRES PERMIENNES ET TRIASIQUES.

Aux terrains de transition succèdent les terrains houillers. En France, ils n'apparaissent nulle part à la surface. Ils n'ont d'importance, en agriculture, que par la houille qu'on utilise comme combustible, dans la ferme, pour le chauffage des machines à vapeur et des fourneaux des ménages, ainsi que pour la fabrication de la chaux. Après les terrains houillers, viennent les terrains permiens et triasiques. Nous les réunissons dans le même groupe, parce que leurs roches offrent une grande analogie. Le tableau suivant indique la nature et l'ordre de superposition de ces diverses roches.

Terrain triasique .	{ Marnes irisées. Dolomie. Muschelkalk. Grès bigarré.
Terrain permien ..	{ Grès et schistes. Grès des Vosges. Grès rouge.

Ces terrains n'occupent à la surface du territoire français qu'une étendue d'environ 2,700,000 hectares.

Les roches du terrain permien se réduisent au grès rouge qu'on rencontre, par lambeaux, dans les Vosges, enclavé au milieu du grès vosgien et du gré bigarré. Ces trois grès sont tellement ressemblants que souvent les géologues les ont confondus dans une même espèce minéralogique. Ils offrent à peu près la même constitution minérale et la même composition chimique.

Au point de vue agrologique, les roches permiennes et triasiques se réduisent à quatre, savoir :

Les marnes, dont les détritus forment les terres marneuses.
Les calcaires du Muschelkalk, formant les terres calcaires.
La dolomie, formant les terres dolomitiques.
Les grès, formant les terres siliceuses sablonneuses.

Le vieux grès rouge et le grès vosgien s'étendent sur une partie de l'arrondissement d'Épinal et de Saint-Dié, le premier prenant moins d'espace que le second. Leur désagrégation donne lieu à des terres pauvres, les plus stériles du département. Au défaut d'être très mouvementées, elles joignent celui du manque d'acide phosphorique, de potasse et de chaux. Le seigle et la pomme de terre sont les seules cultures qui conviennent au climat et à ce sol siliceux. La prairie naturelle, convenablement irriguée avec des eaux abondantes pendant l'hiver, y est d'une grande ressource pour l'alimentation des animaux; la prairie, les bois et les landes se partagent la plus grande partie de ces terrains naturellement maigres et difficiles à cultiver. Les pâturages et l'herbe des prairies sont loin d'être substantiels; ils suffisent néanmoins à l'alimentation des vaches vosgiennes, race petite, précoce, rappelant par sa robe et sa taille la vache bretonne qui vit dans les landes du Morbihan.

Les roches triasiques occupent d'assez grandes étendues dans l'Est de la France, notamment dans les départements de Meurthe-et-Moselle, des Vosges, de la

Haute-Saône et du Jura. Le Cotentin et la Provence en offrent encore quelques lambeaux.

Le grès bigarré occupe, dans les Vosges, autant d'étendue que le grès rouge et le grès vosgien réunis. Ces trois grès prennent près de la moitié du département. Ils donnent partout, par leur désagrégation, des terres siliceuses, couvertes de forêts de sapin dans les plus fortes altitudes, et propres au seigle, à la pomme de terre et à la prairie naturelle dans les vallées et les coteaux. La prairie, fortement et intelligemment arrosée par des irrigateurs d'une habileté remarquable, est la culture la plus productive dans la vallée de la Moselle et des autres rivières pourvues d'eaux de bonne qualité. Les surfaces non irrigables et non submersibles conviennent à la pomme de terre qui, grâce au climat, à la nature sablonneuse du terrain et aux soins dont elle est l'objet, y atteint des rendements très élevés. Cette culture alimente les petites féculeries annexées à la ferme et mues par les cours d'eau très nombreux dans ce pays de montagnes où les pluies sont abondantes et bien réparties dans l'année.

Le muschelkalk est une roche calcaire d'une altérabilité très variable. Quand la pierre se désagrège facilement, elle produit un sol calcaire, meuble, plus ou moins pierreux, qui n'est pas de mauvaise qualité. D'autrefois la roche est dure, ferrugineuse et sensiblement siliceuse. Dans ce cas, elle forme un sol rocheux incultivable. On y ouvre des carrières, d'où l'on tire, dans le département des Alpes-Maritimes, de la pierre à chaux, des moëllons pour les constructions et du macadam pour l'entretien des routes. Le muschelkalck rocheux et inculte se couvre, en Provence, d'une misérable végétation de pin d'Alep et de chêne vert.

Sur d'autres points, la roche se désagrège et constitue

un sol moitié meuble, moitié pierreux, de couleur rouge, et propre, aux environs de Cannes, aux cultures de la vigne, de l'olivier et du rosier.

Les marnes irisées, ainsi nommées à cause des diverses teintes qu'on observe dans cette roche, apparaissent en affleurements dans les départements de Meurthe et Moselle, des Vosges, de la Haute-Saône et du Jura. On les retrouve encore dans le Var et les Alpes-Maritimes. Elles constituent des terres argileuses, très fortes et difficiles à ameublir. D'après M. Braconnier, elles contiennent 15 à 33 p. 1000 de chaux, 0,3 à 4 p. 1000 d'acide phosphorique, 1 à 8 p. 10000 de magnésie. A l'école pratique d'agriculture de St-Remy (Haute-Saône), les marnes irisées sont considérées comme étant les meilleures terres du domaine; elles sont supérieures à un diluvium silicéo-argileux. Les récoltes y sont plus sûres, plus abondantes et de meilleure qualité. Elles conviennent aux céréales, aux prairies artificielles, à la vigne, au prunier et au merisier à kirsch. Elles sont difficiles à ameublir par les façons aratoires, mais les gelées d'hiver y opèrent un délitement et un ameublissement parfaits. Elles conservent bien leur fraîcheur en été. On évite d'y cultiver la betterave et la pomme de terre : les binages et l'arrachage offriraient des difficultés qu'on ne rencontre pas sur les terres silicéo-argileuses du domaine. Dans le Jura, les marnes irisées sont très estimées pour la culture de la vigne.

Sur le territoire d'Hyères, les marnes irisées associées à des débris de grès bigarré et de muschelkalk ont donné lieu à un sol de moyenne consistance. On y pratique de belles cultures de petits pois, d'artichauts et de roses. Le pêcher y donne des fruits abondants et de très bonne qualité. On y voit, en outre, une véritable forêt d'oliviers d'une prodigieuse fécondité. La vallée de la Siagne, depuis Grasse jusqu'à la mer, est remplie par des alluvions des marnes irisées. Le sol profond, frais et fertile, porte de magnifiques vergers d'oliviers entrecoupés de champs de roses et de jasmin.

En Provence, le sol des marnes irisées se montre partout très supérieur à celui du grès bigarré et du muschelkalk.

Au milieu des roches triasiques, apparaît, çà et là, dans le département de la Haute-Saône, une roche dolomitique reconnaissable à sa couleur jaunâtre et à son état granuleux. La dolomie n'est autre chose qu'un double carbonate de chaux et de magnésie. C'est, en d'autres termes, un calcaire magnésien, facile à reconnaître par l'effervescence lente et mousseuse qu'il produit sous l'influence d'un acide quelconque. La roche est suffisamment résistante pour qu'on en tire des moëllons et des pierres de taille. C'est cette dolomie qui a servi à élever toutes les constructions de l'établissement d'instruction de Saint-Remy, près d'Amance (Haute-Saône).

Cette roche dolomitique constitue, par la désagrégation, des terres arables riches en chaux et en magnésie, partout où elle forme des affleurements d'une certaine importance. Au dire de M. Perron, savant bien connu par ses travaux géologiques, ce ne sont pas de mauvaises terres : elles sont tenaces et difficiles à travailler. Néanmoins le blé, l'avoine, le trèfle et le sainfoin y atteignent de bons rendements dans le département de la Haute-Saône. Les arbres fruitiers et forestiers y croissent avec une vigueur exceptionnelle. Les plantes herbacées et ligneuses y acquièrent une couleur verte foncée qui dénote la fertilité naturelle de ces terrains. Il n'y a d'exception que pour le seigle, l'orge et la pomme de terre. Ces cultures ne s'y plaisent pas, soit qu'elles trouvent le sol trop compact, trop impénétrable, ou bien trop riche en magnésie.

CHAPITRE XII.

Des terres primitives et primaires, nous passons au groupe très important des terres secondaires. Les deux premiers groupes n'ont donné naissance à aucune terre calcaire. Que nous parcourions les terres si étendues des formations granitoïdes, nulle part nous ne rencontrons une surface calcaire; la même remarque s'applique aux terres de transition. Quand le calcaire se montre au milieu des assises primitives ou primaires, c'est seulement à l'état de gisements restreints, toujours rares, mais toujours très précieux pour la fabrication de la chaux, substance si utile pour compléter la composition chimiques des sols schisteux ou granitiques. Les terrains secondaires qui comprennent les formations triasiques jurassiques et crétacées, se distinguent, au contraire, des terres plus anciennes, par des assises calcaires d'une puissance et d'une étendue considérables. Précédemment nous avons eu affaire à des sols siliceux, argileux, argilo-siliceux ou siliceo-argileux; dans les terres secondaires, nous trouverons encore des sols de cette nature, mais nous y rencontrons une série très importante des terres marneuses ou calcaires. Il est facile de le comprendre à l'aspect des principales roches secondaires qui affleurent à la surface du globe terrestre. Les principales sont, en procédant de haut en bas, pour les terrains jurassiques :

ROCHES ESSENTIELLES.
—

Étage portlandien .	{ Calcaire compact. { Calcaire à astartes.
— kimmeridgien.	{ Marnes } { Argiles } à gryphées virgules.
— corallien.....	| Calcaire à polypier.
— oxfordien....	| Argiles de Dives.
— de l'oolithe.	{ Cornbrash. / Calcaire oolithique.
— du lias......	{ Calcaires sombres à gryphées arquées.) Marnes. (Sables infraliasiques.

Burat mentionne dix-sept roches jurassiques; M. Velain les réduit à huit. Ces divisions géologiques sont paléontologiques, c'est-à-dire basées sur la nature des fossiles plutôt que sur la composition minéralogique des roches. Considérées au point de vue pétrologique, elles se réduisent à quatre, savoir : les calcaires, les argiles, les marnes, les sables siliceux.

Quand elles apparaissent à la surface, et après qu'elles ont été attaquées, désagrégées et ameublies par l'action des agents atmosphériques, des végétaux spontanés et des façons aratoires, elles donnent naissance à des terres

Calcaires.
Argileuses.
Marneuses.
Siliceuses sablonneuses ou rocheuses.

Parmi ces terres diverses, les unes sont composées de

particules ténues qu'on peut diviser et ameublir : ce sont les argileuses, les marneuses et les siliceuses-sablonneuses. Elles sont cultivables, avec des propriétés physiques fort différentes; les unes sont tenaces et imperméables, les autres sont légères, perméables et faciles à travailler.

Quant aux terres calcaires, elles affectent, sous le rapport de leur état fragmentaire, des caractères très variés; les unes sont meubles et composées de parties impalpables, ce sont les moins répandues; la plupart sont sablonneuses, graveleuses, pierreuses ou rocheuses. A ces différents états caractérisés par la grosseur variable des fragments calcaires, elles constituent toujours de mauvaises terres; elles sont perméables, sèches, pauvres en acide phosphorique et en azote et rarement riches en potasse; de plus, elles ont l'inconvénient de dissiper promptement, dans l'air et dans le sol, les engrais qu'on est obligé de leur confier pour les besoins des cultures. Quant aux calcaires rocheux et résistants à l'action des agents atmosphériques, ils doivent à jamais rester à l'état de surfaces incultes et improductives. On en tire un parti excellent comme matériaux de route ou de construction. On y établit, dans la Haute-Marne, aux environs de Chaumont, et dans la Meuse, à Lerouville, des carrières très importantes dont on extrait de magnifiques pierres de taille, fort employées dans tout l'est de la France. C'est une règle qui ne souffre aucune exception : la roche offre d'autant moins de qualités sous le rapport agrologique qu'elle est plus appréciée pour l'entretien des routes ou pour les constructions. Les plantes aiment les roches tendres, peu résistantes et laissant un passage facile aux racines, à l'air et à l'eau; ces exigences seraient au contraire de graves défauts pour des matériaux de route et de construction. Ceci est vrai pour les calcaires jurassiques, c'est encore vrai pour les roches primitives et éruptives. Peut-on rien voir de plus aride que les coulées volcaniques de Volvic (Puy-de-Dôme) et les coulées mélaphyriques de Biot (Alpes-Maritimes)?

Revenons aux terres jurassiques.

Elles figurent sur le territoire français un 8 ouvert à la boucle supérieure.

La boucle supérieure occupe une large bande, à l'est, entre les terrains crétacés et les terrains triasiques du climat vosgien; au sud et à l'ouest, elle contourne les terrains du bassin parisien. La boucle inférieure entoure à peu près complètement les terrains anciens du plateau central. En y ajoutant les terres jurassiques montagneuses de la Franche-Comté, et quelques lambeaux, en Provence, dans les Pyrénées et dans l'Artois, on atteint, pour cette série de terres, environ, onze millions d'hectares : c'est plus du cinquième de la France continentale. Ces terres apparaissent, en plus ou moins grande étendue, dans 34 départements français. Quelques départements sont presque exclusivement jurassiques ; tels sont ceux de la Meuse, de la Haute-Marne, de la Côte-d'Or, de la Haute-Saône, du Doubs et de l'Ain. Les départements des Ardennes, de Meurthe-et-Moselle, de la Nièvre, de l'Yonne, du Cher, de l'Indre, du Lot, des Deux-Sèvres, de la Vienne et du Calvados, sont également jurassiques en très grande partie.

On retrouve encore ces terrains, mais moins étendus, dans les départements de Saône-et-Loire, de l'Isère, des Basses-Alpes, des Hautes-Alpes, des Alpes-Maritimes, de l'Ardèche, du Gard, de l'Hérault, de la Lozère, de l'Aveyron, de la Dordogne, de la Charente, de la Charente-Inférieure, de la Sarthe, de l'Orne, de la Manche et du Pas-de-Calais. Toute la chaîne du Jura, en France et en Suisse. est complètement jurassique. Les Alpes et les Cévennes offrent aussi de très grandes étendues de la même formation.

C'est une circonstance très heureuse pour la Suisse d'être en grande partie jurassique : Les pâturages calcaires sont riches en légumineuses et en bonnes graminées; ils ont produit, dans l'espèce bovine, les plus belles races de l'Europe. Si ces montagnes étaient granitiques ou protoginiques, comme le Mont-Blanc, elles ne nourriraient que des animaux de petite taille, semblables aux vaches bretonnes ou vosgiennes.

Les terrains jurassiques ont été soulevés et sont très mouvementés dans l'est de la France. Ils constituent les montagnes de la Franche-Comté et les collines qui délimitent les vallées de la Meuse, du Doubs, de la Saône, du Rhône, de l'Isère, du Lot et de quelques autres rivières moins importantes.

Ils forment de grandes plaines dans les départements de la Nièvre, du Cher et de l'Indre; des plateaux élevés, connus sous le nom de causses, dans les départements de l'Aveyron, du Lot et de la Lozère; des vallées d'une grande richesse, dans le Charollais et le pays d'Auge.

Sous le rapport de la division de la roche, ils offrent des inégalités qui varient dans d'énormes proportions. La roche dominante est le calcaire, très altérable dans certaines localités, et indécomposable et rocheux dans d'autres. A côté d'une vallée fertile, constituée par de fines alluvions jurassiques, on trouve des coteaux dénudés, des plateaux rocheux, dépourvus de terre végétale, véritable désert où le mouton seul rencontre un pâturage peu touffu, mais très nutritif, de légumineuses et de graminées.

La roche calcaire offre de nombreuses fissures où se

perdent rapidement, sans profit pour les plantes, les eaux de pluies et d'orages. Les sources sont très rares sur les causses élevés du Lot, de l'Aveyron et de la Lozère; elles sont, au contraire, abondantes au fond des vallées. On montre, à Cahors, un moulin établi à l'origine d'une source, dans la vallée du Lot. On en trouve d'autres exemples dans les départements du Doubs et du Jura. Ce sont des lacs intérieurs qui alimentent régulièrement ces sources abondantes et si différentes, sous ce rapport, de celles qu'on observe dans les régions granitiques. Les fermes, privées d'eau de source et de rivière, sont réduites à recueillir les eaux pluviales dans des réservoirs étanches. L'eau est d'autant plus nécessaire pour les jardins, en été, que le sol est calcaire, pierreux et très perméable. A la ferme-école du Montal (Lot), on a consacré une somme de 5,000 fr. à la construction de vastes réservoirs étanches qui se remplissent, en hiver, par les pluies, et, en été, par les orages.

Les calcaires jurassiques, à l'état de pureté, ne sont pas aptes à donner de bonnes terres arables. Suivant leur degré d'altérabilité et de désagrégation, ils fournissent des terres tantôt meubles, sablonneuses ou graveleuses, tantôt pierreuses et rocheuses. Toutes pèchent par un excès de perméabilité et de légèreté; les cultures y souffrent souvent de la sécheresse, par les étés chauds et non pluvieux; les engrais s'y décomposent et disparaissent, avec une prodigieuse facilité, par filtration dans le sous-sol ou par volatilisation dans l'atmosphère. La pire de toutes les conditions, c'est d'avoir affaire à un calcaire rocheux, résistant et faiblement recouvert de parties meubles. Le sol constitué de cette façon reste généralement inculte, à l'état de friche, produisant de rares graminées et de faibles légumineuses parfois dominées par quelques pieds de genévrier, de buis et d'euphorbe. Ces champs rocheux, incultes et improductifs occupent des espaces considérables dans les départements de la Haute-Marne, de l'Aveyron et du Lot. Dans le 1er département, on parvient quelquefois à les garnir de pins sylvestres et de mélèzes. Cette amélioration a été réalisée, avec beaucoup d'intelligence et de succès, sur les surfaces rocheuses, aux environs de la ville de Chaumont. Ailleurs, on se contente d'en faire des pâturages à moutons. C'est ainsi qu'on en tire parti dans les causses du Larzac, où se nourrissent les moutons producteurs du lait dont on fait le fromage de Roquefort.

Ces surfaces rocheuses, d'un niveau généralement élevé, sont coupées de vallées étroites, pleines d'alluvions jurassiques éminemment fertiles, telles, par exemple, la vallée de la Marne, dans le département de la Haute-Marne; la vallée de Grésivaudan, dans le Dauphiné; celle de la Saône, depuis Gray jusqu'à Lyon; et la vallée du Lot, dans le département du même nom. Il n'est pas de contraste plus frappant que ces plateaux rocheux et incultes, dominant des vallées fraîches et fertiles, aptes à produire les plus riches cultures. Parmi ces roches calcaires, il en est qui sont tellement indécomposables à l'air, qu'on s'en sert, à la place des tuiles, pour la couverture des habitations; ce sont des pierres plates, tégulaires, que les paysans désignent sous le nom de *laves*.

Les géologues les rapportent au cornbrash. Malheur à l'agriculteur dont le sol est encombré de *laves*; il aura beau les remuer et les retourner avec ses instruments aratoires, il ne parviendra jamais à les ameublir et à en faire un sol cultivable. On trouve, dans la Haute-Marne, des surfaces couvertes de ces calcaires tégulaires dont on ne peut rien tirer comme culture et même comme pâturage. La seule production qu'on doive y tenter, c'est un boisement de pin sylvestre. On le repique, en apportant d'ailleurs la terre meuble nécessaire pour couvrir les racines du jeune plant. Toute la difficulté réside dans la reprise de cette essence résineuse. Si cette première phase de sa végétation réussit, grâce à un été humide et pluvieux, le problème est résolu ; et le pin, émettant des racines à travers les fissures de la roche calcaire, parvient à se développer et à donner des produits ligneux sur un sol qui semblait voué à une éternelle stérilité.

D'autres fois, au lieu de pierres tégulaires, ce sont des pierres anguleuses de toutes les grosseurs, dérivant du calcaire à astartes, du calcaire à entroques ou du calcaire lithographique ; elles encombrent les surfaces et donnent un mauvais aspect à la terre arable. Ces terres pierreuses se manifestent au loin par des tas de pierres, dont le cultivateur débarrasse ses champs en les déposant çà et là sur les limites de ses propriétés. On en trouve de fréquents exemples dans la plaine de Langres, au camp d'Avor non loin de Bourges, et sur maints endroits des départements du Cher, de l'Indre, du Lot et de beaucoup d'autres départements. Dans le Berry, ces mauvais terrains conviennent encore assez bien au noyer et à la vigne. On tire de ces plantes du vin de bonne qualité et de l'huile de noix très appréciée par les gens du pays. L'orge d'hiver et le sainfoin sont les cultures qui viennent le mieux sur ces sols pierreux et avides d'eau.

Les terres jurassiques des environs de Châteauroux sont encombrées de calcaire lithographique qui correspond au calcaire à astartes. Elles sont composées de parties meubles, argilo-ferrugineuses, associées à des pierres lithographiques de différentes grosseurs. On ramasse les plus grosses qu'on met en tas au milieu des champs. Les champs les plus pierreux restent à l'état de friche ;

d'autres moins pauvres en parties ténues sont emblavés
en blé, avoine, sainfoin, luzerne, pommes de terre et haricots. Parmi ces champs, on voit des parcelles de vignes
et des plantations de noyers.

Les cultures de céréales et de légumineuses sont envahies par une multitude de plantes adventices. Les plus
communes sont les suivantes :

Moutarde sauvage..........	*Sinapis arvensis* CCC.
Luzerne sauvage............	*Medicago falcata* CC.
Minette....................	*Medicago lupulina* C.
Gesse tubéreuse	*Lathyrus tuberosa* C.
Gesse sans feuille...........	— *aphaca* C.
Ononis jaune...............	*Ononis natrix* CC.
Trèfle fraise...............	*Trifolium fragiferum* C.
— blanc................	— *repens* CC.
— tombant.............	— *procumbens* C.
Coronille variée............	*Coronilla varia* CC.
Lotier corniculé............	*Lotus corniculatus* C.
Liseron des champs........	*Convolvulus arvensis* CC.
Panicaut..................	*Eryngium campestre* C.
Chardon..................	*Cirsium arvense* CCC.
Crépide..................	*Crepis setosa* CCC.
Buplèvre..................	*Buplevrum rotundifolium* C.
Scabieuse.................	*Scabiosa arvensis* C.

Notons l'abondance des légumineuses spontanées;
c'est toujours ce que l'on observe sur les terres calcaires, sèches et perméables.

Le calcaire lithographique se laisse difficilement attaquer par les agents atmosphériques. Quand la partie
meuble du sol n'est pas calcaire, mais argilo-ferrugi-
neuse, il arrive parfois que les pierres lithographiques
qui y sont associées ne donnent pas aux plantes toute la
chaux dont elles ont besoin. On a constaté par l'expérience que ces sortes de terres gagnent quelquefois à être
chaulées.

Une terre de cette nature, analysée par M. Guinon, directeur de la station agronomique de Châteauroux, a donné les résultats suivants.

Le poids total d'un hectare sur $0^m,20$ de profondeur est de 2,554,000 kilogrammes.

Un kilogramme de terre contient 61 gr. 1. de pierres, 92 gr. 4 de gravier et 846 gr. 5 de terre fine.

La terre fine renferme :

	gr.		Par hectare. kil.
Acide phosphorique...........	0.343	0,00	880
Carbonate de chaux..........	9.626	—	679.679
Azote.....................	1.130	—	2.894
Potasse....................	0.265	—	1.398
Magnésie..................	1.398	—	3.586

La terre est riche en chaux, mais pauvre en acide phosphorique et en potasse.

Dans le Lot et la Dordogne, les terres jurassiques les plus rocheuses portent assez souvent de chétifs taillis de chêne sous lesquels se développent des truffes d'excellente qualité. Jamais on n'en récolte d'aussi fines sur les terres non calcaires.

A des altitudes plus élevées, rebelles à toute culture, on rencontre, dans cette même région, les causses, à l'état de friches utilisables seulement par la dépaissance des moutons du Larzac. En Provence, aux îles de Lerins, les roches jurassiques, rougies par le sesquioxyde de fer, se sont couvertes spontanément de pin d'Alep. Cette essence y forme une forêt d'assez belle apparence, malgré les tempêtes qui y viennent fréquemment troubler la végétation de ces arbres résineux. La vigne et les céréales, abritées par les pins, ne viennent pas trop mal à l'île de Saint-Honorat, sur les points où les calcaires ferrugineux contiennent assez de parties meubles pour bien englober les pierres.

Ces terrains sont fumés fréquemment avec des engrais composés de déjections animales associées aux feuilles rubannées de la Posidonia caulini, recueillies sur la plage et employées comme litière. Ces engrais se décomposent rapidement et facilitent singulièrement la végétation des plantes culturales et potagères. Au milieu des pins d'Alep, croit, çà et là, un arbuste spontané, qu'on prendrait volontiers pour une bruyère, et qui n'est autre chose que la passérine hérissée (*passerina hirsuta*), daphnéacée ligneuse qui n'existe, en France, que sur les bords de la Méditerranée. Dans le département du Lot, les surfaces rocheuses incultes occupent au moins le quart de la superficie totale; on peut admettre la même proportion pour le département de la Haute-Marne.

A mesure que les parties meubles et friables augmentent et que la proportion des pierres diminue, le sol acquiert plus de qualités et devient propre à toutes sortes de culture. Les grands crus de Bourgogne occupent les coteaux jurassiques de la Côte-d'Or, à l'exposition de l'est, se tenant à mi-côte, sans jamais s'élever au sommet des collines ni descendre au niveau de la plaine. C'est ainsi que sont étagés et orientés le clos Vougeot, les vignes de Pomart, du Montrachet etc. La plaine élevée où se trouve la ville de Beaune produit encore du vin, mais on n'y met généralement que des cépages communs, ceux des vins fins ne donnant pas de bons résultats dans une telle situation. En descendant au-dessous de cette plaine, les vignes disparaissent, à cause des dangers des gelées printanières, redoutables surtout dans les vallées et au voisinage des cours d'eau.

La zone des grands crus se trouve ainsi délimitée, d'une part par l'altitude des collines, et d'autre part par la limite de la plaine. Les meilleurs crus de Bourgogne, ceux qui donnent des vins inimitables et appréciés du monde entier à l'égal des grands crus de Bordeaux, doivent les qualités exceptionnelles de leurs produits à un ensemble de circonstances dont les principales sont : la nature du cépage, l'altitude et l'orientation des vignobles, le climat de la Côte-d'Or et l'origine jurassique du sol. Ajoutons que le traitement des vignes et la discrétion qu'on observe dans l'administration des fumures y sont aussi pour quelque chose avec les soins minutieux dont les vins sont l'objet dans les caves. Des parties meubles fortement calcaires, avec une certaine proportion de pierres de même nature, le tout constituant une terre chaude et profonde, perméable à l'air, à l'eau et aux racines de la vigne, tel est le terrain que j'ai eu l'occasion d'étudier sur place, dans le célèbre vignoble de Montrachet. Le clos de l'école de viticulture de Beaune présente les mêmes conditions agrologiques, sans donner les mêmes vins, les autres circonstances n'étant plus les mêmes que sur le versant oriental de la Côte-d'Or.

Quand le sol est rocheux et très pierreux, il est difficile, pour ne pas dire impossible, de défendre la vigne contre les atteintes du phylloxéra. Les meilleurs crus de Cahors occupaient des terrains jurassiques de cette nature. Le sulfure de carbone s'y diffusant immédiatement entre les pierres et dans les fissures de la roche, n'a eu aucune action sur le terrible insecte. Quant au sulfocarbonate de potasse, il a été impossible de l'employer par suite du manque d'eau. Dans une telle situation, la vigne française greffée sur la vigne américaine est le seul moyen à pratiquer pour la reconstitution des vignobles aptes à produire les mêmes vins que par le passé. On voit encore d'importants vignobles sur les terres jurassiques de la Meuse, de Meurthe-et-Moselle, de l'Yonne, du Cher, de l'Indre, et des deux Charentes, donnant des vins de qualités différentes, suivant le climat et la nature des cépages.

Si les terrains jurassiques avaient conservé leur situation primitive, ils n'offriraient partout que des plaines horizontales, sans relief apparent, sans collines et sans montagnes. Mais des soulèvements ultérieurs sont venus les déranger de leur position naturelle. Il en est résulté, ici des montagnes élevées comme celles de la chaîne du Jura; ailleurs des collines, des plateaux ou des plaines basses entrecoupées de vallées d'érosion. Quand le sol est de bonne nature, ses productions sont en rapport avec la topographie des surfaces. On fait des pâturages et des bois sur les plus hautes montagnes, des vignes sur les coteaux bien exposés; des cultures, des pâturages et des prairies naturelles sur les plaines, les vallées et les plateaux. Plus les terres sont meubles, exemptes de pierre et de rochers, plus elles sont productives et faciles à cultiver. Bien conduites, à l'exemple de ce qui se pratique sur les meilleures terres des Merchines (Meuse) et du Montat (Lot), les cultures de céréales, de fourrages et de racines y atteignent les rendements les plus satisfaisants.

Ces terrains sont abondamment pourvus de chaux et d'acide phosphorique. Un calcaire corallien analysé par Braconnot, contenait 526 p. 1000 de chaux et 3. p. 1000 d'acide phosphorique. Une terre jurassique des environs de Bourges a donné, à l'analyse, 216 de calcaire, 1,50 d'acide phosphorique, 0,6 p. 1000 de potasse. Qu'on y introduise, par les fumiers et les engrais complémentaires, l'azote et la potasse nécessaires aux plantes cultivées, on a alors dans le sol tout ce qui est essentiel pour assurer, avec une température favorable, le succès de nos cultures les plus exigeantes.

Les terres jurassiques sèches et pierreuses donnent toujours de petits rendements en céréales et en fourrage; les plantes y souffrent généralement de la sécheresse par suite de l'extrême perméabilité du sol. Les cultures, moins robustes que les plantes adventices, y sont envahies par une foule de mauvaises herbes. Voici celles qu'on y trouve le plus fréquemment dans les céréales d'hiver, sous le climat de la Haute-Marne :

Le muscari...............	*Muscari comosum* CCC.
La vesce à bouquet........	*Vicia cracca* C.
La gesse sans feuille........	*Lathyrus aphaca* C.
La châtaigne de terre......	*Carum bulbocastanum* CC.
Le mélampyre.............	*Melampyrum arvense* C.
Le chardon...............	*Cirsium arvense* C.
Le bleuet.................	*Centaurea cyanus* C.
Le pas d'âne..............	*Tussilago farfara* CCC.
La nielle.................	*Agrostemma gythago* C.
L'avoine à chapelet........	*Avena precatoria.*

Un observation importante à signaler, c'est que les terres calcaires jurassiques qui restent incultes et à l'état de friches, à cause de la nature pierreuse et rocheuse des terrains, ne se couvrent jamais des végétaux qui constituent la lande sur les sols granitiques, schisteux, et autres dépourvus de carbonate de chaux. La friche jurassique produit spontanément le genévrier, le buis et un chétif pâturage de graminées et de légumineuses.

Dans le Dauphiné, aux environs d'Uriage, sur un sol fortement incliné et composé de calcaire schisteux, une friche très pierreuse et très perméable, offrait la végétation suivante :

Le genévrier en assez grande abondance...............	*Juniperus communis.*
L'agrostis.................	*Agrostis vulgaris.*

Le leontodon...............	*Leontodon crispum.*
Le thym....................	*Thymus serpillum.*
L'ononis jaune.............	*Ononis natrix.*
La scabieuse...............	*Scabiosa arvensis.*

Le même calcaire schisteux, associé à des parties meubles, dans une vallée arrosée par les eaux de quelques fontaines, porte une prairie de moyenne production, dont l'herbe comprend un quart de légumineuses, un quart de graminées et la moitié de plantes diverses. Il en résulte un foin de bonne qualité, complètement exempt de joncs et de carex.

Aux abords du village de Villeneuve, on trouve des terres de qualités bien différentes.

Les schistes calcaires suffisamment pourvus de parties meubles produisent, suivant l'état de fraîcheur du sol et suivant sa profondeur, des récoltes de blé, de maïs, de trèfle et de sainfoin. A cette dernière légumineuse, on associe souvent, à titre de prairie temporaire, le dactyle, le fromental et le ray-grass. Quand les schistes calcaires sont recouverts d'une forte couche de diluvium alpin, on y voit des vignes hautes, d'une riche production, des luzernes vigoureuses, des chanvres de toute beauté, des châtaigniers et des noyers magnifiques. Non loin de ce sol fertile, apparaissent des moraines glaciaires, arides pour les cultures, mais précieuses comme carrières de sables, de graviers et de galets.

Au milieu de ces montagnes jurassiques, on rencontre des calcaires schisteux, métamorphiques, composés de carbonate de chaux et d'argile. C'est un calcaire bleu, parfois veiné de chaux carbonatée cristallisée d'un blanc laiteux, qui sert, à Uriage, à fabriquer le ciment Vicat dont on fait un si large usage pour les maçonneries hydrauliques. Cette même roche affleurant à la surface, donne des terres de bonne nature.

A Saint-Martin d'Uriage, la roche jurassique se mélange aux minéraux du diluvium alpin. Au calcaire s'ajoutent, par ce fait, des fragments de granite, de gneiss et de diorite. Ces matériaux divers ont produit un sol d'une grande richesse, où l'on admire de belles prairies naturelles et d'abondantes récoltes de blé, d'avoine, de maïs et de chanvre. Le noyer et le châtaignier s'y plaisent et s'y montrent très productifs.

Si de là nous descendons dans la vallée de la Romanche, sur le territoire de Vizille, nous constatons avec étonnement que ce terrain, dominé par des coteaux fortement calcaires, n'offre pas les caractères des alluvions jurassiques.

La rivière, prenant sa source dans des montagnes de formation ancienne (granite et protogine), roule des alluvions siliceuses et perméables qui, bien arrosées, produisent, sous forme de prairies naturelles, des herbes de bonne qualité parmi lesquelles les graminées dominent. Les légumineuses et les espèces diverses, sont peu abondantes; et, parmi ces dernières, la sauge des prés (*salvia pratensis*) très envahissante sur certaines places, et le panais (*pastinaca sativa*) ombellifère grossière, sont seules mauvaises.

Les alluvions jurassiques produisent les meilleurs prés d'embouche de la France. Nulle part les bœufs n'engraissent mieux et plus vite que dans les vallées argilo-calcaires du Charolais, du Nivernais et du Cher. Les vallées les plus renommées sous ce rapport sont celles de la Clayette en Saône-et-Loire, de Germigny dans le Cher et du pays d'Auge dans le Calvados.

Il est vrai que les régions jurassiques se distinguent principalement à l'importance et à l'étendue des roches calcaires. Néanmoins, ce serait une erreur de penser qu'il n'y a pas d'autres terres que des calcaires. L'étage

Kimmeridgien et celui du lias comprennent des argiles et des marnes, qui constituent des terres arables toutes différentes des terres calcaires. L'infralias est composé de sables siliceux ferrugineux, semblables aux sables de Fontainebleau, et contenant dans leur masse des grès à l'état rocheux.

Les marnes du lias, celles que j'ai étudiées dans le département de la Haute-Saône, non loin de l'école de Saint-Rémy, forment des terres fortes, souvent remplies de gryphées arquées et de moellons calcaires durs et bleuâtres. On les extrait des champs pour en faire du macadam où des moellons à bâtir. Les terres marneuses du lias sont difficiles à travailler, mais fertiles et aptes à donner de bonnes récoltes de céréales et de prairies artificielles. Une terre du lias, analysée par M. Grandeau, contenait : chaux 0,09 %, potasse 1,13 %, acide phosphorique 0,21 %. En vallée, on peut y établir d'excellentes prairies naturelles.

On doit en conclure qu'elles possèdent naturellement de bonnes doses de chaux, de potasse et d'acide phosphorique. Il suffit d'y incorporer du fumier bien confectionné, pour y maintenir et y développer les principaux éléments de la fertilité. Les argiles kimméridgiennes sont intraitables par la pluie et par la sécheresse ; il en est de même des argiles de Dives. Il faut les ranger parmi les terres incultivables, tant elles sont difficiles à façonner. Il est plus rationnel de les consacrer à la production du bois ou de l'herbe.

Les sables infraliasiques donneraient des terres sablonneuses siliceuses, légères et faciles à cultiver ; mais elles ont l'inconvénient d'imposer de fortes dépenses en engrais. On préfère généralement les mettre en bois. Le hêtre, le charme et le chêne viennent bien dans ce terrain, sous le climat frais et humide de la Franche-Comté.

Les marnes, les argiles et les sables des terrains jurassiques valent mieux, comme terres arables, que la roche calcaire compacte qui stérilise tant de surfaces. Quoi de plus aride que le territoire où apparaissent à nu, à l'état de rochers compacts ou de pierres inaltérables, les assises du calcaire oolithique, du cornbrash, et des calcaires à polypiers. Cette dernière roche constitue, aux environs de Trouville, des collines sèches et stériles, qui forment un contraste frappant avec les riches herbages de la vallée d'Auge, situés au pied même de ces monticules jurassiques.

Dans l'étude des terrains jurassiques, nous avons constaté plusieurs fois que les matériaux calcaires, associés à des éboulis de roches anciennes, (les environs d'Evian ou mélangés aux produits du diluvium alpin, constituaient toujours des terres d'une grande fertilité. La même observation s'applique aux riches terres de la plaine de Caen. Là, la roche calcaire, précieuse comme pierre de taille, telle qu'on l'extrait des carrières d'Allemagne, près Caen, n'eût formé que des surfaces rocheuses et incultes, si dans la plupart des cas elle n'avait été recouverte d'une forte épaisseur d'un limon silicéo-argileux, connu en géologie sous le nom de limon des plateaux. Le calcaire du sous-sol a rempli un double rôle : il a donné au sol la chaux dont il avait besoin; et, par ses fissures et sa perméabilité, il forme un drainage qui enlève constamment l'excès d'humidité qui serait nuisible aux cultures.

Cette association du limon avec un sous-sol calcaire a produit des terres fraîches, faciles à cultiver, et éminemment propres aux céréales, au colza, aux prairies artificielles et aux fourrages-racines ; mais moins favorables à l'herbage par suite de leur extrême perméabilité. Sur un sol si fertile, on ne doit pas s'étonner de trouver dans les exploitations une forte proportion de bétail, notamment de beaux chevaux anglo-normands et de magnifiques vaches cotentines. Rien n'indique mieux la prospérité de ces fermes que les beaux animaux qui sont attachés au piquet, et forment de longues files dans les prairies artificielles où ils paissent, jour et nuit, pendant toute la durée de la belle saison.

La plaine de Caen ne montre pas partout le même degré de fertilité. Il arrive parfois que la roche calcaire apparaît à la surface, toute nue et privée du limon des plateaux. Dans ce cas, elle devient incultivable et propre seulement à donner des bois de pins sylvestres ou de bouleaux. La constitution agrologique de la plaine de Caen rappelle assez bien celle de la Beauce, c'est le même limon qui se montre à la surface; seulement les calcaires sous-jacents appartiennent à des périodes géologiques différentes.

Donnons une esquisse des races les plus remarquables des régions jurassiques.

Nous trouvons d'abord, en Normandie, l'une de nos races les plus remarquables pour la production du lait et du beurre. Les terres jurassiques de Saône-et-Loire et de la Nièvre nourrissent la race charolaise qui, parmi les races françaises, est considérée comme la mieux conformée et la plus apte à l'engraissement. Les bœufs parthenais, nourris et élevés sur les terrains jurassiques, se recommandent comme bêtes de trait et de boucherie.

La belle race de Montbéliard, celles de Schwitz et de Simmenthal, en Suisse, vivent partout des produits nutritifs et substantiels des terrains jurassiques. Les chevaux normands, une partie des percherons, et presque tous les boulonnais sont élevés sur des terres jurassiques, et doivent une partie de leur qualité au sol sur lequel ils naissent et sont alimentés. Les moutons du Berry, si estimés pour la finesse de leur chair, et ceux du Larzac si précieux pour la fabrication du fromage de Roquefort, vivent exclusivement d'herbes pâturées sur les terres jurassiques. L'influence du terrain est bien visible en Normandie et en Nivernais, quand on compare les animaux des terrains jurassiques avec ceux qui vivent sur les granites du Morvan ou du bocage normand.

CHAPITRE XIII.

TERRES ET RÉGIONS CRÉTACÉES.

Les terres d'origine crétacée viennent, dans l'ordre chronologique, après les terres jurassiques, et terminent le groupe des terrains secondaires. Elles embrassent, en France, une étendue d'environ 6,420,000 hectares. C'est à peu près la moitié de la surface totale des terres jurassiques et un peu plus du dixième de la France. Voici le tableau des étages principaux de cette formation :

ÉTAGES.	ROCHES.
Danien..........	Craie jaune.
Sénonien......	— blanche à silex.
Turonien......	— marneuse, et tuffeau.
Cénomanien...	— verte glauconienne, gaize.
Albien..........	Argiles du gault et sables verts.
Aptien..........	Argiles.
Néocomien.....	Calcaires, sables, marnes néocomiennes.

Ces sept divisions sont basées sur des considérations paléontologiques. Au point de vue agrologique et minéralogique, les roches crétacées se réduisent à cinq, savoir :

1° La craie.
2° La marne.
3° La gaize.
4° Les argiles.
5° Les calcaires compacts et résistants.

Les craies ne sont autre chose que du carbonate de chaux à peu près pur, blanc ou jaunâtre, tendre et tachant, excellent pour faire de la chaux grasse, médiocre comme matériaux de construction, médiocre encore pour constituer des terres arables.

La craie apparaît à la surface, tantôt pure, tantôt associée à des silex, sortes de noyaux, noirs à l'intérieur, et blancs à l'extérieur. Réduits en fragments, les silex servent à l'entretien des routes.

Ce sont des matériaux fragiles et coupants, moins résistants et moins estimés que les porphyres pour l'entretien des routes très fréquentées. C'est d'ailleurs le seul emploi qu'on en fasse quand on veut en purger les terres crayeuses caillouteuses qu'on rencontre, çà et là, dans la région du Nord, sur le flanc des vallées où les eaux ont mis à nu la formation crayeuse, après avoir dépouillé ces surfaces du limon des plateaux. La craie tuffeau, très connue en Touraine par les pierres de taille qu'on en tire pour la construction des habitations et des fermes, n'occupe pas de grandes étendues à l'état de terre arable. C'est un calcaire impur, impropre à donner de la chaux; il contient une certaine proportion d'argile et de sables siliceux. Les terres tuffeuses, telles qu'on peut les observer à la colonie de Mettray, près Tours, aux environs de Saumur, sont assez faciles à travailler. La vigne, les céréales et les prairies artificielles y réussissent très bien, quand le sol a été fertilisé par d'abondantes fumures.

Les marnes sont, comme on le sait déjà, des argiles associées à une dose plus ou moins forte de carbonate de chaux; plus elles sont argileuses, moins elles sont favorables à la constitution du sol. La gaize, très développée dans l'Argonne, sur les confins du département de la Meuse et des Ardennes, est une roche quartzeuse, plus

propre aux essences forestières qu'aux plantes cultivées.
C'est la roche dominante de la forêt de l'Argonne. D'après
M. Nivoit, elle est composée comme il suit :

Eau..	8
Sable fin quartzeux........................	17
Silice gélatineuse.........................	56
Argile.....................................	6
Glauconie.................................	12
Total..........................	99

La glauconie est un silicate de fer, d'alumine, de potasse et de magnésie; la composition de 12 parties de
glauconie est celle-ci :

Silice....................................	6.50
Protoxyde de fer.......................	3.00
Alumine................................	1.00
Potasse................................	0.75
Magnésie..............................	0.75
Total................................	12.00

Les terres gaizeuses sont par conséquent riches en potasse, 750 p. 1000; mais très pauvres en chaux et en acide
phosphorique. On leur reproche, en outre, d'être imperméables et très difficiles à travailler. Le boisement est
sans contredit la meilleure destination à leur assigner.

La craie tuffeau forme une masse compacte, rocheuse,
facile à entamer et à tailler. Dans les escarpements des
vallées du Loir, de l'Indre et de la Loire, on y creuse des
caves, des silos, et même des habitations qui s'enfoncent
dans le coteau en prenant jour sur le flanc de la vallée.
Ces habitations ne paraissent pas malsaines; on les dit
chaudes en hiver et fraîches en été. Leurs cheminées
aboutissent au sommet des coteaux au milieu des bois

et des cultures, au grand étonnement des gens qui, pour la première fois, aperçoivent la fumée sortant à fleur de terre. Dans tous les cas, ces excavations dont on a extrait des pierres de taille, constituent d'excellentes caves, où se conservent admirablement les vins de la Touraine, vins qu'on récolte dans les vignes situées au-dessus ou dans le voisinage de ces caves.

Les argiles du gault constituent des terres tenaces, imperméables et difficiles à travailler. Les cultures y donnent généralement moins de profit que les bois ou que la prairie naturelle.

Les sables verts, d'où l'on extrait de grandes quantités de nodules phosphatés, apparaissent rarement à la surface, et il y a peu de terres arables qui en soient complètement constituées. Ils forment des terres siliceuses, sablonneuses, légères, perméables, à moins que le sous-sol ne soit argileux et imperméable, circonstance qui se rencontre assez souvent. A l'école des Merchines (Meuse), le sol des sables verts produit des taillis et de la futaie de chêne et de charme d'une belle venue.

Les calcaires néocomiens occupent de grandes étendues en Provence, notamment dans les départements de la Drôme, de Vaucluse, du Gard, des Bouches-du-Rhône, du Var et des Alpes-Maritimes. Ils y forment des collines rocheuses et dénudées, impropres aux cultures et rebelles aux végétaux spontanés. Le château des papes à Avignon, Notre-Dame de la Garde à Marseille, les collines qui dominent la ville de Toulon, Grasse et les montagnes qui l'entourent, donnent une idée de la puissance et de l'importance de cette assise crétacée. On en extrait une excellente pierre à bâtir; elle est très résistante et très facile à tailler. La pierre d'Arles et celle de Cassis sont les plus estimées et les plus employées sur beaucoup de points de la Provence. Celle de Cassii, extraite au bord de la mer, est transportée par des navires dans les ports de la Méditerranée, depuis Marseille jusqu'à Nice. C'est avec ce calcaire qu'ont été bâties les villes de Montélimart, d'Avignon, de Nîmes, de Marseille et de Toulon.

Eu égard à leur composition minéralogique, les roches crétacées, quand elles apparaissent à jour, en affleurements superficiels, donnent lieu, suivant la nature de la roche, à six sortes de terres, savoir :

1° La terre crayeuse dérivée de la craie.
2°   —   marneuse dérivée de la craie marneuse.
3° Les terres gaizeuses produites par la gaize.
4°   —   siliceuses des sables verts.
5°   —   argileuses des argiles du gault.
6°   —   rocheuses des calcaires néocomiens.

Les terrains crétacés occupent des plaines étendues en Champagne. De ce côté, ils forment une large bande comprise entre les terrains jurassiques de l'Est et le bassin parisien. Ils comprennent les départements de l'Aube et de la Marne, dont la partie la plus pauvre a reçu le nom de Champagne pouilleuse, qualification qu'elle doit à la nature crayeuse et aride de son sol. Cette craie se continue, en affleurements, sur les flancs des vallées, dans toute la région située au nord de Paris. On la retrouve en Angleterre après avoir traversé le détroit du Pas-de-Calais. Les craies blanches de la côte anglaise ont valu à l'Angleterre son nom d'Albion. L'étage du grès vert et des argiles du gault n'est pas plus accidenté que l'assise crayeuse ; il embrasse des plaines concentriques aux plaines crayeuses, aussi humides et aussi imperméables que les premières sont sèches et perméables.

En allant de Troyes à Chaumont, par la ligne ferrée, on traverse successivement les terres crayeuses de la

Champagne, les terres fortes des argiles du gault, et les terres calcaires jurassiques de la Haute-Marne. Aux deux extrémités de ce parcours, les terres sont légères, pierreuses, perméables, faciles à façonner en tout temps avec un seul cheval, tandis qu'au centre de ce trajet, les argiles du gault constituent des terres tenaces, imperméables, souffrant de l'humidité en hiver, et imposant le système des billons bombés pour l'assainissement des cultures. Ces terres ont des propriétés physiques et chimiques complètement différentes de celles des terres crayeuses ou jurassiques. Elles exigent des drainages pour être assainies, des marnages pour s'enrichir de chaux, et de forts attelages pour être façonnées. De plus, quand il s'agit de les ameublir, il faut s'abstenir d'y toucher en temps de sécheresse ou d'humidité. Rien de pareil n'existe pour les terres crayeuses. Elles ont, au contraire, l'inconvénient d'être trop sèches et trop perméables. Pour que les cultures s'y portent bien, il faut, qu'en été, il tombe de la pluie tous les 8 jours. Les terres crayeuses se montrent encore, par lambeaux, dans les départements de l'Aisne, de l'Oise, de la Somme, du Pas-de-Calais. Elles occupent principalement les flancs des vallées, tandis que sur les plateaux élevés les mêmes craies sont recouvertes d'une couche plus ou moins épaisse de limon des plateaux.

En Picardie, les terres crayeuses sont connues sous le nom de *marnettes*; elles sont moins estimées que les terres franches du limon des plateaux. Le froment y vient mal; on y fait plutôt de l'orge et du seigle. Les légumineuses s'y plaisent, notamment le lentillon, la vesce d'hiver et le sainfoin. On peut en faire de très bonnes terres quand on consent à les terreauter avec le limon des plateaux qui n'en est jamais très éloigné. Ces deux couches s'améliorent l'une par l'autre, à l'aide d'opérations justifiées à la fois par la science et l'expérience.

Par la craie sous-jacente, on donne, au limon des plateaux, la chaux dont il est naturellement dépouvu, et, par la terre silicéo-argileuse du limon des plateaux, on enrichit les terres crayeuses de silice et d'argile, éléments utiles qui leur font défaut. Les marnages à la craie ne sont pas coûteux; on extrait, par des puits, le carbonate de chaux qu'on répand à la brouette sur toute la surface des champs. La gelée et la pluie achèvent de diviser et de déliter la craie dont on approvisionne le limon des plateaux pour une période de 10 ou 15 ans. C'est ainsi que la craie, qui est une cause de pauvreté en Champagne, devient, au contraire, une source de richesse dans la région du Nord. Elle est indispensable pour compléter la composition du limon des plateaux et des alluvions anciennes des vallées. Elle fournit, en outre, à la sucrerie, la chaux et l'acide carbonique dont cette industrie fait un large emploi pour la fabrication du sucre. Les sucreries ne pourraient s'établir dans un pays privé de carbonate de chaux.

D'après de nombreuses analyses faites par M. Nivoit sur des échantillons recueillis dans le département des Ardennes, la craie est composée comme il suit, pour 100 :

Eau	1.00	à	1.80
Argile et sable	1.00	à	4.00
Carbonate de chaux	92.20	à	96.10
— de magnésie	0.50	à	1.10
— et oxyde de fer	0.50	à	0.80
Acide sulfurique	0.00	à	0.04
— phosphorique	0.00	à	0.06
Potasse et soude	traces.		

Cette composition nous apprend que les terres crayeuses manquent de potasse et d'acide phosphorique. Pour les féconder, il est indispensable d'y incorporer ces deux éléments avec du fumier ou d'autres engrais. Ce sont des terres pauvres qui, sur les quatre principaux éléments de la fertilité, ne possèdent, et cela avec excès, que le calcaire qui est, des quatre, le moins cher et le plus abondant dans la nature.

La craie donne d'excellente chaux grasse par la calcination, mais elle ne fournit pas de bons matériaux de construction. Il est rare qu'on puisse en tirer des pierres de taille et des moellons de quelque valeur. Elle n'est pas employée en Champagne à cet usage. Dans cette contrée, la plupart des bâtiments de ferme construits avant la création des voies ferrées, ont leurs murs en planches ou en torchis. En Picardie, en Artois et en Flandre, c'est la brique, faite avec le limon des plateaux, et la chaux de la craie, qui sont la base des maçonneries employées à la construction des murs de clôture, des bâtiments de ferme et des habitations des villes et des campagnes. La craie sert encore à la construction des chemins ruraux : sur les chemins neufs, le macadam de silex ou de porphyre de Lessini repose sur une épaisse couche de craie. Ce calcaire forme une substance de liaison très propre à rendre les routes compactes, et à donner au macadam la stabilité et la solidité qui lui manqueraient, s'il était employé seul sur le sol du limon des plateaux.

Tel est le rôle de la craie et du limon des plateaux, quand on a à faire des chemins ou des constructions dans les départements où ces deux assises se trouvent réunies et superposées. C'est le cas des départements de l'Aisne, du Nord, de la Somme, du Pas-de-Calais, de l'Oise, de l'Eure et de la Seine-Inférieure. Partout la craie apparaît sur les flancs des vallées, tandis que le limon des plateaux occupe les plaines situées à un niveau supérieur à celui de la craie.

Voyons maintenant les cultures des terres et des régions crayeuses.

Le type des terres crayeuses se trouve dans la Champagne pouilleuse. Ce sont des terres blanches, légères, sèches et perméables, dont les défauts s'accroissent avec la grosseur des fragments qui entrent dans leur composition. Là la craie s'est délitée et offre une forte proportion de parties meubles, ténues et impalpables, ailleurs elle est plus résistante et reste à l'état de pierres et de graviers. Les plus mauvaises terres sont celles qu'on désigne sous le nom de *grèves;* elles rappellent les graviers calcaires roulés par les vagues de la mer.

Ces grèves, désignées encore sous le nom de savards, sont trop ingrates pour être cultivées; elles restent en friche ou sont boisées avec des pins sylvestres dont l'état chétif et rabougri accuse éloquemment l'aridité du sol et du sous-sol. Que l'on considère la même essence résineuse sur les sables du Maine et de la Sologne, ou bien sur les granites du plateau central, partout elle se montre plus vigoureuse et plus développée qu'en Champagne.

Il faut croire que la craie pure ne favorise pas la végétation des essences ligneuses. Aussi les arbres sont rares et bien souffreteux dans les plaines de la Champagne pouilleuse. Le peuplier seul vient bien dans les vallées de la région crayeuse. Ces vallées, largement pourvues des parties meubles apportées et déposées par les eaux, témoignent d'une grande fertilité qui contraste singulièrement avec la stérilité des plaines voisines. En vallée, les céréales, la luzerne, le trèfle, la vesce, la betterave, la pomme de terre offrent une végétation vigoureuse telle qu'on l'observe dans les pays les mieux cultivés. Aussi la valeur du sol frais et meuble de la vallée est décuple de celle des terres de la plaine crayeuse ; les parties les plus mauvaises de la plaine restent en friche ou sont garnies de pins sylvestres. Les friches ou savards ne produisent jamais la végétation de la lande non calcaire. On y voit des genévriers et un pâturage à moutons dont les graminées et les légumineuses sont très nutritives, mais malheureusement peu abondantes et peu développées. Sur les champs les moins secs et les moins pierreux, on peut, à l'aide du fumier de ferme, cultiver, suivant la qualité du sol, le froment, le méteil, l'orge d'hiver, l'avoine, le sainfoin, la minette, le lentillon, la pomme de terre, le topinambour et la navette. Les craies dévorent les engrais ; c'est le terme qu'on emploie pour indiquer que les fumiers s'y décomposent avec une extrême rapidité. On doit procéder par de petites fumures souvent répétées ; préférer, dans l'emploi des engrais chimiques, le nitrate de soude au sulfate d'ammoniaque dont les réactions avec la craie auraient pour effet de perdre dans l'air l'azote de l'engrais. On peut aussi utiliser les engrais potassiques ; la potasse faisant généralement défaut dans les craies.

Ce n'est pas dans les craies de la Champagne que la vigne se plaît le mieux, et donne le raisin le plus apprécié pour la production du vin de Champagne. Les vignobles qui donnent les premières marques de Reims et d'Epernay sont établis sur des terres dont le sous-sol est la craie, et le sol, le limon de plateaux. Le précieux arbuste trouve une bonne alimentation dans le limon fumé et bien façonné, et la craie, en sous-sol, opère une sorte de drainage qui met, en tout temps, la vigne à l'abri d'un excès d'humidité, condition nécessaire pour que le vin acquière toutes ses qualités sous le climat de la Champagne où l'été et l'automne ne sont pas toujours très favorisés sous le rapport de la chaleur et du soleil.

Le voyageur qui traverse la Champagne en chemin de fer remarquera que l'épicéa tondu forme, sur la ligne ferrée, des haies de clôture meilleures que celles de l'épine blanche. Ne serait-ce pas la preuve que cette essence résineuse vaudrait mieux que le pin sylvestre pour le boisement des plus mauvaises craies. Les plantes adventices des cultures nous donneraient ici une liste analogue à celle qui a été établie pour les calcaires jurassiques. Ajoutons seulement que, parmi ces plantes, il faut distinguer la moutarde sauvage et le pas d'âne. Nulle part ces deux plantes ne se montrent plus abondantes et plus difficiles à combattre. Le pas d'âne se plaît tellement sur les craies, que dès le mois d'avril, il tapisse de ses fleurs jaunes le ballast de la voie ferrée.

Le système crétacé est représenté, dans l'ouest de la France, par les sables du Perche et du Maine. Les sables du Perche n'occupent pas de grandes surfaces; ils se montrent sur les flancs des vallées, recouverts par la craie marneuse. Sur le territoire de Montmirail (Sarthe), ils deviennent glauconieux et constituent des terres légères, fraîches et perméables, très-estimées pour la culture des céréales et des plantes fourragères. Quand ils sont purement siliceux, ce sont des terres à seigle où prospèrent les taillis de châtaignier et les boisements en pin maritime. C'est cette dernière destination qu'on a donnée à ces sables, dans la plaine que l'on parcourt par la ligne de l'Ouest, quelques kilomètres avant d'arriver au Mans.

Dans les départements d'Indre-et-Loire et de Maine-et-Loire, la craie marneuse et la craie tuffeau produisent, par leur désagrégation, des terres de bonne qualité. On y récolte les meilleurs vins de la Touraine et de l'Anjou. C'est sur ce sol qu'on trouve les vignobles renommés de Bourgueil et de Saumur. Ces terres marneuses portent de bonnes récoltes de céréales, de sainfoin, de pommes de terre, de carottes et de betteraves. Les coteaux marneux des environs de Saumur et Fontevrault, quand ils jouissent d'une bonne exposition, conviennent non seulement à la vigne, mais encore au noyer et aux arbres fruitiers à pépins et à noyaux. Ces cultures sont l'objet d'un commerce considérable, tant elles sont appropriées au sol et au climat de cette contrée. A côté de ces terrains fertiles, en coteau et en vallée, on rencontre, sur les plateaux élevés, des argiles à silex remplies de blocs de poudingues et couvertes de mauvaises landes. Ce sont des terres ingrates, très chères à conquérir par le défoncement et l'épierrage. Elles n'ont aucune des qualités des terres calcaires situées à un niveau inférieur. On peut les bien étudier sur le domaine de la colonie de Saint-Hilaire, près Fontevrault. La mise en culture de ces landes exige qu'elles soient défoncées, drainées, chaulées et fortement fumées. Après ces coûteuses améliorations, elles sont toujours moins bonnes que les terres calcaires dérivées de la craie tuffeau ou de la craie marneuse.

L'étage inférieur du terrain crétacé est très développé en Dauphiné et en Provence. Il comprend essentiellement un calcaire néocomien formant des montagnes et des collines rocheuses et peu productives. On en a une idée exacte en considérant, aux environs d'Avignon, les deux rives du Rhône, la surface rocheuse et pierreuse des environs de Nîmes, les collines et les masses rocheuses qu'on traverse en chemin de fer de Marseille à Toulon. De Grasse à Nice et de Nice à Menton, on reste constamment dans les calcaires néocomiens du groupe crétacé. Il n'y a de fertile, que les vallées, et les autres surfaces ou les parties meubles de la roche crétacée ont été apportées et déposées par les eaux.

C'est sur ce terrain que prospèrent les orangers et les citronniers, grâce à la douceur du climat et aux abris naturels qui protègent, contre le froid et le mistral, la côte méditerranéenne depuis Toulon jusqu'à Menton. De toutes les stations de la Provence, Menton est l'endroit le plus chaud et le mieux abrité en hiver. Aussi c'est là que se plaît le mieux le citronnier, plus sensible que l'oranger à l'action des gelées et du vent du Nord.

Sur d'autres points où les aurantiacées ne jouiraient pas du climat qui leur convient, on cultive, sur les parties les moins rocheuses du calcaire néocomien, l'olivier, l'amandier, les petits pois et les pommes de terre comme primeurs. Les surfaces rocheuses et incultes se couvrent spontanément, entre Nice et Menton, de pin d'Alep, de caroubier et d'une grosse euphorbe ligneuse connue sous le nom d'*Euphorbia arborea*. Dans les Bouches-du-Rhône, on y voit fréquemment un petit ajonc (*Ulex provincialis*) qui, contrairement à l'ajonc de Bretagne, affectionne particulièrement les terres calcaires. Dans tous les cas, les parties cultivées des roches néocomiennes ne sont rien en comparaison de celles qui, de temps immémorial, sont restées incultes, dénudées et improductives.

Il s'en faut que, dans les deux Charentes, les terrains crétacés inférieurs, qui y occupent de grands espaces, soient aussi rocheux et aussi accidentés que dans le midi. Le rocher du sous-sol n'apparaît que par places très limitées. Le sol est meuble, profond, fertile quoique pierreux en certains endroits. La vigne était la culture principale des arrondissements d'Angoulême et de Donzac. En raison de la perméabilité du sol et de sa nature calcaire, il n'a pas été possible de défendre les vignes contre les atteintes du phylloxéra. Nulle part les ravages du terrible insecte n'ont été plus rapides et plus meurtriers. En deux ou trois ans, l'arrondissement de Donzac a eu presque toutes ses vignes anéanties. C'était là qu'on cultivait la folle jaune, dont le vin produisait, par la distillation, la fine champagne, eau-de-vie d'une qualité tellement supérieure, qu'il est impossible d'en retrouver de pareille dans toute autre partie de la France et de l'étranger. Ce produit incomparable faisait la fortune et la gloire des viticulteurs charentais. Il faudra bien des années pour reconstituer les vignes détruites et pour en retirer une eau-de-vie aussi estimée que par le passé. L'eau-de-vie était la production principale de ces terrains ; les autres produits n'avaient aucune importance et comptaient pour peu de chose dans les exploitations de cet arrondissement.

Il existe encore des terrains crétacés dans plusieurs points des Pyrénées. Ils y sont représentés par des calcaires néocomiens entrecoupés par des bandes de silex noir. La roche est dure et donne des pierres de taille pour les constructions. Occupant peu de place à la surface du sol, elle n'a pas d'importance au point de vue agrologique.

CHAPITRE XIV.

Nous continuons à remonter la série des formations géologiques d'origine aqueuse. Les roches qui affleurent ont été transportées et déposées par les eaux, dans des mers ou dans de grands lacs qui occupaient alors de vastes espaces sur le territoire français. A l'époque tertiaire, l'étendue des terres immergées ne comprenait pas moins de 15 millions d'hectares, répartis dans quatre bassins, qui sont :

    1° Le bassin du nord, dit bassin de Paris.
    2° Celui du sud ou bassin de la Gironde.
    3° Celui du sud-est ou du Rhône.
    4° Celui du nord-est ou de l'Alsace.

Les bassins de Paris et de la Gironde sont les plus importants et les plus étendus. Celui d'Alsace a été malheureusement détaché de la France. Celui du Rhône ne comprend guère que le bassin de ce fleuve, savoir : ses vallées et ses coteaux, les plateaux de la Bresse et de la Dombes, la Crau et la Camargue.

La Limagne et les plaines de Roanne, de Montbrison et du Forey, situées dans les parties les plus élevées des rivières de l'Allier et de la Loire, se rapportent également à la même ère géologique. C'est dans les terrains tertiaires qu'on trouve les plaines les plus étendues et les plus propres à l'assiette des riches cultures. Les roches sont généralement meubles et faciles à entamer par les instruments aratoires; les surfaces se rapprochent presque toujours de l'horizontalité. Les collines et les montagnes sont rares Ces terrains, moins anciens que les crétacés et les jurassiques, ont échappé aux soulèvements et aux dislocations qui ont bouleversé les formations antérieures. Étudions d'abord le bassin le plus important.

I.

BASSIN PARISIEN.

La paléontologie y distingue 16 roches principales savoir : (Voir le tableau à la page suivante).

Ne tenant compte que de la composition minéralogique et chimique de ces 16 roches, elles se réduisent à cinq roches agrologiques, qui sont :

1" Des sables siliceux.
2° Des meulières.
3° De la molasse.
4° De l'argile ou glaise verte.
5° Du calcaire grossier ou du calcaire lacustre.
6" Des marnes.

Sables siliceux.

Ils constituent des terres légères, faciles à travailler, sèches et perméables quand le sous-sol est de même nature.

Les sables de la Sologne, restés incultes, produisent de

TABLEAU DES ROCHES DU BASSIN PARISIEN.

PÉRIODE.	ROCHES CORRESPONDANTES.	LOCALITÉS.
Pliocène.............	Sables des Landes.........................	Gascogne.
	Roches lacustres, argiles, marnes, sables..	Bresse, Limagne, Ligurie, Italie septentrionale.
Miocène parisien.....	Faluns et molasse........................	Paris et la Suisse (soulèvement des Alpes.
	Argiles à silex...........................	
	Sables de la Sologne......................	Sologne, Orléanais.
	Sables de l'Orléanais.....................	
	Meulière de la Beauce....................	Beauce.
	Sables de Fontainebleau...................	Seine-et-Oise et Seine-et-Marne.
	Molasse des Alpes........................	Suisse.
Éocène.............	Meulières de la Brie.....................	Brie.
	Glaise verte et marne....................	Mont-Valérien.
	Marnes et gypse.........................	Environs de Paris.
	Calcaire lacustre de Saint-Ouen...........	
	Poudingues de la Crau....................	Provence.
	Argiles et marnes de la Camargue.........	
	Sables de Beauchamp.....................	Environs de Paris.
	Calcaire grossier et caillasse..............	
	Cendres pyriteuses de l'Aisne.............	Picardie.
	Sables de Bracheux......................	Environs de Paris.

l'ajonc, des bruyères et des genêts. On les utilise, après défrichement, par des boisements de pin maritime, dont les produits ligneux s'écoulent avantageusement sur le marché de Paris, pour l'usage des boulangers et des pâtissiers. Quand le sable devient argileux, et imperméable par la présence d'une couche d'argile en sous-sol, le pin cède la place au bouleau et au chêne.

On évite, en Sologne, de cultiver les sables blancs, propres au pin maritime et au pin sylvestre. Ce dernier est plus résistant à la gelée, mais d'une croissance moins rapide que le premier. Ces sables sont maigres, difficiles à fertiliser. On y fait quelquefois, après défrichement de pin, quelques récoltes de seigle, de sarrasin, de pommes de terre et de navets. La fertilité acquise pendant la période forestière est très vite épuisée par les cultures. Les terres cultivées n'occupent que de faibles espaces comparativement aux surfaces boisées. Il y en a des lambeaux peu étendus, situés sur la plaine, ou bien au fond des vallées. Ces terres silicéo-argileuses, après qu'elles ont été marnées ou chaulées, drainées quand elles sont humides, deviennent aptes à donner de bonnes récoltes de froment, de seigle, d'avoine, de sarrasin, de topinambour, de trèfle mélangé de ray-grass, de maïs fourrage et de prairie naturelle.

Aux environs de Paris, les sables de Fontainebleau portent des taillis et des futaies de bouleau, de chêne et de châtaignier. Le pin sylvestre s'y montre en belle futaie. On y fait peu de cultures. Néanmoins l'asperge et le seigle y viennent bien, pourvu qu'ils soient fortement fumés. Avec des eaux abondantes et beaucoup de fumier, on peut y pratiquer des cultures maraîchères, faciles à façonner sur un sol léger et attaquable en toute saison.

Argiles à meulières.

Les terres à meulières se composent d'argile, dans laquelle sont empatés des moellons de meulière, pierre bien connue à Paris et très employée pour la confection des maçonneries hydrauliques. Les fondations des maisons, les fortifications, les égouts sont faits avec cette pierre siliceuse, celluleuse, prenant bien le mortier, et n'ayant rien à souffrir de la gelée ou de la pluie. Autant on l'estime pour la maçonnerie, autant on en redoute la présence dans le sol et le sous-sol, où elle arrête et brise les instruments aratoires. Les argiles à meulières, quand elles ne sont pas recouvertes d'une bonne couche de diluvium quaternaire, constituent des terres fortes, imperméables, très difficiles et très incommodes à labourer. Nos ancêtres se gardaient bien de les consacrer à des cultures ; la lande ou le boisement était leur unique destination. Les qualités qui font rechercher ces pierres pour les constructions de Paris ont permis d'en purger, avec grand profit, les champs où elles faisaient obstacle au développement des cultures. On voit, dans la Brie, de riches exploitations assises sur des terres franches (limon des plateaux), dont le sous-sol n'est autre que l'argile à meulières. Le drainage, le chaulage, de forts labours, et d'abondantes fumures ont porté ces terrains à un très haut degré de fertilité. C'est là qu'on admire les plus belles récoltes de céréales et de fourrages ; on y cultive avec le même succès la betterave, pour la fabrication de l'alcool ou du sucre. Ces champs, constamment nettoyés par les façons données aux plantes sarclées, sont rarement envahis par les mauvaises herbes. Chez les cultivateurs les moins soi-

gneux, on voit parfois les avoines après blé envahies
par une multitude de moutardes sauvages. Les avoines
disparaissent sous le tapis jaune doré de cette détestable
crucifère, à tel point qu'on en fauche des fleurs au-dessus
de la céréale. C'est un palliatif, qui ne guérit pas le mal
radicalement. Les fleurs échappées à la faulx, au milieu
de l'avoine, donnent une graine qui mûrit et tombe sur
le sol avant la moisson. Cette semence se conserve indé-
finiment dans la terre, n'attendant qu'une occasion et des
conditions favorables pour envahir et affamer d'autres
cultures. Sarcler attentivement la betterave et les autres
plantes semées en ligne, déchaumer le sol après la récolte
du froment et de l'avoine, semer l'avoine sur le vieux
labour qui a permis aux graines de moutarde de germer
et d'être détruites au moment de l'ensemencement, éviter
de mettre l'avoine après le blé comme on le pratique
dans l'assolement triennal; telles sont les règles et les procédés suivis par les agriculteurs qui obtiennent des avoines bien nettes et exemptes de moutarde sauvage. En agissant ainsi, le sol reste propre et apte à rapporter, en froment, 30 à 40 hectolitres de grain par hectare; en avoine,
50 à 60 hectolitres; en betterave, 40 à 50,000 kilog. de
racines; en fourrages mélangés de luzerne et de sainfoin,
8,000 à 10,000 kilog. de foin sec. Tels sont les résultats
obtenus sur les exploitations les mieux tenues et les
mieux dirigées de la Brie dont le sol dérive du limon des
plateaux et le sous-sol des argiles à meulières.

Terres des argiles à silex remaniées et non remaniées.

Cette roche offre une grande analogie avec les argiles
à meulières des environs de Paris; elle en diffère seule-

ment par les silex qui ne sont pas celluleux comme la meulière, mais compacts et arrondis sur leurs contours. Sous l'argile remaniée, se trouve une autre argile non remaniée, à silex en gros rognons, plus ou moins sphériques, mamelonnés, blancs à l'extérieur et noirs à l'intérieur, semblables aux rognons de la craie, mais beaucoup plus volumineux. Ces deux sortes de silex sont employés comme matériaux de route et de construction; ramassés sur le sol ou extraits du sous-sol, ils reçoivent un emploi fort utile pour l'entretien des routes et la construction des maisons, des bâtiments de ferme et des murs de clôture. Les pays à argiles à silex, s'ils souffrent de la mauvaise nature du sol, ont du moins l'avantage de jouir de routes excellentes et supérieures à celles des régions calcaires.

Les argiles à silex couvrent des espaces considérables dans les arrondissements de Chateaudun, de Chartres, de Vendôme, de Dreux et d'Évreux. Dans le département d'Eure-et-Loir, ces argiles caractérisent la mauvaise Beauce; elle diffère de l'autre Beauce, qui s'étend dans le Loiret et le Loir-et-Cher, par son imperméabilité et sa pauvreté en carbonate de chaux. Les marnages y sont difficiles et onéreux, la couche marneuse se trouvant à d'assez grandes profondeurs au milieu des couches aquifères. La nature argileuse des terres, leur imperméabilité et les silex qu'on y rencontre en grande quantité, apportent de sérieux obstacles aux travaux de la culture. Le sol est intraitable par l'humidité et par la sécheresse. Les récoltes y souffrent de l'humidité en hiver. Le drainage corrigerait en partie ce grave défaut, mais il coûte fort cher, à cause des silex dont le sous-sol est maçonné.

Abandonnées à elles-mêmes, les argiles à silex se couvrent de landes (bruyères et ajoncs). Elles se prêtent assez bien au boisement par le pin sylvestre, le bouleau, le chêne et le charme. Ces essences s'accommodent principalement des flancs de coteaux, où l'inclinaison des surfaces favorise l'assainissement du sol. Le pommier vient aussi dans une telle situation et donne un cidre supérieur à celui de la plaine.

Les argiles à silex, ingrates pour les cultures, deviennent moins nuisibles quand elles sont recouvertes du limon des plateaux. Ce dernier est silicéo-argileux, meuble, exempt de pierres et facile à travailler. Seulement l'imperméabilité des argiles sous-jacentes ne lui est pas favorable.

Pendant l'hiver, l'eau du sol s'évapore lentement par l'effet des basses températures; de plus, les pluies sont longues et fréquentes. Dès lors le sous-sol se gorge d'eau, et cette eau remonte à la surface, dans le limon des plateaux. Il faut alors disposer les cultures en billons ou en petites planches, afin d'obtenir l'assainissement superficiel. Une fois le sol et le sous-sol remplis d'eau, ils deviennent impénétrables aux pluies. Ces dernières coulent à la surface, dissolvant et emportant à la rivière les parties solubles des engrais, et ravinant le limon des plateaux pour peu que les champs soient en pente. Si les surfaces manquent d'inclinaison, le mal acquiert plus de gravité; les eaux sont stagnantes au milieu des cultures qui meurent par l'asphixie et la pourriture de leurs racines. Les particules silicéo-argileuses du limon descendent au bas des champs, et s'accumulent sur la bande engazonnée qui règne, sous le nom de *chaintre*, le long des clôtures. Il s'y amasse, en même temps, les parties solubles des fumiers et des engrais chimiques. Le cultivateur vient reprendre périodiquement cette espèce de terreau plus fertile que le sol de son champ; il le pioche, et le charrie pour le répandre à nouveau sur les surfaces les moins bonnes et les moins profondes. Cette opération, dite *déchaintrage*, équivaut, pour le champ, à une bonne fumure; on y trouve en outre l'avantage de faciliter l'assainissement du sol, le chaintre, creusé par l'enlèvement de la terre, occupant la partie la plus basse du champ et jouant le rôle de collecteur pour le prompt égouttement des eaux pluviales. Les cantons où domine l'argile à silex, dans le sol et le sous-sol, ont tout à redouter de l'imperméabilité de cette roche qu'on ne saurait trop étudier, et qui occupe des surfaces importantes dans l'Indre-et-Loire, le Loir-et-Cher, l'Eure-et-Loir, et l'Eure. Elle est bien caractérisée par les silex, jaunâtres et noirâtres, qui s'y trouvent cimentés avec des argiles rouges, violacées ou blanches. Ces dernières existent principalement à une grande profondeur. Dans le voisinage de la craie marneuse, sa couleur blanche et son état un peu grenu la feraient facilement confondre avec la marne, d'autant plus qu'elle se délite à l'air. Mais on acquiert bien vite la preuve que ce n'est pas de la marne, en voyant qu'elle est insensible à l'action des acides.

L'argile à silex atteint parfois une puissance considérable. Des puits qui ont 15 et 20 mètres de profondeur, aux environs de Mondoubleau, sont creusés tout entiers dans l'argile à silex. La forte épaisseur de cette assise est une circonstance aggravante pour l'extraction de la marne qu'on retire de la craie marneuse, après avoir traversé cette puissante couche d'argile.

Dans le Perche et le Loir-et-Cher, aux environs de Mondoubleau, les assises géologiques sont ainsi superposées, de bas en haut :

1º Limon des plateaux.
2º Argiles à silex.
3º Craie marneuse.
4º Sables du Perche.

Le sol et le sous-sol sont formés de ces quatre roches. Les meilleures terres dérivent du limon des plateaux; elles occupent les niveaux les plus élevés du pays. Ce sont des terres de consistance moyenne, silicéo-argileuses, faciles à façonner, fertiles et propres aux céréales, aux racines et aux autres fourrages, quand elles ont été fertilisées par le défoncement, le marnage, les fumures et les engrais chimiques phosphatés et azotés. Elles possèdent naturellement assez de potasse. On y recueille de belles récoltes quand elles n'ont pas eu à souffrir de la présence, en sous-sol, de l'argile à silex, dont l'imperméabilité en hiver nuit beaucoup à l'assainissement du sol.

L'argile à silex, lorsqu'elle se rencontre à la surface, ne peut donner que de mauvaises terres, très pénibles à labourer par leur ténacité, et par la présence fréquente de gros cailloux siliceux. Ces mauvaises terres occupent heureusement moins d'étendue que le limon des plateaux; elles se montrent à des niveaux inférieurs sur les flancs des vallées.

La craie marneuse apparaît rarement à la surface; on l'observe, çà et là, dans les vallées, immédiatement après l'argile à silex.

Les sables du Perche viennent, après la craie marneuse, au bas des vallées; il est rare qu'ils y fassent des champs d'une certaine étendue. Souvent la craie marneuse fait défaut sur les flancs des vallées, et les couches apparentes se réduisent à l'argile à silex et aux sables du Perche. Souvent encore les argiles et les sables sont invisibles, et l'argile seule occupe les coteaux depuis le haut jusqu'aux alluvions basses de la vallée.

Quant aux couches aquifères utilisables pour les besoins de la ferme, on les trouve, tantôt au bas de l'argile à silex, et tantôt sur la craie marneuse. Quand on traverse l'argile et la craie, pour atteindre les sables, ceux-ci deviennent perméables, et on est obligé d'aller plus loin, jusqu'au niveau inférieur des vallées pour retrouver des couches aquifères.

L'argile à silex produit souvent, à mi-côte et au bas des vallées, des sources précieuses comme eau potable propre à tous les usages de la campagne. Ces eaux sont légèrement calcaires.

L'imperméabilité des argiles à silex est mise à profit pour la construction des mares destinées à l'abreuvage des animaux. Elles tiennent l'eau comme des maçonneries hydrauliques. Quand elles sont suffisamment grandes, et bien situées pour recevoir les eaux pluviales toujours abondantes, pendant l'hiver, sur les plateaux imperméables, il est facile d'y emmagasiner toute l'eau dont on a besoin en été et en automne. C'est ici qu'on peut apprécier le rôle que les roches les plus voisines de la surface du sol remplissent dans les exploitations du Perche. Les sables du Perche servent à toutes les constructions, et contiennent dans leur masse, un grès ferrugineux très dur, qu'on emploie comme pierre de taille résistant à l'eau et à la gelée. L'argile à silex fournit des matériaux de route et de construction. Avec la craie marneuse, on fabrique de la chaux, qui tient le milieu entre la chaux grasse et la chaux hydraulique. Le sable, les silex, la chaux permettent de confectionner d'excellente maçonnerie avec les seules ressources du pays. L'argile à silex a pour utilité principale de constituer les réserves d'eau, dont on a toujours besoin dans un pays où les animaux de la ferme donnent lieu à d'importantes spéculations. La craie marneuse fournit, sous le nom de marne, le calcaire dont le sol est dépourvu, soit qu'il dérive du limon des plateaux ou de l'argile à silex. Voyons si cette argile peut remplir un rôle utile en ce qui concerne l'alimentation des plantes. Tout porte à penser que sa composition chimique varie dans d'assez fortes proportions. Prise à différentes profondeurs, elle varie de couleur et de consistance ; les silex qui y sont empâtés varient également en nombre, en grosseur et en couleur.

Ici les silex se touchent et forment de véritables murailles ; plus loin, c'est l'argile qui domine, et, dans quelques endroits, on trouve de l'argile pure sans aucun caillou et sans poudingue. L'argile rouge supérieure, associée à des cailloux, analysée par MM. Risler et Colomb-Pradel, a donné la composition suivante, pour 1000 parties de terre fine :

Acide phosphorique	0.162
Potasse	0.584
Carbonate de chaux	0.450
Alumine et oxyde de fer	75.000
Acide sulfurique	traces.
Magnésie	0.600
Azote total	0.306

L'échantillon d'argile rouge à silex, pris à 0m,80 de profondeur, renfermait : 90 p. 1000 de pierres et de gros sable et, 910 p. 1000 de terre fine. La potasse dosée est celle qui est attaquable par l'acide nitrique. Cette argile à silex n'est pas aussi argileuse qu'on pourrait le supposer ; pour 1000 parties de terre fine, on ne trouve que 75 parties d'alumine et d'oxyde de fer. Elle est loin d'être infertile ; elle suffit largement à l'alimentation des essences forestières (chêne, charme, bouleau, pins divers) et à celle du pommier et du poirier à cidre ; répandue à la surface du sol, quand celui-ci manque de consistance et de fraîcheur, elle en augmente la fertilité en le rendant moins desséchant et en lui apportant de la potasse, de l'acide phosphorique, de la chaux, de l'azote et de la magnésie. L'expérience confirme les données de l'analyse. L'argile rouge à silex, répandue sur un gazon, augmente la vigueur et l'abondance des espèces fourragères. Reconnaissons toutefois que les éléments utiles à la végétation n'y sont pas aussi abondants que dans les terres douées d'une bonne fertilité, et l'opération du terreautage par l'argile à silex exige, pour qu'elle soit avantageuse, que les frais de transport ne soient pas considérables, et que le sol à terreauter soit de nature à profiter des propriétés physiques et chimiques de cette argile.

Voici une expérience qui démontre les qualités fertilisantes de l'argile à silex. A l'occasion d'une plantation de pommiers, on a ramené l'argile rouge du sous-sol au pied de chaque sujet. Pendant plusieurs années, les céréales et les fourrages ont été meilleurs autour des jeunes arbres que dans les autres parties du champ. C'est la preuve que l'argile rouge du sous-sol contient plus de substances fertilisantes que le sol, épuisé de longue date par un mauvais système de culture. Il est entendu qu'il faut exclure de l'opération du terreautage les argiles blanches qui, par une plus forte proportion d'alumine hydratée, passent à l'état de glaise tendre, très mauvaise pour les plantes et très difficile à ameublir. Les meilleures, pour un tel travail, sont les argiles rouges composées comme celle dont on voit plus haut la composition chimique; celles-là ne contiennent pas une forte dose d'alumine. C'est plutôt la silice libre, fine et impalpable, qui domine dans leur composition minérale. Elles se délitent à l'air et sont assez faciles à travailler. Elles ne se tassent pas sous l'action de la pluie. Parmi les roches tertiaires, l'argile à silex, dans le bassin parisien, prend, en agrologie, une place très importante par l'étendue des surfaces qu'elle occupe sur plusieurs départements, et par les cultures sur lesquelles elle exerce son influence à l'état de sol ou de sous-sol. Telles sont les considérations qui m'ont déterminé à en faire une étude aussi complète que le permettent les travaux les plus récents de la géologie et de la chimie agricole.

Parmi les roches du bassin parisien, il en est encore d'autres qui méritent d'être mentionnées, bien qu'elles ne s'étendent jamais à de grandes surfaces. Les marnes du gypse engendrent, sous le Mont-Valérien, à la ferme de Fouilleuse, dans le parc de Versailles, à la ferme de Gally, au bois de Vincennes, près de la redoute de Gravelle, des terres marneuses d'une bonne composition, d'une moyenne consistance, suffisamment perméables et fraîches, et reconnues excellentes pour la culture des céréales et des fourrages. La luzerne et le sainfoin s'y plaisent et y donnent de bons rendements; la betterave et la pomme de terre, convenablement fumées, s'y cultivent avec succès et profit.

Les glaises vertes et l'argile plastique, assez rares à la surface, ne peuvent donner que de mauvaises terres, qu'on n'a aucun intérêt à cultiver. L'avantage qu'on peut en retirer, c'est d'y trouver des sources, précieuses pour les besoins des exploitations. Les sources de l'argile plastique alimentent d'eau les populations qui occupent les villages situés sur les deux coteaux de la vallée où se trouve l'école d'agriculture de Grignon.

Le calcaire grossier affleure sur plusieurs points des départements de Seine-et-Oise, de l'Oise et de Seine-et-Marne. On l'exploite comme moellon à bâtir, et comme pierre de taille. Cette roche a joué un rôle considérable dans la construction des monuments publics et des maisons de Paris et de Versailles. Elle a moins d'importance en agrologie; cependant il y a, sur le territoire de Grignon, et sur les coteaux de la Seine, de Paris à Meulan, quantité de champs, formés exclusivement des détritus du calcaire grossier. Il en est résulté un sol blanchâtre, léger, perméable, à sous-sol plus ou moins rocheux. Ce ne sont pas de bonnes terres; le sous-sol rocheux gêne beaucoup le travail de la charrue. L'extrême perméabilité du sol expose les plantes à beaucoup souffrir de la sécheresse. Le fumier de ferme s'y décompose avec une extrême rapidité. Les engrais chimiques, facilement entraînés à travers le sous-sol, n'y donnent pas de résultats satisfaisants. Près de Paris, on y fait volontiers des petits pois : semés de bonne heure, ils atteignent une précocité impossible à obtenir sur des terrains moins calcaires et moins secs. Le sainfoin s'y plaît assez bien, ainsi que la minette et l'orge d'hiver. L'abricotier et le cerisier, en bonne exposition, s'y montrent vigoureux et productifs quand la roche s'est ameublie à une bonne profondeur.

Si le sol manque de profondeur, le pin sylvestre, le bouleau et le sainte-Lucie offrent le seul moyen d'y développer une végétation qui dissimule l'aridité et les défauts de ces terrains.

II.

SABLES TERTIAIRES DES LANDES.

Ils forment, dans les départements des Landes et de la Gironde, un vaste triangle, limité, du côté de l'ouest, par les dunes de l'Océan, et sur les deux autres côtés par les vallées de la Garonne et de l'Adour; ils embrassent à peu de chose près la moitié du département de la Gironde et les trois quarts, au moins, du département des Landes. C'est une superficie totale de plus de

1,200,000 hectares, d'après Joanne. Les sables des Landes constituent de grandes plaines faiblement inclinées dans la direction de l'Océan. Le sol et le sous-sol sont composés d'un sable siliceux, d'un grain plus fin que celui des dunes. Sa couleur noirâtre est due à son mélange avec les matières organiques, qui résultent de la décomposition sur place des végétaux spontanés. Cette matière organique finit par agglutiner les grains siliceux, et par former, entre le sol et le sous-sol, une roche spéciale, jaunâtre, d'aspect gréseux, tendre et facile à désagréger. C'est ce que l'on appelle l'*alios* des Landes. L'alios, chauffé au rouge sur une lame de platine, laisse, comme résidu, du sable blanc, la combustion faisant complètement disparaître la matière organique qui le colorait en noir. On confond quelquefois l'alios avec un grès tendre, ferrugineux, dont les grains siliceux sont cimentés par du sesquioxyde de fer. L'*alios,* quoique légèrement perméable, s'oppose, pendant les pluies fréquentes et abondantes de l'hiver, au complet assainissement du sol, notamment dans les parties les plus basses du pays. Dans ce cas, les végétaux y souffrent d'un excès d'humidité. C'est ce qui explique l'état languissant de certaines forêts de pins maritimes et de chênes, sur les surfaces où les eaux pluviales sont stagnantes pendant une grande partie de l'année. On remédie à ce grave inconvénient en faisant, à l'exemple de M. Chambrelent, baisser le plan d'eau par de profonds fossés d'assainissement, qui enlèvent au sous-sol l'eau nuisible au développement des essences ligneuses. Sur les sables bien assainis, les semis de pins et de chênes sont plus sûrs et plus fertiles, et les arbres ont une croissance rapide et vigoureuse qu'on n'obtient jamais sur les surfaces où l'on n'a rien fait pour l'assainissement du sol.

Que trouve-t-on sur ces terrains quand on les traverse

dans leur plus grande longueur, par la ligne ferrée de
Bordeaux à Bayonne? On y voit d'immenses plaines de
bruyères, dans ce que l'on appelle les grandes landes;
d'importantes forêts de pins maritimes, des taillis et des
futaies moins étendus de chênes, et quelques fermes
assez misérables où l'on cultive, dans des sables maigres,
du seigle, du maïs, des haricots, du trèfle incarnat et des
navets. Ces sables, brûlants et secs en été, rendent les
cultures herbacées très incertaines et peu productives.
C'est le pin maritime qui, par son bois et sa résine,
donne le revenu le plus sûr et le plus important. Sa résine est l'objet d'une importante industrie; son bois est
estimé pour la charpente, les étais de mine et les usages
domestiques. Au milieu des massifs de pins, connus sous
le nom de pignadas, on voit, çà et là, des chênes d'une
belle venue. En ce qui concerne le pin maritime, on remarque que celui qui croît sur le sable plus léger et
plus perméable des dunes, pousse plus vite et donne
plus de bois et de résine, que celui qui végète sur un
sous-sol d'alios mal assaini. Le chêne-liège est assez
souvent associé au pin des landes, plus souvent sur les
dunes que sur les sables tertiaires; lui aussi n'est prospère que sur les terrains exempts d'eaux stagnantes.
Dans ces derniers temps, on a essayé la vigne française
sur les sables des landes, avec la certitude que ces nouveaux vignobles seront à l'abri du phylloxéra, comme
ils le sont sur les sables siliceux d'Aigues-Mortes. Cette
culture peut y réussir, à la condition de bien assainir le
terrain, et d'y apporter, par des fumiers et des engrais
chimiques, les substances dont il est naturellement
dépourvu, et dont la vigne a grand besoin pour produire du bois et du raisin. Ces sables ne contiennent
chimiquement que de la silice et des matières organiques; ils ne peuvent donner à la vigne qu'un seul élé-

ment utile, l'azote. Il est vraisemblable que, pour assurer complètement l'alimentation de cet arbuste, il faudra enrichir le sol de chaux, d'acide phosphorique et de potasse. Si on effectue cette amélioration par des engrais chimiques, on courra le risque de les voir emporter par les eaux d'assainissement et par les filtrations à travers les profondeurs du sous-sol. Le mieux serait de fumer ces vignes avec de bons fumiers de ferme, à l'exemple des viticulteurs du Médoc. Malheureusement le fumier n'est pas facile à produire sur les maigres champs des landes, tandis que les vignerons du Médoc ont à leur disposition la fertile vallée de la Garonne, qui leur donne des litières et des fourrages abondants. Ils peuvent ainsi entretenir un nombreux bétail, dont le fumier permet de maintenir les vignes dans un bon état de fertilité et de production. Les vignes du Médoc forment une bande parallèle au cours de la Garonne et de la Gironde, elles sont dans une position intermédiaire entre la vallée, dite palus, et les sables tertiaires des landes. Les sables du Médoc sont plus récents que ceux des landes. On les range dans la formation des sables et graviers anciens des vallées. Leur composition diffère peu de celle du sable des Landes, ils sont peut-être un peu plus graveleux. On y trouve aussi, en sous-sol, une couche assez épaisse d'alios qui nuirait à la vigne, si de profonds fossés d'assainissement ne maintenaient pas le plan d'eau au moins à un mètre de la surface. On sait que l'humidité nuit à la qualité du vin. Les vins les plus estimés du Médoc proviennent des surfaces les plus élevées, les plus saines, celles qui occupent les légères proéminences qu'on aperçoit çà et là au milieu de ce célèbre vignoble. Les vignerons du pays n'attribuent pas à l'*alios* une action malfaisante sur la vigne; ils pensent que cette roche sert à son alimentation par sa matière organique, et qu'elle peut lui donner, en été, par l'effet de la capillarité, l'eau dont elle a besoin pour compenser ses pertes. L'évaporation est, en effet, très intense, sous le soleil ardent de l'été, et dans ce sol sablonneux, graveleux, dont la température s'élève, d'autant plus qu'il est noirci par des matières organiques.

Au milieu des landes, les cultivateurs n'ont guère d'autres litières que celle qu'ils obtiennent en râclant les végétaux venus spontanément sur les terres incultes. Voici les espèces principales des landes de la Gascogne.

L'ajonc..................	*Ulex europæus.*
La grande bruyère........	*Erica scoparia.*
La bruyère cendrée.......	*Erica cinerea.*
La bruyère quaternée......	*Erica tetralis.*
La bruyère commune......	*Calluna vulgaris.*
Le ciste à feuilles de sauge.	*Cistus salviaefolius.*
La fougère...............	*Pteris aquilina.*
Le genêt à balais..........	*Sarothamnus scoparius.*
L'arbousier	*Arbutus unedo.*

Parmi ces arbustes des landes, deux seulement sont spéciaux aux climats girondin et provençal ; ce sont le ciste et l'arbousier ; les autres se retrouvent dans les landes de la Bretagne et du centre de la France. Tous, à l'exception de l'arbousier et de la grande bruyère, sont employés pour la litière des animaux. L'arbousier donne du bois de chauffage. La grande bruyère sert à faire des haies sèches, hautes de 1 m. à 1^m,50, formant brise-vents, et destinées à protéger les vignes et les primeurs contre les vents de mer qui détruiraient les cultures situées le long des dunes de l'Océan.

Les sables des landes, appréciés par les essences forestières, sont classés parmi les mauvaises terres en ce qui concerne les cultures. Les plantes herbacées y souffrent de la chaleur en été, à moins de les soutenir par de fréquents arrosages. On n'y voit jamais le maïs, la vigne, la prairie naturelle, le figuier y donner les beaux résultats qu'on en obtient sur les terrains argilo-siliceux de la Chalosse et sur les riches alluvions de la Garonne et de l'Adour.

III.

BASSIN TERTIAIRE DU RHONE.

Ce bassin n'a aucune importance sur les coteaux de la vallée du Rhône. On en a la preuve à l'inspection de la carte que nous devons aux recherches géologiques de M. de Fontanes. Les terrains tertiaires de ce bassin n'acquièrent de l'importance en agrologie, que dans les départements de l'Ain, des Bouches-du-Rhône, du Gard et de l'Hérault. La Bresse et la Dombes, la Crau et la Camargue, et une partie de l'Hérault dérivent des formations tertiaires avec des caractères géologiques et agrologiques complètement différents.

La Bresse et la Dombes.

La Bresse et la Dombes figurent ensemble un grand parallélogramme, borné à l'ouest par la vallée de la Saône, à l'est par celle de l'Ain, au sud par celle du Rhône, et au nord par celle du Doubs. Vues dans leur ensemble, ces deux petites provinces figurent un vaste plateau, dont les contours ont été découpés par quatre vallées principales. On les désignait autrefois sous le nom d'anciennes alluvions de la Bresse, bien différentes des terrains jurassiques qui les entourent. Elles embrassent tout le département de l'Ain, à l'exception du Bugey, partie montagneuse et jurassique embrassant les arrondissements de Belley et de Nantua.

La Bresse et la Dombes montrent un sol et un sous-sol silico-argileux, exempt de rochers et de pierres, facile à ameublir quand il n'est pas durci par la sécheresse ou réduit en boue par un excès d'humidité. Quoique très siliceux, il laisse passer l'eau difficilement, et son sous-sol, fortement tassé, offre tous les inconvénients de l'imperméabilité. On combat ce défaut, tantôt par le drainage, le plus souvent par des reliefs artificiels, sortes de vallonnements que les agriculteurs de la Bresse pratiquent à l'aide de la charrue et du tombereau. On divise ainsi les champs en planches fortement bombées, de 20 à 30 mètres de largeur. La différence de niveau entre le sommet et la partie basse de la planche, atteint parfois un mètre et même $1^m,50$. C'est ce qu'on appelle des *chaintres*. Ces énormes vallonnements ne s'obtiennent pas par de simples labours, comme on le fait pour les planches bombées, dans certaines parties de la France ; il s'agit ici de reliefs plus accentués : c'est avec la pelle à cheval et le tombereau qu'on déplace les terres et qu'on crée ces chaintres, reconnues indispensables pour l'assainissement du sol et pour la bonne venue des cultures. La terre du sommet des chaintres étant constamment ramenée dans les parties basses, par les eaux pluviales et les labours, il faut périodiquement la reprendre et la reporter sur le faîte, par de nouveaux transports au tombereau ou à la pelle à cheval. Le cultivateur bressan attache une grande importance à ces travaux de terrassement, il y consacre beaucoup de soins et de temps dans les moments où la culture lui laisse quelques loisirs. On se demande si le drainage par les tuyaux ne vaudrait pas mieux que les chaintres pour l'assainissement du sol. Les partisans des chaintres reprochent au drainage de coûter fort cher, et d'être sujet à des obstructions qui, à cause de la nature siliceuse du sous-sol, sont encore plus fréquentes ici que dans d'autres contrées. L'imperméabilité et l'absence de calcaire, tels sont les défauts principaux du sol bressan. On les combat : le premier par la pratique des chaintres, et le second par la chaux, qui provient des formations jurassiques de la rive droite de la Saône.

Le sol de la Dombes, analysé par M. Pouriau, professeur de chimie à l'ancienne école de la Saulsaie, a présenté la composition suivante, sur des échantillons pris à un champ dit Champ d'expériences, à l'altitude de 284 mètres :

ANALYSE CHIMIQUE.	POUR CENT.	
	Sol.	Sous-sol.
Silice	84.02	76.62
Alumine	7.74	9.30
Fer	5.82	11.58
Carbonate de chaux	0.70	0.78
— de magnésie	1.02	1.30
Eau combinée et matières organiques	3.50	2.41

ANALYSE MÉCANIQUE.		
	Sol.	Sous-sol.
Matières ténues	89	91
Sable	5	3
Gravier	6	6

D'autres analyses, faites sur plusieurs champs du même domaine, présentent des résultats peu différents de ceux que le chimiste a obtenus dans l'analyse ci-dessus. Nous avons là l'exemple d'un sol excessivement siliceux, qui affecte, à un haut degré, les caractères de l'imperméabilité, quoiqu'il contienne à peine 8 % d'argile.

Les caractères physiques des terrains de la Dombes et de la Bresse exercent une influence considérable sur la végétation des plantes cultivées. M. Pouriau cite, à ce propos, une affirmation de M. Boussingault qu'on ne saurait trop méditer : « Les qualités que nous estimons dans les terres arables, dit l'éminent chimiste, dépendent presque exclusivement du mélange mécanique des différents agrégats : il n'y a pas là combinaison chimique. Un simple lavage, indiquant le rapport du sable à l'argile, en dit souvent plus qu'aucune analyse précise. » (Pouriau, 89.) L'analyse physique révélant, dans le sol de la Dombes, 89 % de matières ténues pour 11 de sable et gravier, nous montre que cette terre est imperméable, et par conséquent peu favorable aux plantes et aux travaux aratoires. M. Nivoit traduisait la mauvaise nature de ce sol en disant, qu'il passait, tour à tour, à l'état de brique ou de boue. Il est cependant peu argileux, il ne contient que 7,74 % d'argile. La silice, dont il renferme 84 % est à l'état gélatineux. Cette imperméabilité, si gênante pour les travaux aratoires, si nuisible aux cultures, si chère à combattre par le drainage, n'est pas toujours due à la présence d'une couche argileuse dans le sous-sol. Le sol devient imperméable lors même que le limon silico-argileux se montre sous une forte épaisseur et sans relation avec toute autre couche imperméable. Le sable siliceux, à l'état impalpable, joue, avec l'eau, un rôle semblable à celui de l'argile; par le repos, il se tasse; sous l'action de la pluie, les particules les plus fines descendent dans le sous-sol, et comblent les interstices qui peuvent exister entre les particules moins fines de ce même sable. L'argile et le sesquioxyde de fer complètent l'imperméabilité du terrain. M. Pouriau fait remarquer avec beaucoup de raison, que les sables de différentes grosseurs se comportent, dans l'eau, d'une

manière toute différente. Si on procède au lavage du sol
dans un récipient, ce sont les gros grains qui tombent
au fond du vase et se déposent les premiers, tandis que
les éléments les plus fins occupent la partie supérieure
du dépôt et s'y fixent les derniers. Si on arrose cette
masse siliceuse par-dessus, en forme de pluie, on assiste
à un phénomène inverse; les parties les plus fines sont
entraînées de haut en bas, et vont se loger dans les interstices du gros sable. Le même effet s'opère sur les
terres silicéo-argileuses de la Dombes, des Landes et du
Perche, où la silice s'y montre aussi à l'état impalpable.
Les parties les plus fines de la surface descendent à une
certaine profondeur; elles ferment les interstices du gros
sable, et elles rendent le sol et le sous-sol imperméables.
Les eaux pluviales entraînent, en même temps que le
sable fin, une portion de l'argile, du sesquioxyde de fer,
avec les acides organiques (acides humique et ulmique)
provenant de la décomposition du fumier ou des végétaux spontanés. Ces divers éléments se combinent pour
former des grains de couleur jaune brunâtre qui, suivant
M. Pouriau, sont un mélange de silice, d'argile et de
peroxyde de fer. On les appelle *têtes de clous,* en Dombes.
Ils sont de formation contemporaine. Le *grison* du
Perche est une roche silicéo-argilo-ferrique, dont la
la formation semble bien due aux mêmes causes que
celles qui donnent naissance aux têtes de clous. Dans
cette même région, on rencontre fréquemment, dans le
sous-sol, les têtes de clous des Dombes. L'alios des landes est une production de même origine et de même
nature, avec cette différence, dit M. Baudrimont, « que
« cette roche contient une quantité variable de silice
« amorphe qui en relie fortement les parties et en fait
« une espèce de grès peu ou point perméable ». L'alios
des landes, chauffée au rouge sur une lame de platine, ne

donne que du sable blanc. Dans d'autres terrains qui contiennent du peroxyde de fer, le même essai donnerait un mélange de sable et de peroxyde de fer.

Ces productions singulières nuisent, dans tous les cas, à la perméabilité du sol. Dans le Perche, le grison régnant à une faible profondeur, s'oppose à l'approfondissement du sol par les labours. En hiver, il nuit aux cultures par un excès d'humidité, et en été, les plantes y souffrent de la chaleur et de la faible épaisseur de la couche arable.

· Au point de vue agrologique, quel contraste entre les plaines siliceuses de la Bresse et de la Dombes, et les montagnes calcaires du Bugey! Est-il étonnant que ces deux pays, si différents au point de vue de leur topographie et de leur géologie, n'aient point adopté les mêmes systèmes de cultures et ne se livrent pas aux mêmes spéculations? A la montagne, prédominent les prairies et les pâturages, avec le bétail producteur de viande et de laitage. Les cultivateurs de la Bresse se livrent, au contraire, à la production des céréales et des fourrages artificiels, avec une certaine proportion de prairies naturelles. Leurs procédés d'exploitation n'ont rien de commun avec ceux de la culture pastorale de la montagne. Ils suivent généralement l'assolement biennal, où le blé revient tous les deux ans dans la première sole. La deuxième sole est une jachère dont une partie est nue, et l'autre partie emblavée de trèfle incarnat, de trèfle ordinaire, de vesce, de sarrasin, de maïs, d'avoine, de pommes de terre et de betteraves. C'est un assolement épuisant, qui ne peut se soutenir qu'avec une forte proportion de prairies naturelles, fécondées annuellement par les irrigations et les colmatages. On a tort de faire revenir le froment tous les deux ans à la même place. On aurait de meilleurs rendements en grains et en paille, si on choisissait pour le froment un assolement moins court, si on fumait mieux les champs à l'aide des engrais chimiques, et si on nourrissait plus de bétail à l'étable avec des denrées tirées du dehors, telles que des tourteaux ou des grains farineux.

L'assolement, biennal pour le blé et alterne pour les autres cultures, mérite d'autres reproches en raison des difficultés qui en résultent pour le nettoiement du sol et la réparation de son épuisement. On reconnaît que le blé n'a pas de succès après l'avoine et le maïs en grain. Dans cette portion du domaine, on fait sur le même champ, en trois ans, deux blés et une avoine, ou deux blés et un maïs. Les terres traitées de la sorte se salissent et se remplissent de mauvaises herbes. Voici les espèces qu'on rencontre le plus fréquemment dans les froments de la Bresse soumis à l'assolement biennal.

Le chardon des champs.....	*Cirsium arvense.*
Le plumet ou jouet des vents.	*Agrostis spica-venti.*
L'ivraie..................	*Lolium temulentum.*
La vesce à bouquets........	*Vicia cracca.*
La gesse sans feuilles.......	*Lathyrus aphaca.*
Le bleuet.................	*Centaurea cyanus.*
Le coquelicot..............	*Papaver rhœas.*
La nielle.................	*Lychnis githago.*
La prèle..................	*Equisetum arvense.*
Le liseron des champs......	*Convolvulus arvensis.*
La maroute...............	*Anthemis arvensis.*
Le trèfle blanc.............	*Trifolium repens.*
Petit trèfle jaune...........	*Trifolium filiforme.*
Autre trèfle jaune..........	*Trifolium procumbens.*

Dans certaines années, le jouet des vents, très abondant dans les blés, en diminue considérablement le rendement en grain et en paille.

Les fermières de la Bresse excellent dans l'engraissement des volailles. Nulle part, le maïs et les soins ne pro-

duisent des volailles aussi fines et aussi bien engraissées.

Les fermes de la Dombes, avec un sol de même nature,
aussi imperméable et aussi pauvre en chaux, sont généralement moins prospères que celles de la Bresse. Il
est vrai que dans la Bresse, les exploitations sont plus
petites, le pays plus peuplé, moins plat et mieux assaini.
En Dombes, les exploitations embrassent de grandes
surfaces découvertes et non clôturées; on y conserve
encore de nombreux étangs, dont l'assèchement périodi-
que nuit beaucoup à la salubrité du pays. Les cultivateurs ne disposent pas toujours d'une main-d'œuvre en
rapport avec les travaux de la culture; ils accordent généralement trop de surface à la culture du froment, et pas
assez à la prairie naturelle ou temporaire et aux
autres plantes fourragères.

Faire moins de céréales, et les cultiver sur un sol
mieux préparé et mieux fumé, tel serait le moyen d'atteindre de plus hauts rendements, d'abaisser le prix
de revient du froment et de tirer de cette culture un
certain profit, malgré la concurrence étrangère et la
baisse qu'a subie la valeur de ce produit pendant ces
dernières années. La luzerne ne se plaît pas sur les terres
imperméables et non calcaires de la Dombes. Le trèfle
associé au ray-grass, au fromental, à la fléole, au dactyle,
constitue des prairies temporaires d'un très bon rendement sur les terres convenablement fumées et prépa-
rées.

Les étangs rapportent plus que les terres labourables.
Ce serait une mauvaise spéculation que de supprimer
ceux qui, exempts de bords marécageux, ne paraissent
pas nuire à la salubrité du pays. Outre le poisson qu'ils
produisent, on peut encore s'en servir, en été, pour l'arrosage des prairies naturelles. La Dombes est moins

fertile, moins riche et moins peuplée, que la Bresse. Cette infériorité est due principalement à l'insalubrité du pays et à la trop grande étendue des fermes. Quant au sol, il est analogue à celui de la Bresse, silicéo-argileux, imperméable et dépourvu de carbonate de chaux. Les surfaces de la Bresse m'ont paru plus mouvementées que celles de la Dombes qui est un véritable pays de plaines.

Les cultures dominantes sont le froment, l'avoine, le trèfle mélangé de ray-grass, le maïs fourrage et la prairie naturelle. La vigne, si productive sur les coteaux des vallées de la Saône, de l'Ain et du Rhône, est peu cultivée en Bresse et en Dombes. Le raisin murit mal sur ce sol froid et humide, et sous un climat qui manque de chaleur par suite du voisinage des Alpes.

Si la chose était possible, il y aurait de grands avantages à convertir en prairies naturelles une bonne partie des terres labourables. Malheureusement cette transformation offre d'assez grandes difficultés. La prairie ne vient pas bien et ne dure pas sur des terres épuisées, imperméables, et pauvres en chaux, en potasse et en acide phosphorique. Elle ne s'améliore pas sensiblement par les irrigations, les eaux des étangs n'étant pas de très bonne qualité. La prairie, mal arrosée et mal assainie, perd bien vite les bonnes espèces dont elle a été ensemencée, et se laisse envahir par l'agrostis stolonifère, les joncs, les carex et beaucoup d'autres plantes aquatiques propres aux terres humides et peu fertiles. On ne retire en définitive qu'une herbe et un foin médiocres, consommables seulement par des animaux communs et peu exigeants. Les terrains non calcaires et imperméables produisent des fourrages qui peuvent être abondants, mais qui sont toujours peu substantiels et peu nutritifs. C'est ce qui fait que la vache bressanne, comme le cheval

dombiste, manquent de taille et de précocité. La race
charolaise, transportée sur les domaines de la Dombes,
dégénère et perd bien vite ses belles formes et son aptitude à l'engraissement.

Les fermiers font l'élevage des chevaux et des bêtes à
cornes, l'élevage et l'engraissement des porcs. Dans la
région des étangs, les troupeaux d'oie acquièrent de
l'importance. Ils se nourrissent économiquement sur les
chaumes des céréales et sur les herbes qui croissent au milieu et sur les bords des étangs. La manne de Pologne
(*glyceria fluitans*), connue en Dombes sous le nom de
Brouille, pousse en abondance à la surface des eaux. Les
chevaux et les vaches se mettent à la nage pour la brou-
ter, trop heureux de trouver cette graminée en plein été,
quand par suite de la sécheresse, les herbes des terres
cultivées sont brûlées et desséchées. Il n'est pas prudent
d'y élever des moutons; sous l'influence de l'humidité
du sol les troupeaux seraient souvent décimés par l'a-
némie et la pourriture.

La Crau.

Qui ne connaît cette immense plaine caillouteuse,
qu'on traverse, en chemin de fer, depuis Arles jusqu'aux
portes de Marseille? Peut-on voir un terrain plus sec,
plus aride, plus pauvre de végétation; d'arbres et de
cultures? Aussi loin que la vue peut s'étendre, on n'aperçoit aucun village, aucune habitation; rien que quelques
bergeries destinées à abriter, pendant les nuits, les moutons nourris, durant l'hiver, sur les maigres pâturages
de ces terrains.

Cette plaine caillouteuse occupe une surface de
47,303 hectares, suivant les uns, et 35,000, suivant d'au-

tres, dont 20,000 hectares de terres incultes. Le sol se
compose de cailloux roulés de toutes les grosseurs et de
nature diverse. Les cailloux de la période pliocène sont,
d'après Coquant, de petites dimensions, presque exclusivement calcaires et liés entre eux par un ciment sablonneux et calcarifère. Ce dépôt est le plus méridional et,
par conséquent, le plus rapproché de la mer. Les cailloux de la période diluvienne, amenés par le Rhône, con-
sistent, suivant M. Nivoit, pour les neuf dixièmes en
quartzite blanc des Alpes; le dernier dixième se compose de fragments de protogine, porphyre, granite, calcaire, etc. Il couvre la plus grande partie de la Crau. Le
sol est excessivement siliceux par le sable et les cailloux;
c'est la composition que j'ai trouvée à la station de
Saint-Chamas. Il devient calcaire dans la partie la plus
voisine de la mer. Les parties meubles sont rares au
milieu de ces cailloux; les chimistes n'y trouveraient
de la terre fine que dans une minime proportion. Aussi
le sol est-il très perméable, et très sec en été.

Le sous-sol offre les mêmes cailloux que le sol, seulement ils sont agglutinés par un ciment siliceux ou
calcaire, et se présentent à l'état de poudingues rocheux
et continus. Les endroits où il existe un peu de terre
fine, dans le sol et le sous-sol, peuvent être plantés en
amandiers ou en vignes avec quelques chances de succès,
pourvu que ces végétaux soient fumés et convenablement façonnés. Par l'arrosage, avec de bonnes eaux
plus ou moins limoneuses en hiver et limpides en été,
on crée, dans la Crau, des luzernières et des prairies
naturelles. Ces succès partiels ont provoqué des projets
de dérivation, en vue du colmatage de toute les surfaces cailouteuses. C'est une amélioration de longue
haleine, dont le résultat définitif et les avantages économiques sont d'une appréciation extrêmement difficile.

Il est probable qu'il se passera encore bien des siècles avant qu'on soit parvenu à transformer ce désert de la Provence en terres fertiles et livrées totalement aux cultures arbustives et herbacées.

En attendant cette miraculeuse transformation, les plaines de la Crau représentent la terre la plus aride qui soit en France. Les landes de la Bretagne et de la Gascogne, les sables de la Sologne, la craie de la Champagne pouilleuse, les causses et les garigues du Midi ne se montrent nulle part aussi pauvres et aussi arides que les cailloux de la Crau, cailloux aussi rebelles aux végétaux, qu'à l'action des intruments aratoires, aussi impropres à profiter des eaux pluviales, qu'ils sont aptes à devenir secs et brûlants sous l'influence du soleil du Midi.

On désigne, en Provence, sous le nom de Crau, les plaines caillouteuses, toujours sèches, perméables et peu favorables aux cultures. La Crau d'Hyères, dans le Var, est moins aride que la Crau des Bouches-du-Rhône; les cailloux contiennent plus de parties meubles. Cette circonstance, jointe à des eaux abondantes pour les irrigations, a permis de tirer bon parti de cette plaine caillouteuse par des plantations de vignes, d'amandiers, de cerisiers, de pêchers, des cultures maraîchères (artichauts et autres primeurs) et des cultures de fleurs hibernales (roses, jacinthes, mimosas). Malheureusement les parties les plus basses sont difficiles à dessaler et à assainir. Ce sont des obstacles presque insurmontables, et qui font qu'une grande partie du terrain reste inculte et pour ainsi dire improductive.

La Camargue.

Elle constitue le delta du Rhône et se trouve délimitée par la mer et les deux branches du fleuve. Elle embrasse une surface de 74,000 hectares, dont 15,000 seulement sont cultivés; c'est un pays de plaines peu élevées au-dessus du niveau de la mer.

Elle correspond, comme la Crau, à l'ère des formations tertiaires. Elle est aussi fraîche et humide que sa voisine est chaude et desséchée. Le sol et le sous-sol sont formés exclusivement de parties fines; c'est un véritable limon, argilo-calcaire, exempt de pierres et de roches, attaquable par conséquent à la pioche et à la charrue.

Il est évident que le Rhône a dû, à l'époque quaternaire, déposer souvent son limon sur les couches tertiaires du sous-sol. Le sol est constitué par conséquent plutôt par une couche d'alluvions fluviatiles que par une roche de formation tertiaire. Si les géologues ont placé la Camargue dans la série des roches tertiaires, c'est que, dans le classement des terrains, ils font moins attention aux roches superficielles et peu épaisses, qu'à celles qui sont puissantes et viennent immédiatement après le sol. Toutefois, on peut admettre que les parties basses et voisines du Rhône sont d'origine alluvienne, tandis que les surfaces plus élevées dérivent des roches tertiaires.

Dans tous les cas, les terres assainies de la Camargue sont plus fertiles que celles de la Crau. Seulement le cultivateur doit se protéger contre l'insalubrité résultant de la stagnation des eaux, s'attendre à travailler un sol argileux, tenace, imperméable, où les plantes sont exposées à souffrir de la présence du sel.

L'eau salée remonte, par capillarité, du sous-sol dans le sol ; elle s'évapore sous l'influence de la chaleur solaire, et dépose, à la surface, des efflorescences qui tuent les plantes. Le seul moyen d'empêcher la formation de ces cristaux, c'est de contrarier l'évaporation de l'eau par une couverture de paille ou de toute autre matière végétale formant paillis. Cette opération est connue dans le pays sous le nom d'emballage.

Un autre moyen plus sûr, mais plus coûteux, c'est d'abaisser le plan des eaux saumâtres par le drainage général du terrain ; les eaux pluviales qui filtrent dans le sol par les drains enlèvent le sel nuisible aux cultures.

Les terres de la Camargue, ainsi assainies et soumises à un bon système de culture, sont aptes à produire de belles récoltes de céréales et de plantes fourragères. J'y ai vu des vignes vigoureuses et faciles à submerger par les eaux du Rhône, des froments et des luzernes de toute beauté, des prairies naturelles d'une forte production. Sous le climat de la Provence, la chaleur ne manque pas, les cultures poussent vigoureusement pourvu qu'elles soient confiées à un sol frais, bien fumé, meuble et net de mauvaises herbes.

Malheureusement ces riches cultures n'occupent encore qu'une faible partie de la Camargue : 15,000 hectares sur 74,000. Tout le reste, c'est-à-dire les 4/5 de la superficie, reste inculte et se trouve stérilisé par l'eau salée et le défaut d'assainissement.

IV.

TERRES TERTIAIRES DU PLATEAU CENTRAL ET DE LA BRETAGNE.

Le plateau central renferme plusieurs bassins tertiaires de l'époque miocène. Ces couches donnent des terres d'une nature toute différente de celle des masses granitiques et volcaniques de cette même contrée. Il existe trois de ces petits bassins : l'un aux environs d'Aurillac, l'autre près de Murat et le 3ᵉ dans le voisinage du Puy. Trois autres bassins ont une plus grande étendue : ce sont les plaines de Montbrison et de Roanne, dans la vallée de la Loire, et la Limagne, dans la vallée de l'Allier. Ces divers bassins tertiaires, d'origine aqueuse, et correspondant à la période miocène, sont situés au milieu des roches plutoniennes. En raison de leur âge et de leur mode de formation par voie de sédimentation, ils offrent des roches dont la composition chimique et minéralogique diffère complètement de celle des granites et des roches volcaniques. On y trouve des marnes et des calcaires, qui n'existent pas dans les formations ignées. Aussi, on utilise, autant qu'on le peut, ces roches miocènes pour chauler ou marner ceux des terrains ignés qui manquent de carbonate de chaux. C'est ainsi qu'à Montpensier, près d'Aigueperse (Puy-de-Dôme), et dans beaucoup d'autres localités, on extrait, des roches miocènes, des marnes et des calcaires qui permettent d'enrichir de chaux les terres granitiques les plus rapprochées de ces gisements calcaires. On use des mêmes ressources dans d'autres contrées où les roches calcaires miocènes sont

venues se déposer sur des terrains dépourvus de chaux.
On en voit de nombreux exemples en Bretagne, dans
le département de la Loire-Inférieure, aux environs
de Grand-Jouan, à Safré, à Blain, et près de Château-
briant. Dans plusieurs endroits du département de
la Mayenne, notamment aux environs de Château-
Gontier, on trouve des roches tertiaires dérivant de terrains qui n'ont aucun rapport avec les terrains de transition couvrant presque toute la région.

La flore et les cultures ne sont plus les mêmes, surtout quand la roche superficielle de la période miocène
devient marneuse ou calcaire. La flore de Grand-
Jouan, dont nous devons une description à M. Saint-
Gal, professeur de botanique, montre, sur les terres
calcaires de Safré, des espèces qu'on ne rencontre jamais sur les terres schisteuses de la même localité. C'est
généralement une circonstance heureuse pour l'Agriculture de pouvoir utiliser en même temps des roches
d'époques très différentes. On en trouve un nouvel exemple dans le Cotentin, où des gisements calcaires de la
période jurassique sont venus se déposer au milieu
des terres schisteuses. Ces îlots fournissent à bon
marché la chaux qui a joué, et joue encore, un très
grand rôle dans l'amélioration et la fertilisation des
riches herbages du Cotentin.

Limagne et plaines du Forez.

La Limagne et les plaines de Roanne et de Montbrison,
situées, la première, dans la vallée de l'Allier, et les deux
autres, dans la vallée de la Loire, formaient des lacs qui
ont été comblés, à l'époque tertiaire, par les détritus
des montagnes du plateau central. De ces trois plaines,

les moins fertiles sont celles de Roanne et de Montbrison. Leur forte altitude et le voisinage de hautes montagnes rendent le climat froid et pluvieux. Les terres que
j'ai examinées aux environs de Feurs, dans la plaine de
Montbrison, sont argileuses et imperméables; une couche de poudingues silicéo-ferrugineux existe, çà et là,
dans le sous-sol. Il faut la rompre et l'enlever du terrain, quand on veut qu'il acquière plus de profondeur et de perméabilité. Cette roche semble due à des
causes analogues à celles qui produisent l'alios des
Landes. La silice du sol s'unit au fer, et forme, à une
certaine profondeur, un poudingue ferrugineux, continu et peu à peu imperméable. Le sol réclame le drainage et le chaulage pour être assaini et suffisamment
pourvu de chaux. Soumises ensuite à un bon système
de culture, les terres produisent de belles récoltes de céréales, de fourrages, de betteraves et de pommes de terre.

Le climat est trop froid pour la vigne dont la culture, du reste, serait onéreuse, en raison de la ténacité et
de l'imperméabilité du sol. La plaine tertiaire est traversée
par les alluvions modernes de la Loire qui donnent lieu
à des terres fraîches, perméables, fertiles, et classées en
1ʳᵉ ligne dans le pays.

La plaine de Montbrison, grâce à sa nature argileuse
et imperméable, est une région d'étangs dont l'aspect
rappelle celui de la Dombes et de la Sologne.

Ces nombreux étangs rendraient le pays très insalubre, si son altitude était moindre et si le voisinage de
hautes montagnes ne contribuait pas au renouvelle-
ment et à la pureté de l'air. Cette plaine a 40 kilomètres
de longueur, sur une largeur de 20 kilomètres. Son
étendue totale est donc de 80,000 hectares. On y
trouve quelques grandes exploitations parfaitement dirigées et donnant des produits en rapport avec les im-

portantes améliorations qu'on y a réalisées sous forme de constructions, de chaulage, de drainage et de boisement. Cette grande plaine se prête à des cultures intensives, mieux que les surfaces accidentées des montagnes granitiques qui la dominent de tous les côtés.

La plaine de Roanne, moins étendue que celle de Montbrison, présente des conditions analogues en ce qui concerne les spéculations animales et végétales. Le sol est argileux et imperméable; on n'y voit pas d'étangs, condition favorable à la salubrité du pays.

La Limagne occupe le quart du département du Puy-de-Dôme, dont la superficie totale est de 795,050 hectares; elle représente donc près de 200,000 hectares. Sous le rapport du climat et de la nature du sol, elle se trouve dans de meilleures conditions que les plaines de l'Allier. Malgré son altitude qui est en moyenne de 400 m., la vigne y murit parfaitement son raisin; elle donne un vin chargé en couleur et peu alcoolique, dont le principal mérite est d'être abondant et facile à vendre, depuis que le phylloxéra a tant détruit de vignes françaises!

Si la Limagne passe à juste titre pour l'une des terres les plus fertiles de la France, elle doit cette réputation moins à ses vignes qu'à ses magnifiques récoltes de céréales, de fourrages, de betteraves, de pommes de terre, ainsi qu'à ses prés-vergers dont les fruits abondants sont, à Clermont, l'objet d'un commerce considérable. Les froments barbus, riches en gluten, servent principalement à fabriquer les pâtes d'Auvergne.

Les cultivateurs de la Limagne obtiennent de riches récoltes sans entretenir une forte proportion de bétail. Le sol, dérivé d'une masse tertiaire enrichie de potasse et d'acide phosphorique par les cendres volcaniques qui, à l'époque des éruptions, sont venues se joindre aux roches sédimentaires, possède un fonds de fertilité qui suffit aux cultures avec de faibles additions d'engrais. Ces terres marneuses ont la propriété de s'émietter complètement sous l'action de la pluie.

Quand il s'agit de pratiquer un labour à la main, deux hommes, armés du trident, enlèvent ensemble d'énormes mottes, qu'ils retournent sens dessus dessous. A la première pluie, celles-ci tombent en poussière, et produisent une terre plus meuble qu'on ne pourrait l'obtenir avec n'importe quelle façon aratoire. On peut affirmer qu'il n'est, en France, aucune contrée plus fertile et plus productive que la Limagne. Parmi les pays de plaine, aucun ne possède des eaux plus abondantes et plus limpides et des vues de montagnes plus variées et plus pittoresques. D'un côté on aperçoit, dans le lointain, la belle chaîne du Forez, et du côté opposé, apparaît la haute cime du Puy-de-Dôme dominant majestueusement tous les anciens volcans de l'Auvergne. La Limagne embrasse une grande partie de l'arrondissement de Riom et de celui de Gannat. Autant elle a de renom par ses fruits et ses cultures, autant elle est pauvre en animaux de travail et de vente. Les animaux du Nivernais et de Salers y remplacent peu à peu les vaches ferrandaises, sorte de race bâtarde, sans aucune fixité et sans caractères bien déterminés.

En Limagne, les grandes fermes sont des exceptions. La petite et la moyenne culture peuvent seules exploiter avec profit ce sol qui, en raison de sa fertilité naturelle, a atteint un prix très élevé de vente et de location. Avant la crise agricole, la terre valait jusqu'à 8,000 et 10,000 fr. l'hectare, et sa valeur locative était en rapport avec le prix de vente.

La composition chimique du sol fait bien ressortir les éléments de sa richesse et de sa fertilité.

Voici, d'après M. Paul de Gasparin, les résultats de l'analyse d'un échantillon de terre pris au Pont-du-Château, dans une bonne partie de la Limagne :

Pierres.	Sable.	Argile.
16.00	69.76	14.30

Le sable et l'argile contiennent pour 100 :

Acide phosphorique.......	0.416
Potasse	0.280
Chaux...................	3.853
Matières organiques.......	5.390 contenant 6 % d'azote, ou 0.323 d'azote.

C'est par erreur que cette terre est rangée parmi les terres basaltiques. La Limagne est de formation tertiaire, et si on y trouve des traces de basaltes, les éléments y ont été transportés par les eaux ou le vent, à l'état d'alluvions ou de poussière volcanique.

Une autre analyse faite par un chimiste de Moulins, sur un échantillon pris à Escuralles, a donné les résultats suivants par 1,000 parties :

Acide phosphorique...........	1.12 p. 1.000
Azote........................	2.30 —
Potasse.....................	3.94 —

Les deux analyses ci-dessus dénotent un sol très riche; elles accusent des dosages d'acide phosphorique, de potasse et d'azote égaux, si ce n'est supérieurs, à ceux qu'on trouve sur les terres les plus fertiles.

V.

TERRES DÉRIVÉES DE LA MOLASSE.

La molasse se montre à jour sur une partie importante de la Suisse. L'épaisseur de la roche est considérable, à en juger par les bords escarpés et la profondeur des rivières qui l'ont entamée et qui y ont creusé de pittoresques vallées d'érosions. On y a ouvert des carrières, dont on tire de belles pierres de taille. Genève, Lausanne, Fribourg et Berne doivent à la molasse la couleur spéciale de leurs maisons et de leurs monuments publics. Cette teinte parait être du goût des habitants; assez souvent ils la renforcent par une peinture d'une nuance verte plus foncée encore que celle de la roche. La molasse exposée à l'air, à la pluie, au soleil et à la gelée, se désagrège promptement, et se laisse facilement attaquer par les instruments aratoires. Le sol qui en dérive est silicéo-calcaire, léger, perméable et très facile à travailler. Sous le climat humide et pluvieux de la Suisse, les terres molassiques conviennent à la prairie naturelle : elle y donne une herbe de bonne qualité, d'une abondance moyenne, d'une heureuse composition, comprenant, dans de bonnes proportions, des graminées et des légumineuses, notamment du trèfle blanc vigoureux et envahissant, quand l'ortie blanche, si commune en Suisse, ne vient pas l'attaquer au sein de la prairie.

Les céréales, le trèfle, le sainfoin, la pomme de terre, la betterave et la carotte se cultivent avec succès sur ces terres légères, riches en calcaire et faciles à ameublir. De bonnes fumures, et des façons qui maintiennent la netteté du sol, permettent d'obtenir de ces diverses cultures les rendements les plus satisfaisants.

Nous en avons fini avec les terres qui dérivent des roches tertiaires. Passons maintenant à celles qui proviennent des roches quaternaires.

CHAPITRE XV.

Les terres quaternaires, passablement méconnues par les anciens géologues, remplissent dans l'agrologie un rôle considérable, par l'étendue des surfaces qu'elles embrassent et par la fertilité dont sont douées les contrées recouvertes de cette précieuse formation. Les terres quaternaires comprennent, dans l'ordre chronologique, le limon des plateaux qu'on désignait anciennement sous le nom d'anciennes alluvions de la Bresse, et les alluvions anciennes des vallées et des terrasses. Ces alluvions de différents âges sont formées des débris meubles des roches antérieures, elles en sont pour ainsi dire la quintescence. Aux époques diluviennes, des eaux dont nous ne pouvons avoir aucune idée dans l'état actuel de la météorologie, ont raviné les parties les plus élevées de l'écorce terrestre, et sont venues les déposer au sein des mers et des lacs. Ces dépôts, effectués dans des eaux tranquilles, contiennent les fragments les plus ténus des anciennes roches, c'est-à-dire l'argile, la silice à l'état gélatineux, impalpable ou sablonneux, associés parfois à une faible dose de carbonate de chaux.

L'argile, la silice à différents états, le sesquioxyde de fer et parfois un peu de calcaire, tels sont les éléments principaux des limons quaternaires. L'argile et la silice y sont unis dans les proportions les plus variées, même dans des localités peu éloignées les unes des autres. Les limons forment cette famille nombreuse de terres connues, par les praticiens, sous le nom de *terres franches*. Ce sont de bonnes terres, faciles à travailler et à approfondir, aptes à porter de riches cultures quand on sait les traiter convenablement, et compléter leur composition par des amendements et des fumures judicieusement choisis. On les désigne encore sous le nom de *terres à betteraves, de terres à briques*. Elles deviennent légères, très perméables et très faciles à labourer, quand le sable siliceux domine tous les autres éléments. L'argile et le sesquioxyde de fer viennent-ils à dominer l'élément sablonneux, on voit immédiatement augmenter leur ténacité, leur imperméabilité et les difficultés des travaux. La silice, à l'état impalpable ou gélatineux, produit des effets analogues. Abandonnées à elles-mêmes, elles se tassent et se durcissent, à tel point qu'elles deviennent presqu'impénétrables à l'air et à l'eau. Ameublies à la surface, elles se battent à la pluie, en formant une pellicule superficielle qui gêne la pénétration de l'air, si utile à la respiration des racines et si favorable aux réactions nécessaires pour la bonne alimentation des plantes. Malgré ces défauts, qu'on combat aisément par les moyens qui seront indiqués plus loin, les terres quaternaires sont plus estimées que la plupart des terres dérivées des roches plus anciennes. Ce sont elles qui occupent les surfaces les plus fertiles et les mieux cultivées du nouveau et de l'ancien monde. En France, elles représentent une superficie d'au moins 5 millions d'hectares; les départements les plus productifs et les mieux cultivés du centre, notamment ceux de l'Eure, d'Eure-et-Loir, du Loiret, de Seine-et-Oise, de Seine-et-Marne, de l'Oise, de l'Aisne, du Pas-de-Calais, de la Somme et du Nord doivent en grande partie leur richesse au limon ancien, qui est venu recouvrir les roches tertiaires et secondaires.

Sans le limon des plateaux qui recouvre la craie sur une forte épaisseur, l'Aisne, le Nord, le Pas-de-Calais, la Somme et quelques autres départements seraient la continuation de la Champagne pouilleuse, avec des terres crayeuses aussi ingrates et aussi infertiles que les savards du département de l'Aube. Le limon des plateaux a sauvé la région du Nord de la misère et de la pauvreté. A cette roche, revient le mérite d'avoir constitué un sol qui fournit à une nombreuse population les briques dont sont construites toutes les maisons, et presque tous les aliments dont sa nourriture est composée.

On retrouve ces mêmes terres, en lambeaux moins étendus, dans les départements du Cher, de l'Indre, dans le Calvados (plaine de Caen) et sur beaucoup d'autres points de la France. Elles couvrent les pays de plaine, autre condition très favorable aux travaux des champs. Ce sont des terrains de même origine et de même âge que nous rencontrons dans les parties les plus fertiles de l'Algérie, telles sont les plaines de la Mitidja, de Bône, de l'Habra. La vallée du Rhin, la Russie, la Roumanie, la Belgique, la Bavière, la Hongrie centrale, le bassin du Pô, le delta du Nil et le Sahara situé au sud d'Oran, les Pampas de l'Amérique méridionale, notamment dans le Rio de la Plata, possèdent de grandes étendues de ces terres limoneuses. Partout elles sont classées en première ligne sous le rapport de la fertilité et des facilités qu'elles offrent pour l'exécution des travaux agricoles. A quels signes peut-on les reconnaître et les distinguer des alluvions modernes et des roches plus anciennes?

Elles n'ont aucune ressemblance avec les roches sous-jacentes, qu'elles appartiennent aux formations tertiaires ou secondaires. Formées principalement de parties meubles, elles sont généralement exemptes de pierres et de rochers. Dans certaines contrées, entre le sol et le sous-sol, il s'est formé, avec le concours du fer et de la silice, un poudingue silico-ferrugineux qui nuit aux plantes et à la bonne exécution des travaux. Ce poudingue se forme principalement dans les champs où le limon est rempli d'un minerai pisolitique de fer, il n'existe pas dans les départements de la région du Nord. Aux environs de Paris, le limon des plateaux recouvre tantôt les sables de Fontainebleau, tantôt le calcaire grossier, tantôt les meulières de la Brie. La roche sous-jacente réagit sur le sol limoneux et y produit des effets qui correspondent aux caractères physiques de ce sous-sol. Les limons les plus perméables et les plus secs reposent sur le sable de Fontainebleau, vient ensuite celui qui couvre le calcaire grossier. Dans la plaine de Longjumeau, au sud de Paris, les terres arables de première qualité reposent, les unes sur les sables de Fontainebleau et les autres sur les assises du calcaire grossier. Ces dernières sont jugées supérieures aux autres, elles sont fraîches et moins exposées à souffrir de la sécheresse. Dans la Brie, on trouve, sous le limon, les argiles à meulière dont l'imperméabilité se communique à toute l'épaisseur de la couche arable, défaut très grave qui ne disparaît que par le drainage général des champs cultivés. Au nord de Paris la craie qui vient immédiatement sous le limon, draine le sol aussi efficacement que le calcaire grossier et les sables de Fontainebleau au sud de Paris. Dans ces diverses localités, les terres fraîches du limon des plateaux, améliorées par des agriculteurs habiles, au besoin chaulées ou drainées ; fumées largement avec des

engrais de ferme et des engrais chimiques, approfondies successivement par des labours de 0^m,30 à 0^m,40 deviennent des terres de jardin, où la culture alterne la
plus intensive atteint les rendements les plus élevés pour
toutes les récoltes. A Grignon, ce sont ces formations
qui produisent les plus fortes récoltes de céréales, de
fourrages et de betteraves. Elles sont de beaucoup supérieures aux terres calcaires ou argileuses de la même
localité. Il en est de même partout où ces terres sont en
comparaison avec celles qui se rapportent à des roches
tertiaires ou secondaires.

Les limons les plus estimés sont ceux qui contiennent de 1 à 5 % de calcaire, c'est le loëss des Allemands.
Le limon hesbayen de la Belgique, celui de Grignon et
de la plaine de Longjumeau rentrent dans cette catégorie; ils ne réclament ni marnage ni chaulage. C'est tout
différent dans la Brie, la Picardie et la Flandre française.
Là, le limon est très pauvre en carbonate de chaux : c'est
le lehm des Allemands. Dans le nord, on l'enrichit de
chaux en extrayant, dans le champ même, la craie qu'on
rencontre à peu de profondeur sous la couche limo-
neuse.

La couleur du limon varie du gris au jaune, elle diffère toujours de celle de la roche sous-jacente. D'ailleurs
comme la composition minérale n'est jamais semblable
pour le limon et la roche sous-jacente, il est toujours
facile de les distinguer l'un de l'autre. Par une cause
difficile à expliquer, le limon ne renferme jamais de coquilles fossiles.

Le limon des plateaux ressemble énormément aux
alluvions des terrasses, et aux alluvions modernes des
vallées.

Ils se différencient aisément par leurs niveaux et leur
situation respective. Le limon des plateaux est toujours

plus élevé que les alluvions modernes. En France, il a atteint les altitudes extrêmes de 200 à 220 mètres. Quelquefois il ne s'élève que de quelques mètres au-dessus de la rivière la plus rapprochée, comme on peut s'en convaincre dans les bassins de la Somme et de l'Oise. Aux environs de Paris, il se tient parfois à 50 ou 60 mètres au-dessus de la vallée de la Seine. Dans tous les cas, jamais il n'est assez bas pour être inondé par les cours d'eau actuels. Sur d'autres points de l'Europe, on en trouve à l'altitude de 1,500 mètres. En Chine, les géologues en ont constaté la présence à 3,500 mètres de hauteur. Une observation qui montre bien l'excellence des propriétés physiques et physiologiques des anciennes alluvions, c'est que les exploitations qui se sont illustrées par l'obtention des plus hautes récompenses sont presque toutes placées sur le limon des plateaux ou sur les anciennes alluvions des vallées. En Seine-et-Oise, les fermes de Mortières et de Petit-Bourg, dont les exploitants ont été lauréats de la prime d'honneur, n'ont pas d'autres terres que celle du limon des plateaux. Les lauréats de la Brie, en Seine-et-Marne, cultivent des limons de même origine. Les fermes d'Assainvillier et de Roye également récompensées par la prime d'honneur, sont assises sur le limon des plateaux du département de la Somme. Les lauréats de l'Aisne, du Nord et du Pas-de-Calais ont tous cultivé avec succès la betterave à sucre, les céréales et les fourrages sur des terres provenant des anciennes alluvions. Les fermes de Masny, de Denain, de Bonavis, de Lens, de Mouflay, de Bellecourt, etc., qui sont les primes d'honneur les plus remarquables de la région du Nord, appartiennent toutes aux alluvions quaternaires.

De tels succès prouvent qu'entre des mains intelligentes, ces sortes de terrains peuvent, par des améliorations successives, être portées à un très haut degré de fertilité. Le défoncement, le chaulage ou le marnage, le drainage dans certains cas, les fortes fumures additionnées d'engrais chimiques, les façons nettoyantes, telles sont les améliorations qui conduisent sûrement à la fertilisation de ces terres limoneuses. Le même sol, resté inculte, sur d'autres points de la France, produit une lande composée, comme la lande granitique, de bruyères, d'ajoncs, de genêts et de fougères, végétaux qui se plaisent sur les terres peu perméables, et pauvres en chaux et en acide phosphorique.

Une lande de cette nature peut devenir une terre de première qualité si, par le défoncement et de fortes doses de phosphate de chaux, on la rend plus perméable en même temps qu'on l'enrichit des éléments fertilisants dont elle est naturellement dépourvue.

En bonne culture et sous le climat de la région du Nord, les terres franches du limon des plateaux produisent aisément, par hectare, 50,000 kilog. de betteraves à sucre, 30 à 40 hectolitres de froment, 50 à 60 hectolitres d'avoine. La luzerne et le trèfle y donnent, en deux ou trois coupes, environ 10,000 kilog. de fourrage sec. Dans le Centre, le limon des plateaux, fatigué de trèfle, produit de magnifiques récoltes d'anthyllis, dit trèfle jaune, légumineuse peu exigeante en potasse et en acide phosphorique. On peut aussi en obtenir de très belles récoltes de vesces d'hiver, de féveroles, de carottes et de pommes de terre. Les bois, en pareilles terres, sont composés de chênes, de charmes et de bouleaux. Les saules, les peupliers y viennent bien aux places humides des bas-fonds.

Les arbres fruitiers, à noyau et à pepins, se plaisent sur ces terres, surtout quand elles ont été profondément défoncées.

Dans l'Oise, l'Aisne et la Somme on y voit de beaux pommiers à cidre. Avant la gelée désastreuse de 1879-80, cet arbre produisait le cidre qui était la principale boisson des habitants de la campagne. De nouveaux sujets remplacent ceux qui ont été détruits par un froid de 23° au-dessous de zéro. Mais il ne faut pas moins de 20 années pour refaire des arbres semblables à ceux que l'on a perdus.

Les terres limoneuses, soumises à un assolement où la betterave et les autres plantes sarclées alternent avec les céréales et les plantes fourragères, sont généralement propres et nettes de mauvaises herbes. Après l'opération du défoncement, elles sont suffisamment perméables, fraîches en été, et exemptes en hiver d'un excès d'humidité. Les abondantes fumures et les marnages répétés les allègent et les empêchent de se battre par la pluie. C'est ainsi que, dans la région des sucreries, on en a fait de véritables terres de jardin, profondes, fertiles et très faciles à façonner.

Il n'en est pas de même dans les pays moins avancés, où le vieil assolement triennal, toujours en vigueur, comporte peu de plantes sarclées, et où la pratique des déchaumages n'est pas connue. Là, les terres sont sales et les récoltes envahies par les plantes adventices. Voici celles qu'on y rencontre le plus communément :

La moutarde sauvage.......	*Sinapis arvensis.*
La maroute...............	*Anthemis arvensis.*
La ravenelle	*Raphanus raphanistrum.*
Le chardon des champs.....	*Cirsium arvense.*
La renouée des oiseaux.....	*Polygonum aviculare.*
L'avoine à chapelet........	*Avena precatoria.*
Le vulpin des champs.......	*Alopecurus agrestis.*
Le jouet des vents..........	*Agrostis spica-venti.*
L'agrostis commune........	*Agrostis vulgaris.*
La renoncule des champs....	*Ranunculus arvensis.*

Le petit jonc................	*Juncus bufonius.*
La vesce à bouquets........	*Vicia cracca.*
La nielle...................	*Lychnis githago.*
La gesse sans feuille........	*Lathyrus aphaca.*
L'ers grêle.................	*Ervum gracile.*
Le bluet...................	*Centaurea cyanus.*

Le chardon est souvent très abondant dans les avoines faites après blé. Les cultivateurs soigneux les en extirpent avant l'épiage de la céréale.

Les autres plantes adventices se montrent principalement sur les terres négligées et mal égouttées, où les blés souffrent en hiver, et laissent des vides que remplit toute la série des mauvaises herbes.

Voyons la composition chimique de quelques limons, analysés par MM. Risler et Colomb-Pradel.

Limon des plateaux, environs de Berchères, près Chartres; 1,000 parties renferment :

Carbonate de chaux.	Acide phosphorique.	Potasse attaquée à l'acide nitrique.	Alumine et oxyde de fer.
6.500	0.093	1.530	38.25

Ce limon est pauvre en acide phosphorique, il en faudrait 1 $^o/_{oo}$ il n'en a que la dixième partie de ce qui est nécessaire. Les engrais phosphatés sont indispensables pour assurer la bonne venue des cultures. La chaux n'y est pas non plus en quantité suffisante, 0,65 % au lieu de 1 %.

Limon des plateaux à Crèvecœur-le-Grand (Oise) :

ANALYSE PHYSIQUE.

Partie fine pour 1000.	Cailloux et gros sable.
887.880	2.120

D'après cette composition la terre serait peu perméable, à moins que le limon ait peu d'épaisseur et qu'il repose sur la craie. Son imperméabilité peut être très sensiblement atténuée par les labours profonds, les marnages, et les fortes fumures avec des fumiers moyennement décomposés.

Voyons sa composition chimique.

1000 parties de la terre fine contiennent :

	gr
Acide phosphorique......................	0.699
Carbonate de chaux......................	6.000
Potasse attaquable à l'acide nitrique......	2.465
Magnésie	0.850
Azote total	0.899
Alumine et oxyde de fer.................	28.700

Ce terrain ne possède pas assez d'azote ni d'acide phosphorique. C'est surtout cette dernière substance qui y fait défaut. Cette terre serait classée parmi les terres fertiles, s'il ne lui manquait pas, 0 gr. 3o1 $^0/_{00}$ d'acide phosphorique et 0 gr. 1o1 $^0/_{00}$ d'azote. Nous admettons que toute terre fertile doit contenir au moins 1 $^0/_{00}$ d'azote, 1$^0/_{00}$ d'acide phosphorique, 1$^0/_{00}$ de potasse et 1 à 5 % de chaux. Nous n'avons ici que 0,60 % de carbonate de chaux correspondant à 0,33 de chaux. C'est trop peu pour les besoins des plantes et pour la nitrification du sol.

L'emploi du phosphate de chaux enrichira le sol de deux éléments indispensables pour la bonne alimentation des plantes cultivées.

Limon des plateaux à Montigny, près Trappes (S.-et-Oise).

Terre prise à 0^m,20 de profondeur.

ANALYSE PHYSIQUE.

Partie fine pour 1000.	Cailloux, gros sable 0/00.
927	73

1,000 grammes de parties fines contiennent :

Acide phosphorique	0.460
Carbonate de chaux	7.250
Potasse attaquable à l'acide nitrique	1.428
Magnésie	0.500
Azote total	0.971
Acide nitrique	0.017
Ammoniaque	0.030

Voilà un limon fertile, cultivé intensivement par un très habile agriculteur. Il donne, avec de bonnes fumures, de magnifiques récoltes de betteraves, de céréales et de fourrages. Cependant ce sol accuse des proportions insuffisantes d'acide phosphorique et de chaux. Nous devons en conclure qu'une terre qui ne contient pas, pour 1.000 kilog. de parties fines, 1 kilog. d'azote, 1 kilog. de potasse et 1 kilog. d'acide phosphorique, peut néanmoins se couvrir de riches cultures ; si elle est profonde, meuble, fraîche, et si elle reçoit, par des engrais, tout ce qui lui manque pour la bonne alimentation des plantes. Ne sait-on pas que des sables stériles sont aptes à produire d'abondantes récoltes, pourvu que, par des engrais bien composés, on les enrichisse des substances qui favorisent le développement des cultures? La prairie Goëtz, placée sur les craies de la Champagne, ou les sables de la Sologne, atteint des rendements de 10,000 et 15,000 kilog. de foin sec par hectare quand, la température aidant, on applique au sol de grandes quantités d'engrais azotés et phosphatés. Malheureusement par les fortes fumures d'engrais chimiques solubles et assimilables, on s'impose de grandes dépenses pour une fertilité d'un jour. La récolte de l'année et les eaux pluviales ne laissent, pour l'année suivante, presque rien de tout l'engrais artificiel confié au sol; les mêmes substances (azote, acide phosphorique, potasse et chaux) révélées par l'analyse du sol, peu solubles et lentement assimilables, offrent, cet immense avantage de se dépenser avec lenteur, et de ne pas disparaître par l'effet des eaux courant à la surface ou filtrant dans le sous-sol. Les cultures de l'année n'en absorbent qu'une faible partie, et il en reste toujours un stock considérable pour les cultures ultérieures.

Cette provision accumulée dans le sol se désignait autrefois sous le nom d'*humus* ou de vieille graisse.

Un hectare de terre, à 0,20 de profondeur, pèse 4 millions de kilog. ou 3 millions, suivant qu'on admet, pour la densité du sol, 2 kilog. ou 1 k. 500. Ce dernier chiffre est le plus près de la vérité, c'est celui que nous adopterons. Si nous l'appliquons à la terre de Montigny, citée plus haut, voici ce que contient le sol, en matières fertilisantes accumulées et peu assimilables, déduction faite de la portion pierreuse.

$$\text{Acide phosphorique} \ldots \quad 0.460 \times \frac{927}{1000} \times 3.000.000 = 1.278^k$$

$$\text{Carbonate de chaux} \ldots \quad 7.025 \times \frac{927}{1000} \times 3.000.000 = 20.160^k$$

$$\text{Potasse} \ldots \quad 1.428 \times \frac{927}{1000} \times 3.000.000 = 4.960^k$$

$$\text{Magnésie} \ldots \quad 0.050 \times \frac{927}{1000} \times 3.000.000 = 1.840^k$$

$$\text{Azote total} \ldots \quad 0.971 \times \frac{927}{1000} \times 3.000.000 = 3.640^k$$

Le calcul est basé sur une profondeur de $0^m,20$. Les bonnes terres atteignent généralement au moins $0^m,30$ de profondeur, dans la région des sucreries. Ajoutons en outre que la betterave plonge ses racines au delà de $0^m,30$

de profondeur. Elle dépasse o^m,5o. Dans ce cas, on peut admettre que la plante trouve, dans le sol et le sous-sol, deux fois plus de principes fertilisants que l'analyse n'en accuse pour une profondeur de o^m,20. Une bonne récolte de betteraves de 5o,ooo kilog. enlève au sol, d'après les tables de Wolff :

Azote 8o^k, acide phosphorique 45^k, potasse 15o^k, chaux 20^k.

On voit qu'il y a dans le sol des substances alimentaires pour un très grand nombre de récoltes. Néanmoins si on y faisait des cultures sans addition d'engrais, les résultats ne seraient pas satisfaisants, on aurait à peine des demi-récoltes. C'est que les substances en question ne sont assimilables que pour une faible partie, il faut compléter ce qui manque par du fumier et des engrais chimiques. Les doses à employer seront d'autant moins fortes que l'analyse aura révélé dans le sol, des quantités plus considérables de substances utiles aux plantes.

Nous savons ce qu'est le limon des plateaux dans les départements d'Eure-et-Loir, de l'Oise et de Seine-et-Oise. Examinons sa composition physique et chimique dans d'autres localités.

Terre du limon des plateaux analysée par M. Pagnoul, directeur de la station agronomique du Pas-de-Calais.

Échantillon pris dans une bonne terre à blé, à l'école d'agriculture de Berthonval (Pas-de-Calais).

Graviers....... 8 pour 1ooo.

1ooo de parties fines contiennent :

Acide phosphorique...................... 1.21
Potasse................................. 3.17
Carbonate de chaux...................... 11.70
Azote 1.24

Ce sol est fertile et peut rendre 3o hectolitres de blé par hectare, quoiqu'il ne renferme guère que 1 % de calcaire. L'acide phosphorique, la potasse et l'azote s'y trouvent en quantités suffisantes. Les terres fertiles n'en contiennent pas davantage, cependant, il est indispensable d'y répéter souvent les fumures d'engrais chimique et de fumier de ferme.

Sur un autre territoire, celui d'Esquière, un limon plus argileux et plus calcaire, a donné à l'analyse les résultats suivants :

100 de graviers pour 1.000.

1000 de parties fines contiennent :

Acide phosphorique...................... 2.11
Potasse................................. 2.98
Carbonate de chaux...................... 155.65
Azote 2.13

En réduisant de 10 % ces chiffres, à cause des graviers, on obtient encore une richesse très supérieure à celle de la terre précédente. Cependant ce sol d'Esquières n'est pas de bonne qualité; le cadastre l'a mis en troisième classe, rang bien justifié par les récoltes qu'on en retire. Ceci prouve qu'il serait imprudent de juger les terres exclusivement d'après l'analyse chimique; la richesse en principes fertilisants n'est pas utilisée par les plantes, si le sol, au lieu de se montrer meuble et finement divisé, reste motteux et compact par suite de sa nature tenace et argileuse. C'est le cas du sol d'Esquière; il appartient aux terres argilo-calcaires, dont l'ameublissement offre de grandes difficultés par la sécheresse ou ar les temps humides. Ne perdons pas de vue que la ertilité du sol ne se réalise que par un heureux ensemble de conditions physiques et chimiques.

Examinons un limon du Perche, aux environs de Mondoubleau, analysé par MM. Risler et Colomb-Pradel.

ANALYSE PHYSIQUE.

Gros sable et pierres pour 1000.	Parties fines.
54	946

Pour 1000 parties de terre fine, il y a :

Acide phosphorique........................	0.320
Potasse attaquable par l'acide nitrique.....	0.680
Carbonate de chaux.......................	0.350
Alumine et oxyde de fer...................	23.750
Acide sulfurique..........................	traces.
Magnésie.................................	0.750
Azote total..............................	0.938

C'est une bonne terre à blé, véritable terre franche, facile à travailler, reposant sur l'argile à silex qu'on trouve en moyenne à 0^m,50 de profondeur, et dont l'imperméabilité réagit sur le sol et lui communique, en hiver, un excès d'humidité nuisible aux cultures.

Ce limon ne réclame pas d'engrais potassique, mais il est avide de superphosphate de chaux. Cet engrais lui rend deux principes fertilisants, dont il a été appauvri, depuis un temps immémorial, par l'exportation annuelle du froment e tdes animaux d'élevage des espèces chevaline, bovine, ovine et porcine. Les engrais azotés sont moins nécessaires ; l'analyse en révèle une quantité suffisante.

Toute la contrée fait une consommation énorme de superphosphate de chaux. Pour le froment, on l'emploie à la dose de 500 kil. par hectare, avec un dosage moyen de 11 % d'acide phosphorique. Une bonne récolte de froment ne prend au sol que 37 kil. d'acide phosphorique. Néanmoins nous avons reconnu qu'il en faut davantage pour atteindre un rendement satisfaisant en grain. Il est possible que ce soit la pauvreté du sol en chaux qui justifie cette anomalie.

Par l'emploi du superphosphate, on fournit au sol de l'acide phosphorique et de la chaux. Ce superphosphate résultant du traitement du phosphate tribasique (Ph O^5 3 Ca O) par l'acide sulfurique, contient toujours les trois équivalents de chaux répartis dans le sulfate de chaux et le phosphate monobasique ou bibasique de chaux. 11 kil. d'acide phosphorique correspondent à 13 kil. de chaux; 500 kil. de superphosphate dosant 11 % d'acide phosphorique, fournissent au sol, 55 kil. d'acide phosphorique et 65 kil. de chaux. Cette chaux, participant à la solubilité du phosphate et du sulfate de chaux, est sans doute plus assimilable que l'infime quantité constatée par l'analyse. Ce sol n'en renferme pas la sixième partie de ce qui est nécessaire, en supposant qu'on se contente d'une dose de 1 %. Voilà encore l'exemple d'un terrain qui donne autant de blé qu'une terre fertile, pourvu qu'à 10,000 kil. de fumier bien décomposé, on ajoute 500 kil. de phosphate de chaux *dosant* 55 kil. d'acide phosphorique et 65 kil. de chaux. On sait d'ailleurs qu'une récolte de 40 hectolitres de froment ne consomme que les doses suivantes d'éléments fertilisants :

	kil.
Azote	92.6
Acide phosphorique	37.0

	kil.
Chaux.................................	25.2
Potasse................................	116.2
Magnésie...............................	12.0

En vue d'un produit, non pas de 40 hectolitres de grain, mais de 25 à 30 hectolitres, les meilleures terres du plateau du Perche reçoivent : 1° 10,000 kil. de bon fumier et 500 kil. de superphosphate de chaux. Ces engrais contiennent :

	Fumier.	Superphosphate.	Totaux.
		kil.	kil.
Acide phosphorique....	26	55	81
Potasse................	63	»	63
Azote..................	50	»	50
Chaux.................	50	65	115
Magnésie..............	24	»	24

L'engrais possède plus d'acide phosphorique, de chaux et de magnésie qu'il n'en faut pour la culture du froment; mais la céréale consomme plus d'azote et de potasse qu'il n'y en a dans l'engrais. Seulement ces deux substances existent en bonne proportion dans le sol, et c'est là que la plante trouve ce qui est nécessaire pour compléter ce qui manque dans l'engrais.

C'est bien ainsi que les choses doivent se passer, puisque les engrais potassiques ou azotés, qu'on ajoute aux autres substances fertilisantes, n'exercent pas un effet appréciable sur le froment.

Les contrées privilégiées, dont les terres labourables dérivent du limon des plateaux, possèdent, dans le nord de la France, les exploitations les plus riches et les mieux cultivées. C'est la région des sucreries et des distilleries de betteraves. Ailleurs, si ces sortes de terres sont moins fertiles et moins productives, c'est qu'on s'est abstenu d'y pratiquer les améliorations qui sont

nécessaires pour en faire de bonnes terres arables. A l'é-
tat inculte, elles ne produisent que de la lande; mais défrichées, approfondies, phosphatées, chaulées, et au
besoin drainées, elles constituent d'excellentes terres,
aptes à produire en abondance toute espèce de récoltes,
de fruits et de légumes, sans imposer à l'exploitant de
fortes dépenses d'engrais, de main-d'œuvre et d'attelage.

CHAPITRE XVI.

Les terres qui dérivent des anciennes alluvions des vallées occupent un niveau intermédiaire entre celui du limon des plateaux et celui des alluvions modernes des vallées. Rappelons qu'à une certaine époque géologique, les cours d'eau actuels occupaient un lit beaucoup plus étendu. A Paris, la largeur de la Seine atteignait 5 à 6 kilomètres. Plus tard, les eaux courantes devenant moins abondantes, les rivières se sont creusé un lit plus étroit, au milieu des vallées primitives. Il en est résulté de petites vallées, suivant la même direction que les anciennes, mais laissant, sur leurs deux rives, des alluvions contemporaines constituant des terres de différentes natures. Elles sont tantôt siliceuses sablonneuses, tantôt graveleuses et mélangées de cailloux roulés. Ces cailloux, dont les angles sont arrondis, attestent qu'ils ont été charriés par les eaux. La nature des cailloux et des graviers dénote les montagnes d'où ils ont été détachés, et les roches dont ils proviennent.

La marne coule constamment au milieu des calcaires jurassiques, aussi ses alluvions anciennes se composent essentiellement de graviers et de pierres roulés, de nature calcaire. Les vallées de l'Yonne et de la Seine offrent au contraire, sur les terrasses dont elles sont dominées, des sables et des graviers siliceux, ou granitiques, qui sont descendus des montagnes du Morvan. Aux endroits où les rivières coulaient avec rapidité, par suite du rétrécissement de la vallée, les matériaux déposés comprennent principalement des cailloux et des graviers. Les coteaux opposés sont-ils plus écartés, les alluvions deviennent sablonneuses, et finissent enfin par devenir silicéo-argileuses, sur les surfaces élargies qui permettaient au courant d'être plus lent et plus calme. Les effets de la vitesse de l'eau s'observent encore, à l'époque actuelle, sur les rivières qui descendent des montagnes. La vallée du Rhône et plusieurs vallées de la Corse mettent en évidence le travail des eaux aux différents points de leur parcours. Le Tavignano occupe, en Corse, une vallée assez étroite, d'une longueur d'environ 60 kilomètres. De sa source à la mer, la différence de niveau n'est pas moins de 1800 mètres. Il arrive à Corte avec impétuosité dans les moments de forte crue. Aussi, sous cette ville, ses eaux roulent et déposent d'énormes rochers. Plus loin, la vallée s'élargissant, et la pente devenant moins rapide, au lieu de blocs de rochers, le fleuve dépose successivement des cailloux, des graviers et des sables. Aux abords de la mer, les eaux du fleuve, refoulées par les vagues, perdent toute leur vitesse; elles déposent alors les matières terreuses les plus légères qu'elles tenaient en suspension. Ce sont des alluvions d'excellente nature, silicéo-argileuses avec une dose suffisante de calcaire. C'est un heureux mélange des débris les plus ténus des roches au milieu desquelles le cours d'eau effectue son travail d'érosion. On ne s'imagine pas l'espace que parcourent ces débris dans les rivières qui, comme la Saône, ont un cours paisible au milieu d'une large vallée. A la hauteur de Mâcon, la Saône contient dans son lit des cailloux de granite et de grès bigarré, qui viennent des montagnes des Vosges. A Lyon, les cailloux roulés du Rhône offrent les échantillons des principales roches dont sont constituées les montagnes des Alpes. Sur les bords du lac de Genève, près d'Evian, on trouve des graviers et des cailloux roulés de protogine et de calcaire jurassique, dont les uns viennent du Mont Blanc, et les autres des montagnes calcaires de la Savoie. Ces effets ont été les mêmes, quand les cours d'eau avaient plus d'eau et plus de vitesse que nos rivières actuelles. Il n'est donc pas étonnant que les alluvions anciennes des vallées produisent des terres fort différentes quant à la grosseur et à la nature des minéraux dont elles sont composées.

La plaine de Saint-Denis dérive des anciennes alluvions de la Seine et de la Marne. Ces dernières sont fines et silicéo-argileuses; elles présentent à peu près les caractères physiques du limon des plateaux; elles constituent des terres franches, faciles à fertiliser et à travailler. A Masny, Denain et sur beaucoup d'autres points de la région du Nord, ces alluvions présentent les mêmes avantages que le limon des plateaux qui les domine, elles se prêtent aux mêmes améliorations et produisent les mêmes résultats culturaux.

Les bois de Boulogne et de Vincennes, la plaine de Gennevilliers et celle d'Achères appartiennent aux anciennes alluvions de la Seine. Ce ne sont plus des terres de bonne qualité; on n'y trouve que des sables siliceux mélangés de graviers de même nature. Passés à la claie, ces terrains donnent du macadam, des graviers et des sables utilisés pour les routes et les constructions. Sur d'autres vallées, on y recueille un sable graveleux et caillouteux, recherché pour le ballast des chemins de fer. On reproche aux alluvions anciennes de la Seine d'être sèches et très perméables; elles conviennent au seigle et à l'asperge. Avec d'abondantes fumures et beaucoup d'eau pour les arrosages, la culture maraîchère peut y donner de grands profits. Les eaux sales de Paris produisent des merveilles de végétation, à Gennevilliers, sur les anciens sables de la Seine. On ne pouvait rencontrer un terrain plus filtrant et plus propre à l'épuration des eaux d'égouts qui sont excessivement fertilisantes et distribuent largement, aux racines des plantes, l'humidité et les substances nutritives dont elles ont besoin. Sous le rapport de l'alimentation des végétaux, elles sont supérieures aux eaux claires de la terre, et conviennent principalement à la production des gros légumes (choux, salades, carottes, oignons, artichauts, etc.). Les légumes fins, qui exigent sur leurs parties aériennes des arrosages en forme de pluie qu'on désigne vulgairement sous le nom de bassinage, etc., (melons, semis divers,) ne s'accommoderaient pas de l'emploi des eaux troubles des égouts. Il y a, dans la plaine de Gennevilliers, deux sortes de jardiniers : ceux qui font de gros légumes avec les eaux d'égouts, sans autre fumure, (ils sont les plus nombreux), et ceux qui se livrent à la production des légumes les plus fins et les plus délicats, en se servant de fumiers, et en employant, pour les arrosages, les eaux claires qu'on trouve à peu de profondeur dans la vallée de la Seine. Ces arrosages se font économiquement par des eaux forcées, qui sont remontées à l'aide d'une pompe à manège, et répandues à la lance sur tous les points du jardin.

Les sables anciens de la Seine offrent au maraîcher un sol léger et très facile à bêcher, condition très importante pour les jardiniers. La luzerne, la prairie naturelle, les plantes sarclées, les céréales se plaisent sur ces anciennes alluvions, quand elles sont fraîches, silicéo-argileuses, et suffisamment pourvues de chaux, de potasse, d'acide phosphorique et d'azote.

Quand elles ne sont pas trop élevées par rapport aux cours d'eau, on peut, par des dérivations faciles à établir, y pratiquer des cultures irriguées d'une grande production.

Les collines et les montagnes produisent, sur les flancs des vallées, des éboulis d'une composition assez complexe ; on y voit les débris des roches supérieures sous une inclinaison qui permet rarement d'y faire des champs cultivés d'une certaine étendue. On les consacre généralement à la production du bois ou de l'herbe. Les surfaces bien exposées conviennent à des vignes, façonnées à la main, et plantées sur des terrasses superposées les unes aux autres.

CHAPITRE XVII.

Cette série comprend les dunes et les alluvions modernes de la mer et des cours d'eau.

Les dunes sont de petits monticules de sable qui se forment au bord de la mer, et que le vent fait avancer plus ou moins loin dans l'intérieur des terres. Il en existe depuis Dunkerque jusqu'à Bayonne, avec des interruptions partout où la mer offre des falaises résistantes et escarpées. Les vagues accumulent sur les plages, des sables qui, desséchés et repris par les vents de mer, s'éloignent de la côte, et forment des monticules sur les terrains bas les plus rapprochés.

La Méditerranée produit, en France, en Italie et en Afrique, des dunes semblables à celles de l'Océan. Les sables du Sahara forment également des dunes, qui se meuvent sous l'action du vent. On voit aussi, au milieu de la Campine belge, des dunes qui ont été portées fort avant dans l'intérieur des terres. Il y a environ un siècle, les dunes de la Gascogne s'avançaient toujours dans la direction de l'est, et menaçaient de faire disparaître, sous des montagnes de sables, les villages les plus rapprochés du golfe de Gascogne. Ces dunes, menaçantes pour la population, ont été arrêtées et immobilisées par l'ingénieur Brémontier; il a fixé la première zone de sable à l'aide de plantation de gourbet (*Calamagrostis arenaria*), graminée vigoureuse et traçante, spontanée sur les sables de la mer et émettant de nombreuses racines, plus fortes et plus vivaces que celles du chiendent ordinaire (*Triticum repens*). Au gourbet, viennent se joindre plusieurs autres graminées qui se plaisent dans les sables maritimes : ce sont deux agropyres, une fétuque et le chiendent pied de poule (*Agropyrum junceum, Agropyrum acutum, Festuca sabulicola et Cynodon dactylon*). Ces plantes et quelques autres espèces moins importantes, forment un réseau de racines et de tiges, qui rend immobiles les sables les plus rapprochés des flots et les plus exposés à se mettre en mouvement, quand, au moment des tempêtes, le vent souffle avec une extrême violence sur les points non abrités des côtes de l'Océan et de la Méditerranée. Il fallait fixer cette première zone de sables mouvants avant de songer à tenter, un peu plus loin, des semis de pin maritime. La germination des graines et la végétation des jeunes plants eussent été compromises et incertaines, si les sables des premières dunes étaient venus recouvrir et étouffer ces premiers éléments de la végétation forestière. Il était donc nécessaire d'engazonner, avec des végétaux robustes, la première zone des dunes où on ne pouvait faire croître des arbres qui auraient été détruits par la violence du vent et par les vapeurs caustiques de la mer. A 5 ou 600 mètres du rivage, les semis de pins sont devenus possibles, moyennant un abri formé par une couverture complète de branchages fixés au sol par de petits crochets de bois. Cette couverture, sous laquelle s'opérait la germination de la graine et le développement des jeunes plants, a eu pour effet de rendre immobile la surface du sable, condition indispensable pour assurer le succès de l'ensemencement. La deuxième zone une fois garnie d'arbres vigoureux sur une certaine étendue, a servi d'abri aux terrains contigus, faciles à boiser d'après les procédés ordinaires, puisqu'ils n'étaient plus directement exposés à l'action nuisible des vents de mer.

Grâce aux ingénieux procédés de Brémontier, les dunes de la Gascogne, dont les ravages pouvaient s'étendre à deux départements, se sont garnies d'une magnifique forêt de pins maritimes et de chênes-liège, dont les produits en résine, en bois et en liège, constituent une source importante de richesse pour les communes et les propriétaires. C'est la fixation des dunes qui a été le point de départ de cette merveilleuse transformation.

A Aigues-Mortes, les vignes que le vent de mer pourrait ensabler ou désensabler sont protégées d'une autre façon. On plante, au milieu des ceps, des bouchons de paille de blé qu'on place verticalement, et qu'on maintient à 0,25 de hauteur. On en met tous les mètres, cela suffit pour immobiliser la surface et pour empêcher le vent de mer de soulever le sable de ces vignes. En Algérie, non loin de la ville d'Alger, les cultures faites sur les dunes sont mises à l'abri du vent de mer par des rideaux d'arbres, ou par des palissades verticales, hautes de 2 où 3 mètres, faites avec des roseaux secs (*Arundo donax*) ou par des roseaux en végétation. Quelques végétaux supportent mieux que d'autres les vents salés de la mer : ce sont principalement le tamarin (*Tamarix africana*, *Tamarix gallica*) l'arroche halime (*Atriplex halimus*), le *Pittosporum Tobira*, etc. Les productions des dunes varient nécessairement avec le climat et la nature du sable. Il y a sable et sable; il y en a d'infertiles et de fertiles. Les plus mauvais sont composés exclusivement de particules siliceuses. Sur ceux-là, les végétaux ne trouvent pour ainsi dire rien à prendre. Les végétaux herbacés ne s'y plaisent pas, à moins de fumures abondantes, et les essences ligneuses n'y atteignent pas un grand développement. Généralement, le sable siliceux contient des débris de coquilles qui, en se décomposant, fournissent aux plantes plusieurs éléments utiles. Sur de tels sables, on a fait croître, dans le département du Pas-de-Calais, des pins sylvestres, des saules et des peupliers, dont les produits ont été appréciés aux environs de Boulogne où les bois n'occupent pas de grandes étendues. Aucun boisement n'est plus favorable à la multiplication des lapins. Ils trouvent, dans les clairières, les herbes aromatiques dont ils sont très friands, et dans les dunes, de grandes facilités pour le creusement de leurs terriers.

Les dunes du Calvados, riches en débris de coquilles, produisent, à Deauville et à Villers-sur-Mer, des luzernes qui sont vigoureuses et qui durent longtemps, surtout si le sable de la dune est frais et sain sur une grande profondeur.

Sur la plage de Saint-Aubin, les dunes aplanies sont le siège d'une culture intensive fort remarquable : les oignons, la luzerne, la carotte y atteignent de très beaux rendements.

Les carottes venues sur le sable sont exportées et vendues à Paris et au Havre ; elles sont de première qualité pour la consommation ménagère. Les oignons prennent la direction du Havre et de l'Angleterre. Ce sont des cultures maraîchères, semées à la volée, et sarclées à la main, par des travailleurs actifs et attentionnés ; ils ne craignent pas de se mettre à genoux pour opérer le sarclage difficile et minutieux de la carotte. Ces cultures s'avancent vers la mer et ne sont qu'à 100 mètres de la limite des vagues ; la pomme de terre, la luzerne, l'orge et le colza se cultivent également sur ces sables marins. On y applique des fumures de varechs, de tourteaux, de nitrate de soude, de fumier de ferme et de moules. Ce dernier engrais, qu'on dérobe furtivement sur les rochers découverts, à marée basse, est très fertilisant; mais l'Administration en défend l'enlèvement, en vue de la multiplication des poissons qui vivent de ces mollusques. Sur cette plage, les vents marins paraissent moins nuisibles aux cultures que sur d'autres points de l'Océan. Le colza, si fécond et si chargé de siliques dans la zône située entre Caen et la mer, souffre peu des vents salés. L'orge et la pomme de terre y sont plus sensibles. Néanmoins les dégats sont peu importants; ils n'embrassent qu'une bande de quelques mètres de largeur. La plus remarquable de ces cultures, c'est le colza, qui ploie sous l'énorme poids des siliques; il ne rend pas moins de 30 à 40 hectolitres de grains par hectare. C'était une culture d'un grand rapport quand on le vendait 25 à 30 francs l'hectolitre, mais sa valeur a considérablement diminué, depuis que l'huile des graines exotiques s'est substituée à celle du colza pour l'éclairage et d'autres usages. La luzerne est vigoureuse et dure longtemps sur les dunes des environs de Trouville.

Les dunes de la Vendée, aux environs des Sables-d'Olonne, produisent des choux, des pommes de terre et des asperges, dans de petits jardins abrités par des bourrelets de sable sur lesquels croissent le tamarin, l'atriplex halimus, l'ephedra distachia et les graminées propres à ces sables marins. Là, le vent de mer a une telle force, qu'il stérilise au loin les fleurs du colza et du sarrasin.

Les dunes de la Gascogne, qui s'étendent de l'embouchure de la Gironde à celle de la Nivelle, un peu au delà de la vallée de l'Adour, sont garnies, en très grande partie, de pins maritimes et de quelques chênes-liège. Le pin maritime, en raison de la profondeur du sable, de ses éléments fertilisants et de sa perméabilité, y vient mieux

que sur les sables tertiaires des landes ; il y donne plus
de bois et de résine, n'ayant pas à souffrir de la présence de l'alios, ni de la stagnation des eaux pendant
l'hiver.

De petites métairies ont été établies au milieu des
forêts de pin, elles logent les résiniers et produisent des
légumes, du maïs, des haricots, du seigle et du trèfle
incarnat utilisé par les populations dont la principale occupation consiste à exploiter les bois et à faire
l'extraction de la résine.

De cap Breton à Biarritz, et sur quelques autres points
de la côte océanique, on ne craint pas de cultiver les
dunes les plus rapprochées de la mer, malgré les vents
impétueux qui règnent, en hiver, sur tout le périmètre du
golfe de Gascogne. On fait des vignes et des petits pois
sur le revers oriental de la dune, c'est-à-dire à l'exposition opposée à l'Océan ; c'est la seule qui soit à l'abri des
vents d'ouest.

Pour plus de sécurité, ces cultures sont entourées de
clôtures épaisses et élevées, faites avec la canne de Provence ou avec des genêts et de hautes bruyères. Quand
on peut profiter de l'abri d'un épais rideau de pins, tout
est pour le mieux, et les cultures n'ont plus rien à craindre des vents de l'Océan. C'est ainsi que feu l'abbé Certac
a protégé les cultures des établissements qu'il a fondés
et dirigés, avec tant de succès, au milieu des dunes d'An-
glette. Grâce aux abris des pins, on y cultive la vigne,
dont les raisins sont mûrs et vendus à Bayonne et à
Biarritz dès le mois d'août ; les petits pois, comme légumes de primeurs, bons à vendre au mois de mars.
Ces dunes, autrefois incultes et improductives, produisent maintenant des légumes de toutes sortes pour une
nombreuse population ; des choux, des navets, du maïs,
des pommes de terre qui servent à l'alimentation d'une

belle vacherie et d'une importante porcherie. Avec d'abondantes fumures, le sable des dunes produit de belles asperges pour la vente, des camélias et des géraniums en pleine terre, et beaucoup d'autres fleurs très recherchées, l'hiver et l'été, des étrangers qui occupent les villas et les hôtels de Biarritz.

Les vignes des dunes n'ont rien à redouter du phylloxéra; elles pourraient produire beaucoup plus de raisin, si elles étaient soignées et fumées comme celles des dunes d'Aigues-Mortes. Dans cette dernière localité, la vigne cultivée pour la production du vin en rapporte jusqu'à 300 hectolitres par hectare. Il est vrai qu'on ne lui ménage pas les engrais, et que, par l'effet de la capillarité, elle reçoit d'une nappe d'eau peu éloignée du sol toute la fraîcheur dont elle a besoin pendant les chaleurs de l'été.

CHAPITRE XVIII.

Les alluvions marines ont une composition chimique et minéralogique essentiellement variable. Tantôt c'est la mer seule qui les produit par le jeu des vagues, tantôt c'est l'action combinée de la mer et des fleuves qui donne lieu à ces terrains d'atterrissement. L'Océan abandonne successivement les surfaces qui s'exhaussent par des apports de sable, de galets ou de particules terreuses plus ou moins impalpables. Rien n'est plus intéressant que l'examen des matériaux déposés par les vagues le long des côtes. A certains endroits, les terrains constitués et abandonnés par la mer ne sont que des cailloux roulés et des galets, utilisables seulement pour le ballast des voies ferrées. De tels terrains sont d'une remarquable stérilité. Ailleurs, ce sont des sables dont on peut tirer un bon parti pour la production du bois et pour quelques autres cultures.

Le travail d'érosion et d'alluvionnement par les vagues de la mer ou les eaux des rivières produit les effets les plus variés sur les côtes de l'Océan et de la Manche. On voit la mer, en certains endroits, gagner du terrain sur les falaises qu'elle démolit et dont elle disperse au loin les débris argileux ou pierreux, tandis que sur d'autres points les sables s'amoncèlent sur le rivage et forment de nouveaux terrains insubmersibles aux dépens de la mer. Que de villes, autrefois ports de mer, sont maintenant dans l'intérieur des terres à une grande distance du rivage !...

Ces alluvions marines deviennent des dunes, si elles sont sablonneuses; elles restent à l'état de surfaces incultes et à peu près stériles, si elles sont constituées par des cailloux, des galets ou des graviers roulés, inaltérables et indécomposables, à l'exemple des roches quartzeuses ou porphyriques.

Les sables, au lieu d'être siliceux, sont parfois calcaires, d'une finesse extrême, et associés à des débris de coquilles et à des vases qui en font une terre d'une grande fertilité. D'autrefois enfin, les dépôts marins, limoneux et vaseux, sont aptes à se convertir en herbages d'une très grande valeur. Les herbages d'Isigny, les plus voisins de la Manche, n'ont pas d'autre origine; ils sont classés parmi les terrains les plus riches et les plus favorables à l'alimentation des vaches laitières du Cotentin.

Les sables calcaires mentionnés plus haut ne sont autre chose que la tangue, si précieuse pour l'amendement des terres granitiques, et si fertile quand on la cultive, ainsi qu'on peut s'en convaincre dans les polders des environs de Pontorson. Là, l'herbage n'a pas été la destination de l'atterrissement marin ; on a trouvé plus de profit à le consacrer à des cultures intensives de céréales et de fourrages artificiels. Le blé, l'orge, le colza, la luzerne y atteignent des rendements exceptionnels, et valent mieux que l'herbage dont les produits ne seraient pas très abondants en raison de la nature légère et sablonneuse du sol. Que l'alluvion marine soit de la tangue ou de la vase, l'exploitant n'attend pas, pour s'en emparer, qu'elle soit complètement à l'abri des fortes marées. Dès que la surface a atteint une cote sensiblement supérieure aux marées basses, à celles qui assureront l'écoulement des eaux après que le flot s'est retiré en mettant à nu la grève du rivage, on s'empresse d'en faire la conquête et de la mettre à l'abri de la mer par des digues suffisamment hautes et résistantes. Les terres bonnes à endiguer se couvrent d'une végétation marine quand, par suite de leur exhaussement successif, elles ne sont plus constamment couvertes par l'eau salée. La première plante qui s'y développe est la criste marine (*Salicornia herbacea*). Si la grève reste nue, cela prouve qu'elle est encore trop basse pour être endiguée et cultivée avec chance de succès. Après la salicorne, apparaissent successivement le gazon maritime (*Glyceria maritima*), et les spartines (*Spartina stricta, Spartina alterniflora*), trois graminées formant un gazon épais, et supportant très bien l'eau salée qui les baigne à chaque marée. Pour ces plantes, la présence du sel dans le sol semble être une condition d'existence. Dès que, par la construction des digues, on interdit l'entrée de l'eau de mer sur les grèves herbues, les plantes marines disparaissent et font place aux espèces des terrains non salés.

Les espèces cultivées souffrent à partir d'une dose de sel de 1 à 2 pour 100 dans la composition du sol; si la terre est humide, elles supportent assez bien 2 % de sel; par la sécheresse, elles succombent avec une simple proportion de 1 %. Les efflorescences salines qui naissent à la surface par l'effet de la capillarité du sol et de l'évaporation de l'eau, tuent infailliblement les plantes cultivées, à moins qu'on en empêche la production par un paillis qui arrête les rayons du soleil et qui prévient la dessiccation du terrain.

Il existe, en Algérie, de vastes surfaces stérilisées par le sel marin et le sulfate de magnésie. Ces terrains sont d'anciennes alluvions, propres à faire d'excellentes terres si, par le drainage ou d'autres procédés, on parvenait à les débarrasser des substances salines dont ils sont imprégnés. Les alluvions de l'Océan et de la Manche, converties en polders, se dessalent par des fossés d'assainissement et par les lavages résultant des pluies pendant les années qui suivent leur endiguement.

Les eaux salées qui rentrent dans les polders par filtration à travers les digues, à marée haute, se retirent, à marée basse, par des clapets automatiques dont l'ouverture et la fermeture sont réglées par le jeu des marées. L'eau salée, dont le plan n'est jamais très éloigné de la surface, atteint et stérilise les parties les plus basses des champs. Ces taches, faciles à combler, n'ont jamais une grande étendue dans les polders soumis à un bon système d'assainissement.

. Les terrains salés contiennent souvent du sulfate de magnésie dont la présence nuit aux plantes autant que le sel marin. D'après Bérard, des taches de terrain étaient stérilisées par le sel à la dose de 0,845 % et par le sulfate de magnésie à la dose de 0,300 %. Les terrains salés de l'Algérie contiennent généralement une assez forte proportion de sulfate de magnésie.

Les polders offrent l'exemple d'une riche agriculture sur des terres plus basses que la mer. Ceux de France ne sont rien à côté de ceux de la Hollande. Le lac de Harlem était un bras de mer, avant son desséchement et sa mise en culture. Là, les marées basses n'auraient pas suffi à l'écoulement des eaux qu'on a été obligé de relever par de puissantes machines à vapeur. Elles sont tellement abondantes qu'elles donnent naissance à un canal de navigation utilisé pour les transports qui intéressent les nombreuses exploitations établies sur cet immense polder. Si les machines d'épuisement cessaient de fonctionner, la mer reprendrait son empire, et le niveau de l'eau dépasserait bientôt le faîte des maisons occupées par les fermiers.

Dans la Flandre française et belge, l'épuisement des terrains bas, autrement dit des moëres, s'effectue par des vis d'Archimède qu'actionnent des moulins à vent. Cette force ne subit jamais de longues intermittences sur la zone maritime où les vents sont fréquents, et elle suffit pour débarrasser ces surfaces des eaux pluviales qui s'y accumulent pendant les mois pluvieux de l'année.

Les alluvions de la Méditerranée ne sont pas aussi faciles à conquérir. Cela tient aux écarts des marées qui sont loin d'être aussi considérables que ceux de l'Océan. On ne peut compter sur les marées basses pour l'écoulement des eaux, qu'il faut nécessairement relever par des machines, quand on veut dessécher des terrains plus bas que la mer. C'est une des principales raisons qui expliquent l'absence de polders sur les côtes méditerranéennes de l'Europe et de l'Afrique. On en cite un seul exemple, en Corse, au domaine de Casabianda. Des étangs plus bas que la mer et possédant un sol de riches alluvions ont été desséchés à l'aide de pompes rotatives mises en mouvement par une puissante force hydraulique. Les eaux, relevées dans un canal de ceinture, allaient se déverser à l'embouchure toujours libre du Tavignano. L'insalubrité de certains polders apporte parfois un grand obstacle à leur exploitation. C'est le cas des étangs desséchés sur la côte orientale de la Corse. Des terrains d'une prodigieuse fertilité sont demeurés improductifs, par suite des maladies qui décimaient les travailleurs. Il eût été facile de conjurer le mal, si par des mesures d'ensemble on s'était empressé de développer, sur les terrains malsains, une végétation active de vignes, d'eucalyptus, de mûriers et de plantes herbacées (céréales et fourrages).

Un fait important à noter, c'est la difficulté qu'on éprouve à se procurer de bonne eau potable sur les alluvions marines. Aux polders établis sur la Manche, on manque complètement d'eau de source et de bonne eau courante. Les fossés ne contiennent que de l'eau mauvaise pour les usages ordinaires. On en est réduit à emmagasiner dans de vastes citernes l'eau des toits qui sert pour tous besoins de la ferme. La bonne eau a été aussi rare, en Corse, au domaine de Casabianda. Il en est de même dans la plupart des polders de la Flandre et de la Hollande.

Les débuts des exploitants, sur des polders nouvellement établis, occasionnent nécessairement de grandes dépenses. Après les frais d'endiguement et d'épuisement, viennent ceux des constructions et du matériel d'exploitation. En ce qui concerne les polders de la Manche, on en a été largement récompensé par les résultats financiers des cultures.

Quand le dessalement du sol est assez avancé, on peut en obtenir de très belles récoltes d'orge. Parmi les céréales, c'est celle qui souffre le moins de la présence du sel. Elle y atteint un rendement très élevé, 60 à 70 hectolitres de grain par hectare. Le colza a donné également de magnifiques rendements, en première récolte, sur les polders d'Isigny.

La luzerne se plaît admirablement sur les tangues des Polders de Pontorson.

CHAPITRE XIX.

Les alluvions modernes résultent, comme les alluvions anciennes des plateaux et des vallées, de la désagrégation des roches, du transport et du dépôt de ces débris sur les rives des vallées. Elles sont de formation contemporaine, et leur niveau est peu élevé au-dessus de l'étiage des cours d'eau. Ce sont des terrains bas, le plus souvent submersibles par les fortes crues des rivières.

Ces alluvions méritent une attention particulière, par l'étendue qu'elles occupent dans les vallées, par leur fertilité presque toujours supérieure à celle des terres plus élevées, et par les produits importants qu'on en obtient à l'état de prairies naturelles ou de terres cultivées. Le niveau relatif des trois sortes d'alluvions qu'on rencontre à la surface du globe terrestre, fournit de précieux renseignements sur l'âge et l'origine de ces divers atterrissements. Il n'est pas rare de constater, dans une même localité, les trois catégories d'alluvions, avec les caractères physiques et agrologiques propres à chacune d'elles.

Aux environs de Paris, par exemple, nous trouvons, dans les niveaux supérieurs, dans la plaine de Longjumeau, dans celles de Trappes et de la Brie, sur le plateau de Grignon, les alluvions anciennes, autrement dit le limon des plateaux, avec une homogénéité et des caractères spéciaux qui se soutiennent sur des espaces considérables. Ce limon constitue des terres franches silicéo-argileuses, d'un travail et d'une amélioration très faciles, véritables terres à betteraves, à céréales et à prairies artificielles. Il est le siège des exploitations les plus riches et les mieux cultivées.

A un niveau plus bas, mais encore très élevé par rapport aux vallées, on rencontre dans le bassin de la Seine et de la Marne, les alluvions anciennes des vallées dont les types principaux occupent une partie du bois de Vincennes, tout le bois de Boulogne, les plaines d'Achères et de Gennevilliers. Ce sont des terres très légères et très perméables, éminemment sablonneuses et caillouteuses, terres à seigle, à pomme de terre et à asperges. On y extrait du sable à bâtir, des graviers et des macadams, employés pour les routes, les diverses maçonneries et la confection des bétons. Avec de l'eau et beaucoup d'engrais, les maraîchers y obtiennent d'excellents légumes, sans beaucoup dépenser pour les béchages toujours très faciles.

Sur les terrains les plus bas des vallées, se voient les alluvions de la troisième catégorie, c'est-à-dire les dépôts contemporains. Chaque fois que la rivière déborde, ses eaux troubles et limoneuses abandonnent, sur les rives submergées, des matériaux terreux dont la finesse et la valeur fécondante dépendent de la vitesse des courants et de la nature des roches dont est composé le bassin du cours d'eau. Les dépôts opérés par des eaux peu agitées sont généralement de bonne nature, surtout si le bassin qui les déverse se compose, en grande partie, de champs bien cultivés, et d'une bonne proportion de roches calcaires. La Seine reçoit, par ses affluents, des alluvions de natures très diverses. Si l'Yonne lui envoie les débris peu riches des montagnes du Morvan, elle tire, par elle-même, des terrains calcaires de la Bourgogne et des affluents de la rive droite, c'est-à-dire de la Marne et de l'Oise, des alluvions argilo-calcaires qui corrigent et améliorent celles que cette même rivière reçoit des régions pauvres et boisées du Morvan. C'est ce qui fait que les alluvions modernes de la Seine sont généralement d'excellente qualité ; elles sont bien supérieures aux alluvions anciennes de la même vallée. Il suffit de voir la riche végétation herbacée et ligneuse des îles et des rives de la Seine et de la Marne, dans l'Ile-de-France, pour reconnaître que ces alluvions sont éminemment fertiles.

Ce serait une erreur de penser qu'il en est de même sur tout le parcours de la même vallée. Partout où l'eau acquiert de la vitesse par la pente du terrain et par le rétrécissement de la vallée, les dépôts sont grossiers, graveleux ou caillouteux. Les eaux calmes produisent toujours les meilleures alluvions. Elles se forment de préférence aux embouchures des rivières, dans les parties les plus basses, les moins accidentées et les moins éloignées de la mer, où la pente venant à diminuer, les cours d'eau n'ont jamais la vitesse et l'impétuosité qu'on observe dans les montagnes, non loin des endroits où ils prennent leur source.

De nombreux exemples viennent confirmer cette assertion. Les alluvions de la Loire, mauvaises et sablonneuses dans le plateau central, les départements de la Nièvre et dans une partie du Loiret, deviennent excellentes à partir d'Orléans et sur tout le parcours de la rivière dans les départements de Loir-et-Cher, de Maine-et-Loire et de la Loire-Inférieure. Les mêmes observations s'appliquent au Rhône, à la Saône, à la Meuse, à la

Moselle, en un mot aux cours d'eau qui descendent du plateau central et des Vosges, aussi bien qu'à ceux qui viennent des Alpes ou des Pyrénées.

Les parties fines des alluvions modernes offrent une composition minérale en rapport avec la nature des roches attaquées, désagrégées et ravinées par les eaux pluviales. Certains cours d'eau traversant des régions argileuses produisent, dans leur vallée, des terres argileuses de mauvaise nature, difficiles à travailler si on les cultive, disposées à se couvrir de joncs, de laiches, de pédiculaires, de renoncules si on en fait des prairies naturelles. On a beaucoup de peine à les améliorer, lors même qu'on se déciderait à les drainer, à les chauler et à les arroser.

La Moselle n'avait donné, dans son parcours à travers le département des Vosges, que des alluvions graveleuses et caillouteuses. Ces matériaux n'étaient autres que des fragments roulés de granite, de grès bigarré et de grès des Vosges. Avant d'être améliorés, ces terrains sont maigres et pour ainsi dire improductifs. Ils sont éminemment perméables. En y appliquant des masses d'eau de bonne nature, on y a créé des prairies d'un excellent rapport. Avec des eaux mauvaises et un terrain argileux et imperméable, les irrigations auraient fait plus de mal que de bien, en produisant des herbes aquatiques de nulle valeur pour l'alimentation du bétail. Choisissons d'autres exemples dans d'autres parties de la France. La Durance charrie constamment des eaux troubles chargées de carbonate de chaux. Pour les utiliser à Marseille, on est obligé de les laisser quelque temps en repos dans de vastes bassins de décantation. Partout où la rivière abandonne ses dépôts terreux, on obtient une terre de 1re qualité, soit qu'on en fasse des prés irrigués, soit qu'on y pratique des cultures soumises à l'arrosage, comme celles qu'on peut observer aux environs d'Avignon.

Le Rhône, torrentueux sur la plus grande partie de son cours, surtout en amont de Lyon, offre l'exemple d'une vallée rocheuse, caillouteuse et impropre à toute culture. Sous la ville de Lyon, la vallée devient meilleure et plus fertile. En Camargue, dans le delta du fleuve, les alluvions modernes donneraient lieu à une riche agriculture, si la contrée était plus salubre, et si le sel du sous-sol, dans certains cas, ne venait pas nuire aux plantes cultivées. En Corse, les cours d'eau venant des formations granitiques produisent des alluvions peu fertiles à l'état de prairies et de cultures. Les granites de la côte occidentale, ravinés par les eaux pluviales produisent, en certains points de la vallée, un sol argileux, assez mauvais, et à d'autres places, un sable quartzeux, véritable arène d'une médiocre fertilité.

Sur la côte orientale, les rivières traversant des formations calcaires, donnent naissance à des alluvions d'une grande richesse, non loin de leur embouchure où le fleuve perd une grande partie de sa vitesse. Ces alluvions produisent des blés, des luzernes et des pâtures de chaume d'une belle végétation, avec des frais de culture très limités.

Ce qui fait la fécondité si remarquable des terres de l'Algérie et de la Tunisie, ce sont principalement les alluvions modernes déposées au milieu de quelques larges vallées, et de vastes plaines qui vraisemblablement ne sont que d'anciens lacs comblés par les alluvions des rivières.

. Les rivières qui déversent leurs eaux dans le Tell descendent de l'Atlas où elles ont parcouru et raviné les roches calcaires et argileuses des formations jurassiques et crétacées. C'est ainsi qu'ont été constituées, en

Algérie, la belle vallée du Chéliff, les plaines de la Mitidja, de Bône, de l'Habra, etc., la magnifique vallée de la Medjerda en Tunisie. Toutes ces alluvions contiennent, en bonne proportion, l'élément calcaire associé à des particules argileuses et organiques apportées des montagnes. Des alluvions ainsi constituées sont toujours fertiles, surtout si le climat procure en outre aux végétaux cultivés, en quantité suffisante, de l'eau, de la chaleur et de la lumière. En Algérie, l'eau fait souvent défaut en été; c'est le point faible de notre agriculture coloniale. Dans ces bonnes alluvions, les colons bien pourvus d'eau pour les arrosages d'été, obtiennent des résultats merveilleux en céréales, fourrages et cultures arbustives.

De cette étude il ressort que, parmi les alluvions, les moins bonnes sont celles qui sont argileuses, caillouteuses ou pierreuses. Les meilleures sont celles qui étant perméables, contiennent, en bonne proportion, l'élément calcaire. Donnons une dernière preuve de l'influence de cet élément dans les alluvions des rivières.

Les vallées de la Nive et de l'Adour, dans le département des Basses-Pyrénées, se composent, non loin de Bayonne, d'alluvions argileuses sans trace de calcaire. Les prairies n'y produisent qu'un foin maigre et peu abondant. Les autres cultures y souffrent aussi du manque de carbonate de chaux. La Nivelle, petite rivière dont la vallée aboutit à Saint-Jean-de-Luz, en raison des formations qu'elle a parcourues produit, au contraire, de fines alluvions, riches en calcaire. Cet élément se manifeste par des foins et des herbes d'une qualité supérieure. Les autres produits de la culture sont toujours plus substantiels que ceux qui proviennent des vallées argileuses. Les bœufs se nourrissent en consommant les herbes de la vallée de l'Adour, mais ils n'engraissent pas. Dans la vallée de la Nivelle, au contraire, l'engraissement du bétail au foin ou à l'herbe n'offre aucune difficulté. Dans cette partie du pays basque, l'effet du calcaire se manifeste même sur les habitants des vallées. Il est facile de constater que les hommes et les femmes de la vallée de la Nivelle ont, sous le rapport de la force et de la santé, une supériorité marquée sur les populations des vallées de l'Adour et de la Nive. On ne peut attribuer cette différence qu'aux produits plus substantiels des alluvions calcaires de la Nivelle.

La vallée de la Bidassoa, qui aboutit à la mer près de Fontarabie, est un véritable jardin où le terrain frais, léger, calcaire et admirablement cultivé, produit des légumes d'une abondance et d'une qualité exceptionnelles. Jamais on n'aurait pu lui donner cette importante destination, si au lieu d'avoir affaire à des alluvions calcaires, on s'était trouvé en présence d'alluvions argileuses comme celles de la vallée de l'Adour.

Le maraîcher de la Bidassoa perfectionne encore les qualités de son sol, en y apportant, à l'exemple des cultivateurs bretons, des sables marins coquilliers, amendement qui fertilise le terrain et qui augmente encore sa légèreté, condition essentielle pour une terre de jardin.

Productions des vallées modernes.

Le choix des productions dépend de trois facteurs principaux, savoir : 1° le climat; 2° la nature des alluvions; 3° leur submersibilité par les crues des cours d'eau. Les alluvions basses, inondées pendant l'hiver, et exposées pendant l'été à de fréquentes submersions, ne sont jamais consacrées à des cultures annuelles. Les surfaces, ameublies pour les plantes cultivées, seraient ravinées par les eaux. Ces terrains trop facilement inondables portent des prairies naturelles qui les protègent contre les effets du ravinement. Les submersions hibernales opèrent un colmatage utile et fécondant. Mais quand la prairie est inondée pendant la période de la pousse de l'herbe, au moment de la récolte des foins, ses produits sont profondément avariés; l'herbe ou le foin vasé, devenant un aliment malsain, n'est utilisable que pour la litière des animaux.

Les vallées de la Saône, celles de la Moselle, de la Meuse et de la Meurthe sont, pour cette raison, couvertes de prairies permanentes sur leurs deux rives. Les alluvions peu sujettes aux submersions, comme celles de l'Oise, de l'Aisne, de la Somme, du Loir, de la Loire, de la Garonne, du Rhône et de beaucoup d'autres cours d'eau, sont, sans inconvénients, livrées à des cultures herbacées ou arbustives, suivant le climat et suivant l'état économique du pays. Dans le Nord, qui est la région des cultures intensives, les vallées sont cultivées jusque sur les bords des rivières. Il est vrai que, dans cette région, les prairies artificielles remplacent avec avantage les prés naturels, et, les riches produits de céréales ou de plantes industrielles sont préférables à ceux des prés naturels.

La vallée de la Loire, d'Orléans à Nantes, offre l'image d'une petite culture très active et très avantageuse, dont les produits de toute nature (céréales, chanvre, racines et autres cultures dérobées), valent plus que le foin qu'on retirerait des prés naturels. La richesse incomparable de cette vallée est due à un sol naturellement frais, léger, fertile et très facile à travailler. C'est là que des parcelles se vendent sur le pied de 10,000 francs l'hectare, et qu'elles sont louées au taux de 250 à 300 francs. Les rives du Rhône sont rarement en prairie naturelle. On a plus de profit à y cultiver le mûrier, la vigne, les céréales et les plantes fourragères, principalement le maïs et la luzerne.

En Corse et en Algérie, les alluvions des vallées sont exclusivement consacrées à des cultures herbacées ou arbustives. C'est ce que l'on observe dans les provinces d'Alger et d'Oran. J'ignore s'il en est de même dans la province de Constantine. Il est possible que la prairie y donne de bons résultats à de fortes altitudes qui déterminent un climat moins chaud et plus humide que celui des deux autres provinces.

Sous le climat méditerranéen, la prairie naturelle en vallée se montre éminemment productive, à condition qu'on soit en mesure de la fumer fortement en hiver et de l'arroser copieusement en été. Des prairies traitées de cette façon, dans les vallées de Vaucluse et des Bouches-du-Rhône, atteignent des rendements prodigieux en foin : 10,000 à 15,000 kilogrammes par hectare.

En Corse et en Algérie, les rivières, si larges et si pleines d'eau en hiver, sont souvent complètement desséchées en été. La prairie naturelle n'y serait pas dans de bonnes conditions, les herbes y périraient par les sécheresses de l'été. Quand par hasard le cours d'eau permet à l'exploitant de pratiquer des arrosages en été, soit par une simple dérivation, soit en relevant mécaniquement les eaux d'une nappe souterraine qui existe généralement sous le lit de la rivière, on préfère s'en servir pour des orangeries, la vigne, le maïs et d'autres cultures dont les produits ont plus de valeur que ceux d'une prairie ou d'une luzernière irriguées.

Quant aux alluvions caillouteuses et graveleuses, il est difficile d'en tirer un parti avantageux. On en voit plusieurs exemples dans les vallés du Rhône, en amont de Lyon. Ce sont des plaines aussi stériles et aussi incultivables que les terrains caillouteux de la Crau. A la rigueur, on pourrait les améliorer par des colmatages, si on disposait d'eaux troubles de bonne qualité. C'est un problème qu'on a résolu victorieusement sur les grèves de la Moselle, grâce à l'abondance et à la qualité des eaux qu'on pouvait employer pendant toute l'année.

La même transformation est difficile, pour ne pas dire impossible, sur les alluvions caillouteuses ou graveleuses des provinces méridionales, où l'on ne peut disposer d'eaux abondantes pour les colmatages d'hiver et les arrosages d'été.

Les observations qui précèdent démontrent combien il est utile d'examiner les caractères physiques des alluvions modernes. On doit faire grande attention à la grosseur des particules terreuses, se rendre compte de la proportion qui existe entre la partie fine et impalpable, entre les pierres et le gros sable ; il faut s'enquérir aussi de l'origine géologique du sol et du sous-sol.

Ces données sont nécessaires pour apprécier les qualités ou les défauts physiques de la terre, pour connaître sa perméabilité et la manière dont elle se comporte sous l'action de la chaleur, de la gelée et des autres circonstances météorologiques. Ces renseignements, joints à ceux qui concernent les aptitudes culturales du terrain, sont de la dernière utilité pour l'exploitant nouvellement débarqué dans le pays.

Si on veut pousser plus loin l'étude du sol, se renseigner complètement sur l'état de sa fertilité et sur la nature des engrais à employer, il faudra nécessairement recourir à l'analyse de la terre, et doser le calcaire, l'acide phosphorique, la potasse et l'azote.

Sous ce rapport, il est intéressant de connaître la composition chimique de quelques alluvions modernes.

Le limon du Rhône, en aval d'Arles, pris au bord de l'eau a été analysé par M. Risler.

Ce limon, composé presque exclusivement de parties fines, n'ayant pour ainsi dire ni gros sable, ni pierres, renferme pour 1000 parties :

Carbonate de chaux	288.500
Acide phosphorique	0.438
Potasse	3.230
Azote total	0.571

C'est un limon, très calcaire et potassique, apte par conséquent à devenir fertile par des additions d'engrais phosphatés et azotés. L'abondance du carbonate de chaux active la nitrification des engrais organiques. Dans ces sortes de terrains, on se trouve bien de l'emploi direct des tourteaux de graines oléagineuses ; ils y apportent l'acide phosphorique et l'azote, les deux substances dont ce sol n'est pas suffisamment pourvu, puisqu'il n'en contient, d'après l'analyse, que la moitié de la dose reconnue nécessaire pour la bonne venue des cultures.

Le Rhône et tous ses affluents de la rive gauche coulent leurs eaux au milieu des roches calcaires des formations crétacées et jurassiques, c'est ce qui fait que les alluvions de ces cours d'eau sont fortement calcaires, et que les agriculteurs qui les cultivent sont dispensés de les marner ou de les chauler, circonstance heureuse qui les affranchit d'une dépense très lourde pour les exploitants des régions non calcaires.

Pour avoir une idée exacte de la valeur des alluvions calcaires, il suffit de voir les riches cultures de la vallée de Grésivaudan, de la plaine d'Avignon, et des terrains non salés de la Camargue.

La Garonne produit des alluvions moins calcaires
que celles du Rhône, mais encore suffisamment calcaires
pour les besoins des cultures. Cette rivière prend sa
source dans les Pyrénées, au milieu des terrains crétacés et jurassiques; ses principaux affluents de la rive
gauche, le Tarn et le Lot, roulant leurs eaux au sein
des roches jurassiques, leurs alluvions ne peuvent manquer de posséder une dose suffisante de carbonate de
chaux. La Gironde n'est autre que la Garonne prolongée; son limon, analysé par M. Risler, a présenté la
composition suivante :

1000 parties de terre fine contiennent :

Acide phosphorique......................	1.484
Carbonate de chaux	59.250
Potasse...............................	2.125
Azote................................	0.932
Alumine et oxyde de fer.................	46.500

C'est un limon dépourvu de pierre et de gros sable;
il offre la composition d'une bonne terre fertile; il contient en abondance les éléments essentiels de la fertilité.
Il fait partie des *palus*, alluvions très riches de la Gironde, dont les produits végétaux servent à fournir les
engrais exigés par les grands crus qui occupent les
maigres alluvions anciennes de cette même vallée.
Sans la fertilité des alluvions modernes, les vignes les
plus renommées du Médoc donneraient très peu de vin
et finiraient même par disparaître, à moins qu'on ne
rtouve d'autres moyens de fertilisation.

Le limon de la Gironde, composé exclusivement de
terre fine, de particules impalpables, avec prédominance
d'argile et une quantité notable d'alumine et d'oxyde
de fer, constitue un sol imperméable et difficile à tra-

vailler. Ces défauts physiques, qui seraient graves dans la région du Nord, n'ont pas la même importance sous le climat Girondin, où les terres fraîches en été sont plus estimées que les terres sablonneuses et légères qui supportent mal les sécheresses estivales.

———————

CHAPITRE XX.

On désigne ainsi les terres formées en grande partie par les débris des végétaux. Les végétaux se décomposant sur place donnent lieu à un amas de substances organiques, de couleur noire, moins denses que l'eau, très hygroscopiques et très hygrométriques. Quand les végétaux qui ont constitué le sol ont cru dans l'eau, leurs débris ont formé de la tourbe, et les terrains dérivés de cette substance sont dits terrains tourbeux. Si les végétaux qui ont produit la terre noire et organique appartiennent à la catégorie des bruyères, des ajoncs et des genêts, qui sont les principales espèces de la lande, on dit alors que le sol est de la terre de bruyère. A ces matières organiques s'associent souvent des parties minérales provenant soit des eaux courantes, soit de la roche sous-jacente. Dans les sols tourbeux et dans les terres de bruyères, on trouve généralement une certaine proportion d'argile et de sable siliceux. La terre de bruyère, la plus estimée des jardiniers, est un mélange de sable et de matières organiques. C'est une terre légère qui, pour certaines plantes d'ornement, convient mieux que la terre ordinaire.

Les matières organiques du sol reçoivent le nom

générique d'*humus*. Les terres tourbeuses et les terres de bruyères sont appelées *humeuses* ou humifères. Le sol des forêts, nouvellement défriché, renferme une forte proportion de substances végétales; il est plus ou moins humifère.

Les terres humifères ne sont pas immédiatement fertiles; il leur manque un ou plusieurs des éléments qui servent à la nutrition des plantes cultivées. Elles sont, en outre, imprégnées d'un principe acide qui nuit aux cultures tant qu'il n'a pas été complétement neutralisé.

Les terres tourbeuses sont impropres à toute culture, tant qu'elles n'ont point été convenablement assainies et fortement chaulées. Après ces améliorations, on peut en obtenir d'abondants légumes. On en voit de nombreux exemples dans les *Hortillons* d'Amiens et sur d'autres points des vallées de la Somme et de l'Oise.

L'infertilité des terres tourbeuses est due principalement à l'absence de substances minérales. Elles deviennent cultivables et productives, si on parvient à les enrichir économiquement d'une forte dose de matières terreuses. La craie dans la région du Nord, la marne et le sable dans d'autres contrées, les ont transformées en terre de bonne qualité. A l'état de tourbe, le sol est acide, humide en hiver, très sujet au déchaussement par les gelées.

Les cultures estivales n'y souffrent pas de la sécheresse, par suite de la présence du plan d'eau qui se maintient dans le sous-sol à une hauteur facile à régler par des fossés d'assainissement.

Sur ces terrains qui, en France, occupent généralement le fond des vallées, les maraîchers ne manquent jamais d'eau pour les arrosages.

L'assainissement, le terreautage, le marnage ou le chaulage, les fumures, tels sont les moyens qu'il faut employer sur les terres tourbeuses qu'on désire exploiter. Les terres de bruyères resteraient improductives après leur défrichement, si elles n'étaient pas désacidifiées et enrichies des éléments nutritifs dont elles ont été appauvries.

Le phosphate minéral fossile résout ce problème d'une façon admirable et avec une très faible dépense. 1,000 k. de phosphate tribasique par hectare neutralisent l'acidité qui aurait nui à la première récolte, et fournit à celle-ci la chaux et l'acide phosphorique dont elle a besoin. Pour la seconde récolte, 500 k. de phosphate sont largement suffisants.

Le phosphate fossile dosant 16 à 18 % d'acide phosphorique ne coûte guère que 5 francs les 100 kilog. La dépense de cet engrais est largement couverte par les premiers produits des défrichements. La Sologne et la Bretagne en consomment une quantité énorme pour le défrichement et la culture de leurs landes. Avant la découverte des gisements de phosphate minéral on employait à cet usage le noir animal, phosphate d'os qui avait servi aux sucreries. On en obtenait les mêmes effets, seulement on le vendait plus cher et on le falsifiait plus facilement que le phospate fossile. Le seigle, le sarrasin, la pomme de terre, les choux en Bretagne, sont les cultures qui réussissent le mieux sur les défrichements de bruyères traités par le phosphate fossile.

La betterave, le trèfle, la luzerne, le sainfoin ne s'y plaisent pas; le froment n'y vient pas mal après de forts chaulages ou d'abondants marnages.

Les navets, les choux, les mélanges de trèfle avec le ray-grass anglais viennent bien sur les bruyères défrichées de la Bretagne, de la Sologne et du Limousin.

Au reste, toutes ces terres n'offrent pas les mêmes ressources pour les cultures. On doit préférer les plus faciles à assainir et à labourer, celles où le sol est profond et exempt de pierres et de rochers. La vigueur et la nature des végétaux spontanés de la lande. fournissent à ce sujet de précieuses indications. Les bruyères courtes et rabougries sont un indice certain de la pauvreté du sol. Les genêts, les ajoncs vigoureux, la grande bruyère (*Erica scoparia*) la fougère (*Pteris aquilina*) dénotent, au contraire, un sol profond et apte à faire une bonne terre arable.

Ces sortes de terrains sont suffisamment riches en azote et en potasse, tandis que la chaux et l'acide phosphorique y font toujours défaut.

Les maquis de la Corse et les broussailles de l'Algérie ne doivent pas être assimilés aux bruyères et aux landes du centre de la France. Les végétaux ne sont pas les mêmes, et leur défrichement ne paraît pas nécessiter, au même degré, l'emploi du phosphate minéral.

En Algérie, l'élément calcaire ne semble manquer nulle part, et on obtient de bonnes récoltes de froment sur défrichement d'une broussaille où dominent le palmier nain, les cistes, les lentisques, le myrthe, la scille maritime, le jujubier sauvage.

En Corse, les terres défrichées, dans la région calcaire, conviennent au froment, à l'orge, à l'avoine, à la luzerne et à la vigne, sans qu'on soit obligé d'user des engrais phosphatés. Les maquis de la région granitique produisent d'assez bonne orge sur défrichement écobué. et où les cistes, le myrthe, l'arbousier, la bruyère arborescente ont donné un peu de cendre par la combustion. Le phosphate fossile serait certainement d'un emploi avantageux; il enrichirait le sol de chaux et d'acide phosphorique. Malheureusement les frais de transport par

la voie ferrée et la mer augmentent beaucoup la dépense. Les terres tourbeuses de la France méridionale
se traitent autrement que celles de la région du Nord. A
Orx, non loin de Bayonne, j'ai poursuivi pendant quelques années la mise en valeur d'un vaste marais tourbeux. La tourbe, de récente formation, était légère, spongieuse, et composée de végétaux peu avancés en
décomposition. Sur les parties les plus élevées du marais,
l'amélioration la plus facile à réaliser était de brûler une
épaisseur de $0^m,50$ à $0^m,80$ de tourbe, en plein été, quand
le terrain s'était desséché à une forte profondeur. On
obtenait ainsi une couche de cendre terreuse reposant
sur une tourbe plus ancienne, plus compacte et mieux
décomposée. Des navets et d'autres crucifères semés
sur la cendre, poussaient vigoureusement et donnaient
des produits abondants pour l'alimentation des bêtes
à cornes pendant l'hiver.

Les colmatages par les eaux troublées produisaient
un effet excellent, mais cette amélioration n'avait lieu
que dans un rayon peu éloigné des cours d'eau.

Sur les surfaces colmatées, le maïs atteignait des rendements très satisfaisants. Les parties basses et moins
bien assainies produisent des pâturages et des foins d'a-
grostis assez peu substantiels, estimés néanmoins dans
ce pays où il existe peu de prairies naturelles et où le
foin se maintient toujours à un prix élevé. Il existe, autour des marais, des coteaux marneux qu'on pourrait
utiliser à l'amélioration des tourbes, à la condition
d'employer des moyens économiques pour l'extraction
et le transport de ces marnes. Les végétaux ligneux ne
viennent pas bien sur les sols tourbeux; les saules, les
aulnes, les peupliers n'y croissent pas, à moins que le
sous-sol soit de nature différente, et contienne des substances minérales (argile, silice ou calcaire). Les tourbes

pures, non améliorées, ne produisent jamais d'herbes de bonne qualité. Il y pousse des carex et de la molinie, (*Molinia cærulea*). Cette dernière est une graminée tardive, caractéristique des terrains acides, et trop dure pour être consommée par le bétail. Parmi les carex des sols tourbeux, l'espèce dominante dans les régions du sud-ouest est le *Carex cæspitosa*, assez bien brouté au printemps par des animaux peu exigeants, comme la vache bretonne. Plus tard il durcit ; en automne et en hiver, il n'est d'aucune ressource pour l'alimentation des animaux.

Les sols tourbeux sont nus et desséchés pendant l'hiver, comme si le feu y avait passé. La houlque laineuse, le dactyle, les paturins et les agrostis n'apparaissent que sur les rives des ruisseaux, par bandes de peu de largeur.

Les formations tourbeuses occupent généralement le fond des vallées humides et les parties les moins profondes des étangs. En Suisse, il s'en trouve encore à flanc de coteau, sur des surfaces inclinées constamment humides par des eaux de source. Quelle que soit la situation des surfaces tourbeuses, la première amélioration à y effectuer, c'est d'abaisser à un mètre de profondeur le plan d'eau qui atteint le sol. On obtient ce résultat par des fossés d'assainissement suffisamment rapprochés, et non par le drainage toujours difficile à exécuter et peu durable sur les vases molles de la tourbe. Le terrain une fois desséché, peut être écobué, bêché, labouré, chaulé, marné, terreauté et livré aux cultures reconnues les meilleures et les plus avantageuses.

J'ai vu, dans le département du Loiret, des vallées tourbeuses ainsi améliorées, produire des betteraves et des carottes supérieures à celles qu'on cultivait sur les meilleures terres de la Beauce.

Au marais d'Orx (Landes), les tourbes améliorées produisent de beaux maïs, du foin et des pâturages qui servent à alimenter d'importants troupeaux de bêtes à cornes. Il y a, en cet endroit, 1,200 hectares de tourbe qui rapporteraient beaucoup si on parvenait à les préserver des inondations qui, de temps à autre, viennent entraver l'exploitation de ces terrains.

CHAPITRE XXI.

L'Algérie, surnommée, à juste titre, la France africaine, est notre plus belle colonie. Son étendue, sa fertilité, ses communications faciles et rapides avec la France lui donnent une importance considérable comme pays de production et comme station navale et militaire sur la côte méditerranéenne, en face de Marseille et de Toulon.

La constitution géologique de l'Algérie est on ne peut plus favorable à l'existence et aux succès des exploitations agricoles. Vues dans leur ensemble, les roches constitutives du sol sont généralement meubles, exemptes de rochers et de pierres qui puissent gêner l'action des instruments aratoires et le développement des racines. Il est rare que la terre arable soit dépourvue de calcaire et qu'on soit obligé de la chauler ou de la marner.

Des alluvions modernes, d'excellente qualité, couvrent de vastes surfaces en plaine et en vallée ; ce sont de bonnes terres, argilo-calcaires, quelquefois siliceuses ou argileuses, suffisamment fraîches, faciles à travailler et douées naturellement d'une forte dose de fertilité.

Après défrichement, on y cultive avec succès le froment, la vigne, l'oranger, le lin, la luzerne et le maïs. La végétation spontanée, sur les chaumes en repos, fournit, en hiver et au printemps, de l'herbe et du foin en abondance, sans qu'on ait rien fait pour le développement de cette prairie naturelle. Les herbes des chaumes, composées de folle avoine, de sainfoin d'Espagne et de quelques autres plantes adventices, remplacent les prairies artificielles qui ne réussissent pas sous le climat de l'Algérie.

Il en serait autrement si les roches affleurentes appartenaient aux formations d'origine ignée, dont les assises granitiques ou porphyriques seraient composées de matériaux résistants, inaltérables et pauvres en carbonate de chaux.

Les vallées et les plaines du Tell sont formées d'alluvions modernes d'excellente qualité, qui y sont descendues après que les eaux pluviales ont raviné les formations jurassiques et crétacées des montagnes du Sahel et de l'Atlas.

La Tunisie présente les mêmes conditions géologiques et agrologiques. Partout les plaines et les vallées sont couvertes d'alluvions riches en azote, potasse, acide phosphorique et chaux. Sur les pentes et les plateaux des collines du Tell, les roches jurassiques et crétacées fournissent, par leur désagrégation, des terres arables propres à la vigne, au froment, au pâturage spontané des chaumes, à l'oranger et à l'olivier.

Ces cultures diverses réussissent partout où l'on peut disposer d'eaux abondantes qui permettent de les défendre contre les sécheresses printanières et estivales. Sous ce climat si chaud et si ensoleillé, l'eau vaut autant et plus que la terre. Avec des eaux abondantes, on fait des merveilles, sous un climat si favorisé au point de vue de la terre arable, du soleil et de la chaleur.

Malheureusement les eaux courantes sont très rares en été. Tel cours d'eau torrentiel et coulant à pleins bords en hiver, se réduit en été à un mince filet où le bétail trouve à peine de quoi s'abreuver. A cette époque de l'année, les rivières de l'Algérie sont dites couler à sec, ce qui signifie qu'elles coulent souterrainement, formant des nappes qu'il faut atteindre, et dont on doit mécaniquement relever les eaux pour les appliquer à l'arrosage des cultures.

La recherche des eaux doit être l'une des principales préoccupations du colon algérien. C'est un élément essentiel de la production; il a plus d'importance que la bonne qualité du sol. Sans eaux abondantes, toutes les plantations arbustives, y compris la vigne, sont exposées à souffrir et même à mourir pendant les longues sécheresses de l'été. Les légumes, les fourrages verts, les nouvelles plantations, tout peut périr sur les domaines privés d'eau en été. Il est donc indispensable d'utiliser le mieux possible les eaux des fontaines, des cours d'eau et des nappes souterraines. Les colons les plus habiles ne manquent pas d'exploiter le mieux possible les nappes souterraines; on les explore par des sondages qu'on pratique à de grandes profondeurs, afin d'atteindre des eaux arrivent plus ou moins jaillissantes, qualifiées d'eaux artésiennes. Il est rare qu'elles arrivent jusqu'au niveau du sol. C'est avec des norias, mues par la vapeur ou des mulets, qu'on ramène ces eaux à la hauteur voulue pour le service des irrigations.

Sur quelques rivières, on a établi, avec le concours de l'État, des barrages qui permettent d'emmagasiner, pendant la saison des pluies, de grandes quantités d'eau destinées à l'arrosage des cultures inférieures pendant la saison chaude. C'est une amélioration d'une grande importance pour les colons qui sont à même d'utiliser les eaux ainsi retenues dans d'immenses réservoirs. Malheureusement la construction de ces barrages nécessite des dépenses considérables, et les envasements successifs qui s'y produisent diminuent constamment leur capacité. Jusqu'à présent leur dévasement a présenté de sérieuses difficultés. Si le barrage n'est pas solidement établi, il peut se rompre par une forte crue, et causer en aval des pertes considérables dans les exploitations de la vallée. Quand le barrage de l'Habra s'est rompu, il y a quelques années, des colons surpris par ses eaux impétueuses n'ont pas eu le temps de se sauver; ils ont été noyés et emportés par le courant.

Une autre difficulté qu'il faut surmonter pour la mise en valeur du sol, c'est le défrichement des terres couvertes de broussailles.

La broussaille est loin d'avoir une composition homogène et uniforme sur toutes les terres de l'Algérie. C'est tantôt un fouillis d'arbustes analogues à ceux des maquis de la Corse. On y trouve, comme végétaux dominants : le lentisque, le pin d'Alep, le palmier nain, le chêne vert, le genévrier, l'arbousier, le myrthe, le phillyrea, l'olivier sauvage, le jujubier, la bruyère arborescente, le thuia articulé, les cistes, la scille maritime, la lavande et l'asphodèle.

Il arrive quelquefois que la broussaille, bien garnie de végétaux ligneux, paie, par son bois et son charbon, tous les frais du défrichement.

D'autres fois, les champs à défricher ne contiennent que du palmier nain et du jujubier sauvage en taches isolées, ou en garniture compacte occupant toute la surface du terrain.

Le palmier nain forme, par ses racines, un réseau inextricable, très tenace et impossible à attaquer avec les instruments aratoires. Il faut la pioche ou la charrue à vapeur pour en avoir raison. Il arrive même assez souvent que la charrue à vapeur n'est pas assez puissante pour en opérer le défrichement. On tire de ses feuilles du crin végétal qui sert à divers usages industriels, ses racines peuvent être utilisées comme combustible. Ces deux produits n'atténuent pas sensiblement les frais du défrichement.

Le jujubier sauvage a des racines plus profondes que celles du palmier nain; la moindre parcelle échappée au défricheur reprend avec vigueur, ce qui n'arrive pas pour le palmier nain. Aussi, à conditions égales, le défrichement du jujubier coûte par hectare 150 à 200 francs de plus que celui du palmier nain.

Le défrichement, opéré à la tâche par des Espagnols ou des Marocains, revient à 400 francs par hectare pour une broussaille composée de divers végétaux, à 450 ou 500 francs pour le palmier nain, et, à 600 ou 700 francs pour le jujubier sauvage. S'il s'agit d'un défrichement profond, comme celui qu'exige la plantation de la vigne, la dépense atteint parfois 1,000 francs par hectare. Quand l'opération est possible, le défrichement à la charrue à vapeur est le plus avantageux et le mieux exécuté.

Esquissons les produits principaux qu'on peut avantageusement obtenir sur les terres défrichées de la colonie.

L'art du cultivateur est d'approprier chacune de ces cultures à son sol, à son climat, et aux conditions économiques du marché.

Pas de succès possible, si on se livre à des productions qui se vendent mal, ou qui, se vendant bien, ne réussissent pas, faute de n'avoir pas été bien adaptées au sol et au climat.

Pour des causes qu'il est inutile d'énumérer ici, la vigne semble être actuellement l'une des cultures les

plus fructueuses de l'Algérie. Placée dans de bonnes
conditions de sol et d'exposition, formée d'un choix judicieux de cépages, elle commence à donner du vin à
la troisième feuille, et arrive rapidement à produire annuellement de 60 à 100 hectolitres d'un vin ordinaire
qui est accepté par le commerce quand, par une fabrication soignée et intelligente, on lui donne les qualités
recherchées par le consommateur. La vinification, sous
le climat brûlant de l'Algérie, impose des précautions
spéciales, afin d'éviter les fermentations tumultueuses
si nuisibles à la qualité du vin.

Les frais de plantation, l'installation des celliers et
des caves, l'achat des vaisseaux vinaires, les fléaux de
toute nature dont la vigne est menacée pendant le cours
de sa végétation sont autant de circonstances qui peuvent considérablement modifier les résultats économiques de cette spéculation, et dont il faut tenir compte,
quand on veut apprécier sainement et sans exagération
la chance du succès de cette culture.

Froment. — Parmi les céréales, c'est le froment qui
occupe le premier rang dans les cultures des indigènes
et des Européens. Il offre sur la vigne l'avantage de
donner des produits réalisables en moins d'une année.
Le blé dur occupe plus d'espace que le blé tendre; il
vaut 1 à 2 francs de moins que ce dernier; cependant
on le préfère dans beaucoup de cas; il est peu sujet à la
verse, il souffre moins des fourmis et des oiseaux, supporte mieux le sirocco et la sècheresse; il s'égrène moins
facilement sur le sol à l'époque de la moisson. Le blé
tendre ne dépasse pas la zone maritime. Il pèse de 76
à 78 kil. l'hectolitre, toujours moins que le blé dur qui
atteint facilement le poids de 80 kil.

Le blé tendre représente à peine la dixième partie de

la production totale du Tell évaluée à 18 ou 20 millions de quintaux. Dans cette production celle des indigènes compte pour 12 à 14 millions obtenus sur 3 millions d'hectares.

Les blés de la colonie, cultivés dans les meilleures conditions, dépassent rarement 20 hectolitres de grain par hectare. La moyenne, sur un grand nombre d'années, est de 10 hectolitres pour les européens, et de 5 à 6 pour les indigènes.

La moisson commence dans les premiers jours de juin, et se prolonge jusqu'au 15 juillet dans les régions les plus élevées et les plus froides de l'Algérie.

Orge. — L'orge sert à la consommation des indigènes et des animaux. On l'utilise, en outre, pour la fabrication de la bière : l'escourgeon semé d'octobre à janvier mûrit en avril et en mai sur les terres basses, et seulement en juin dans les montagnes de la Kabylie. Elle rend 20 hectolitres du poids de 60 kil. chez les Européens, et moitié moins chez les indigènes.

La place de l'orge est dans les terres les plus légères où le froment aurait peu de succès.

Avoine. — L'avoine réussit en Algérie aussi bien que sous le climat de la Corse. Elle est moins difficile que le froment sous le rapport de la fertilité et de la préparation du sol, elle vient sur nouveau défrichement, et se défend bien contre les mauvaises herbes ; la paille est précieuse pour l'alimentation du bétail.

L'avoine d'hiver est la seule variété qu'on cultive en Algérie. Son rendement, par hectare, atteint 20 à 30 hectolitres du poids de 46 k. Elle est plus précoce que l'orge. Sa maturité qui arrive fin mai l'expose aux ravages des oiseaux et des fourmis. On les prévient en la fauchant avant sa complète maturité, et en la ramassant le plus vite possible.

Le maïs est cultivé pour son grain et pour son fourrage sur les terres les plus fraîches et les plus arrosables. Le maïs fourrage, fortement fumé et copieusement arrosé, rend de 50,000 à 60,000 kil. de fourrage vert. Haché et ensilé, il est d'une grande ressource, en été et en automne, quand les autres cultures fourragères sont épuisées.

La luzerne irriguée et placée sur un bon fonds de terre, donne, par an, jusqu'à 7 à 8 coupes représentant 20,000 kil. de foin sec. Malgré ces avantages, elle est rarement cultivée sur une grande échelle. On lui reproche son peu de durée (5 à 6 ans) et sa disposition à être envahie par les mauvaises herbes. Sur le sol fertile et arrosable qu'elle exige, on peut obtenir du maïs et des cultures arbustives qui donnent plus de bénéfice que cette légumineuse. Il est prudent d'en avoir un champ pour trouver du fourrage vert qu'on ne saurait obtenir des cultures non arrosées à l'époque la plus chaude de l'année.

Le trèfle, le sainfoin ordinaire (*onobrychis sativa*), la minette ne viennent pas sous le climat de l'Algérie.

On y trouve en revanche le sainfoin d'Espagne (*Hedysarum coronarium*) légumineuse vigoureuse, se plaisant sur les terres marneuses ou argilo-calcaires où elle atteint jusqu'à $1^m,50$ de hauteur. Elle occupe une place importante, comme plante spontanée, dans les herbes qui se développent, en hiver, sur les chaumes des céréales. Broutée pendant l'hiver par les moutons et les bêtes à cornes qui vont en pâture dans les chaumes, elle prend, au mois de mars, tout son développement, aussitôt qu'on cesse de mettre les animaux sur les champs. Elle devient fauchable, et, associée à la folle avoine qui est toujours très abondante dans les chaumes, elle refait un foin très apprécié, quoiqu'assez grossier, dans un pays où l'on manque de prairies naturelles et artificielles. Les chaumes de la Mitidja sont très estimés par l'herbe abondante qu'on y trouve en hiver, par le foin de chaume qu'on y récolte au printemps.

Le sainfoin d'Espagne, ou sulla, et la folle avoine (*avena fatua*) font merveille, après les pluies d'automne, sur les chaumes fertiles des plaines de l'Algérie. Ces deux plantes sont d'une très grande ressource à l'état d'herbe et de foin pour l'alimentation des animaux de la ferme.

La folle avoine ne manque jamais après la culture de froment, mais le sulla n'est pas d'une production aussi vive et aussi régulière. On obtient une récolte plus uniforme de sulla en semant sa graine sur le chaume de blé, à la dose de 5oo litres par hectare. Si on le gardait pour l'année suivante, il donnerait peu de chose. Quand ses pousses sont mûres au moment de sa fauchaison, on est sûr que, deux ans plus tard, on obtiendra dans le chaume de blé, à la même place, une très belle récolte de cette légumineuse.

Parmi les cultures fourragères à recommander en Algérie, on peut encore mentionner la vesce d'hiver associée à l'avoine. Il est facile d'en obtenir, sur les bonnes terres des vallées et des plaines, d'abondantes récoltes qu'on peut consommer à l'état vert ou à celui de foin sec.

Orangerie.

Veut-on se donner le luxe de créer, aux abords de la ferme, une orangerie; elle en formera le principal ornement et simulera les vergers qui décorent les exploitations normandes.

L'oranger, le mandarinier et le citronnier sont trois végétaux du même genre qui offrent les mêmes exigences sous le rapport du climat, du sol et des soins culturaux; ils veulent pour réussir :

1° Un climat où le thermomètre ne descende jamais à plus de 2 à 4° au-dessous de zéro. (Le citronnier est plus sensible au froid que l'oranger);

2° Un sol et un sous-sol perméables;

3° Une localité bien abritée contre les vents d'ouest, du sud et du sud-est ;

4° Un approvisionnement d'eau tel que, pendant la saison chaude, on puisse arroser les arbres deux fois par semaine, avec 100 à 200 mètres cubes d'eau par hectare suivant la nature du sol;

5° Une fumure abondante tous les ans, des béchages et des roulages qui maintiennent la terre constamment meuble et nette de mauvaises herbes.

Une orangerie réunissant ces diverses conditions, se met en plein rapport au bout de 8 à 10 ans, et peut donner annuellement un produit net de 1000 francs par hectare, en oranges et en citrons. La plantation d'un hectare revient à 1000 ou 1200 fr. A l'âge du plein rapport, les frais accumulés s'élèvent à 7 à 8000 fr. Le verger vaut alors 12000 à 15000 francs l'hectare.

Cette production n'est possible que dans les parties chaudes et basses de la colonie.

A des altitudes de 400 à 500 mètres, l'arbre serait exposé à périr par des gelées qui dépasseraient 5 ou 6 degrés au-dessous de zéro.

Dans les oasis du Sahara, où le thermomètre descend à 7 ou 8° au-dessous de zéro, la culture de l'oranger ne réussit pas, à moins qu'on ne la fasse à l'abri des palmiers.

Ces derniers sont plus résistants contre les gelées. Au

point de vue de la chaleur, l'oranger et le palmier ont
des exigences toutes différentes ; le dernier supporte des
gelées qui tueraient l'oranger, et il exige, à l'époque de
la maturité des dattes, une suite de chaleurs extrêmes
de 35 à 40 degrés au-dessus de zéro ; l'oranger n'exige
pas de températures aussi élevées pour la maturité de
ses fruits. On dit vulgairement que le dattier doit avoir
le pied dans l'eau et la tête dans le feu.

L'eau plus ou moins salée qui ferait périr l'oranger
ne semble pas être nuisible au palmier.

C'est à Blidah qu'on récolte les meilleures oranges et
les plus belles mandarines de l'Algérie. Sur ce territoire,
l'arbre se trouve dans d'excellentes conditions de climat,
de sol, d'abri et d'eau. Aux environs d'Oran, les orangeries sont assez rares, à cause de la mauvaise qualité
des eaux d'arrosage. Le grenadier, très répandu autour
d'Oran, se montre moins difficile sur la nature des eaux.
Le Tell manque de bois de charpente. Les forêts ont
été détruites par les incendies qu'allument trop souvent
les Arabes nomades, dans le but de développer, à la place
du bois, de frais pâturages pour leurs troupeaux. Le
bois à brûler ne manque pas ; on en trouve suffisamment
dans l'exploitation et le défrichement des broussailles.

Ce qui fait le plus défaut, ce sont les bois de charpente dont on a besoin pour la construction des hangars
de la ferme. Sous ce climat, on se dispense généralement
de construire des étables bien fermées et complètement
murées. De simples hangars, murés seulement du côté
extérieur et ouverts sur la cour, suffisent pour abriter
les animaux. Le mur extérieur est indispensable pour
être à l'abri des vols que pratiquent les Arabes avec une
habileté et une audace incroyables. La construction
des hangars exige des bois de charpente rares et chers
dans toute la partie du Tell.

L'eucalyptus, le pin d'Alep, le casuarina, les peupliers, les platanes sont les essences qui viennent le mieux sur les terrains frais et fertiles des plaines et des vallées. L'eucalyptus, dont on voit de beaux massifs dans la Mitidja et dans la vallée du Chéliff, autour des fermes et des gares du chemin de fer d'Alger à Oran, a une croissance très rapide et fournit, en peu d'années, de belles pièces de charpente. Nulle part on ne peut montrer une futaie de platanes plus élancée et mieux réussie que celle qui abrite le marché et la place publique de Bouffaric. Le chêne-liège est d'un bon rapport; les forêts peuplées de cette essence procurent de beaux bénéfices par la production du liège. Malheureusement, beaucoup de ces forêts ont été incendiées par les Arabes.

L'olivier.

L'olivier, si commun à l'état sauvage dans les broussailles et les lieux incultes, n'a pas un rôle important dans les cultures de la colonie.

Ici, comme dans la plaine orientale de la Corse, on a constaté que l'olivier n'est pas fertile sur les terrains les plus chauds du Tell; les insectes et les champignons s'acharnent contre l'arbre et contre les olives, et les minces récoltes qu'on en retire ne paient pas les frais de la culture, du ramassage et de la fabrication de l'huile. Cet arbre rapporte peu sous le climat de l'oranger; il veut plus de fraîcheur à l'époque de sa floraison et de la formation des olives.

En Algérie, il n'acquiert de l'importance que dans les montagnes de la Kabylie et de quelques autres parties fraîches et élevées de l'Algérie. Là, les récoltes d'olives sont abondantes et assurées, et, si on dispose d'une main-d'œuvre à bon marché pour la cueillette et le ramassage, cette culture permet de bien utiliser les terrains accidentés, de moyenne fertilité, et peu propres à la culture des plantes herbacées.

L'amandier est moins exigeant que l'olivier sur la nature du sol, mais à l'époque de sa floraison, il craint davantage les vents impétueux et salés de la mer. Des abris naturels lui sont nécessaires pour qu'il produise régulièrement d'abondantes récoltes d'amandes. On lui réserve généralement les terrains les plus accidentés et les moins fertiles; il y réussit sans beaucoup de soins et sans arrosage, pourvu qu'on le place à une exposition bien abritée contre les mauvais vents.

A 8 ou 10 ans, l'amandier peut rapporter 20 kilog. d'amandes d'une valeur de 5 à 6 francs.

Le caroubier est à recommander sur les terres du Tell. On le trouve fréquemment, à l'état sauvage, dans la zone maritime. Les colons n'en ont pas suffisamment apprécié les avantages jusqu'à présent. Ce serait cependant un bel arbre à développer autour des habitations; ses jolies feuilles persistantes procurent un épais ombrage où les troupeaux seraient abrités contre les mouches et les ardeurs du soleil. Greffé avec les meilleures variétés d'Espagne, l'arbre produit abondamment, tous les 4 ans, des gousses très sucrées et très propres à l'engraissement des animaux. On peut en tirer grand parti pour l'alimentation des chevaux, des vaches laitières et des animaux à l'engrais. Les fruits de la région tempérée, tels que la pomme, la poire, la pêche, la cerise et la prune ne se cultivent pas avec succès dans la région des orangers, il faut atteindre des altitudes de 800 à 1,000 mètres comme celle de Médéah, pour les produire sûrement et avantageusement.

Le mûrier s'est peu propagé dans la colonie. La sériciculture, peu prospère en France, n'a pas tenté les colons algériens ; ils l'ont délaissée pour des cultures d'un revenu plus sûr et plus important.

La culture du tabac, qui demande tant de main-d'œuvre et dont la valeur vénale est si variable, n'a pas pris non plus une grande extension.

La ramie n'est cultivée comme plante textile qu'à titre d'essai. Elle donnerait des produits abondants sur les bonnes terres de la colonie. Il sera prudent de ne pas la cultiver sur une grande échelle, tant que l'industrie ne sera pas en mesure de l'acheter en l'exploitant à un prix rémunérateur.

Si j'en juge d'après mes propres observations dans les provinces d'Alger et d'Oran, les spéculations culturales sont, par ordre d'importance :

1º Le froment et les autres céréales (orge, avoine, maïs).

2º La vigne, l'oranger, le citronnier.

3º Le lin pour sa graine.

4º Les pâtures et les foins de chaume, le sulla, la luzerne.

Passons aux spéculations du bétail.

L'élevage est rarement avantageux : l'Arabe le fait très économiquement par le système pastoral et par la pratique de la transhumance.

Ceci est vrai pour les chevaux, les bêtes à cornes et les moutons. Le colon doit avoir recours à la France pour les animaux de travail. Les bœufs et les chevaux indigènes sont peu propres aux travaux des champs; ils sont trop faibles et mal dressés.

Le pasteur arabe, précieux pour l'élevage, se trouve désarmé pour l'engraissement des animaux. Il est forcé, à certaines époques de l'année, de réduire les effectifs de ses troupeaux devenus trop nombreux par les naissances annuelles. Le colon achète à de bonnes conditions les bêtes réformées qu'il engraisse facilement pendant l'hiver, quand l'herbe devient abondante sur les chaumes des plaines et des vallées.

Les moutons algériens sont d'assez forte taille; leur laine est commune, mais leur viande se vend bien sur les marchés de Paris et des grandes villes du Midi. Les colons ont, du reste, à approvisionner de viande de bœuf et de mouton les divers marchés de la colonie.

Les bêtes à cornes les plus méritantes sont de la race de Guelma. Les vaches sont passablement laitières. Les bœufs sont de moyenne taille, estimés pour la boucherie, et suffisants pour les travaux de la culture qui n'exigent pas de grands efforts.

CHAPITRE XXII.

TUNISIE.

La partie cultivable et habitable pour les Européens
représente à peu près les deux tiers d'une province de
l'Algérie, soit la superficie d'environ 6 départements
français formant ensemble 3 millions d'hectares. Suivant M. de Lanessan, auquel nous devons un volume très
intéressant sur la Tunisie, l'ancienne régence de Tunis
embrasserait 11 à 12 millions d'hectares, c'est-à-dire le
quart environ de la France. Cette superficie comprendrait le Tell, la partie montagneuse et la région saharienne.

Le climat de la Tunisie offre les mêmes divisions naturelles que l'Algérie, savoir : une zone maritime, basse
et chaude, où l'on obtient les mêmes productions que
dans le Tell algérien, une région montagneuse à pâturages et à alfa, correspondant aux hauts plateaux de
l'Algérie, et enfin une région saharienne où l'on a développé d'importantes oasis.

Quoique beaucoup moins étendue que l'Algérie, la
Tunisie possède à peu près la même étendue de côtes
(900 kilomètres), cela résulte de sa configuration générale ;
la partie la plus productive forme un grand rectangle
dont deux côtés sont limités par la Méditerranée. C'est

une circonstance très heureuse, puisque dans le nord de l'Afrique, c'est la zone maritime qui a le plus de valeur au point de vue du sol et du climat. Sous le rapport des pluies et des ressources en eau, l'avantage reste encore à la Tunisie ; les pluies y sont plus abondantes dans toute la région maritime. On sait qu'en Afrique les pluies vont en augmentant de l'est à l'ouest; il pleut plus à Tunis qu'à Bône, plus à Bône qu'à Alger, et plus à Alger qu'à Oran. Il s'en suit que les principales rivières et certaines sources ne tarissent pas en été, et que les nappes d'eau souterraines sont d'une très grande ressource pour les irrigations.

En Tunisie, comme en Algérie, les pluies vont en diminuant du nord au sud; les pluies, suivant M. de Lanessan, sont abondantes dans toute la région située au nord d'une ligne, qui serait tirée de Sfax à Feriana. Au sud de cette ligne, les pluies deviennent de plus en plus rares, à mesure que l'on s'avance vers le Sahara. Certaines parties du Sahara sont privées de pluies pendant 1, 2 et 3 ans. Les terres les plus fertiles et les plus productives de la Tunisie se trouvent naturellement dans le périmètre où les pluies sont les plus abondantes. Les pluies d'été sont toujours très rares; la saison humide commence en octobre et finit en mars. Les mois pluvieux sont ceux de décembre et de janvier. Il y a de la neige pendant tout l'hiver dans les montagnes des Kroumirs.

En hiver, le thermomètre descend rarement au-dessous de zéro, et ses maxima oscillent entre 15 et 18°; au printemps entre 18°, 25°; en août 25", 30° et quelquefois 50°, même à Tunis.

Le vent du sud-est, c'est-à-dire le sirocco, est le plus pénible et le plus redoutable pour les personnes, les animaux et les plantes.

La topographie de la Tunisie rappelle celle de l'Algérie; la zone propre aux cultures offre de grandes plaines, de magnifiques vallées, des collines et des montagnes de moyenne altitude.

Les terres les plus fertiles sont celles des plaines de Tunis, de Bizerte, de la presqu'île du cap Bon, de l'Enfida, et celles des vallées de la Medgerdah et de Milianah.

Les propriétés physiques et chimiques du sol offrent la plus grande analogie avec celles de l'Algérie. Les collines et les montagnes dont les débris ont constitué les alluvions des plaines et des vallées paraissent formées des mêmes minéraux et des mêmes roches, à en juger d'après les analyses chimiques que nous devons à M. Gastine, délégué en Tunisie pour les recherches du phylloxera.

Les terres arables comprennent des dunes le long de la mer et dans le Sahara, des alluvions en plaine et en vallée, et des sols détritiques en collines, en montagnes et en coteau.

Les dunes donnent lieu à des terres siliceuses sablonneuses, peu fertiles par elles-mêmes, mais très légères, très faciles à cultiver et aptes à devenir productives par l'emploi des fumiers, et par les arrosages quand des nappes souterraines existent à une faible profondeur.

Voici, d'après M. Gastine, la composition d'un échantillon pris dans la partie septentrionale du cap Bon, à quelques kilomètres de la mer, au milieu de la vallée de l'Oued Bezir. C'est un sable mobile sous l'action du vent, de couleur blanche et planté en vigne :

Graviers silicieux et ferrugineux	10.86
Partie fine	89.14
Total	100.00

100 parties de sable sec contiennent :

Silice et silicates insolubles dans l'eau régale	97.540
Eau des hydrates et des matières organiques	0.650
Acide phosphorique	0.013
Potasse	0.206
Magnésie	0.051
Chaux	0.080
Acide carbonique	0.000
Alumine	0.800
Oxyde de fer	0.550?
Éléments non dosés et pertes	0.110
Total	100.000

(Partie attaquée par l'eau régale.)

Azote % 0.039

Le sol est très pauvre en azote, acide phosphorique, potasse et chaux. En raison de sa nature sablonneuse, la vigne y sera à l'abri du phylloxera, comme les vignes des dunes d'Aigues-Mortes, mais elle ne deviendra féconde que par des fumures et les eaux du sous-sol qui lui fourniront les éléments fertilisants dont le sol est dépourvu. Des dunes de cette nature aux environs d'Alger, ont été converties par d'habiles jardiniers mahonnais en jardins d'une grande valeur, à l'aide d'abondantes fumures et de copieux arrosages avec des eaux douces, très abondantes à une faible profondeur.

Le grand mérite de ces terrains, c'est d'être légers et très faciles à travailler, circonstance qui, pour le jardinage, procure une grande économie de main-d'œuvre.

Les jardins maraichers des environs d'Alger, organisés au milieu des dunes, valent l'hectare 10,000 fr.
Pour la vente, et 300 fr. pour la location. Ces dunes où
l'on cultive avec tant de succès les primeurs et les vignes
précoces n'avaient, avant la conquête, aucune valeur
entre les mains des Arabes.

Nous le répétons, le fumier, l'eau et le travail permettent de tirer un parti très avantageux des terrains naturellement infertiles tant qu'ils restent à l'état de broussailles ou de sables mobiles. Les terrains siliceux-
sablonneux de cette nature sont étendus sur le littoral
et dans l'intérieur de la Régence, ils occupent de grands
espaces au sud de Sfax.

Les sables d'Aigues-Mortes, quoiqu'assez infertiles,
ont sur ceux de la Tunisie l'avantage d'être plus riches
en carbonate de chaux; ils en contiennent 17,40 % ;
tandis que les deux échantillons étudiés par M. Gastine
renferment, l'un 0,08 % de chaux et l'autre 0,38. Néanmoins, ces terrains sablonneux sont recherchés par les
indigènes; ils sont frais par l'effet des nappes souterraines. En y appliquant des fumures, la vigne et les arbres
fruitiers s'y montrent vigoureux et productifs; ils émet-
tent, dans le sol et le sous-sol, des racines longues et
nombreuses. L'humidité du sous-sol compense largement la pauvreté du sol. On a là l'exemple d'un sol
très productif, bien que l'analyse chimique révèle sa
pauvreté en principes fertilisants. Ce résultat singulier
s'explique par les caractères physiques du sol. Sous
l'influence d'une température élevée, ce sol devient le
siège d'une évaporation très active. L'eau évaporée est
remplacée par celle du sous-sol par l'effet de la capillarité. Cette eau, qui remonte et se renouvelle sans
cesse autour des racines des plantes, leur abandonne
des principes fertilisants que le sol serait impuissant à

leur fournir en quantité suffisante. M. Paul de Gasparin cite des alluvions de la Durance où les eaux souterraines fertilisent de la même façon des terrains qui, par ce fait, ont acquis une valeur considérable dans le département de Vaucluse. L'eau fume ces sortes de terrains comme elle fume, sous forme d'arrosage, les prairies des Vosges dans la vallée de la Moselle. Ici c'est l'eau descendant par filtration dans le sol qui est l'agent fécondant; en Tunisie, c'est au contraire l'eau qui y remonte par capillarité.

Étudions les terres de la plaine d'Utique, dont l'étendue est de 15,000 hectares. Ce sont des alluvions de la vallée de la Medjerda; elles sont grises-jaunâtres et ne contiennent que des parties fines sans aucune pierre; elles renferment, d'après M. Gastine :

Silice et silicates insolubles dans l'eau régale.	47.500
Eau des hydrates et des matières organiques..	6.500
Acide phosphorique.............................	0.126
Potasse..	0.381
Magnésie.......................................	0.907
Chaux..	20.500
Acide carbonique...............................	17.000
Alumine et oxyde de fer........................	6.240
Eléments non dosés et pertes...................	0.846
Total......................	100.000

Azote 0.119.

L'analyse chimique fait ressortir une grande richesse en éléments fertiliasnts : une bonne provision d'azote et d'acide phosphorique, et une forte quantité de chaux et de potasse. Les cultures de céréales, de fourrages et d'autres plantes y trouveront une alimentation complète et abondante; elles y atteindront de bons rendements si on parvient à bien ameublir le sol et à empêcher le développement des mauvaises herbes, et si la sécheresse ou d'autres accidents de température ne viennent pas gêner et compromettre la végétation des plantes confiées au sol.

Le limon de la Medjerda déposé dans la plaine d'Utique par la grande crue de 1886, présente une composition analogue; il est riche en principes fertilisants.

La vallée de Milianah offre des terres de même composition et de même richesse; on y trouve 0,109 % d'azote, 0,125 % d'acide phosphorique, 0,260 % de potasse et 16,600 % de chaux.

Des alluvions, passons à une terre détritique résultant de la désagrégation des roches superficielles. L'échantillon, analysé par le même chimiste, provient de la colline d'Utique, à 0^m,40 de profondeur. Il représente les terres des coteaux et des plateaux qui bordent la vallée de la Medjerda.

Voici sa composition :

ANALYSE PHYSIQUE, PAR UN TAMIS AYANT 10 FILS PAR CENTIMÈTRE.

Pierres calcaires......................	14.70
Terre fine	85.30

Analyse chimique sur 100 parties de terre fine :

Silice et silicates insolubles dans l'eau régale	59.520
Eau des hydrates, des sesquioxydes, des silicates et des matières organiques..	4.320
Acide phosphorique..................	0.200
Potasse.............................	0.177
Magnésie............................	0.438
Chaux...............................	17.090
Acide carbonique....................	13.800
Alumine et oxyde de fer	3.245
Éléments non dosés et pertes.........	1.210
Total....................	100.000

Azote % 0.119

C'est la composition d'une terre excellente. Il n'est pas étonnant que des plateaux et des coteaux d'une telle richesse jettent, dans la vallée, des limons d'une grande fertilité. Nos meilleures terres de France ne présentent pas une composition chimique plus satisfaisante. Un mamelon planté en vignes, dans la vallée de Milianah, offre une composition analogue; ce qui permet de supposer que les plateaux et les coteaux de cette riche vallée, fournissent également des terres abondamment pourvues d'azote, d'acide phosphorique, de potasse et de calcaire.

Les terres cultivées, aux environs de Kairouan, présentent la composition suivante : il n'y a pas de pierres.
100 parties de terre contiennent :

Silice et silicates insolubles dans l'eau régale	61.030
Eau des hydrates et des matières organiques	3.120
Acide phosphorique	0.104
Potasse	0.715
Magnésie	0.332
Chaux	16.440
Acide carbonique	13.200
Alumine et oxyde de fer	4.750
Éléments non dosés et perte	0.309

Partie attaquée par l'eau régale.

Ces terres renferment les principaux éléments de la fertilité; de fortes doses d'azote, d'acide phosphorique, et de la potasse plus qu'il n'en faut. Cependant, au milieu des cultures des environs de Kairouan, M. de Lanessan fait remarquer qu'il n'existe aucun jardin maraîcher, et que les habitants de cette ville sont complètement privés de légumes et de fruits. Il paraît que le sol se montre rebelle à la végétation des arbres fruitiers et des plantes potagères. Ce défaut serait dû à la mauvaise qualité des eaux d'arrosage, et à leur rareté pendant les mois les plus chauds de l'année. Les eaux chargées de chlorures de sodium et de magnésium ne sont pas utilisables pour l'arrosage des cultures. Malheureusement ces sortes d'eau sont fréquentes en Tunisie.

La plaine de Zaghouan contient les éléments de la fertilité dans les mêmes proportions que les vallées de la Medjerda et de Milianah. On trouve dans le sol autant d'azote, d'acide phosphorique, de potasse et de chaux que dans la plaine de Kairouan.

Les collines et les plateaux qui limitent cette belle plaine, offrent des terres peu différentes des précédentes en ce qui concerne l'azote, la chaux et la potasse; mais, d'après les analyses de M. Gastine, on y trouve une moindre proportion d'acide phosphorique.

A l'exception des dunes qui règnent le long de la côte méditerranéenne et dans le Sahara, et des montagnes de la Kroumirie où les grès apparaissent à la surface, les terres purement siliceuses et pauvres en principes fertilisants, sont rares sur les autres points de la Régence. Les terres arables des vallées et des coteaux possèdent une fertilité naturelle tout à fait exceptionnelle. On rencontre rarement en France des terres aussi riches en azote, acide phosphorique et potasse. A peu d'exception près, toutes les terres, comme celles de l'Algérie, sont largement pourvues de calcaire. Nulle part le cultivateur n'aura à se préoccuper du marnage ou du chaulage de son terrain. Le sol et le sous-sol sont rarement encombrés de pierres et de rochers; presque partout on a affaire à des terres meubles, faciles à façonner et à approfondir.

On voit, d'après ce qui précède, que la Tunisie possède une grande étendue de terres excessivement fertiles. Seulement les principes de cette fertilité restent inertes et comme non avenus, dans les régions où les pluies sont rares, et où les rivières et les eaux souterraines font défaut pour les arrosages.

Les régions qui, avec un sol riche, jouissent de pluies fréquentes pendant l'hiver, et d'eaux abondantes pour les arrosages d'été, se trouvent dans d'excellentes conditions pour toutes les productions qui conviennent au climat de la Tunisie. Une terre fertile, un climat chaud et bien ensoleillé, des eaux abondantes : que peut-on désirer de plus, pour élever toutes les productions à leur maximum de rendement ? Mais ce n'est pas tout que d'atteindre des rendements élevés en vin, en céréales, en fourrage, en fruits et en légumes, il est indispensable d'avoir le moyen d'écouler facilement ces divers produits sur les marchés de la Régence et de l'étranger. Malheureusement la Tunisie laisse énormément à désirer sous le rapport des voies de communication. Elle manque de routes, de ponts, sur des cours d'eau secs en été, mais infranchissables l'hiver, à l'époque des pluies; elle manque de chemins de fer et de bons ports de commerce. Les frais de transports sont tellement considérables, que pour les exploitations éloignées du centre de consommation, ces frais dépassent la valeur des produits. Quand la Tunisie sera dotée des moyens de communication en rapport avec la civilisation actuelle, ce sera certainement un pays aussi riche et aussi productif que la Mitidja et que les parties les plus fertiles de la colonie algérienne.

Productions principales.

Les indigènes sont Berbères, Maures ou Juifs. Il y a peu d'Arabes purs. Ils pratiquent une agriculture routinière, très défectueuse et peu productive malgré la fertilité naturelle du sol. Ils cultivent principalement les céréales, les oliviers, les dattiers, les légumes et les fruits; pas ou peu de vignes.

Le Khammès est le système d'exploitation le plus généralement suivi; on le pratique dans les mêmes conditions qu'en Algérie. Parmi les céréales, le blé dur et l'orge sont les seules plantes cultivées. On obtient de très faibles rendements, 6 hectolitres de blé par hectare pour un hectolitre de semence, sur des terrains qui, cultivés d'après de meilleurs procédés, en produiraient 25 ou 30. Les riches vallées de la Medjerda et de Milianah portent du blé tous les deux ans. L'année de repos est consacrée à une pâture spontanée, destinée à nourrir les troupeaux pendant les deux tiers de l'année. C'est la saison chaude qui fait le plus souffrir les animaux; l'herbe est desséchée et brûlée par le soleil, partout où le sol manque d'humidité ou d'eau pour les arrosages.

La production qui vient après celle du blé et de l'orge, est l'huile qu'on tire de l'olivier, dont il existe des forêts importantes aux environs de Tunis, de Biserte, de Sfax, au cap Bon, en un mot près de tous les centres importants de population. Les plus productifs sont ceux qu'on peut arroser pendant l'été. Il reste de grandes surfaces improductives qui seraient propres à cette culture arbustive; mais on ne fait plus de nouvelles plantations, à cause des impôts qui frappent les arbres, et du temps que l'olivier met à produire ses premières récoltes. On calcule que cet arbre ne commence à donner des olives qu'au bout de 10 à 12 ans de plantation. On gagne du temps en greffant les oliviers sauvages qu'on rencontre parfois en assez grande quantité sur les terres incultes.

On rencontre, dans la Régence, des oliviers archi-séculaires, dont la plantation remonte, dit-on, à 2,000 ans, c'est-à-dire à l'époque de l'occupation romaine.

L'extraction de l'huile s'opère par des procédés primitifs, très imparfaits. Les olives, macérées dans le sel et mal pressurées, donnent une huile rance, du goût des indigènes, mais immangeable pour des Européens. Les grignons, mal épuisés, sont traités au sulfure de carbone; les usines françaises en retirent une huile propre à certains usages industriels.

On ne tardera pas à fabriquer l'huile par de meilleurs procédés, et à en faire un produit de bonne qualité, qui sera avantageusement exporté sur les marchés européens.

Les dattiers constituent d'importantes oasis du côté de Gabès, du Nefzaouan et du Djérid.

Les dattiers de Gabès, trop rapprochés de la mer, produisent des dattes de mauvaise qualité. Elles ne sont consommées que par les indigènes et aussi par les chameaux. Cette oasis doit sa prospérité, non à ses dattiers, mais aux cultures qu'on pratique à l'ombre de cette immense forêt. Sous ces 120,000 dattiers, on cultive le grenadier, l'amandier, l'abricotier, la vigne, l'orge, le maïs, le henné, le piment, les tomates, le géranium, le rosier, etc.

Cette oasis s'arrose très économiquement par des dérivations opérées sur une rivière qui la traverse, et dont l'embouchure est située à Gabès.

L'arrosage des dattiers de Zarzis est plus difficile et plus coûteux; on l'effectue par l'eau qu'on extrait toute l'année de puits, où fonctionne une noria mue par un chameau, un bœuf ou un cheval.

Zarzis, Dijerba et Tripoli, trois localités voisines de la mer, ne donnent que de mauvaises dattes.

Les meilleures viennent des oasis de Nefzaouan, de Nefta et de Djérid. Ces dernières sont de qualité supé-

rieure. Ces diverses oasis s'arrosent par des sources.
Elles sont situées au milieu des dunes mobiles, dont
les ensablements menacent les cultures des dattiers et
ont besoin d'être arrêtés par des travaux coûteux et in-
cessants.

Sous les dattiers de ces oasis, on cultive, comme à
Gabès, l'abricotier, le citronnier, le grenadier, le pommier, le pêcher et l'amandier.

Les jardins les plus renommés sont ceux des environs
de Tunis, de la presqu'île du Cap Bon et de Sfax. On
les développerait davantage, sans les impôts énormes qui
pèsent sur les fruits et les légumes apportés sur les
marchés. Un autre obstacle à ce genre de production,
c'est la mauvaise qualité des eaux d'arrosage; elles deviennent nuisibles aux plantes quand elles tiennent en
dissolution une forte dose de chlorure de sodium et de
magnésium.

A Sfax, les jardiniers, privés de bonne eau, se livrent
principalement à la culture des arbres fruitiers, notamment à celle du pistachier. C'est le seul point où cette
culture produise des pistaches excellentes pour la vente.

Outre ces produits du sol, on tire des régions élevées
et incultes de l'alfa, avec lequel les Européens fabriquent
le meilleur papier pour les gravures.

Il existe des forêts d'une certaine étendue dans les
montagnes situées au nord et au sud de la vallée de la
Medjerda.

Les forêts du nord, composées des meilleures essences,
peuvent, par des soins intelligents, être d'un bon rapport dans quelques années. Elles se sont développées naturellement sur des montagnes siliceuses provenant de
la désagrégation des grès.

Le chêne-liège s'est cantonné aux expositions du sud;
celles du nord se sont au contraire garnies de chêne *Zen*

(*Quercus Mirbeckii*). Ce chêne est un grand et bel arbre, répandu surtout dans les montagnes du nord de la Tunisie et dans la partie la plus montagneuse de la province de Constantine. Il est probable qu'il existe dans le midi de l'Espagne. On en trouve quelques échantillons en .Provence. Par sa taille, il ressemble au chêne rouvre; il en diffère par ses feuilles demi persistantes, d'un vert moins foncé, et assez semblables à celles du châtaignier, d'après la description qu'en fait Mr Naudin dans son manuel de l'acclimateur. Il est plus précoce que nos chênes indigènes, ses feuilles apparaissent plusieurs semaines avant celles du chêne rouvre.

Les forêts formées de chêne-liège et de chêne zen, peuvent rapporter beaucoup par le liège du premier, et par les bois de construction du second.

Les montagnes au sud de la Medjerda, formées de roches calcaires appartenant aux formations crétacées et jurassiques, ont donné naissance à des forêts d'une autre nature. Les essences dominantes, au milieu des broussailles, sont le pin d'Alep et le chêne vert. On peut en tirer des bois de chauffage et des écorces pour les tanneurs.

A l'ouest de Sfax, M. de Lanessan raconte qu'il existe une forêt d'*Acacia fortissima*; c'est un arbre de 3 mètres de haut, qui sert à l'extraction de la gomme arabique.

C'est sans doute la même espèce que M. Naudin, dans l'ouvrage précité, décrit sous le nom d'*Acacia tortilis*, arbre épineux, utilisé pour les clôtures des champs, pour la production de la gomme arabique et pour les écorces destinées aux tanneries.

Les Européens ont naturalisé en Tunisie quelques essences australiennes acclimatées avec succès en Algérie. Les principales sont l'eucalyptus résinifère (*Red-Gum*) plus estimé que le *globulus*, et le *casuarina* qui convient au sol et au climat de la Tunisie.

Les races de la Tunisie sont petites, comme celles de l'Algérie et de la Corse. Les animaux de travail, chevaux et bœufs, ont besoin d'augmenter de force et de taille, pour pouvoir exécuter les travaux des colons, plus fatigants que ceux des cultivateurs indigènes. La sélection et un meilleur régime alimentaire, permettront de perfectionner, dans ce sens, les chevaux et les bœufs de la Régence. En attendant ces améliorations, qui demandent du temps et de l'argent, on peut, avec des reproducteurs européens, et mieux encore par des importations de races pures, se procurer les forts animaux de travail qui manquent au pays.

On s'est bien trouvé, en Corse, et on se trouve très bien, aux États-Unis, de l'importation des chevaux percherons. Ils sont d'une acclimatation facile, et conservent leurs précieuses qualités de force et d'allure, pourvu qu'on soit en mesure de les alimenter avec de l'orge ou de l'avoine et des fourrages de bonne qualité.

Il y a, parmi les chevaux algériens, notamment du côté de Sétif, des animaux de forte taille, destinés à la selle par les Arabes, mais suffisamment robustes pour faire de bons animaux de trait. Des étalons de cette race, modifieront promptement les produits des petites juments tunisiennes, dans le sens que nous indiquons.

Le chameau et l'âne rendent des services pour les travaux des champs et pour les transports, dans un pays qui manque de bonnes routes. Au dire de M. de Lanessan, on trouve au moins un âne dans chaque famille indigène.

A l'aide de croisements par de fortes races françaises, et par l'importation directe de chevaux et de bœufs de grande taille, on peut exécuter les défrichements et les labours profonds qu'on ne saurait obtenir des attelages trop faibles du pays.

La Régence élève et entretient de nombreux troupeaux de chèvres, et de moutons à grosse queue. C'est sa production animale la plus importante et la plus avantageuse. Les colons européens n'ont rien à tirer de la chèvre, si dangereuse et si meurtrière pour toutes les cultures arbustives et forestières. L'élevage devra rester entre les mains des pasteurs indigènes; ils le font économiquement, par des déplacements qui varient avec les saisons, sans aucun frais de construction. Tous les animaux, à l'exception des chevaux, vivent en plein air, hiver et été. Ces troupeaux souffrent beaucoup à l'époque des sécheresses; on les sauve de la famine en les conduisant dans les localités basses et marécageuses, les seules où l'herbe ne soit pas desséchée et brûlée par le soleil.

La meilleure spéculation animale pour les Européens, c'est d'acheter, à bas prix, les animaux élevés par les indigènes, et de les engraisser l'hiver dans les herbes abondantes et substantielles qui couvrent les chaumes des terres laissées en repos après la récolte des céréales et des autres cultures.

Les colons venus en Tunisie avec le projet de tirer bon parti d'un sol très fertile, d'un magnifique climat et des autres ressources naturelles, s'empressent de faire de la vigne sur une grande échelle. C'est la culture qui promet les plus grands avantages, tant que les prix du vin se maintiendront, par suite des divers fléaux qui ont tant amoindri les produits des vignobles européens. En Tunisie, la vigne, plantée dans de bonnes conditions, rapporte, à la 3me année, de 20 à 30 hectolitres de vin. A 4 et 5 ans, elle est en plein rapport, et peut rendre 60 à 100 hectolitres de vin à l'hectare. C'est un produit brut de 1,000 à 1500 fr. qui indemnise largement le viticulteur des dépenses de son établissement, et de ses frais annuels.

Les domaines situés au milieu des vallées et des plaines fertiles de la Tunisie, et à portée de bonnes voies de communication, produisent, outre le vin, du blé, de l'orge, des fourrages, et toutes sortes de fruits et de légumes, à la condition d'avoir des eaux abondantes pour les arrosages d'été. Les entreprises agricoles organisées près des grands centres de population, sur des terres fertiles et abondamment pourvues d'eau, donneront à l'exploitant de gros bénéfices, tandis que d'autres seront improductives et même ruineuses, par suite du manque d'eau pour les arrosages, et de débouchés pour l'écoulement de leurs produits.

Les ressources naturelles de la Tunisie sont supérieures à celles de l'Algérie; le sol y est généralement plus fertile, les eaux plus abondantes, et le climat plus favorable aux biens de la terre. Cependant on n'y est pas à l'abri des sécheresses. En 1888, le pays situé entre Tunis et Kairouan est resté 15 mois sans pluie. La sécheresse a été terrible et ruineuse pour les agriculteurs. Au dire de M. Guy de Montpassan, en excursion de touriste, au mois de décembre, les champs étaient jonchés de cadavres de chevaux, de bœufs, de moutons et de chameaux. Ces animaux étaient morts de faim, toutes les herbes étant desséchées et brûlées par le soleil. Une sécheresse de la même intensité a régné, en 1881, dans la province d'Oran; elle a causé à l'agriculture des pertes incalculables. Il est vrai que de telles sécheresses, fréquentes dans le Sahara, sont rares et tout à fait exceptionnelles dans la zone maritime; mais il suffit d'une seule, dans le courant d'une entreprise agricole, pour en compromettre gravement les résultats définitifs, et occasionner des pertes qui annulent tous les bénéfices des années précédentes.

La Tunisie vaut plus que l'Algérie, au point de vue agrologique. Ses ruines nombreuses attestent sa prospérité au temps des Romains; à cette époque, on l'appelait le grenier de Rome. Plus tard, par suite de guerres malheureuses, et sous la domination musulmane, le pays s'est dépeuplé, et le sol, abandonné à ses forces naturelles, est retourné à l'état inculte et improductif. Sa fertilité naturelle lui est restée et sera facile à exploiter par les colons européens, pourvu qu'on y établisse de bonnes voies de transport, et que la législation surannée de la Régence, fasse place aux lois et au régime douanier qui régissent la colonie algérienne. On devra remplacer par d'autres impôts ceux qui frappent les laines à leur sortie, et ceux qui pèsent directement sur les céréales, les oliviers, les dattiers et les produits horticoles.

Cette nouvelle colonie, exploitée et mise en valeur par des colons européens, atteindra un très haut degré de prospérité, dès qu'on l'aura dotée de bonnes routes, de chemins de fer, de ports accessibles aux navires de commerce, et d'une législation analogue à celle de l'Algérie.

CHAPITRE XXIII.

CLASSIFICATION GÉNÉRALE DES TERRES ARABLES.

On déterminera d'abord l'origine géologique du sol. De toutes les notions que comporte cette étude, c'est la plus importante ; il n'en est aucune autre qui ait la même portée et qui fournisse plus de renseignements utiles à celui qui veut connaître l'agrologie générale d'un pays. La même roche occupe souvent d'immenses étendues. Sa composition chimique et minéralogique permettra d'apprécier exactement les propriétés physiques et chimiques du sol et du sous-sol, auquel elle a donné naissance par sa désagrégation sous l'influence des agents atmosphériques. C'est la roche qui donne au sol son nom générique, et qui permet d'assigner sa place dans la classification générale des terres arables.

Tous les sols rentrent dans trois grandes classes distinctes, sous le rapport de leur origine et de leur formation. Les uns dérivent des roches ignées, les autres des roches aqueuses, enfin une troisième classe est d'origine organique. Les trois classes, embrassant toutes les terres de l'écorce terrestre, sont désignées comme il suit :

1re Classe, terres d'origine ignée, cristallisées ou plutoniennes,

2me Classe, terres d'origine aqueuse, sédimentaires ou neptuniennes.

3ᵐᵉ Classe, terres d'origine organique ou humifères.

A l'aide d'une carte géologique, et à l'inspection des roches, faciles à examiner sur les fragments qu'on trouve à la surface ou bien sur les talus des fossés et des chemins, dans les carrières ouvertes s'il en existe, dans les déblais des puits, il sera toujours possible de déterminer la nature des roches constitutives du sol. Souvent les matériaux de route et de construction révèlent clairement les conditions agrologiques du pays.

Dans les régions granitiques, les maçonneries des maisons et des monuments publics sont en granite ; elles sont en schistes dans les terrains de transition. A la formation basaltique, correspondent les murs et le macadam en basalte. Si nous revenons, par exemple, dans le bassin parisien, nous trouvons des murs en meulière ou en calcaire grossier, partout où ces roches existent dans le sol ou le sous-sol. Les populations établies sur le limon des plateaux recouvrant la craie, construisent leurs maisons de briques faites avec la terre silicéo-argileuse du sous-sol. La formation jurassique, si riche en roches calcaires résistantes, fournit des moellons et des pierres de taille, qui entrent dans toutes les maçonneries du pays jurassique ; on s'en sert également pour la construction et l'entretien des routes.

La détermination des roches superficielles offre encore moins de difficulté pour quiconque possède les nouvelles cartes détaillées que publie, en ce moment, le service des mines, sur le cadre des cartes de l'état-major.

Ainsi, point de difficulté sérieuse pour déterminer la classe d'un sol quelconque.

La détermination de la classe conduira immédiatement au genre, en examinant, parmi les roches superficielles, quelles sont celles qui ont constitué le sol et le sous-sol.

Le gneiss donnera les terres gneissiques.

Le granite donnera les terres granitiques.

La craie donnera les terres crayeuses.

Le limon des plateaux donnera les terres limoneuses.

Chaque genre fournit plusieurs espèces basées sur l'état fragmentaire du sol.

Les terres granitiques seront rocheuses, pierreuses, graveleuses, sablonneuses, argileuses ou argilo-siliceuses. Qualités physiques diverses qu'on exprime, en pratique, en disant, pour les terres sablonneuses, qu'elles sont légères et perméables, et, pour les terres argileuses, qu'elles sont fortes et imperméables. Si elles ne sont ni fortes ni légères, on les qualifie de terres franches.

Nous basant sur les principes que nous venons d'exposer, les terres ignées donnent lieu à la classification suivante :

1re Classe. — *Terres d'origine ignée, plutoniennes ou primitives.*

Cette classe comprend 8 genres, savoir :

1°	Les terres gneissiques	dérivées du	gneiss.
2°	— micaschisteuses	—	micaschiste.
3°	— granitiques	—	granite.
4°	— porphyriques	—	porphyre.
5°	— mélaphyriques	—	mélaphyre.
6°	— trachytiques	—	trachyte.
7°	— basaltiques	—	basalte.
8°	— volcaniques	—	laves, cendres.

Chaque genre se subdivise en espèces, basées sur l'état fragmentaire du sol. Suivant son état de division, la terre granitique, par exemple, est :

Rocheuse (rochers de différentes grosseurs);

Pierreuse (fragments de la grosseur du macadam);

Graveleuse (fragments de la grosseur d'une noisette);

Sablonneuse, légère et perméable;

Impalpable, argileuse, forte, imperméable.

Autres espèces intermédiaires (associations diverses des espèces précédentes).

Quelquefois, dans le même champ, le sol comprendra plusieurs espèces de terres; dans un endroit, il sera rocheux et incultivable; plus loin, la roche se désagrégeant facilement, produira soit une terre sablonneuse, soit une terre argileuse.

2ᵉ Classe. — *Terres d'origine aqueuse, sédimentaires ou neptuniennes.*

Cette classe comporte, des terres constituées sur place par la désagrégation de la roche, et des terres transportées et déposées par les eaux; elle se subdivise en deux sections, savoir :

1ʳᵉ section. — Terres sédimentaires détritiques.
2ᵉ   —   —   de transport.

La 1ʳᵉ section comprend les genres suivants :

ESPÈCES.

1ᵉʳ genre. — Terres de transition.

{ Terres schisteuses, légères et perméables.
— argileuses, fortes et imperméables.
Autres espèces intermédiaires par les associations diverses des deux espèces précédentes.

ESPÈCES.

2ᵉ genre. — Terres permiennes et triasiques.	Terres siliceuses, sablonneuses. — — pierreuses ou rocheuses. — dolomitiques. — marneuses. Autres espèces intermédiaires (mélanges des types précédents).
4ᵉ genre. Terres jurassiques.	Terres siliceuses sablonneuses (grès infraliasique). Terres calcaires rocheuses. — — pierreuses. — — graveleuses. — — sablonneuses. — — impalpables. — — argileuses. — — marneuses. Autres espèces intermédiaires (mélange des types précédents).
5ᵉ genre. Terres crétacées.	Terres crayeuses meubles. — — graveleuses. — — pierreuses et caillouteuses (silex). — argileuses. — marneuses. — gaizeuses. — siliceuses sablonneuses. Autres espèces intermédiaires.
6ᵉ genre. Terres tertiaires.	Terres siliceuses sablonneuses. — — rocheuses (blocs de meulières). — — pierreuses (meulières, silex). — argileuses (avec ou sans meulières). — calcaires rocheuses. — — pierreuses. — — graveleuses. — — sablonneuses. — marneuses. Autres espèces intermédiaires.

La deuxième section des terres sédimentaires de transport se subdivise en deux sous-sections comprenant, dans la première, les terres diluviennes, autrement dit les anciennes alluvions; et, dans la deuxième sous-section, les terres alluviennes de formation contemporaine.

1re SOUS-SECTION.	ESPÈCES.
7e genre. Terres diluviennes.	Terres graveleuses. — sablonneuses. — limoneuses (lehm ou loëss). Autres espèces intermédiaires.

2e SOUS-SECTION.	
8e genre. — Terres diluviennes marines ou fluviatiles.	Terres rocheuses. — pierreuses. — graveleuses. — sablonneuses (dunes, tangues — limoneuses (Polders). Autres espèces intermédiaires.

3e Classe. — *Terres d'origine organique, humifères.*

9e genre. Terres humifères.	Terres tourbeuses. — de bruyères. — noire de Russie. Vases de mer et de rivière.

L'origine géologique du sol, et son état de division étant connus, on doit se préoccuper de son degré de fertilité. On en aura un premier aperçu par son classement cadastral. Cette classification, faite sur les données des praticiens les plus intelligents du pays. indique la fertilité relative des différents terrains d'une même localité. La fertilité a pu subir quelques modifications par suite du système de culture auquel le sol aura été soumis; mais si le sol examiné appartient à la première classe cadastrale, il ne peut pas être de mauvaise nature.

Il peut, il est vrai, avoir été épuisé et sali par une succession abusive de cultures. Ces défauts, qui en déprécient la valeur, se constatent à l'inspection des récoltes et des mauvaises herbes dont elles sont envahies. Par l'analyse chimique, on peut connaître sa richesse en azote, acide phosphorique, potasse et chaux.

L'aspect des végétaux ligneux, s'il en existe dans le voisinage, indique les qualités ou les défauts du sous-sol. Il importe de savoir s'il est rocheux, perméable ou imperméable, et s'il facilitera ou s'il gênera l'exécution des travaux aratoires et le développement des cultures.

On notera en outre, son altitude, son exposition, son inclinaison, les végétaux spontanés qui s'y plaisent, les rendements moyens des cultures, et enfin sa valeur vénale et sa valeur locative, deux chiffres qui résument la force productive du sol et le produit net qu'on peut en retirer.

Cette étude agrologique se complètera par des renseignements sur les conditions climatériques du pays. Il est fort intéressant de connaître les ressources en eaux de pluie, de fontaine et de rivière, les minima et les maxima de température, le régime des pluies et des vents, les chances d'orage et de grêle, toutes conditions favorables ou nuisibles aux cultures. Il importe de les étudier autant que les conditions agrologiques, si on ne veut pas s'exposer à de fâcheuses déceptions.

Il est reconnu que l'état de division des particules terreuses exerce une grande influence sur la fertilité. C'est parmi les particules impalpables que les racines des plantes puisent l'eau et les substances nutritives nécessaires à leur développement. Les pierres, les graviers et le gros sable jouent, dans le sol, le rôle de corps inertes dont la présence diminue d'autant les parties utiles. Un sol qui contient, en volume, moitié pierres et moitié terre fine, mettra à la disposition des plantes moitié moins d'eau et moitié moins de substances fertilisantes qu'une terre de même nature, dépourvue de pierres, et composée exclusivement de particules impalpables. Cette théorie, qui paraît vraie en principe, ne se vérifie pas toujours dans la pratique. Le sol, composé exclusivement de particules impalpables, peut être argileux, glaiseux, imperméable, et affecter des caractères physiques qui lui enlèvent les avantages de son état de division. On voit des terres pierreuses qui, en raison de leur perméabilité, sont plus fertiles que les terres du limon des plateaux.

Grâce aux pierres siliceuses répandues au milieu de la partie fine, elles sont perméables à l'eau et aux racines; elles sont moins sujettes au déchaussement des plantes. Les grains qui en proviennent se distinguent par leur poids et leur qualité, avantages dus, sans doute, au réchaussement favorisé par la présence des cailloux à la surface.

Il est vrai que les pierres et les graviers diminuent la proportion de la terre fine, mais il peut y avoir une sorte de compensation par les qualités physiques que ces pierres et ces graviers communiquent au sol et au sous-sol. Un sol pierreux, où les racines des plantes iront à une profondeur double de celle qu'elles atteindront dans une terre non pierreuse, peut montrer une fertilité égale, si ce n'est supérieure, à celle de la terre non pierreuse. Il ne faut donc pas s'étonner que les praticiens estiment quelquefois des terres pierreuses et graveleuses plus qu'on ne le ferait à première vue. C'est qu'ils savent, par expérience, que ces terrains pierreux, de si mauvaise apparence, se montrent constamment favorables à la végétation des végétaux ligneux et des cultures herbacées.

Il ne faut pas croire non plus que les plantes ne tirent rien des fragments noyés dans la terre fine. Les racines ont la propriété d'attaquer les corps solides, et d'en extraire des substances qui servent à la nutrition de la plante. Les exemples des végétaux qui fixent leurs racines sur des corps durs et compacts, abondent dans la nature. On en voit prospérer sur des tas de cailloux, sur le tronc des arbres, sur des roches de toute nature, et sur les murs des maisons et des monuments publics.

L'analyse physique du sol a pour objet de rechercher, par des lavages successifs, les proportions relatives de graviers et gros sables, de sable fin, et de parties impalpables qui entrent dans la composition du sol. On obtient ainsi trois lots : un lot pierreux et graveleux, un lot de sable, et un lot de terre fine. Le premier lot fait connaître la partie plus ou moins inerte du sol; le second lot, comparé au troisième, donne une idée assez exacte, suivant M. Paul de Gasparin, du degré de perméabilité du sol, qualité qu'il importe beaucoup d'apprécier, tant elle a d'influence sur l'exécution des travaux et le développement des plantes. La terre est perméable quand le lot impalpable n'est pas égal à la moitié du sable fin. La perméabilité est d'autant plus active que le lot impalpable est plus diminué.

L'imperméabilité est réalisée toutes les fois que le lot impalpable égale ou dépasse la moitié du lot de sable fin.

On peut d'ailleurs apprécier le degré de perméabilité, en examinant comment les eaux pluviales se conduisent à la surface du sol. Si elles ne coulent jamais à la surface et si elles ne séjournent pas dans les fossés et dans les raies de charrue, on est sûr qu'on a affaire à un sol perméable. Un tel terrain peut être travaillé peu de temps après la pluie. Le sol imperméable retient l'eau à la surface, dans les chemins et les fossés, et n'est abordable à la charrue que plusieurs jours après la pluie.

CHAPITRE XXIV.

Aucune plante cultivée ne vient bien, si elle est placée sur un sol trop humide ou trop sec.

La terre est humide, quand elle contient plus de 50 % d'eau de son poids; elle est sèche, quand son eau tombe à moins de 6 %. La terre fraîche et bienfaisante pour les cultures, renferme 15 à 20 % d'eau.

Le degré d'humidité exerce une influence considérable sur les propriétés physiques du sol. Tel terrain friable et facile à entamer à l'état de fraîcheur, devient intraitable s'il a été contracté et resserré par une dessiccation prolongée.

Ce même terrain est-il gorgé d'eau par une série de pluies, il se convertit en boue, en une sorte de mortier auquel il faut se garder de toucher sous peine de gâter le terrain et de rendre très difficile son ameublissement ultérieur. Faire en sorte que le sol soit constamment frais et meuble, et que jamais il ne soit ni trop sec, ni trop humide, tel est l'idéal du cultivateur préoccupé d'offrir à ses plantes la terre la plus favorable à leur développement.

Assainissements.

Les terres deviennent humides par plusieurs causes. Les unes doivent leur humidité à leur situation : elles sont trop basses et facilement inondables et submersibles, parce que leur niveau est inférieur à celui de la mer, d'une rivière, ou d'un canal. Le seul remède, dans ce cas, est de relever les eaux par des moyens artificiels. Ces terres basses doivent être munies de canaux de ceinture et d'intérieur, qui font affluer les eaux sur un même point, où des machines élévatoires les enlèvent et les déversent dans un canal supérieur qui les conduit à la mer ou au cours d'eau le plus rapproché.

C'est ainsi que sont desséchées et assainies les terres basses de la Hollande, les moères de la Flandre, les polders de la Normandie, le marais d'Orx près Bayonne, les étangs de la Corse sur le domaine de Casabianda, et bien d'autres terrains bas en Italie, en Algérie et en Grèce (le lac Copaü en Grèce). Les machines qu'on emploie le plus communément sont les pompes rotatives ou la vis d'Archimède actionnées tantôt par le vent, tantôt par la vapeur, tantôt enfin par une force hydraulique. Le moteur à préférer dépend de la situation et de la quantité d'eau à épuiser. On se sert de la vapeur en Hollande, du vent dans les moères, de la force hydraulique à Orx et en Corse.

L'opération du desséchement et de l'assainissement est plus simple et moins coûteuse, quand les surfaces humides peuvent écouler leurs eaux naturellement, à la mer ou dans un cours d'eau, ou bien dans un canal situé à un niveau inférieur à celui de la surface à assainir.

C'est le cas le plus ordinaire pour une foule de vallées qui souffrent d'un excès d'humidité. Le problème à résoudre consiste à faire baisser le plan d'eau à un niveau tel qu'il ne baigne plus les racines des plantes confiées à la terre. Deux méthodes sont en présence; on peut procéder par le drainage avec des tuyaux, ou par des fossés ouverts.

Le drainage est le meilleur procédé, si les eaux à

évacuer ne sont pas très abondantes, si le fond des marais présente assez de solidité et de fixité, et si on n'a pas à craindre l'obstruction des tuyaux par des envasements ou par les racines des végétaux ligneux.

Les fossés, ouverts et creusés à un mètre au moins de profondeur, s'imposent toutes les fois que le drainage ne peut pas s'effectuer dans de bonnes conditions de succès et de durée.

Avant de commencer les travaux, il est essentiel de rechercher avec soin l'origine des eaux qui gâtent le terrain. Si ce sont des sources supérieures qui, par leur suintement dans la vallée, sont la cause principale du marécage, il suffira de les couper, à leur origine, par une tranchée perpendiculaire à leur direction, et d'en conduire les eaux au fond de la vallée par un seul drain ou par un seul canal.

On devra, au contraire, procéder par un réseau complet de drains ou de fossés, si l'humidité résulte d'une nappe occupant toute l'épaisseur du sous-sol.

Des traités spéciaux indiquent les règles à suivre dans l'établissement des drains ou des fossés, la profondeur et l'espacement à observer, conditions très variables suivant l'abondance des eaux et suivant la nature du sol.

Il est incontestable que les fossés ouverts sont moins commodes que les drains; ils gênent les travaux de la culture; ils interdisent l'emploi des machines perfectionnées sur les prairies ainsi assainies. La terre qui s'écroule, les herbes aquatiques qui y poussent vigoureusement nécessitent, dans les fossés, des travaux de curage qu'il faut renouveler tous les ans et qui grèvent les produits du sol enherbé ou cultivé.

Les drains et les fossés débarrassent le sol de l'eau qui vient du sous-sol, mais ils ne préservent pas la surface des eaux qui peuvent la couvrir par le débordement des rivières à l'époque des grandes crues.

Le seul moyen de se défendre contre un tel accident, c'est d'élever des digues, assez hautes et assez résistantes pour que les eaux grossies de la rivière n'envahissent jamais les cultures de la vallée.

Les inondations des terres cultivées par les rivières sont ruineuses dans certains cas, et bienfaisantes dans d'autres cas.

Les eaux troubles qui viennent déposer leur limon, et colmater, en hiver, des prairies comme celles de la Saône, ou des terres nues, sans les raviner et sans les charger de sable, produisent un grand bien, en fertilisant les surfaces envahies. On sait que c'est à une submersion de cette nature que la vallée du Nil doit sa prodigieuse fécondité.

Dans d'autres cas, la submersion est désastreuse pour l'exploitant. L'inondation, au moment de la germination, asphyxie et fait pourrir l'embryon de la graine. Les semis de blé et des autres céréales sont à recommencer, si la saison le permet. La submersion, en hiver, sur les céréales en herbe, est moins dangereuse. La plante, engourdie par une basse température, supporte 10 à 15 jours de submersion sans périr.

Quand le froment, le maïs, la prairie sont en pleine végétation, au printemps ou en été, l'inondation, par des eaux troubles, exerce une action funeste sur toutes les plantes. Elles sont comme asphyxiées par la vase, dont elles sont incrustées, et elles languissent et meurent après une submersion de 3 à 5 jours. On n'a rien de mieux à faire que de les enlever et de les remplacer par d'autres cultures, si cela est possible. La prairie, inondée en été, donne un foin poudreux, malsain et dangereux pour les animaux qui s'en nourrissent.

Les terres moyennement humides, par l'effet d'un sous-sol argileux et imperméable, peuvent quelquefois être assainies autrement et plus simplement que par le drainage ou des fossés ouverts, procédés trop coûteux (300, 400 et 500 fr. par hectare) pour les régions où la valeur du sol est faible.

Dans ce cas, on opère plus économiquement l'assainissement du sol, par de simples procédés de culture.

On a recours aux labours profonds, aux billons et aux planches très bombées. Une terre humide cessera de l'être si, par de profonds labours, on parvient à doubler l'épaisseur du sol. Les eaux pluviales se répandant sur une couche meuble et profonde, donneront seulement de la fraîcheur à un sol qui, avant son approfondissement, eût été noyé et gorgé d'eau avec la même pluie.

Seulement, le défoncement du sol n'est pas sans dangers ni sans difficultés. Avant d'attaquer le sous-sol avec le soc de la charrue, on doit s'assurer qu'il n'est pas de mauvaise nature, qu'il n'est pas encombré de pierres et de rochers, que son mélange avec le sol ne nuira pas aux propriétés physiques de ce dernier. On sait, par expérience, que la terre neuve, ramenée à la surface, a besoin de s'oxyder et de subir l'action des agents atmosphériques pour ne pas être défavorable aux plantes. Le froment et les autres céréales végètent mal sur la terre neuve. La pomme de terre et la betterave n'en souffrent pas autant. Dans tous les cas, le défoncement devra s'opérer successivement; on ne prendra, à chaque labour, que 2 ou 3 centimètres de terre neuve, et on en corrigera le mauvais effet par d'abondantes fumures. Il ne faut pas défoncer le sol, si on n'est pas en mesure de faire à la terre une forte avance d'engrais.

Les terres humides dont on ne peut augmenter l'épaisseur, sont mises en billons bombés de 2, 4 ou 5 raies.

Les céréales ainsi disposées s'assainissent naturellement pendant la saison pluvieuse. Les eaux descendent, de la partie bombée dans le bas du billon, où une raie ouverte les conduit, au bout du champ, dans des chaintres ou des fossés d'où elles s'échappent au dehors en suivant les pentes naturelles de la localité.

Dans la Bresse, on exige un assainissement plus énergique que celui des billons. On dispose les champs en planches de 20 à 30 mètres de largeur. La différence de niveau entre la partie haute de la planche et sa partie basse atteint parfois 1 mètre et même $1^m,5o$. C'est ce qu'on appelle des *chaintres*. On se sert du tombereau et de la pelle à cheval pour établir ces planches fortement bombées, reconnues indispensables pour l'assainissement du sol et la bonne venue des cultures. Les terres humides favorisent le déchaussement des plantes par la gelée d'hiver. L'eau qu'elles renferment, augmente de volume par la congélation, et fait subir à la terre un déplacement qui déchire les racines.

L'humidité excessive du sol provoque le développement des plantes adventices aquatiques au détriment des cultures. Les blés humides sont envahis par la renoncule des champs (*Ranunculus arvensis*), le petit jonc (*Juncus bufonius*), la prêle des champs (*Equisetum arvense*), l'agrostis stolonifère (*Agrostis stolonifera*), la renouée des oiseaux (*Polygonum aviculare*), la persicaire. Je ne cite que les plus mauvaises et les plus communes. Les céréales, en sol humide, sont difficilement hersées au printemps. L'état du sol ne permet pas cette opération si utile pour détruire les herbes adventices, favoriser le tallement, et couvrir l'engrais chimique et la graine fourragère qu'on a souvent intérét à confier au sol emblavé de froment d'hiver.

Sur les terres nues ou en jachère, les places mouillées

se distinguent à leur couleur terne, qui tranche sur la nuance plus claire des parties sèches.

Sur les prairies, les pâturages et les lieux incultes, l'humidité du sol se dénote par une végétation aquatique dont les principales espèces sont les suivantes :

Agrostis	*Agrostis vulgaris, alba, stolonifera, rubra.*
Roseau	*Arundo phragmites.*
Le phalaris roseau	*Baldingera colorata* (lieux submergés).
La manne de Pologne	*Glyceria fluitans* (lieux submergés).
Leersie à fleurs de riz	*Leersia orizoïdes* (lieux submergés).
Trèfle étalé	*Trifolium patens* (lieux submergés).
Plusieurs laiches	*Carex riparia, acuta, cœspitosa.*
Populage	*Caltha palustris.*
Renoncules	*Ranunculus acris, repens.*
Cardamine	*Cardamine pratensis.*
Pédiculaire	*Pedicularis palustris.*
Linaigrette	*Eriophorum angustifolium.*
Trèfle d'eau	*Menyantha trifoliata.*
Parnassie	*Parnassia palustris.*
Salicaire	*Lithrum salicaria.*
Berle	*Sium latifolium.*
Valériane dioïque	*Valeriana dioïca.*
Le chardon potager	*Circium oleraceum.*
Menthes	*Mentha aquatica, pulegium, rotundifolia.*
Véronique	*Veronica beccabunga, anagallis, scutellata.*
Prêle	*Equisetum palustre, limosum.*
Joncs divers	*Juncus glaucus, acutiflorus, obtusiflorus, conglomeratus.*
Orchis des marais	*Orchis palustris.*
Mousses	*Polytrichum, sphagnum.*

Les saules, les peupliers, les aulnes dans la zone tempérée, le tamarin sur les terres voisines de la mer, le laurier rose en Algérie, témoignent, par leur vigueur et leur développement, de l'humidité du sol et du sous-sol.

Les surfaces humides, non garnies d'arbres, sont toujours peu productives. On en tire des herbes grossières et peu nutritives. Elles sont quelquefois tellement mauvaises, tellement remplies de joncs, de pédiculaires, de linaigrette, de laiches et de roseaux qu'on les utilise seulement pour la litière des animaux.

Cependant ces terrains contiennent une forte dose de fertilité accumulée et due au repos du sol et aux débris organiques que les plantes aquatiques y ont abandonnés. Ils contiennent de fortes quantités d'azote et de potasse. Le phosphate fossile, employé à la dose de 500 à 1,000 k. par hectare, les enrichit d'acide phosphorique et de chaux. Ainsi complétées dans leur composition chimique, et bien assainies par le drainage ou tout autre procédé, les terres humides sont aptes à produire de magnifiques récoltes de betteraves, de carottes, de choux et de pommes de terre. Après ces cultures nettoyantes et épuisantes, les céréales et les prairies artificielles, qui ne seraient pas bien venues immédiatement sur le défrichement, s'y cultiveront également avec succès. Parmi les céréales, l'avoine peut très bien réussir en première culture, sur défrichement, pourvu toutefois qu'elle ne verse pas par suite de l'azote en excès dans le sol défriché.

En Algérie, les Juifs, grands marchands de bestiaux et très habiles dans ce genre de commerce, conservent précieusement des prés marécageux et humides pendant toute l'année; sur ces surfaces, il y a de l'herbe au cœur de l'été, quand les plantes des champs et des autres pâturages sont desséchées et brûlées par le soleil. C'est alors qu'on peut acheter à vil prix des animaux que des exploitants ou des pasteurs arabes sont obligés de vendre, parce qu'ils n'ont plus rien pour les nourrir.

Les juifs les mettent dans les prés marécageux, qui les nourrissent mal, mais qui les empêchent de mourir de faim. Dès que les pâturages repoussent sous l'action bienfaisante des pluies d'automne, les animaux reprennent de la valeur, et ceux qui ont été conservés dans les prés bas et humides sont revendus avec de beaux bénéfices pour le marchand.

Sous le climat chaud de l'Algérie, les prés marécageux sont généralement malsains; ils occasionnent souvent des maladies mortelles aux gardiens des troupeaux. Des spéculateurs plus humains et plus scrupuleux renonceraient à un commerce qui, pour donner de gros bénéfices, met en danger la vie des hommes préposés à la garde des animaux.

Irrigations.

Les irrigations, très avantageuses dans certains cas, causent, dans d'autres cas, d'amères déceptions, en ne donnant pas des résultats en rapport avec les dépenses dont elles ont été l'objet.

On compte nombre d'entreprises d'irrigations, pour lesquelles il a été dépensé en barrages, ponts et ponceaux, canaux de dérivation, et en frais d'administration, des sommes tellement considérables, qu'il est impossible de servir le moindre dividende aux actionnaires de ces compagnies, bien qu'on vende à un prix très élevé l'eau d'arrosage aux exploitants.

Les irrigations les plus avantageuses sont celles qu'on effectue avec de bonnes eaux obtenues gratuitement.

Il est rare que, dans une ferme, on ne puisse pas disposer d'un peu de bonne eau pour l'arrosage d'une prairie, d'une luzernière, ou de toute autre culture dans le Midi. Les eaux ne sont jamais de mauvaise qualité si ce sont des eaux pluviales qui viennent d'une cour de ferme, d'une route, des rues d'un village, des égoûts des villes et des champs en culture. Les eaux de lavage des sucreries, des distilleries et des féculeries ont aussi des vertus fécondantes par les sels et les substances azotées dont elles sont chargées.

Les eaux de fontaines et de rivières ont des qualités variables, suivant les terrains qu'elles ont parcourus, et suivant leur composition chimique.

Les eaux troubles déposent des limons qui sont généralement doués d'une grande fertilité. De telles eaux conviennent pour des limonages, des colmatages, et des arrosages par infiltration. On ne peut pas les appliquer directement sur les plantes, elles les saliraient et les rendraient impropres à l'alimentation.

Les légumes et les cultures, arrosés par les eaux troubles, sont mis en petits billons; l'eau, dirigée dans la rigole qui est au bas du billon, atteint les racines sans toucher la plante située sur le haut du billon. C'est de l'arrosage par filtration ou par imbibition.

On arrose ainsi les maïs, les haricots, les jasmins de Provence, et beaucoup d'autres plantes.

Les arrosages en terre meuble, non engazonnée, sont exclus des surfaces fortement inclinées où le ravinement du sol se produirait infailliblement.

L'arrosage par infiltration se fait par des rigoles à faible pente, qui se garnissent d'eau à peu près également sur toute leur longueur. Sinon on est obligé de les remplir, par fractions, à l'aide de petits barrages en terre ou en gazon. Il faut aussi avoir égard au degré de perméabilité du sol. L'eau se perd promptement, et refuse de couler dans les rigoles, si le terrain la boit comme un filtre. Cette difficulté se manifeste sur les terrains sablonneux, graveleux et caillouteux. On est forcé, dans ce cas, de faire des conduites étanches en maçonnerie hydraulique. Elles portent l'eau, sans déperdition, au pied de chaque arbre à arroser. Ce genre d'arrosage est souvent appliqué dans les orangeries du Midi.

Pour la prairie, les règles et les procédés d'arrosage à observer sont variables suivant le climat, la quantité d'eau dont on dispose, l'inclinaison des surfaces et le degré de perméabilité du terrain.

Dans les Vosges et le plateau central, c'est en hiver que les irrigations ont le plus d'importance et produiront le meilleur effet. Elles sont fécondantes. et dispensent généralement de fumer la prairie d'une autre façon. Le Midi agit tout autrement; on estime peu les arrosages d'hiver, on préfère, en cette saison, fumer copieusement le pré et le soumettre à l'arrosage pendant les mois les plus chauds et les plus secs. Grâce au fumier, à la chaleur et à la lumière du climat, les plantes bien humectées par deux arrosages par semaine produisent facilement trois coupes et un regain, atteignant ensemble un rendement total de 12 à 15,000 kilog. de foin sec par hectare; c'est une récolte triple de celle qu'on obtient, dans les Vosges et le Cantal, sur des prés rarement fumés, et fertilisés seulement par les eaux d'arrosage.

En Provence, la quantité d'eau employée par hectare est d'un litre par seconde, pendant les six mois d'arrosage, c'est-à-dire du 1er avril au 30 septembre. Un litre par seconde pendant 6 mois, ou 183 jours, représente un débit total de 15,811,200 litres d'eau ou bien une tranche d'eau ayant 1m,581 d'épaisseur.

On donne généralement à la prairie un arrosage par semaine. Il y a par conséquent 23 arrosages en six mois, donnant, à chaque arrosage, une couche d'eau de de $0^m,0677$ d'épaisseur.

La luzerne s'arrose avec la même quantité d'eau à chaque arrosage, seulement on laisse entre deux arrosages un intervalle de 12 jours.

L'eau employée pour la prairie servirait à l'arrosage d'un hectare 1/2 de luzerne.

Il est des circonstances qui permettent aux compagnies d'arrosage d'accorder aux arrosants plus d'un litre par seconde et par hectare. D'autres fois elles restreignent un peu cette quantité. Dans les Vosges, on donne à la prairie d'immenses quantités d'eau, non pas en vue de l'humecter, mais pour la féconder et maintenir son rendement en foin.

D'après des jaugeages exécutés sous la direction de M. Hervé Mangon, une prairie de Saint-Dié (Vosges), a reçu, dans le cours de l'année, 1,548,661 mètres cubes d'eau; c'est un arrosage à raison de 68 litres 1/2 par seconde et par hectare. Une autre prairie des Vosges à absorbé, par hectare, 4,483,722 mètres cubes, ce qui équivaut à 217 litres par seconde et par hectare. Cette même quantité servirait, dans le Midi, à l'arrosage de 217 hectares.

De telles quantités d'eau perdraient la prairie, et la transformeraient en marécage, si les eaux étaient de mauvaise nature, et si on n'avait pas affaire à un sol très perméable. Les vallées des Vosges, notamment celle de la Moselle, sont formées d'alluvions caillouteuses et graveleuses, où les eaux s'infiltrent avec une extrême facilité. Un sol très filtrant, des surfaces suffisamment inclinées, une répartition d'eau très soignée, des rigoles d'assainissement convenablement distribuées et entretenues préservent la prairie des mauvais effets de la stagnation des eaux. L'herbe ne souffre pas d'une bonne eau toujours en mouvement et constamment renouvelée. La plupart des prairies des Vosges donnent un foin de bonne qualité, plus convenable pour des bêtes d'élevage et des vaches laitières que pour des animaux d'engraissement. Cependant, il y a des arrosants qui font abus de l'eau, irriguent pour ainsi dire sans interruption, et sans prendre grand soin de l'assainissement de la prairie. Dans ce cas, les laiches, les joncs et les mauvaises plantes aquatiques, prennent la place des espèces fourragères. Ces exploitants négligents combattent ensuite le mal résultant de l'abus des eaux, en répandant dans les prés des engrais phosphatés, notamment des cendres lessivées. Dans l'Auvergne et le Limousin, on agit avec plus de modération ; il est vrai que les eaux sont moins abondantes que dans les Vosges où les rivières coulent à pleins bords en toute saison.

Les gens de l'Auvergne et du Limousin, savent parfaitement utiliser, pour l'arrosage des prairies, les petites sources si fréquentes dans les régions des terrains primitifs.

Les eaux qui proviennent des granites, des gneiss, des basaltes, en un mot, des roches ignées, contiennent de la potasse et de l'acide phosphorique ; elles favorisent la pousse de bonnes espèces fourragères. On a donc grandement raison de bien utiliser toutes ces eaux, lors même qu'il s'agirait d'une petite source d'un débit fort réduit. Une petite source, abandonnée à elle-même au milieu d'une prairie, gâtera, par son suintement permanent, une grande étendue d'herbe ; les places qu'elle mouillera ne donneront que des joncs, des laiches, des pédiculaires, du chardon anglais, etc.

Qu'on réunisse, au contraire, l'eau de cette même

source, dans un réservoir étanche ; on y recueillera, au bout d'un ou deux jours, 20 ou 30 mètres cubes d'eau qu'on répartira facilement sur la prairie, à l'aide d'une bonde donnant à cette eau issue sur une rigole de distribution.

Les Limousins sont passés maîtres dans l'art de capter les sources, et d'établir économiquement des réservoirs dont la digue se fait avec de l'argile bien battue, sans qu'il soit besoin de recourir à des maçonneries hydrauliques. Ces réservoirs, connus dans le pays sous le nom de *pêcheries*, s'établissent généralement à mi-côte, sur des surfaces en pente, partout où se révèle une source intarissable et bien disposée pour l'arrosage des terrains inférieurs.

La digue, la bonde, et toutes les parois de la pêcherie doivent être aussi étanches que possible. Le travail serait à recommencer, si les fuites de la pêcherie égalaient ou dépassaient le débit de la source.

Un trop-plein est nécessaire, pour que jamais l'eau du réservoir ne passe au-dessus de la digue de retenue. Il faut avoir soin de vider régulièrement la pêcherie, et ne pas souffrir que le trop-plein fonctionne, sur la surface enherbée, à la manière d'une source abandonnée. Le trop-plein gâterait les parties arrosées par un suintement permanent.

On évite cet inconvénient par l'emploi d'une bonde automatique, qui se lève à l'aide d'un mécanisme mis en mouvement par l'eau sortant du trop-plein. On peut augmenter la vertu fertilisante des eaux des pêcheries, en y mélangeant du purin ou du fumier bien décomposé. L'eau de chaux peut servir aussi à désacidifier des eaux acides et nuisibles aux bonnes plantes. Dans les montagnes comme celles des Vosges et du plateau central, des Alpes et des Pyrénées, les surfaces en pente, autrement dit les coteaux, s'arrosent parfaitement avec des rigoles de niveau, et produisent des plantes de bonne nature. Le foin des coteaux est meilleur que celui des vallées; il renferme plus de légumineuses, et n'est pas déprécié par des laiches et des joncs. Sur les pentes, les eaux circulent rapidement et ne sont stagnantes sur aucun point. Il n'en est pas ainsi sur les surfaces peu inclinées des vallées; en beaucoup d'endroits, les eaux s'écoulent trop lentement, et si l'assainissement est négligé par l'absence ou le mauvais état des fossés d'évacuation, la prairie est envahie par les plantes aquatiques. On remédie à ce grave inconvénient par l'établissement de planches très bombées, dont les pentes artificielles activent le mouvement des eaux et favorisent l'assainissement du sol (1).

En France, les prairies les plus mauvaises et les moins productives se trouvent dans les vallées. Ce sont les eaux stagnantes, les négligences concernant l'assainissement du sol, les retenues des moulins à eau, qui stérilisent ainsi des étendues considérables de terrains en terre d'alluvions de première qualité. Que de vallées, qui ne produisent que des joncs et des laiches, seraient converties en prairies excellentes, si on se donnait la peine, par des travaux faciles à exécuter, de faire baisser d'un mètre le plan d'eau dont la présence à la surface du sol, maintient ce dernier à l'état de marécage! Le sol moyennement perméable, silicéo-argileux avec une dose suffisante de calcaire, est le plus favorable à la création, à la fertilisation et à l'arrosage de la prairie naturelle. Les terres argileuses sont d'un traitement beaucoup plus difficile en ce qui concerne les irrigations; j'en-

(1) Pour la disposition de ces planches, voir page 537. *Herbages et prairies naturelles*

tends parler de celles qui s'étendent dans les vallées. On éprouve une peine infinie à y conserver les bonnes espèces fourragères. Mouillées par le débordement des rivières, ou par des arrosages artificiels, elles s'égouttent avec trop de lenteur ; en hiver, elles sont constamment humides. Ce sont des conditions qui favorisent le développement des mauvaises plantes au détriment de la bonne herbe.

Des prairies dans une telle situation ne sont jamais trop complètement et trop profondément assainies. Il faut y établir un réseau complet de rigoles de pente, aussi inclinées que possible. Les rigoles creusées de $0^m,5o$ à $0^m,6o$, sont préférables à des drains en tuyaux, elles évacuent les eaux plus promptement et plus énergiquement.

Les prairies argileuses ainsi assainies ne tardent pas à être débarrassées des mauvaises plantes, si on y met d'abord 5oo à 1,000 k. de phosphate fossile par hectare, et de temps en temps de bonnes doses de fumier décomposé, appliqué en hiver et mieux à la fin de l'automne.

On peut se dispenser de fumures, si on dispose de bonnes eaux pour l'arrosage de la prairie argileuse. Dans ce cas, il faut irriguer modérément, et par intervalles assez espacés pendant la saison froide. Les eaux des rivières, après les semailles d'automne, sont enrichies des engrais solubles appliqués aux cultures des terres hautes. Ces premières eaux font un bon effet sur les prairies ; il n'en est pas de meilleures parmi les eaux courantes. Il y a tout avantage à les déverser sur la prairie argileuse pourvue d'un bon réseau d'assainissement. Les rigoles d'assainissement fonctionnent parfaitement comme une rigole d'arrosage, si on a soin de les barrer, de distance en distance, avec des vannettes en tôle mu-

nies d'une poignée, et tranchantes sur les trois bords en
contact avec le sol. L'eau venant frapper avec vitesse la
vannette, se répand, de chaque côté, sur les surfaces en-
herbées. En changeant de place les vannettes, on parvient à arroser régulièrement toutes les surfaces, si les
rigoles d'assainissement sont suffisamment rapprochées
et régulièrement distribuées. Quand la prairie a été
complètement arrosée, on enlève toutes les vannettes;
immédiatement l'eau abandonne la surface, et les rigoles d'assainissement continuant à fonctionner, le terrain ne tarde pas à se ressuyer et à offrir aux bonnes
plantes le milieu frais et fertile qui assure leur bonne
venue.

Cette méthode, qui consiste à combiner l'arrosage
avec l'assèchement de la prairie, a produit d'excellents
résultats sur des prairies argileuses et tourbeuses du
département de l'Ain. Je m'en suis très bien trouvé
en l'appliquant à une mauvaise prairie du Perche, en
terre forte et imperméable. En peu de temps, des récoltes abondantes de bon foin ont remplacé une détestable production de joncs, de laiches, de linaigrettes, de
pédiculaires et de chardons anglais.

L'assainissement, combiné avec l'arrosage par les eaux
d'un cours d'eau, et l'emploi répété du phosphate fossile,
ont opéré, en peu de temps, cette heureuse transformation (1).

En montagnes, l'arrosage se fait par déversement, ou
par reprise d'eau. Les rigoles sont horizontales, peu
profondes ($0^m,03$ à $0^m,04$); l'eau descend d'une rigole
dans la rigole immédiatement inférieure, et ainsi de suite.
L'eau, qui passe ainsi d'une rigole dans une autre, de-

(1) Voir pour ce mode d'arrosage, page 654. *Herbages et prairies natu-*
relles.

vient de moins en moins fécondante. Il faut, à l'aide d'un canal de distribution, faire arriver de l'eau neuve dans chacune des rigoles; c'est le moyen d'uniformiser la production de l'herbe. Les abords de la rigole donnent l'herbe la plus forte et la plus développée. Les Vosgiens corrigent cette irrégularité en déplaçant de temps en temps les rigoles de déversement; les gazons des nouvelles rigoles sont replaqués à la place des anciennes.

L'arrosage par submersion s'applique aux prairies perméables, disposées en surfaces horizontales entourées de bourrelets. On le pratique, en hiver, avec des eaux troubles, en vue de fertiliser et de colmater la prairie.

Le même système d'arrosage est employé pour la submersion des vignes phylloxérées. On dispose les surfaces de la même façon, on en fait des tables horizontales, entourées de bourrelets, et on y maintient l'eau sur une épaisseur de 0^m,40 à 0^m,50 pendant 50 ou 60 jours, durée nécessaire pour tuer l'ennemi de la vigne.

Les maraichers pratiquent un mode d'arrosage qui ne rentre dans aucun des systèmes précédents, ils distribuent l'eau aux plantes sous forme de pluie, c'est ce qu'ils appellent un bassinage destiné à mouiller à la fois les plantes et le sol. On ne peut agir qu'avec des eaux claires. Si elles étaient troubles, les plantes en souffriraient; elles seraient salies et invendables.

Résumons les différents modes d'arrosage :

Avec les eaux troubles, on pratique :

1° L'arrosage des légumes et des cultures par imbibition;

2° Le colmatage des prés et des terres nues en hiver, et la submersion des vignes.

Avec les eaux claires, on pratique :

3° Les irrigations par déversement ou par reprise d'eau sur les prairies en coteaux;

4° Les irrigations par planches bombées, ou par ados, en vallées;

5° Les arrosages sous forme de pluie, dits bassinages, sur les légumes;

6° La submersion des vignes, qu'on fait aussi avec des eaux troubles.

Quel que soit le mode d'arrosage employé, la bonne répartition de l'eau exige une surveillance de tous les instants. L'eau fera plus de mal que de bien, si un homme intelligent et attentionné n'est pas chargé de tous les détails de l'opération. On doit faire grande attention à l'état de la végétation de la prairie. On en retirera l'eau dès qu'on s'apercevra que les plantes jaunissent et commencent à souffrir par un excès d'humidité. Autrement les bonnes espèces périraient et seraient remplacées par des joncs. La répartition vicieuse de l'eau se manifeste par une production d'herbe irrégulière. Le défaut de régularité s'accentue davantage quand on emploie des eaux très fécondantes. S'agit-il des eaux de féculerie déversées sur une prairie, l'herbe sera exubérante et couchée sous la rigole où l'eau aura coulé trop longtemps, tandis que la végétation sera rabougrie et médiocre aux places privées d'arrosage. Avec plus d'attention, l'herbe eût été abondante et régulière sur toute la surface de la prairie. Dans les Vosges et le plateau central, on a reconnu que les arrosages produisent, en hiver, un meilleur effet qu'en été. L'eau chaude passe pour favoriser la pousse des joncs qui sont les plus grands ennemis de la prairie.

Suivant M. Vidalin, qui était bien au courant des meilleures pratiques du Limousin, la prairie ne doit être arrosée que pendant 20 jours, dans chacun des mois de novembre, décembre, janvier et février, et seulement pendant 10 jours, dans chacun des mois de mars, avril et mai. Si le sol est imperméable et lent à se ressuyer, on doit encore modérer davantage les arrosages du printemps. En terre perméable, les arrosages d'hiver se répartissent sur 80 jours, et ceux du printemps sur 30 jours.

Après la première coupe. on arrose la prairie 10 jours en juillet, et 10 jours en août. On arrive ainsi à un total de 130 jours d'arrosage pour 9 mois de l'année. On n'arrose pas en juin, septembre et octobre, mois qui correspondent à la récolte de la première coupe et du regain.

Au reste il est difficile de tracer des règles invariables à ce sujet. Ce qu'il faut soigneusement éviter, c'est de favoriser la pousse des espèces aquatiques par de trop fréquents arrosages, en été, avec de l'eau chaude.

L'hiver, la végétation sommeille et se repose, l'irrigation a pour but principal d'enrichir le sol de l'azote et des sels dissous dans l'eau. M. Mangon a reconnu que, dans les Vosges, les eaux d'arrosage abandonnaient au sol, 250 kilog. d'azote, quand les récoltes n'en enlevaient que 102 kilog. La fertilité de la prairie se trouvait ainsi augmentée, sans aucune addition d'engrais de ferme. Il a remarqué, en outre, que l'eau dont la température est au-dessous de 7°, abandonne très difficilement son azote à la prairie.

Dans le Midi, l'eau d'arrosage n'apporte à la prairie que 23 kilog. d'azote. Pour avoir une forte récolte de foin, on y répand une fumure qui dose 121 kilog. d'azote. Cette quantité, ajoutée aux 23 kilogr. qui proviennent de l'eau, permet d'atteindre un rendement en foin très élevé et contenant plus d'azote qu'on en apporte par l'eau et par la fumure.

Ces observations, obtenues par l'analyse chimique, justifient les pratiques si différentes sous le climat des Vosges et sous celui de la Provence. D'un côté, la prairie se fume par les eaux d'arrosage, en hiver, et de l'autre, c'est par des engrais qu'on porte la prairie à un très haut degré de fertilité. D'après ce qui a été exposé précédemment, on sait que les prés du Midi, fumés et arrosés, produisent trois fois plus de foin que ceux des Vosges.

En hiver, la prairie arrosée, dans la région du nord ou sur les hautes montagnes, est sujette à souffrir quand, au moment de son arrosage, elle est surprise par de très fortes gelées.

J'ai vu, dans les Vosges, des prairies dépouillées de toute végétation pour avoir été arrosées quand le thermomètre marquait 15 à 20 degrés au-dessous de zéro. Les places dénudées par la gelée mettent du temps à reprendre une végétation pareille à celle qui a disparu. Il en résulte un dommage sérieux pour l'exploitant.

On évitera cet accident, en retirant l'eau des prés, quand le temps se met à la gelée. Les surfaces bien ressuyées n'ont rien à craindre des froids extrêmes.

Quand on est surpris par la gelée, et qu'on voit la glace couvrir la surface du pré arrosé, le mieux est de continuer l'arrosage si l'eau de la rivière reste limpide et en état de couler régulièrement sous la glace. Tant que le tout n'est pas congelé, on est sûr que l'herbe n'aura rien à craindre du froid extérieur; elle en sera protégée par la glace qui la recouvre, et par l'eau dont elle est constamment humectée.

En été, l'irrigateur vigilant sait qu'il a à craindre et à combattre les joncs; en hiver, ce sont les froids extrêmes contre lesquels il doit se garer.

L'eau d'arrosage a d'autant plus de valeur que le climat est plus chaud et plus sec. Un pré non arrosé, en Provence, ne rapportera presque rien : fumé et bien pourvu d'eau, on en retirera trois coupes de foin et un regain, représentant 12,000 à 15,000 kilogr. de foin. Le résultat est le même pour les autres cultures, pour l'oranger, le maïs, les légumes, les fleurs servant à la fabrication des parfums, etc. Ces diverses cultures exigent impérieusement de fréquents arrosages en été. Les Algériens, qui manquent, en été, d'eaux de sources et de rivières, exploitent avec grand avantage les nappes souterraines, qu'on relève mécaniquement à la surface du sol. On en tire grand parti pour arroser les orangers, le maïs, la luzerne, les légumes, les vignes et les autres plantations. Les arrosages d'été sont d'autant plus précieux, que dans ces régions chaudes, les pluies sont très rares à cette époque de l'année.

Ce sont les eaux souterraines, retenues et captées par des barrages, qui permettent de créer, au milieu des sables arides du Sahara, des oasis, si précieuses pour la production des dattes et de divers légumes.

Irrigations par les eaux riches.

Les cultivateurs disposent parfois de liquides riches qu'il serait déplorable de laisser perdre et qu'ils peuvent utiliser par l'irrigation.

Telles sont les eaux des féculeries, des distilleries, et les purins qui s'écoulent des cours de ferme et sillonnent trop souvent les chemins ou les routes.

Eaux des féculeries. — Les liquides provenant du traitement des pommes de terre dans les féculeries, tiennent environ 0.25 p. 1000 d'azote et 0,50 p. 1000 de potasse; accumulés en grande masse, ils fermentent et dégagent des odeurs infectes.

La meilleure manière de se débarrasser de ces liquides fermentescibles consiste à les faire servir à l'irrigation, ce qui permet en même temps d'utiliser leurs principes fertilisants.

Dans la région de Paris, on distribue les eaux de féculerie sur des terres arables qui portent des maïs fourrages ou des racines fourragères.

Dans les Vosges, où les féculeries s'étagent, à faible distance, sur les petits cours d'eau si nombreux dans cette région montagneuse, chaque établissement domine des prairies naturelles irriguées.

L'abondance de la production herbacée atteste la richesse des eaux d'irrigation dont il est indispensable de bien surveiller la répartition pour éviter de grandes inégalités dans la récolte. Les herbes deviennent facilement grossières, et la Grande Berce (*Heracleum sphondylium*) prend souvent un développement excessif, en se substituant aux autres espèces végétales.

Liquides des distilleries. — Les vinasses que l'on obtient dans les distilleries sont tantôt traitées pour la production d'un engrais concentré, tantôt évacuées sur des terrains qu'elles fertilisent.

Ces eaux sont, en général, riches en potasse.

Les cultures fourragères, telles que le maïs et les betteraves, sont celles qui utilisent le mieux ces déchets industriels.

Des purins. — Nous n'entendons pas parler ici des urines des animaux qu'on doit toujours recueillir dans des fosses étanches, et qui constituent un engrais puissant dont l'emploi et l'action sont étudiés ailleurs. Nous n'avons en vue que les liquides plus ou moins colorés provenant du lavage des cours de ferme par les eaux pluviales, du lessivage des fumiers mal situés.

Ces liquides sont trop souvent négligés, ils s'écoulent en pure perte sur les voies publiques ou dans les cours d'eau. Ils représentent cependant une quantité importante de matières fertilisantes. Ils ont dépouillé les excréments des animaux épars dans la cour, les fumiers en tas, des éléments solubles qu'ils renfermaient. On doit donc les recueillir et les utiliser avec soin.

Il est bien évident qu'il serait préférable d'éviter leur formation, en abandonnant cette pratique vicieuse qui consiste à épandre des pailles ou même des fumiers extraits des étables, dans les cours, et en établissant, dans chaque domaine, une plate-forme ou une fosse à fumier bien construites.

Mais on rencontrera longtemps encore des fermes encombrées de matières diverses, et il n'est pas permis de prévoir le moment où les fumiers seront bien soignés.

Il faut, dans cet état de choses, récupérer au moins en partie, les substances dont on s'est laissé dépouiller. On peut, à cet effet, recueillir les liquides colorés, dans un réservoir, et les transporter ensuite sur les champs ou les prés, à l'aide de tonneaux.

Mais ce procédé, qui exige du soin et de la diligence au moment des grandes pluies où les réservoirs deviennent insuffisants, est rarement appliqué.

Les circonstances heureuses dans lesquelles on utilise bien les purins, sont celles que réalisent les fermes construites au sommet ou à mi-côte des collines granitiques du plateau central.

Là, les eaux enrichies par leur passage dans la ferme sont envoyées dans des rigoles à niveau, et elles descendent ainsi peu à peu vers la vallée après avoir déposé dans les prairies les principes utiles qu'elles avaient recueillis.

Ce système est applicable sur tous les terrains en pente.

QUATRIÈME PARTIE

ALIMENTATION DES PLANTES CULTIVÉES

CHAPITRE Ier.

ÉPUISEMENT DU SOL. — RÉPARATION ET RESTITUTION.

Rien n'intéresse plus le cultivateur que l'état de fertilité de son sol. Aucune culture ne peut réussir, si elle ne trouve pas dans la terre les substances qui lui sont nécessaires pour parcourir toutes les phases de son développement et pour atteindre dans ses produits les rendements maxima. La plante emprunte à l'air et à l'eau une partie de ses éléments. et l'autre partie au sol et aux engrais qui y sont déposés. On peut affirmer que toute récolte qu'on prélève a pour effet d'appauvrir le sol de substances minérales et azotées; on devra les y rapporter sous peine d'abaisser son degré de fertilité.

Considérées à ce point de vue. toutes les plantes sont épuisantes. Celles qu'on décorait autrefois du titre de plantes améliorantes, telles que la luzerne, le trèfle et le sainfoin, ne font pas exception à ce principe fondamental;

elles épuisent le terrain comme toutes les autres cultures, seulement elles l'épuisent d'une autre façon ; au lieu de puiser leurs aliments dans le sol, elles les retirent en grande partie du sous-sol : c'est là qu'elles vont chercher l'acide phosphorique, la chaux, la potasse et peut-être même l'azote dont elles ont besoin. Par leurs débris à l'époque de la fenaison, et par les racines qui restent dans la terre après le défrichement, elles enrichissent le sol d'éléments utiles qui proviennent du sous-sol. C'est ce fait qui leur a valu longtemps la qualification de plantes améliorantes que leur conservent encore ceux qui ne se rendent pas compte du rôle que ces légumineuses remplissent dans leur mode d'alimentation. Elles déplacent les éléments de la fertilité, elles en emportent une grande partie par leur récolte, et en laissent une autre partie à la surface et dans l'intérieur du sol. La preuve qu'elles ont épuisé le sous-sol, c'est que si on fait succéder immédiatement une légumineuse à la première, la seconde sera toujours moins vigoureuse et plus faible. Ces plantes ne font que déplacer les éléments de la fertilité, elles vont reprendre dans le sous-sol des substances alimentaires qui demeuraient inaccessibles à des cultures d'une autre espèce, aux céréales par exemple. Sous ce rapport, elles remplissent un rôle très utile et sont d'autant plus améliorantes pour le sol, qu'elles sont plus épuisantes pour le sous-sol.

Une récolte de trèfle de 7,500 k. contient :

	kil.
Azote	160
Acide phosphorique	42
Potasse	146
Chaux	144
Magnésie	52

En supposant que l'azote provienne de l'air, il est certain que les trois autres substances ont été extraites du terrain.

Il n'est donc aucune plante améliorante d'une manière absolue. Toutes enlèvent au terrain des substances fertilisantes dont elles appauvrissent le sol ou le sous-sol. Que deviennent ces substances fertilisantes? Les grains et les fourrages seront vendus en nature, ou consommés par les animaux de la ferme. Ces derniers dépenseront pour leur alimentation les produits des cultures, et quand ces animaux ou leurs produits seront vendus et sortiront de la ferme, les éléments fertilisants des cultures disparaîtront sans retour du domaine sur lequel ces animaux auront été nourris.

Les éléments de la fertilité comprennent principalement l'azote, l'acide phosphorique, la potasse et la chaux, les plantes contiennent beaucoup d'autres substances, mais elles les trouvent en abondance dans l'air, l'eau et le sol, et il est reconnu par l'expérience qu'il n'est pas utile de les rendre sous forme d'engrais.

C'est donc l'épuisement des quatre substances citées plus haut qu'il importe d'apprécier et de prévenir. Toutes les fois qu'on fait une culture en vue d'un rendement déterminé, il est certain que la plante cultivée n'arrivera pas à bonne fin, si le sol et les engrais ne lui fournissent pas, à l'état convenable et en quantités suffisantes, les éléments essentiels de son alimentation. Le calcul des engrais à employer n'offre pas de difficultés sérieuses quand on connaît :

1° La composition chimique du sol;

2° La composition chimique des produits à récolter;

3° La composition chimique des engrais confiés au sol.

Des tableaux imprimés indiquant la composition chi-

mique moyenne des récoltes et des engrais permettent
de calculer exactement les substances que doit renfermer
le sol pour suffire à l'alimentation des cultures. (Tables
de Wolff.)

Ces données indiquent la nature et les doses des engrais à employer. Pour être sûr de ne pas pécher par
défaut, il faut toujours mettre à la disposition des plantes
plus d'aliments qu'elles ne peuvent en consommer,
sinon elles seraient exposées à ne pas réussir, faute
d'une substance qui n'y serait pas en proportion convenable. Il faut faire grande attention à la nature des
substances exportées de la ferme. Les grains, les fourrages, le lait, la viande, le sucre, la fécule, sont loin de pré-
senter la même composition chimique. Une ferme qui ne
vend que du sucre, ou de la fécule, ne livre à l'acheteur
aucune matière fertilisante. Il n'en est pas de même de
celle qui vend du blé, des fourrages, du lait ou de la
viande. Ces produits vendus font disparaître de l'azote,
de l'acide phosphorique, de la potasse et de la chaux,
qu'il sera indispensable de rendre au domaine, si on veut
lui conserver le même degré de fertilité.

Il y a des terrains qui contiennent dans le sol et le
sous-sol d'importantes provisions de chaux, de potasse,
d'acide phosphorique et d'azote. Il y en a de quoi suffire aux exigences des cultures pour un grand nombre
d'années. Là, on sait par expérience qu'il est inutile
d'employer les engrais chimiques. On fait marcher de
front les céréales et les légumineuses pivotantes, on rend
au sol, par le sous-sol, les substances qui disparaissent
du premier par les cultures à racines superficielles. La
Limagne, la plaine des Verts, aux environs de Nîmes,
et bien d'autres localités peuvent ainsi vivre sur leur
propre fonds, et s'adonner à des assolements épuisants
sans autres engrais que ceux qu'on fabrique dans la

ferme. Ces provisions ne sont pas inépuisables; elles auront une fin, et un jour viendra où il sera nécessaire de recourir à des engrais du dehors.

Autrefois, on avait la prétention de maintenir la fertilité du sol dans un domaine, à la seule condition d'y entretenir constamment une tête de gros bétail par hectare, c'est-à-dire 500 kilog. de poids vivant. C'était une illusion qui a longtemps conservé les apparences de la réalité, attendu que pour remplir cette condition, on était souvent obligé de faire venir de l'extérieur des tourteaux ou d'autres denrées servant à l'alimentation de cette forte proportion d'animaux. Un domaine qui vendrait des bêtes grasses ou des élèves, sans faire aucun achat au dehors, arriverait forcément à l'épuisement du sol pour une ou plusieurs substances fertilisantes. On cite, il est vrai, des prés d'embouche qui semblent être inépuisables, attendu qu'on n'y met jamais d'engrais. Notons qu'ils ne produisent que de la graisse qui ne contient que très peu des quatre substances fertilisantes; de plus, ces prés reçoivent, pendant l'hiver, des champs supérieurs ou des cours d'eau, des eaux chargées de matières fécondantes. Ces substances, jointes à l'azote qui y est rapporté par les déjections des animaux, par l'air et les eaux pluviales, suffisent à l'entretien de la fertilité de l'embouche. Ces domaines inépuisables, sans le secours des engrais du dehors, sont, on peut le dire, de très rares exceptions.

L'école pratique d'agriculture de Saint-Rémy (Haute-Saône) obtient de magnifiques rendements en céréales et en fourrages, et sans qu'on soit obligé d'acheter aucun engrais, aucune denrée pour l'alimentation des animaux.

D'où vient donc que les terres du domaine, non seulement ne s'épuisent pas, mais, au contraire, deviennent

de plus en plus fertiles ? C'est qu'il y a dans l'organisation de l'établissement trois sources de restitution qui
compensent largement l'épuisement par les récoltes.
On y trouve :

1º Une nombreuse population d'élèves et de novices
dont les vidanges font complètement retour au sol.
Cette population consomme le blé du domaine, et des
farines venues du dehors ;

2" Un moulin important, qui approvisionne la ferme
de sons et d'autres déchets résultant des moutures faites
pour les étrangers ;

3º Des prés, en vallée, colmatés par les débordements
d'une rivière. Ce foin apporte dans la ferme des éléments
que la rivière a enlevés aux terrains supérieurs.

Ajoutons à ces circonstances heureuses, des fumiers
bien soignés et en grande abondance, fournis par un très
nombreux bétail, et l'on concevra sans peine qu'on peut,
sur ce beau domaine, recueillir d'abondantes récoltes
sans acheter aucun engrais du commerce.

Concluons qu'il est indispensable de restituer au sol
les substances qui lui sont enlevées par les récoltes. On
fait la compensation d'abord par les fumiers de la ferme,
par les foins extraits de prairies arrosées ou colmatées,
par des achats de denrées affectées à la nourriture des
animaux, enfin par des achats de fumier et de divers engrais industriels. Sur les bords de l'Océan, la restitution
s'opère par des plantes marines échouées sur les plages,
par des tangues et des sables marins plus ou moins
riches en chaux et en acide phosphorique. Enfin la restitution s'opère encore quelquefois par des terreauta-
ges, des marnages et des composts de chaux et de matières organiques, toutes opérations qui rapportent au
sol des substances fertilisantes et que nous étudierons.

plus loin avec tous les soins que mérite ce sujet important.

Au voisinage des forêts, et dans le pays des Landes, ce sont les terres incultes qui soutiennent la fertilité des terres cultivées. On y prend des feuilles et des bruyères pour la litière des animaux. Ces litières, jointes aux déjections des animaux qui couchent à l'étable après avoir pâturé dans la lande, enrichissent la terre cultivée de substances enlevées au sol et au sous-sol de la forêt et de la lande.

Sur les alluvions très fertiles et restées incultes, on peut, pendant plusieurs années, cultiver des plantes épuisantes sans se livrer à aucune restitution. On en trouve de nombreux exemples en Corse, en Algérie et en Amérique.

En Roumanie, on connaît à peine l'usage du fumier. Certaines vallées ont un fonds de fertilité tellement abondant, qu'elles produisent constamment de riches récoltes de froment et de maïs sans aucune fumure. On redoute moins l'épuisement du sol que la verse des céréales, résultat d'un excès de fertilité. On ne sait que faire des fumiers ; les cultivateurs ne demandent pas mieux qu'on veuille bien les en débarrasser. Je connais, en Corse, une riche vallée où l'on fait du blé tous les deux ans, sans engrais et sans que les rendements diminuent sensiblement. Les matières minérales y sont abondantes, et l'azote y est rendu, de temps en temps, par des lupins cultivés sur place, et enfouis en vert, et par les colmatages qui résultent du débordement d'un cours d'eau.

La fertilité naturelle représente toujours une richesse en argent très considérable. La fertilité artificielle, toujours moins durable, ne s'acquiert qu'en s'imposant des sacrifices importants en achat d'azote, d'acide phosphorique et de potasse. La chaux absorbée par les plantes ne coûte jamais cher, mais l'azote coûte 1 fr. à 1 fr. 5o le kilog., suivant qu'on achète de l'azote organique, de l'azote nitrique ou de l'azote ammoniacal. L'acide phosphorique soluble vaut o fr. 5o le kilog., et seulement o fr. 25 quand il est insoluble.

La potasse coûte o fr. 40 à l'état de chlorure de potassium ou de sulfate de potasse; le fumier de ferme, en raison de son origine, renferme toutes les substances utiles à la végétation. Ce serait le meilleur de tous les engrais, s'il offrait aux plantes cultivées ces mêmes substances en quantité suffisante, et à l'état voulu pour qu'elles soient utilisées.

Le fumier normal, analysé par Boussingault, a présenté la composition suivante pour 1,000 kilog.

Eau....................................	723.00
Azote....................................	4.10
Acide phosphorique......................	2.01
Potasse.................................	5.23
Chaux....................................	5.76

Rapprochons cette composition de celle d'une récolte de froment de 3o hectolitres à l'hectare; la paille et le grain contiennent :

	kil.
Azote..	69.45
Acide phosphorique....................	27.75
Potasse...............................	87.00
Chaux.................................	17.55
Magnésie..............................	9.15
Carbone...............................	3.450.00

Supposons que ce blé soit confié au sol du Perche, composé comme il suit, pour 1,000 kilog. de terre fine :

Azote......................	2.938
Acide phosphorique..	0.322
Potasse..............	0.680 attaquée à l'acide nitrique.
Carbonate de chaux..	0.350
Magnésie.............	0.750

Il s'agit d'une terre franche dérivée du limon des plateaux, profonde, siliceo-argileuse, contenant pour 1,000, seulement 50 parties de pierres et de gros sable. Elle est classée parmi les meilleures terres du pays et se travaille facilement à un degré moyen d'humidité.

Quels engrais faut-il y confier pour en obtenir 30 hectolitres de blé à l'hectare ?

La solution de ce problème difficile exige qu'on tienne compte, pour chaque culture, des données de la science et de l'expérience.

On met par hectare 15,000 kilog. de fumier à l'état de beurre noir, contenant :

	kil.
Azote................................	61.5
Acide phosphorique....................	30.15
Potasse..............................	78.45
Chaux................................	85.40

Cette fumure contient à peu de chose près tout ce qui est nécessaire pour une récolte de 30 hectolitres de froment.

Il y manque $8^k,95$ d'azote et $8^k,55$ de potasse. Le déficit de la potasse est facilement comblé par la potasse du sol. Quant aux $8^k,95$ d'azote, on peut espérer les obtenir du sol et de l'atmosphère. Suivant Boussingault et MM. Lawes et Gilbert, les eaux pluviales en donnent au sol, dans le cours d'une année, 4 kilog. à $7^k,66$, sous forme de nitrate et d'ammoniaque. Il est probable encore que le sol en absorbe directement par l'ammoniaque diffusée dan l'atmosphère. Ces deux sources d'azote, jointes à la réserve accumulée dans le sol, fournissent à la plante ce qui manque d'azote dans la fumure. Il est du reste prouvé par l'expérience, qu'il est inutile d'ajouter à la fumure un supplément d'engrais azoté et potassique. Il n'en est pas de même de l'acide phosphorique. Bien que le fumier en donne plus que le blé n'en dépense, on n'atteindrait jamais 30 hectol. de blé par hectare, si on se dispensait d'employer, comme engrais supplémentaire, au moins 300 kilog. par hectare d'un superphosphate dosant 10 à 12 % d'acide phosphorique. Celui du fumier, ajouté à celui du superphosphate, en donne deux fois plus que n'en contiendra la récolte de blé. Deux circonstances expliquent en partie cette anomalie. D'abord le sol est pauvre en acide phosphorique, il n'en contient que 0,33. C'est à peine le tiers du dosage des terres fertiles. Ensuite l'acide phosphorique du fumier, engagé dans une substance organique, est probablement peu assimilable. Quoi qu'il en soit, il est reconnu, dans toute cette partie du Perche, que l'emploi du superphosphate est d'une nécessité absolue pour obtenir de bons rendements en céréales. Il s'en consomme des quantités considérables dans toutes les fermes, partout où le sol est constitué par le limon des plateaux ou les argiles à silex.

On tire de précieuses indications de la composition chimique du sol, des fumiers et des récoltes. Mais avant d'en faire l'application sur une grande échelle, il est indispensable de se livrer à des essais qui permettent de contrôler directement la donnée de la science par des faits bien observés sur les cultures.

L'analyse chimique dose exactement les substances des engrais, mais elle en apprécie difficilement le degré d'assimilabilité. La substance inassimilable devient un corps inerte et inutile pour la plante cultivée. L'azote de la houille, de la tourbe, de l'alios, la potasse des felds-paths cristallisés, l'acide phosphorique de l'apatite, sont dépourvus de toute propriété fertilisante.

Les substances fertilisantes du fumier sont moins as-similables que les mêmes corps engagés dans des sels solubles; leur solubilité, et leur assimilabilité qui en est la conséquence, ne se produisent que par la décomposi-tion plus ou moins lente de la matière organique. Cet état offre des avantages et des inconvénients; le fumier, moins soluble que les sels chimiques, se conserve mieux dans le sol; les eaux pluviales n'en enlèvent qu'une faible partie. Aussi, une bonne fumure fait sentir ses effets pendant plusieurs années; l'engrais chimique, au contraire, disparaît généralement dans l'année même de son emploi. Le fumier se décomposant lentement, ne fournit pas toujours à la plante tous les éléments dont elle a besoin, quand la végétation devient très active et réclame une abondante alimentation. C'est un inconvé-nient, auquel on remédie en fumant le sol à l'avance avec un fumier suffisamment fermenté et décomposé. Les engrais chimiques azotés et potassiques sont, pour la plante, immédiatement disponibles, seulement ils sont facilement entraînés par les eaux. Par une tempé-rature pluvieuse, au printemps et en été, ils livrent la substance utile avec trop d'abondance et de précipita-tion. Il en résulte parfois un état pléthorique qui, pour les céréales, se traduit par la verse, toujours nuisible à la qualité du grain et de la paille.

Dans la balance qu'on cherche à établir entre les substances fertilisantes fournies par les engrais et le sol, et celles qui sont dépensées par les cultures, il règne toujours une certaine incertitude qui tient à la consti-tution du fumier. Cette composition varie avec l'ali-mentation des animaux, les litières employées, les soins de la fabrication et la nature même du sol. On agirait plus sûrement en faisant analyser à la fois le sol, le fumier et les autres engrais. Le fumier de M. Boussingault, à Bechelbronn, en Alsace, n'a pas la même composition que celui de Grignon. Les fumiers de la Champagne sont riches en chaux et pauvres en potasse. Ceux des terrains volcaniques et basaltiques contiennent, au contraire, une forte proportion de potasse et d'acide phosphorique. Ceux des terrains granitiques sont pauvres en chaux et en acide phosphorique, et assez riches en potasse.

L'épuisement du sol par les cultures est fort différent, suivant les localités et le genre de spéculations auxquelles se sont livrés les exploitants.

Épuisement des substances fertilisantes.

Des contrées étendues manquent d'acide phosphorique. Ce sont celles qui vendent beaucoup de grains, de fourrages et d'animaux. Les produits végétaux et animaux ont absorbé l'azote, l'acide phosphorique, la potasse et la chaux du domaine. On conçoit qu'au bout d'un certain temps, la terre soit plus ou moins appauvrie des éléments constamment exportés, si on s'abstient de les y rapporter sous forme d'engrais.

Le carbonate de chaux et le phosphate de chaux deviennent solubles, le premier en passant à l'état de bicarbonate sous l'action de l'acide carbonique contenu dans l'air, l'eau et le sol, le second en se trouvant au contact de l'humus acide des bruyères et des bois. Ces réactions expliquent comment se perdent et disparaissent les marnages et les chaulages dans les pays où l'on est obligé de répéter constamment ces mêmes opérations pour conserver la fertilité du sol et les mêmes rendements en céréales et en fourrages. Les défrichements de bruyères, riches en matières azotées, sont tellement pauvres en acide phosphorique, que nulle culture n'y peut venir, si on n'y met pas 5oo à 1,000 kilog. de phosphate fossile. Cette substance devient soluble et assimilable par l'acidité du sol, et, en complétant sa composition, elle assure le succès des premières récoltes.

L'azote organique, qui s'accumule sur les terres en friche, à l'état de bois et de bruyères, paraît plus stable et plus facile à conserver que l'acide phosphorique et la chaux. Il en est de même de la potasse; il n'est pas démontré qu'elle disparaisse facilement de la ferme. Dans le Perche, en Sologne, en Beauce, en Brie, et dans mille autres localités, personne n'éprouve le besoin d'appliquer aux cultures des engrais potassiques. La viticulture, au contraire, en fait une assez forte consommation.

De tous les engrais artificiels, c'est l'acide phosphorique qui occupe le premier rang par les quantités qu'on en emploie, et par l'étendue des surfaces auxquelles il est appliqué. Après cette substance, viennent les engrais azotés, le nitrate de soude et le sulfate d'ammoniaque, qui produisent de bons effets sur les céréales, mais dont l'utilité est contestée pour les cultures de légumineuses. Sur le limon des plateaux, la vesce et le trèfle atteignent de magnifiques rendements sans autre engrais que du superphosphate de chaux. En Bretagne même, sur la vieille terre, on n'emploie que du phosphate fossile. On le préfère au superphosphate, qui coûte plus cher et qui produit moins d'effet sur les cultures. C'est par des expériences directes qu'on peut le mieux apprécier les effets des engrais chimiques.

Les fermes qui consomment leur paille et leurs fourrages, ne vendant que du grain et des animaux, paraissent dépenser peu de potasse, et n'ont pas besoin d'engrais potassiques. Il n'en est plus de même de celles qui vendent leurs fourrages, et les betteraves sans retour de pulpes. Une récolte de 50,000 kilog. de betteraves, vendue à une sucrerie, prive le domaine de 200 kilog. de potasse; si c'est une récolte de trèfle de 7,500 kilog., le domaine livre à l'acheteur 146 kilog. de potasse. Il est évident que ces ventes, poursuivies pendant plusieurs années, finiront par épuiser la potasse de la ferme et par nécessiter l'emploi des engrais potassiques.

CHAPITRE II.

LES FUMIERS.

Avant d'acheter des engrais commerciaux, il faut d'abord utiliser ceux qu'on peut produire économiquement dans la ferme. Le fumier, composé de tous les éléments des plantes, restera toujours la base essentielle de la fertilisation du sol. C'est l'engrais le plus complet, le plus durable et le plus apte à améliorer les qualités physiques du sol. D'après la composition énoncée précédemment, on sait qu'il contient, en bonne proportion, l'azote, l'acide phosphorique, la potasse et la chaux. On lui reproche quelquefois la lenteur de sa décomposition, on y obvie par une bonne préparation, par une fermentation plus prononcée, en le confiant au sol avant l'hiver pour les récoltes du printemps, et en enrichissant de chaux les terres non calcaires. Ce dernier élément active la nitrification du fumier et facilite son assimilation par les plantes. L'action du fumier devient encore plus énergique, dès qu'on lui associe des engrais phosphatés et azotés dans la mesure indiquée par l'expérience. Sur mon domaine du Perche, 300 à 400 kilog. de superphosphate, joints à une fumure de 15,000 kilog. à l'hectare, mettent le sol en état de produire 30 hectolitres de blé.

Le point essentiel pour le cultivateur, est de savoir dans

quelles proportions il doit associer le fumier et l'en
grais chimique. Il y a dix ans, on se servait, dans le
Perche, d'un engrais composé d'un tiers de sulfate
d'ammoniaque et de deux tiers de superphosphate dosant 12 à 15 %, d'acide phosphorique. Plus tard, le sulfate
d'ammoniaque a été réduit au quart, puis au cinquième,
puis enfin à zéro.

Beaucoup de praticiens ont reconnu l'inutilité de
l'engrais azoté, et la nécessité d'augmenter la dose de
l'acide phosphorique. On met, pour le blé, 300 à 400
kilog. de superphosphate dosant 10 à 12 % d'acide
phosphorique, avec 15,000 kilog. de fumier. Un expéri-
mentateur s'est bien trouvé d'employer le superphosphate à la forte dose de 1,000 kilog. par hectare. Jamais
il n'a obtenu un grain plus beau et plus abondant. La
récolte a atteint 32 hect. de grains par hectare, sur un sol
de moyenne qualité.

Il n'y a que les terres sablonneuses siliceuses, et les
terres calcaires qui dépensent assez rapidement les fumiers, à cause de leur extrême perméabilité, et de la nitrification énergique qui se produit dans le sol calcaire.
Mais pour peu que le sol contienne de l'argile et de
l'oxyde de fer, la conservation du fumier est assurée, et les
pluies qui lavent ou qui traversent le sol, n'en dérobent
qu'une très faible partie. En se décomposant dans le sol,
le fumier donne naissance à une série de combinaisons
stables favorables à la conservation de l'azote et des autres substances fertilisantes. C'est de cette façon, que le
sol acquiert cette *vieille graisse* qui est la base de sa fertilité et de sa productivité. Les terres enrichies ainsi d'ancienne date, donnent de magnifiques récoltes par la simple
addition d'un engrais chimique qui vient activer cette
réserve d'éléments fertilisants. C'est une folle prétention de vouloir obtenir des récoltes rémunératrices sur

des terres infertiles, sur des sables siliceux, des calcaires purs, ou tout autre sol épuisé, avec la seule ressource des engrais chimiques. Il faut, dans ce cas, employer à forte dose un engrais complet, d'un prix très élevé, d'une durée limitée à une année, et dont on tire un produit d'une valeur généralement inférieure à la dépense de l'engrais.

Faire venir de magnifiques récoltes sur du sable pur, avec de fortes doses d'acide phosphorique, de potasse, d'azote nitrique ou ammoniacal et de chaux, n'est pas chose difficile sur quelques mètres carrés d'un champ d'expérience. Là, on ne voit que le produit brut, et on se dispense de faire le compte des frais de culture.

La même expérience, tentée en grande culture, exposerait l'exploitant à des pertes plus ou moins importantes.

Ils sont de grands coupables ceux qui prêchent l'agriculture sans fumier ou l'agriculture sans bétail.

La sidération, telle qu'on veut la pratiquer actuellement, est une autre utopie qui ne résistera pas à un examen approfondi et à des expériences consciencieuses et bien faites. Ne sait-on pas que des engrais verts, sur un sol peu fertile, ne produisent jamais le même effet qu'un fumier de ferme dans un état convenable de préparation ?

L'engrais vert n'apporte au sol que de l'azote organique d'une assimilation plus difficile que celui du fumier. C'est sans doute la cause des insuccès qu'on a déjà constatés dans des essais de sidération.

On ne saurait le proclamer trop haut. Pour réussir en agriculture, il faut du fumier ; il en faut beaucoup, et de bonne qualité. C'est une règle qu'ont toujours fidèlement observée les praticiens émérites, ceux qui ont obtenu les plus beaux succès dans leurs exploitations. De fortes fumures avec le fumier de ferme associé à des engrais chimiques bien choisis, tel est le secret des agriculteurs, dont les récoltes atteignent les plus forts rendements et donnent les plus gros bénéfices.

Le fumier est, on ne saurait trop le répéter, la base essentielle et fondamentale de la fertilisation du sol. Mais il ne rend jamais à ce dernier la totalité des éléments fertilisants enlevés par les récoltes.

On rendrait au terrain la totalité des substances du sol, si on y enfouissait la plante qu'on y a cultivée. C'est un cas assez exceptionnel, c'est la méthode des engrais verts que les modernes désignent sous le nom de sidération. L'engrais vert rend au sol, non seulement toutes ses substances minérales, mais encore celles empruntées à l'atmosphère, notamment de l'azote; seulement il n'est pas démontré que les éléments fertilisants engagés dans l'engrais soient aussi assimilables que ces mêmes éléments puisés dans le sol par la plante qui donne l'engrais vert. Dans tous les cas, l'engrais vert non animalisé, se décompose et s'assimile moins bien que le fumier. Généralement, les produits de la plante cultivée sont portés à la ferme; on ne laisse dans le champ que les racines et quelques autres débris. Là les produits sont tantôt vendus en totalité ou en partie, tantôt ils sont consommés par les animaux.

Par la vente, disparaissent l'azote, l'acide phosphorique, la potasse et la chaux, contenus dans ces mêmes produits et issus certainement du terrain, en ce qui concerne les trois dernières substances.

Pour les produits consommés par les animaux, voyons comment se passent les choses, et quelle route vont suivre l'azote, l'acide phosphorique et la potasse.

L'azote des produits consommés, c'est-à-dire des aliments, se divise en deux parties : l'une, la moins importante, demeure dans l'organisme de l'animal, l'autre partie, la plus considérable, se retrouve dans les déjections liquides et solides. Les urines en prennent beaucoup plus que les déjections solides. Ce fait est d'une grande importance; il nous apprend que l'azote, la substance la plus précieuse et la plus chère, se concentre principalement dans l'urine des animaux. Nous avons donc grand intérêt à recueillir la totalité des urines, et à les traiter de façon à ce qu'elles ne perdent pas les substances azotées qui entrent dans leur composition.

Quant à l'azote utilisé par l'animal, il ne s'en perd rien, étant admis que la respiration n'en dépense aucune partie. Les animaux n'absorbent qu'une faible fraction de la potasse contenue dans les aliments. Cette substance, douée d'une forte solubilité, passe en grande quantité dans les urines; nouveau motif de recueillir avec soin ce précieux liquide.

L'acide phosphorique n'est jamais abondant dans les urines, celui des aliments sert partiellement à la confection des os et des autres parties de l'animal, et ce qui reste, se retrouve dans les déjections solides ainsi qu'une quantité importante de chaux et de magnésie provenant des aliments.

Pour le même animal, l'urine varie en quantité et en nature, suivant le mode d'alimentation.

Une vache normande de 550 kilog., consommant 12 kilog. de luzerne sèche, et 30 kilog. d'eau, et mise en expérience par MM. Müntz et Girard, a donné, par jour, en moyenne :

Déjections		Total.
solides.	liquides.	
kil.	kil.	kil.
22.0	6.2	28.2

Les déjections solides, analysées par ces auteurs
(voir *Les Engrais*, t. I), contenaient :

Eau .... 79.70 %
Azote .... 0.34 —
Acide phosphorique .... 0.16 —
Potasse .... 2.23 —

Les urines contenaient pour 100 :

Azote 1.540
Acide phosphorique 0.006
Potasse 1.699

D'après M. Boussingault, un cheval consommant, en
12 heures, 7 kilog. 5 de foin, 2 kilog. 27 d'avoine et 16
litres d'eau, produit :

Crottins	Urine.	Total.
kil.	kil.	kil.
14.2	1.35	15.55

Voici la composition centésimale de ces déjections
analysées par M. Boussingault.

	Déjections			
	solides.	liquides.		Mixtes.
		concentrées.	normales.	
Eau	75.30 %	79.10 %	91.00 %	75.40 %
Azote	0.55 —	2.61 —	1.48 —	0.74 —
Acide phosphorique.	0.30 —	0.00 —	0.00 —	0.17 —

Un mouton, consommant environ 1 kilog. de foin,
donne 2 kilog. 200 de déjections mixtes qui ont la composition centésimale suivante :

	Déjections		
	solides.	liquides.	mixtes
Eau................	57.60 %	86.50 %	67.10 %
Azote..............	0.72 —	1.31 —	0.91 —
Acide phosphorique.	0.44 —	0.01 —	0.16 —

Ces diverses analyses démontrent que les urines contiennent une grande partie de l'azote et de la potasse des déjections, et peu d'acide phosphorique. Cette dernière substance se retrouve principalement, avec la chaux, dans les déjections solides.

Dans les fermes, on peut disposer de deux sortes d'engrais liquides. On peut recueillir, dans des réservoirs étanches, les urines prises à la sortie des étables. Elles sont très fertilisantes, comme l'indique leur composition chimique. Elles sont caustiques, et brûleraient les gazons sur lesquels on les répandrait. Répandues sur des terres nues, elles n'auraient aucun inconvénient. Mais si on veut en arroser des prairies, ou des plantes cultivées, il est indispensable de les étendre d'une certaine quantité d'eau. Le meilleur emploi qu'on puisse en faire, c'est de les associer à des eaux d'arrosage réglées de telle sorte que la prairie les absorbe complètement sans qu'il s'en échappe aucune partie au dehors.

Le purin offre une composition chimique très variable; sa richesse dépend surtout de la disposition du tas de fumier et des soins qu'on apporte dans sa fabrication. Ce liquide comprend les urines des animaux, additionnées des eaux pluviales qui tombent sur le tas de fumier. On y trouve de l'azote, et surtout de la potasse; mais très peu d'acide phosphorique.

Un litre de purin, analysé par Wolff, contenait :

	gr.
Eau	982.0
Azote	1.5
Acide phosphorique	0.1
— sulfurique	0.7
Potasse	4.9
Chaux	0.3
Magnésie	0.4

Les fumures à l'engrais liquide d'urine ou de purin, enrichissent le sol de potasse et d'azote, mais elles ne lui donnent que des quantités insignifiantes d'acide phosphorique. On complètera ces fumures par du superphosphate de chaux, à la dose de 300 à 400 kilog. par hectare, et contenant 12 à 15 % d'acide phosphorique.

Revenons au fumier. Il résulte de l'absorption des déjections solides et liquides par diverses substances connues sous le nom de litières, le tout soumis à une fermentation plus ou moins prolongée. Voyons d'abord l'influence des litières sur la composition et la valeur du fumier.

Litières.

Les litières servent à maintenir la propreté des animaux, à leur donner un coucher hygiénique et agréable, et à absorber les déjections liquides et solides de ces animaux. Il importe de ne rien perdre de ces déjections. Il faut, par conséquent, que le sol des étables soit étanche et imperméable; les bétons à la chaux hydraulique, et les pavages en briques jointoyées avec du ciment de Portland, remplissent parfaitement cette condition. Dans les pays où les pailles de céréales sont très abondantes, on en met sous les animaux autant qu'il en faut pour absorber complètement les urines. C'est le moyen le

plus sûr de ne rien perdre de ces liquides si riches en
principes fertilisants.

Aucune matière n'absorbe mieux les urines que la
tourbe sèche, les feuilles des arbres et les chaumes creux
et fistuleux de la paille des céréales. Ces substances
n'ont pas toutes la même faculté d'absorption ; on a
constaté qu'après 24 heures d'imbibition, 100 kilog. de
litière ont retenu :

La paille d'orge	285	kil. de liquide.
— d'avoine	228	—
— de blé	220	—
— de colza	200	—
Feuilles mortes	262	—
Tourbe	500 à 700	—
Bruyère	100	—
Fougère	212	—
Sable quartzeux	25	—
Marne	40	—
Terre végétale séchée à l'air.	50	—

Les meilleurs fumiers sont faits avec de la paille. On
rend, de cette façon, au sol, une partie des matériaux enlevés par les récoltes, et on conserve aussi bien que possible toutes les déjections des animaux. Les pays peu
fertiles manquent de paille. Celles qu'on récolte sont
réservées pour l'alimentation des animaux. Elles remplacent les fourrages toujours rares sur les terres pauvres.

Quand les animaux vivent de paille, il en reste très
peu pour leur litière. On y supplée par de la lande, des
feuilles et des herbes marécageuses.

Si ces matières font défaut, on met les animaux sur des
planchers inclinés, munis de rigoles où se réunissent toutes les déjections, pour de là être conduites dans un ré-

servoir étanche qui conserve l'engrais liquide jusqu'au moment de son épandage sur les prairies ou sur les terres cultivées. C'est l'étable suisse, telle qu'on la trouve dans les montagnes. Au Pénitencier de Chiavari (Corse), on utilise comme litière une plante que la mer accumule en grande masse sur les côtes. C'est la *Posidonia Caulini*, Zostéracée qui produit des feuilles rubanées, et des rhyzomes feutrés constituant une bonne litière, quand on la recueille dans un état convenable de dessiccation; La possidonie est loin de valoir le goémon de l'Océan, elle est assez pauvre en principes fertilisants. Néanmoins, elle rend des services comme litière propre à absorber les déjections animales.

La richesse de la litière contribue à augmenter celle des fumiers; il faut en tenir compte dans l'appréciation des engrais. A ce point de vue, les litières les plus estimées sont celles qui sont les plus riches en azote, acide phosphorique, potasse et chaux. Les tables de Wolff font connaître la composition des diverses matières employées pour litières. Ici nous donnons celles des substances le plus communément appliquées à cet usage, en rappelant que cette composition est sujette à varier dans la même substance. Ainsi, la paille de blé de la Champagne, en terre calcaire, ne sera pas exactement composée comme celle qui aura été récoltée sur les terres siliceuses de la Sologne.

Une bruyère des landes de Bretagne, dont j'ai étudié la composition végétale à l'école d'agriculture de Grand-Jouan, comprenait les plantes suivantes :

L'ajonc.....................	*Ulex europæus.*
La bruyère commune........	*Calluna vulgaris.*
Le genêt à balai............	*Sarothamnus scoparius.*
— anglais............	*Genista anglica.*

La molinie.................   *Molinia cærula.*
L'agrostis.................   *Agrostis vulgaris.*

Ces deux dernières graminées représentaient la moitié de la masse, l'autre moitié se composait des végétaux ligneux de la lande ; le tout formait une litière sèche, excellente pour les animaux, et suffisamment abondante pour absorber complètement les déjections liquides et solides.

En Sologne, dans l'arrondissement de Romorantin, on lite les étables avec les aiguilles du pin maritime, plus longues et plus abondantes que celles du pin sylvestre. Les cultivateurs les achètent à ceux qui possèdent des pinières. Sur d'autres parties de la Sologne, on fait les litières avec les produits de la lande. Il en est de même dans les autres pays de lande, en Bretagne, en Gascogne, en Limousin, et dans la Campine belge. En Espagne, aux environs de Fontarabie, les cultivateurs font des meules de fougères (*Pteris aquilina*) qu'ils ramassent dans les bois et les landes, et dont ils se servent pour la litière de leurs animaux. De toutes les litières, c'est la plus riche en azote, en acide phosphorique et en potasse.

Voici la composition centésimale des litières; elle montre l'influence de ces substances sur la richesse du fumier.

NATURE DES LITIÈRES.	Azote.	Acide phosphorique.	Potasse.	Chaux.	Eau.
	kil.				
Paille de blé..............	0.48	0.23	0.40	0.26	»
— de seigle..........	0.40	0.25	0.80	0.36	»
— d'orge............	0.48	0.19	0.93	0.33	»
— d'avoine..........	0.40	0.28	0.97	0.36	»
Balles de froment........	0.72	0.40	0.84	0.19	»
— d'avoine...........	0.64	0.20	0.50	0.70	»
Siliques de colza.........	0.85	0.36	0.57	3.38	»
Bruyère.................	0.9	0.10	0.40	»	20
Fougère.................	2.4	0.45	2.42	»	16
Genêt à balai...........	2.5	0.23	0.80	»	16
Varech..................	»	0.37	1.71	»	18
Roseaux.................	1.1	0.12	0.43	»	18
Jonc....................	»	0.35	1.67	»	14
Feuilles de hêtre........	0.8	0.24	0.30	2.58	15
— de chêne........	0.8	0.34	0.25	2.02	15
Aiguilles de pin sylvestre.	0.8	0.10	0.13	0.46	13,5
Tourbe.................	1 à 2	traces.	»	»	»
Sciure de sapin	»	0.30	0.74	1.08	15
Mousse des forêts	1.0	0.16	0.34	0.29	15

La plupart des cultivateurs litent les étables avec de la paille ou de la lande. Ceux qui procèdent autrement constituent des exceptions assez rares.

L'idéal dans la production du fumier, c'est de réaliser la quantité et la qualité. Le seul moyen d'en approcher, c'est d'avoir autant de paille qu'il en faut pour absorber complètement toutes les déjections. Il ne faut pas que les urines s'échappent des étables. Ce produit si facilement altérable et décomposable, perd une grande partie de sa valeur quand il est abandonné à lui-même. Avant de se rendre à la fosse à purin, il se dessèche et perd son azote, surtout en été, au moment des plus fortes chaleurs. Sous l'influence d'un ferment spécial, l'urée de l'urine se décompose et donne du carbonate d'ammoniaque volatil et perdu dans l'air. L'urée :

$$C^2 O^2 Az^2 H^4 + 4HO$$

donne par la fermentation :

$$2(Az H^3, HO, CO^2)$$

formule du carbonate d'ammoniaque.

Quand on manque de litière, et que forcément les urines s'écoulent des étables, il faut, dans ce cas, les recevoir à leur sortie dans un réservoir fermé et étanche, dans lequel on met quelques centièmes de chaux vive, du sulfate de fer, de l'acide chlorhydrique en quantité suffisante pour empêcher la réaction ammoniacale. On s'assure que l'ammoniaque ne se dégage pas en plongeant dans l'atmosphère du réservoir un tube imprégné d'acide chlorhydrique. Des vapeurs blanches apparaissent si l'air contient de l'ammoniaque. Les dégagements ammoniacaux sont malheureusement trop fréquents dans les étables par le temps des grandes chaleurs, et au moment de l'enlèvement des fumiers.

Quand on enlève, le matin, le fumier des chevaux et des vaches, et celui des moutons après un long séjour dans la bergerie, il se produit une odeur ammoniacale des plus vives, et tellement intense, que les yeux en sont affectés jusqu'aux larmes. Il est bien dommage qu'on perde ainsi une substance très précieuse, très fertilisante, qu'on achète dans le commerce au prix de 1 fr. 50 à 2 francs le kilog.

Comment prévenir ces déperditions azotées? C'est assez difficile en pratique. On conseille d'imprégner le sol des étables d'un lait de chaux, c'est un antiseptique propre à empêcher la décomposition de l'urée. De l'eau acidulée produirait un effet analogue, en s'emparant de l'ammoniaque pour faire du sulfate ou du chlorhydrate d'ammoniaque non volatil. Si on craint de mettre des acides entre les mains des gens de la ferme, un arrosage à l'eau pure empêcherait aussi, dans une certaine mesure, les pertes d'ammoniaque. Pour ceux qui ont de l'eau en abondance, des prés à portée de la ferme, et facilement arrosables, il n'est pas de pratique plus simple et plus avantageuse que de noyer les urines et les purins dans les eaux d'irrigation. Le lavage des étables à grande eau fournit des eaux animalisées d'une grande puissance fécondante. Les vacheries du Cantal, privées de litières, sont un bel exemple de l'application de l'eau comme excipient des déjections solides et liquides. Par ce procédé, les prés ainsi arrosés reçoivent intégralement et sans aucune déperdition les principes fertilisants des étables.

Dans les Landes, on pratique un procédé de litage qui ne donne lieu non plus à aucun dégagement ammoniacal. Les bêtes à cornes, placées dans des étables assez vastes, n'ont d'autre litière que la lande qu'on pèle de très près, de manière qu'à la bruyère, à l'ajonc et aux herbes de toute nature, se joint une certaine quantité de terre de bruyère. On en met une forte épaisseur sous les animaux. Les végétaux et la terre absorbent totalement les déjections solides et liquides. On recharge constamment ce tas de fumier qu'on laisse plusieurs mois sous les animaux. On ne l'enlève que pour le porter aux champs. Il est facile de constater que ce mode de fabrication ne donne aucune odeur ammoniacale dans les étables, ni au moment de l'enlèvement du fumier. Il est bon de remarquer que la masse de la litière est très forte, eu égard à la quantité des déjections. On peut dire qu'elles sont noyées dans la litière terreuse, absolument comme celles des animaux du Cantal, qu'on mêle à une forte quantité d'eau.

C'est un principe général : plus les litières sont abondantes, que ce soit de la paille, de la lande terreuse, ou de l'eau, mieux on prévient les déperditions des substances utiles des fumiers.

Le fumier passe des étables dans la cour de ferme, où on le réunit sur un emplacement spécial, ou bien il va directement de l'étable aux champs. Ce dernier procédé s'applique au fumier des moutons et à celui des bêtes à cornes dans le sud-ouest de la France et dans quelques autres exploitations.

La méthode la plus générale consiste, pour les chevaux, les bêtes à cornes et les porcs, à enlever le fumier des étables tous les matins. C'est nécessaire au point de vue de l'hygiène des animaux et des soins de propreté. Ces animaux produisent des déjections abondantes qu'il est indispensable d'enlever, en ménageant la portion de litière laissée intacte. On économise ainsi les litières dont on n'a jamais trop dans les exploitations bien pourvues de bétail.

Les fumiers, traités le mieux possible dans les étables, sont exposés à de nouvelles déperditions dès qu'ils sont réunis en tas dans la cour de ferme.

On a souvent tenté d'éviter ces déperditions, en portant les fumiers frais immédiatement dans les champs.

C'est une pratique assez difficile à réaliser. Les cultures actives n'offrent pas toujours des champs disponibles pour recevoir ces fumiers frais. Au moment de la moisson et des semailles, le laboureur n'a pas le temps de transporter les fumiers et de les enfouir immédiatement. Ces fumiers frais sont lents à se décomposer et portent dans les champs beaucoup de mauvais grains, tandis que ceux qui ont fermenté en tas ont subi, sous l'influence du carbonate d'ammoniaque et de quelques autres réactions, un commencement d'altération qui facilite leur mélange avec le sol et qui les rend plus assimilables pour les plantes. Cette méthode est la plus générale. Elle a la consécration de l'expérience, et elle est pratiquée dans les exploitations les mieux dirigées et les plus prospères.

Les fumiers dans la cour.

Les fumiers, réunis dans la cour de ferme, sont exposés à diverses déperditions qu'il importe de prévenir par des soins intelligents. Rien n'est plus mauvais que de les étendre sur toute la surface de la cour. Cette méthode est malheureusement encore la plus générale dans toutes les contrées, même dans les mieux cultivées. On en trouve de nombreux exemples dans la région du Nord et dans celle du centre de la France. Le fumier ainsi disposé, est lavé par les eaux pluviales qu'il reçoit directement ou qui proviennent des toits. Les eaux de lavage en enlèvent les parties solubles, notamment les sels ammoniacaux et potassiques. La déperdition est moins sensible pour l'acide phosphorique. De la cour, les eaux de lavage se rendent dans l'abreuvoir, ou dans les rues du village. On perd ainsi les substances les plus précieuses du fumier, l'azote et la potasse, qui valent le premier 1 fr. 50 à 2 francs le kilog, et l'autre 0 fr. fr. 40 à 0,50. Pour les rendre au sol d'où ils proviennent, on est obligé d'acheter du nitrate de soude, du sulfate d'ammoniaque et du chlorure de potassium.

Le fumier ne doit recevoir que l'eau de pluie qui tombe directement sur lui. Il faut en écarter celle des toits et des autres parties de la cour. Le purin, riche en matières fertilisantes, sert à l'arrosage des tas, et l'excédent conservé dans une fosse étanche, s'utilise pour l'arrosage des gazons, des composts ou des terres nues.

Le fumier étendu en couche mince sur toute la surface d'une cour mal nivelée, perd beaucoup par le lavage des eaux pluviales; il fermente d'une manière irrégulière dans les endroits où il est noyé et dans les places où il est trop desséché. La bonne fermentation ne se produit que sur le fumier humide; elle est nulle sur celui qui nage dans l'eau, et se fait mal sur celui qui manque d'humidité. Dans ce cas, le fumier prend le blanc, signe certain de son altération et de ses déperditions gazeuses.

Pour faire du bon fumier, il faut le réunir en tas, le tasser fortement, et l'arroser de temps en temps, afin d'entretenir la fermentation reconnue nécessaire pour lui donner toutes les qualités fertilisantes. C'est ce tas qu'il faut surveiller et entourer de soins intelligents, afin de prévenir les déperditions liquides et gazeuses, où se trouvent les principes les plus actifs du fumier. Il faut rassembler dans un réservoir spécial, nommé fosse à purin, le jus qui s'écoule du tas de fumier. On se servira de ce purin pour l'arrosage du tas, et s'il y a un excédent, on l'utilisera pour fertiliser des gazons, des prairies naturelles ou toute autre culture. On a vu plus haut que ce liquide renferme une forte dose d'éléments fertilisants.

Toutes les dispositions de la mise en tas des fumiers se réduisent à deux méthodes principales, la plate-forme et la fosse à purin.

La plate-forme s'établit sur un endroit à l'abri des eaux des toits. Le sol est rendu étanche par un bétonnage, ou par des argiles qu'on recouvre d'une forte épaisseur de macadam en vue du passage des voitures. La surface est bombée et offre les inclinaisons nécessaires pour

que les liquides s'écoulent du fond du tas dans des
rigoles pavées établies sur les quatre côtés de la plate-
forme et munies de pentes dans la direction de la fosse
à purin qu'on place ordinairement au milieu du plus
long côté, entre deux plates-formes parallèles.

Il est bon d'avoir au moins deux plates-formes, ce
qui permet d'en avoir une constamment terminée et
bonne à porter dans les champs, et une autre en préparation, destinée à recevoir les fumiers de chaque jour.

La plate-forme constitue un rectangle dont les dimensions, en longueur et en largeur, varient suivant
l'importance des exploitations. On suppose que les fumiers seront portés dans les champs au moins deux
fois dans l'année. La fosse à purin doit être placée entre
les deux plates-formes, et munie d'une pompe qui relève les liquides et les répartit alternativement sur les
deux tas. On monte le tas par couches successives, en
ayant soin que les quatre parois soient régulières et verticales.

Le fumier est bien tassé et arrosé au moins une fois
par semaine. On le termine à une hauteur qui varie entre
2 et 3 mètres, puis on le recouvre de 15 à 20 centimètres
de matières terreuses, destinées à absorber les gaz qui
se dégagent de la masse.

C'est ce procédé de fabrication qu'on suit à Grignon,
et qu'on retrouve chez la plupart des anciens élèves de
cet établissement.

Il est incontestable qu'on fabrique ainsi un excellent
fumier, bien homogène, et dans un état convenable de
fermentation et de décomposition.

Cette méthode offre cependant quelques inconvénients.
D'abord elle exige qu'un homme spécial soit chargé de
ce service ; il conduit le fumier au tas par un plan incliné
pour la partie supérieure ; il dresse les quatre parois et

exécute les arrosages au purin. Ce tas forme un gros parallélépipède en communication avec l'atmosphère par cinq côtés. Ne peut-on pas supposer qu'il y a là une cause permanente de déperditions gazeuses. Les liquides suintent par les côtés, et viennent du fond se rendre dans des rigoles ouvertes. Là ils sont le siège d'une active vaporisation pendant les grandes chaleurs de l'été. Je suis plus rassuré contre le danger de ces déperditions liquides et gazeuses, quand je vois le tas renfermé entre quatre murs, dans une fosse où les rigoles à purin sont établies intérieurement, loin du contact de l'air et des rayons solaires.

La fosse à fumier se monte sans difficulté, sans le secours d'un homme spécial. Son tassement est facile au centre et contre les murs. Ce tassement régulier est une condition de bonne fabrication. La fosse à fumier le réalise mieux que la plate-forme. Il suffit de placer une balustrade sur les quatre murs, et d'y faire séjourner, de temps en temps, des bêtes à cornes ou un troupeau de moutons. Pendant les nuits chaudes de l'été, les bêtes à cornes et les moutons sont mieux sur la fosse à fumier que dans les étables. Ils y souffrent moins de la chaleur, et y respirent un air plus pur et plus frais. Le fumier fortement tassé ne donne lieu, pour ainsi dire, à aucun dégagement. Rien n'empêche de placer sur la fosse à fumier des auges, des rateliers, des bassins pleins d'eau, de manière à alimenter et à abreuver les animaux ainsi parqués. Pendant la bonne saison, j'ai vu engraisser des bœufs sur cet emplacement. On les nourrissait là comme on l'aurait fait à l'étable. On était ainsi dispensé d'enlever le fumier de chaque jour. Les fumiers rapportés des autres étables formaient en quelque sorte une litière fraîche pour ces animaux à l'engrais. Cette méthode d'engraissement donne de bons résultats, en simplifiant le service des bêtes soumises à ce nouveau régime. Certains agriculteurs, passionnés pour le progrès, poussent plus loin le perfectionnement de la fosse à fumier; ils l'abritent sous une toiture en chaume ou de tous autres matériaux, comme on le pratique pour un simple hangar. Dès lors, la fosse à fumier devient une véritable étable ventilée et ouverte à tous les vents. Dans ces conditions, la charpente ne souffre pas des émanations du fumier, presque nulles par suite du tassement continu de la matière. Cet inconvénient, signalé par quelques auteurs partisans de la plate-forme, ne repose sur aucune observation sérieuse.

Il est incontestable que la fosse à fumier, couverte ou non couverte, coûte à établir plus que la plate-forme. Cette première dépense est largement compensée par l'économie de la main-d'œuvre, par un tassement plus régulier et plus complet, et en définitive par une meilleure conservation des produits liquides et gazeux du fumier. Les cultivateurs pourvus de pailles abondantes, et en mesure de placer sous les animaux de copieuses litières, sont très satisfaits de ce procédé de fabrication. On peut, comme pour la plate-forme, diviser la fosse à fumier en plusieurs compartiments, au besoin en établir deux à côté l'une de l'autre, pour qu'il y en ait toujours un en construction quand l'autre est achevé. Le tas unique suffit à la rigueur pour les moyennes et les petites exploitations. La couche fraîche du haut condense et absorbe les gaz qui se dégagent des parties inférieures. Au moment de l'enlèvement, on écarte le fumier frais, et on charge les voitures avec du fumier pris sur toute l'épaisseur du tas.

Le lavage et l'arrosage au purin semblent, jusqu'à présent, suffisants pour préparer un bon fumier dans l'espace de six semaines ou deux mois. Pendant ce temps, une fermentation modérée et régulière attaque la partie pailleuse du fumier, et le tout est dans l'état convenable pour être incorporé au sol et pour servir utilement à l'alimentation des plantes. C'est ainsi que procèdent les grandes exploitations qui suivent un système intensif de culture. On applique le fumier aux plantes sarclées, aux racines et aux légumineuses fourragères. Les contrées arriérées procèdent autrement; le fumier est destiné aux céréales telles que le blé, le seigle et l'orge d'hiver. Dans ce cas, le fumier demeure six mois et même un an en tas, dans la cour de ferme, non arrosé ou mal arrosé, lavé par les eaux pluviales, et soumis à tant de causes de déperdition, que son volume diminue de moitié, et que son azote et ses sels solubles ont en grande partie disparu sous forme liquide ou gazeuse. Sans compter que ce fumier, à l'état de beurre noir, qu'on coupe à la bêche, prend souvent le blanc par une fermentation sèche qui lui enlève une partie de ses qualités fertilisantes. Cette *chancissure* est pour ainsi dire inévitable dans les fumiers non arrosés, et réunis en tas sur une petite plate-forme.

En Franche-Comté, où la propriété est très morcelée, les petits cultivateurs dont les fermes sont établies le long de la rue principale du village, rassemblent leurs fumiers devant leur porte, en petits tas rectangulaires et hauts de 1 ou 2 mètres. Ce fumier reste là toute l'année. De chaque tas, naît un filet de purin, qui s'écoule dans la rue, et va rejoindre le ruisseau voisin, à moins qu'un praticien plus intelligent que les autres ne s'empresse de détourner les eaux fertilisantes à la sortie du village et ne les applique à l'arrosage et à la fertilisation d'une prairie naturelle.

Cet état de choses, nuisible à l'agriculture et à la salubrité publique, dure depuis un temps immémorial.

La routine le maintient, malgré les conseils de la science et les encouragements que les Comices offrent à ceux qui consentent à mieux traiter leurs fumiers.

Résumons les conditions à remplir pour conserver au fumier ses propriétés fertilisantes, et pour l'offrir aux plantes dans le meilleur état de décomposition.

Il faut :

1° Ne rien perdre, à l'étable et au tas, des produits liquides et gazeux.

2° Préparer, dans ce but, un sol étanche et imperméable, dans les étables et sur l'emplacement.

3° Employer autant de litière qu'il en faut pour l'absorption totale des urines ; sinon recueillir les urines à la sortie des étables, pour les conduire à la fosse à purin ou dans des réservoirs spéciaux où l'on prévient le dégagement du carbonate d'ammoniaque par certains sels ou certains acides.

4° Préférer la fosse à fumier à la plate-forme, au point de vue de l'économie de la main-d'œuvre et de la conservation des produits liquides et gazeux.

5° Tasser et arroser le tas aussi souvent que cela est nécessaire pour régulariser la fermentation et éviter la *chancissure*.

6° Éloigner les eaux pluviales des toits, et n'admettre sur le tas que l'eau qu'il reçoit directement.

7° Préparer au besoin la fosse à fumier couverte, jouant le rôle d'une étable pendant toute la durée de la bonne saison. En opérer le tassement, en plaçant sur le fumier, des bêtes à cornes ou un troupeau de moutons.

8° Établir, près du tas de fumier, une fosse à purin destinée à recueillir, par des rigoles pourvues de pentes nécessaires, tout le jus qui s'échappe de la masse du fumier.

9° Utiliser le purin pour l'arrosage du tas, et appliquer le liquide excédant à la fumure des prairies ou des autres cultures.

Le fumier transporté au champ, doit être répandu de suite, et enterré par un coup de charrue. Exposé à l'air, il perd de sa valeur ; la pluie le lave, et ses principes solubles pénètrent l'emplacement de chaque fumeron, ce qui fera des taches et des irrégularités dans la culture suivante. L'épandage doit s'opérer avec la plus grande régularité. Les pays qui l'emploient à l'état de beurre noir, n'arrivent à le bien diviser qu'en le faisant émietter à la main par des femmes. Ce sont des fumures de 10,000 à 15,000 kilog. à l'hectare. Les fumures de 50 à 60,000 kilog. se répandent à la fourche, après que les voitures ont réparti le fumier en petits tas dits fumerons, espacés entre eux d'environ 7 mètres. Ce qui fait 200 fumerons par hectare du poids de 300 kilog. chacun.

La quantité de fumier produite par chaque espèce d'animaux, varie suivant plusieurs circonstances. Elle dépend de la quantité de litière employée, du genre d'alimentation des animaux, de la nature des aliments, de la durée du séjour à l'étable.

La valeur fertilisante du fumier dépend principalement de la qualité des aliments. Les animaux les mieux nourris sont ceux qui font le meilleur fumier, de même que les vidanges des quartiers aristocratiques sont supérieures à celles des quartiers pauvres.

Voici des moyennes indiquant la production annuelle
de fumier par chaque espèce d'animaux :

	Poids.	Fumier produit.
	kil.	kil.
Vache laitière en stabulation..	400	11.000
Bœuf à l'engrais..............	500	25.000
— de travail..............	600	11.000
Cheval de trait..............	600	9.000
Mouton allant au pâturage.....	40	500
Porc adulte..................	100	1.400

Retenons bien que ce sont les animaux les mieux
nourris qui fournissent le meilleur fumier. Parmi les
bêtes à cornes, les animaux à l'engrais donnent un fumier
plus riche que celui des vaches laitières ou des élèves.

Wolff a trouvé la composition centésimale suivante
dans deux fumiers provenant, l'un de bœuf à l'engrais,
et l'autre de vaches laitières et d'animaux d'élevage :

	Azote.	Acide phosphorique.	Potasse.
Fumier du bœuf à l'engrais de.....	0.98	0.44	0.65
— de vache laitière et d'élèves.	0.41	2.13	0.54

Les différences sont énormes. Les animaux qui font
de la graisse, dépensent moins d'azote, d'acide phosphorique et de potasse que ceux qui font du lait, ou qui
croissent en chair et en os. Les emboucheurs savent
parfaitement que les bœufs à l'engrais fatiguent moins
les herbages que les vaches laitières et les jeunes animaux. Les déjections des premiers sont plus fertilisantes que celles des vaches à lait et des élèves.

Valeur vénale du fumier.

La valeur intrinsèque du fumier dépend de sa composition chimique, laquelle varie beaucoup suivant les ani-

maux qui le produisent, le genre d'alimentation auquel ils sont soumis, et suivant le traitement des fumiers en tas.

Wolff a trouvé, dans le fumier frais des animaux, la composition suivante :

	Eau.	Azote.	Acide phos-phorique.	Potasse.	Chaux.	Magnésie.
Fumier de cheval 100 kil...	71.3	0.58	0.28	0.53	0.21	0.14
— de bêtes à cornes..	77.6	0.34	0.16	0.40	0.31	0.11
— de mouton........	64.6	0.83	0.23	0.67	0.33	0.18
— de porc...........	72.4	0.45	0.19	0.60	0.08	0.09

Ces analyses confirment les données de la pratique. Il est reconnu que c'est le fumier de mouton qui est le meilleur, le plus fertilisant, le *plus chaud*, comme on le dit vulgairement. Celui de cheval est également très chaud et recherché pour les couches des jardiniers. Les fumiers des bêtes à cornes et des porcs sont dits *fumiers froids*, parce qu'ils sont plus aqueux et plus lents à se décomposer.

Les agriculteurs font généralement des fumiers mélangés de chevaux, de bêtes à cornes et de porcs. Celui des moutons passe souvent directement de la bergerie dans les champs.

Voici la composition centésimale de plusieurs fumiers mixtes :

	Eau.	Azote.	Acide phos-phorique.	Potasse.	Chaux.	Ma-gnésie.	Acide sul-furique.	Auteurs.
Fumier frais......	75.00	0.39	0.18	0.45	0.49	0.12	0.10	Wolff.
— consommé.....	75.00	0.50	0.26	0.53	0.70	0.18	0.16	—
— de Tomblaine..	73.00	0.32	0.36	0.82	»	»	»	Grandeau.
— de Bechelbronn.	79.30	0.41	0.20	»	»	»	»	Boussingault.
— de Grignon.....	70.50	0.72	0.61	»	»	»	»	—

Les fumiers mixtes contiennent en moyenne, par 1,000 kilog., 4 kilog. 70 d'azote, 3 kilog. d'acide phosphorique et 5 kilog. 2 de potasse. Ces chiffres sont extraits de l'excellent traité des *Engrais* de MM. Müntz et Girard.

Les éléments fertilisants des fumiers sont moins assimilables que ceux des engrais chimiques. D'après les cours actuels de ces derniers, l'azote du fumier ne vaudrait que 1 fr. 25 le kilog., l'acide phosphorique 0 fr. 50, et la potasse 0 fr. 40.

D'après ces chiffres, 1,000 kilog. de fumier mixte vaudraient :

	kil.		fr.
Pour l'azote...................	4.7	× 1.25 =	5.87
— l'acide phosphorique.....	3.0	× 0.50 =	1.50
— la potasse................	5.2	× 0.40 =	2.08
Total			9.45

Comparé aux engrais chimiques, le fumier offre, en outre, l'avantage d'apporter au sol de la chaux, de la magnésie et de l'acide sulfurique. Il améliore les qualités physiques du sol, autrement et plus efficacement que les engrais chimiques. A l'inconvénient d'être moins assimilable que ces derniers, il oppose la propriété de mieux se conserver dans le sol et de disparaître moins facilement par l'effet des eaux pluviales. Aussi, quand on trouve du fumier à acheter au prix indiqué plus haut, j'estime qu'il y a avantage à le préférer aux engrais chimiques, au cours de 24 francs pour le nitrate de soude, de 34 francs pour le sulfate d'ammoniaque, et de 22 francs pour le chlorure de potassium.

En résumé, c'est dans le fumier qu'on trouve les principaux éléments de la fertilisation du sol. Seulement ces éléments sont insuffisants, en ce sens qu'ils ne rapportent pas dans le sol toutes les substances enlevées par les récoltes. Par suite des exportations de la ferme, il y a des déficits, qui portent tantôt sur l'azote, tantôt sur l'acide phosphorique, la potasse et la chaux. L'analyse du sol, des expériences directes sur les cultures à l'aide des engrais chimiques, éclairent facilement l'agriculteur sur la nature des engrais complémentaires à mettre dans le sol. Des contrées entières manquent de potasse dans le sol et le fumier; là les engrais potassiques sont naturellement indiqués. Ailleurs, la potasse existe en quantité suffisante dans les fumiers et le sol, et c'est l'acide phosphorique qui doit être associé au fumier de ferme. Quant à la chaux, il est toujours peu coûteux d'en mettre une bonne provision dans le sol sous forme de plâtre, de chaux vive, de marnage, de phosphatage.

C'est ainsi que l'expérience a démontré que dans la Meuse, l'acide phosphorique et la potasse sont inefficaces, tandis que les engrais azotés font merveille. En Bretagne, c'est le phosphate fossile qui est l'engrais complémentaire par excellence. Les terres du Perche sont pourvues d'azote et de potasse, c'est l'acide phosphorique sous forme de superphosphate qui, joint au fumier, assure le succès des récoltes.

On voit, d'après cela, que la restitution au sol des éléments de la fertilité varie suivant les localités; elle varie encore, bien entendu, suivant la nature des cultures.

Le problème à résoudre pour chaque culture, exige qu'on tienne compte de la composition chimique du sol, de celle du fumier et de celle des produits à récolter. On fera, en outre, attention au degré d'assimilabilité des substances fertilisantes; celles du sol et du fumier sont moins assimilables que celles des engrais chimiques solubles dans l'eau, ou le citrate d'ammoniaque pour les superphosphates. Une grande réserve de substances fertilisantes, peu assimilables dans le sol, peut ne pas suffire aux besoins des plantes : dans ce cas, l'engrais supplémentaire devient indispensable.

Parcage.

Le parcage est un procédé de fumure qu'on utilise dans certaines parties de la France. La région du Nord, où l'on trouve d'importants troupeaux de moutons, notamment dans la Picardie, la Brie et la Beauce, pratique le parcage pendant 4 à 5 mois de la belle saison. Les troupeaux couchent en plein air, renfermés dans une enceinte formée de claies, rassemblées et maintenues verticalement par des crosses en bois solidement fixées en terre. Chaque mouton d'une taille moyenne est sensé couvrir et parquer un mètre carré qu'il occupe pendant six heures quand il s'agit d'un parcage simple, celui qui suffit à une seule culture. Pour un parcage double, les moutons devraient rester douze heures dans le même parc. Dans le cas du parcage simple, le berger change les animaux au milieu de la nuit, et les fait passer dans un second parc préparé à l'avance.

Un troupeau de 300 bêtes parquera une surface de 6 ares par nuit, et mettra dix-sept jours pour fumer un hectare.

On met de préférence le parc sur les terrains les plus éloignés, les plus accidentés et les plus coûteux à fertiliser par le fumier de ferme.

D'après les expériences de MM. Müntz et Girard, le sol conserve mieux que la bergerie les substances fertilisantes contenues dans les déjections des moutons. Dans les deux cas, il y a une perte d'azote, mais celle de la bergerie est double de celle du parc.

Pour que l'absorption des déjections par le sol ne laisse rien à désirer, il faut que le terrain à parquer soit meuble, perméable et non mouillé. Par l'humidité, on doit éviter de mettre les moutons sur une terre argileuse et imperméable, l'opération serait mauvaise pour le sol et pour les moutons. Le terrain parqué doit être immédiatement retourné, afin d'éviter les déperditions ammoniacales qui se produiraient sur les déjections exposées à l'air et à la chaleur.

Les terres convenablement parquées sont autant de surfaces biens fumées, sans aucune peine, et sans aucun frais de transport et de litière. Les moutons n'en souffrent pas, ils sont mieux au parc qu'à la bergerie par les nuits chaudes de l'été, et ce régime leur est salutaire pourvu qu'on les rentre au moment des orages, et qu'on les retire du parc quand les nuits deviennent froides et pluvieuses.

Dans les montagnes du Centre, on met les bêtes à cornes au parc pendant la nuit sur les parties les moins bonnes des pâturages. Cette fumure produit, l'année suivante, une herbe excellente et abondante.

En Corse et en Provence, les moutons transhumants qui descendent à la plaine pendant l'hiver, passent généralement la nuit dans des parcs permanents où s'accumulent les déjections qu'on enlève de temps en temps, et qui constituent un engrais énergique et facile à employer.

CHAPITRE III

Les principaux engrais chimiques livrés pour le commerce aux agriculteurs, sont :

Le sulfate d'ammoniaque, dosant en moyenne 20 % d'azote, et coté, en 1888, à 33 francs les 100 kilog.

Le nitrate de soude, dosant en moyenne 15 % d'azote, et valant actuellement 23 francs. les 100 kilog.

Le nitrate de potasse, contenant 15 % d'azote et 45 % de potasse, valant 46 francs les 100 kil. Il est rarement employé à cause de son prix élevé.

Le chlorure de potassium, dosant 50 % de potasse, et se vendant 22 francs les 100 kilog.

Le superphosphate de chaux, ayant une valeur qui varie suivant la teneur en acide phosphorique soluble, qu'on estime 0 fr. 50 le kilog.

Le phosphate fossile, vendu à raison de 0 fr. 25 le kilog. d'acide phosphorique insoluble.

Le phosphate précipité vaut 0 fr. 53 le kilog. d'acide phosphorique.

L'azote des matières organiques se vend 1 fr. 50 à 2 francs le kilog.

Le sang desséché, à 12 % d'azote, vaut 24 francs les 100 kilog.

Le cours de ces engrais commerciaux varie, bien entendu, autant que celui du fumier. On saura lequel de ces engrais et du fumier on doit préférer, en ayant égard à leur composition chimique, à celle du sol, aux exigences spéciales de chaque culture, et aux prix respectifs de chacun de ces engrais.

On a découvert récemment une nouvelle source d'acide phosphorique dans les scories des usines qui, à l'aide de la chaux, dépouillent l'acier du phosphore contenu dans le minerai de fer. Ces scories, finement moulues, contiennent du phosphate de chaux tribasique associé à une forte proportion de chaux. Elles conviennent principalement aux terrains qui manquent de chaux et d'acide phosphorique; les scories du Creusot, réduites en une poudre impalpable, contiennent 12 à 14 % d'acide phosphorique, et 45 % de chaux. Elles se vendent actuellement (1891) 30 francs la tonne, soit 3 francs les 100 kilog. A richesse égale d'acide phosphorique, elles semblent produire plus d'effet que le phosphate fossile.

Est-ce l'acide phosphorique qu'on veut associer au fumier de ferme? On répand d'abord le fumier qu'on enterre et qu'on mélange le mieux possible au sol, à la dose de 10,000 à 15,000 kilog. si c'est une petite fumure pour le blé; à celle de 20,000 à 30,000 kilog. comme moyenne fumure pour les fourrages, et à celle de 60,000 kilog. pour une culture de racines. Au moment des semailles, on sème, sur le sol, l'engrais phosphaté, qu'on enfouit par un ou plusieurs coups de herse. Puis se fait le semis de la graine, à la volée ou au semoir.

Les engrais phosphatés, restant ou devenant insolubles dans le sol, peuvent sans inconvénient être répandus avant l'hiver. Les engrais potassiques et azotés, restant solubles dans le sol, seront de préférence appliqués au printemps. Mis avant l'hiver, ils sont exposés à disparaître sous l'action des eaux pluviales, qui filtrent dans le sous-sol perméable, ou qui coulent à la surface sur les terres imperméables.

Rien n'est plus utile que d'apprécier exactement la richesse effective des engrais chimiques. La méthode à suivre est de procéder par le calcul des équivalents.

Voici les équivalents qui servent à ce calcul :

CORPS SIMPLES.

Hydrogène	H	= 1	Phosphore	Ph	= 31
Oxygène	O	= 8	Potassium	K	= 39
Azote	Az	= 14	Sodium	Na	= 23
Carbone	C	= 6	Calcium	Ca	= 20
Soufre	S	= 16	Silicium	Si	= 14
Chlore	Cl	= 35.5			

ACIDES ET EAU.

Acide carbonique	CO^2	= 22
— nitrique	AzO^5	= 54
— sulfurique	SO^3HO	= 49
— phosphorique	PhO^5	= 71
— silicique	SiO^3	= 38
Eau	HO	= 9

BASES.

Potasse	KO	= 47
Soude	NaO	= 31
Ammoniaque	AzH^3HO	= 26
Chaux	CaO	= 28

SELS.

Nitrate de potasse	AzO^5KO	= 101
— de soude	AzO^5NaO	= 85
Sulfate d'ammoniaque	SO^3AzH^4O	= 66
Phosphate de chaux	PhO^53CaO	= 155
Chlorure de potassium	ClK	= 74.5
Carbonate de chaux	CO^2CaO	= 50
Sulfate de chaux	SO^3CaO	= 68
Nitrate de chaux	AzO^5CaO	= 82

Le phosphate fossile tribasique s'achète au degré; on le paye à tant le kilogramme d'acide phosphorique. Je suppose que l'on achète cet engrais au prix de 0 fr. 25 le kilog. d'acide phosphorique : on se demande combien on doit payer 100 kilog. de ce phosphate dosant 40 % de phosphate de chaux. Cela revient à estimer les 40 kilog. de phosphate de chaux contenus dans 100 kilog. de matière.

Le phosphate de chaux tribasique, $PhO^3 3CaO$, a pour équivalent 155, savoir 71 d'acide phosphorique et 84 de chaux.

155^k de phosphate de chaux contiennent 71^k d'acide phosphorique.

$$1 \qquad - \qquad \text{contiendra } \frac{71}{155} \qquad -$$

$$40 \qquad - \qquad - \qquad \frac{71 \times 40}{155} = 18^k,30 \text{ d'acide phosph.}$$

Les 100 kilog. de phosphate fossile vaudront 0 fr. 25 × 18,30 = 4 fr. 58.

Un calcul analogue ferait connaître le prix du chlorure de potassium, vendu à tant le kilog. de potasse.

Il est facile également de connaître la teneur en azote des engrais azotés, et de savoir à quel prix revient le kilog. d'azote.

Supposons qu'on achète le sulfate d'ammoniaque à 30 francs les 100 kilog. A quel prix reviendra le kilog. d'azote ? Nous supposons le sel exempt d'humidité.

Le sulfate d'ammoniaque a pour formule $SO^3 Az H^4O = 66$; 66 kilog. de sel contiennent 14 kilog. d'azote, 1 kilog. contiendra $\frac{14}{66}$; 100 kilog. de sel contiendront $\frac{14 \times 100}{66} = 21,21$ kilog. d'azote. — Admettons seulement 20 kilog. en tenant compte des impuretés. L'azote revient à 1 fr. 50.

Par le même calcul, on démontrerait que le nitrate de soude et le nitrate de potasse purs, contiennent : le premier $16,47\,^0/^0$ d'azote, et le second $13,84\,^0/_0$.

Les sels blancs, amorphes ou mal cristallisés, tels qu'on les livre à l'agriculture, sont parfois assez difficiles à distinguer, quand ils ont perdu leurs étiquettes après un long séjour en magasin. Voici comment on arrive à les reconnaître : le sulfate d'ammoniaque, mis en contact avec de la chaux vive en poudre, dégage de l'ammoniaque que tout le monde distingue à l'odeur. Une solution de potasse produirait également un dégagement d'ammoniaque, en la mêlant à une solution du même sel.

Sur une lame de platine chauffée à la flamme de l'alcool, ce sel se volatilise sans laisser aucun résidu.

Le nitrate de soude et celui de potasse fusent sur le charbon ardent. Le premier colore en jaune la flamme de l'alcool, et donne un précipité blanc avec l'antimoniate de potasse; le nitrate de potasse colore en violet la flamme de l'alcool, et donne un précipité jaune avec le chlorure de platine. Avec l'acide tartrique, le nitrate de potasse donne un précipité de bitartrate de potasse, il n'y a pas de précipité avec le nitrate de soude. C'est la réaction la plus sûre et la plus nette pour distinguer le nitrate de potasse du nitrate de soude.

Le chlorure de potassium donne avec l'azotate d'argent un précipité blanc, cailleboté, insoluble dans l'acide azotique, soluble dans l'ammoniaque, prenant à la lumière une coloration violette et noire.

L'analyse du phosphate de chaux n'est pas à la portée du cultivateur. Il ne peut se livrer qu'à des essais qualitatifs à l'aide de quelques réactifs.

Après avoir dissous dans l'eau, très légèrement acidulée avec de l'acide azotique, et après avoir filtré, on peut soumettre la solution aux essais suivants :

Avec le chlorure de barium, on obtient un précipité blanc, soluble dans les acides chlorhydrique et azotique. Le nitrate d'argent donne un précipité jaune, soluble dans l'acide azotique et dans l'ammoniaque. Avec le molybdate d'ammoniaque, il se produit un précipité jaune par la chaleur en présence de l'acide azotique.

Ces réactions éclairent parfaitement le praticien sur la nature du sel dont il doit faire la détermination. Il peut encore, par un simple procédé de dessiccation, s'assurer de son degré d'humidité. Quant à sa pureté et à la richesse de son élément fertilisant, il faut recourir à un chimiste de profession pour les apprécier avec toute l'exactitude désirable.

Prenons quelques exemples et voyons comment nous devrions procéder pour donner aux cultures les substances les plus propres à en assurer les succès. Nous désirons atteindre, pour le blé, 30 hectolitres de grain par hectare, pour les betteraves 50,000 kilog. de racines, pour les pommes de terre 15,000 kilog. de tubercules, pour la luzerne 12,000 kilog. de foin sec.

Le tableau ci-dessous indique les substances consommées par chacune de ces cultures.

CULTURE.	Azote.	Acide phosphorique.	Potasse.	Chaux.
	kil.	kil.	kil.	kil.
Blé à 30 hectolitres...	69.45	27.75	87	17.75
Betteraves 50.000 kil.	80	55	200	25
P. de terre 15.000 kil.	48	27	84	7
Luzerne 12.000 kil...	275	61	182	345.6

Il faut d'abord savoir si on a affaire à un sol pauvre ou à un sol fertile. Suivant les chimistes :

Le sol très fertile contient plus de 2 $^{00}/_{00}$ d'acide phosphorique.

Le sol fertile en contient 1 à 2 $^{00}/_{00}$.

Le sol moyennement fertile, 1/2 à 1 $^{00}/_{00}$.

Le sol pauvre, moins de 1/2 $^{00}/_{00}$.

En ce qui concerne la potasse, le sol fertile en renferme 2 1/2 et 3 $^{00}/_{00}$.

La chaux ne paraît pas nécessaire dans les sols qui en contiennent 5 $^{00}/_{00}$. Il y en a même qui donnent de bonnes récoltes, ne possédant pas plus de 1/2 $^{00}/_{00}$ de chaux.

Le blé, venant après plante sarclée bien fumée au fumier de ferme, atteindra un bon rendement avec une simple addition d'engrais chimique. Dans le Perche, il suffira de lui administrer, au moment de la sémaille, 300 kilog. de superphosphate représentant 30 à 40 kilog. d'acide phosphorique, et, au printemps, 100 kilog. de nitrate de soude. On obtiendra facilement 30 hectol. de grain, pour peu que la température soit favorable à cette culture.

La potasse du fumier et celle du sol suffisent à la plante ; inutile d'employer un engrais potassique.

Pour la betterave et la pomme de terre, une forte fumure au fumier de ferme incorporée au sol avant l'hiver, est indispensable ; on doit mettre 40,000, 50,000, et même 60,000 kilog. de fumier à l'hectare.

Une telle fumure contient plus d'azote, d'acide phosphorique et de potasse que n'en absorberont les récoltes; mais ces substances ne sont pas très assimilables, elles serviront aux récoltes ultérieures et n'abandonneront à la betterave et à la pomme de terre qu'une partie de leurs éléments fertilisants. Pour atteindre de forts rendements, il est nécessaire d'associer à la fumure 200 à 300 kilog. de superphosphate et 100 à 150 kilog. de nitrate de soude. Ces sels fournissent à la plante des éléments plus assimilables que les substances similaires du fumier. Pour la luzerne, il n'est pas nécessaire d'y appliquer des engrais azotés. Son succès sera assuré, si le sous-sol est perméable, s'il renferme au moins 5 p. 100 de chaux et 2 1/2 p. 100 de potasse. Quant à l'acide phosphorique, on devra en incorporer au sol environ 60 kilog. sous forme de superphosphate.

Conclusion.

Les engrais chimiques constituent des adjuvants précieux. Administrés seuls, sans fumier, et en terre pauvre, leur emploi donne rarement des produits en rapport avec la dépense de la fumure, et, à la seconde année, il ne reste plus rien des engrais chimiques. Leur solubilité les a fait disparaître du sol sans aucun espoir de retour.

Mais, associé au fumier dans une mesure convenable, et judicieusement choisi quant à sa nature et à sa dose, l'engrais chimique peut accroître dans une proportion considérable le rendement de toutes les récoltes, celui des céréales, des cultures fourragères et industrielles. N'oublions pas toutefois que la bonne fertilité, celle qui est durable, qui fait corps avec le sol, et dont on peut léguer l'héritage à ses enfants, celle-là est due au fumier de ferme. Le fumier, seul, incorpore au sol l'azote, l'acide phosphorique, la potasse et la chaux dont la masse accumulée par un bon système de culture, forme cette *vieille graisse* révélée par l'analyse chimique. Dans ce cas, cette vieille richesse, fruit du temps et d'une bonne culture, fruit quelquefois de la nature, accuse par hectare :

4.000 kilog. d'azote.
4.000 kilog. d'acide phosphorique.
10.000 kilog. de potasse.
Une proportion suffisante de chaux et de magnésie.

Telle est la teneur des terres fertiles en éléments fertilisants.

Cette richesse acquise, il serait imprudent de l'épuiser par l'emploi exclusif des engrais chimiques. On a grand intérêt à la conserver et même à l'augmenter. Cela revient à dire qu'il faut produire le *plus de fumier* possible. C'est un capital de roulement qui vivifie et fait fructifier toutes les branches de la culture. Au reste, avec beaucoup de fumier, on obtient d'abondantes récoltes de pailles et fourrages, ce qui permet de reproduire de nouvelles masses de fumier qui assurent le succès des cultures suivantes. Sur un domaine pauvre, les pailles et les fourrages sont peu abondants, on fait alors peu de fumier, et on a une peine infinie à fertiliser le sol avec les seules ressources de la ferme. Dans cette situation, le fermier marche à sa ruine, à moins que par un emploi judicieux d'engrais chimiques ou autres, il parvienne à obtenir plus de paille et de fourrages, et à accroître fortement la production du fumier. On voit que la paille et les fourrages jouent un rôle important dans la constitution du capital engrais. On comprend dès lors pourquoi un fermier entrant attache tant d'importance à trouver à son début une forte provision de ces matières.

CHAPITRE IV.

SUBSTANCES FERTILISANTES AUTRES QUE LE FUMIER.

Dans la ferme, il n'y a pas que le fumier qui serve à fertiliser le sol. Chaque localité dispose d'autres substances qu'on peut employer au même usage. Les siliques du colza, les balles aristées de l'orge, et les autres balles poussiéreuses des céréales forment un bon engrais pour les prairies, où les mauvaises graines associées aux balles ne nuiront pas à la production de l'herbe. Ces substances diverses sont composées comme il suit :

	Azote %	Acide phosphorique %	Potasse %	Chaux %
Balles de froment....	0.72	0.40	0.84	0.10
— d'avoine	0.64	0.20	0.50	0.70
Siliques de colza.....	0.85	0.36	0.57	3.38

On voit, d'après ces chiffres, qu'elles sont plus riches que le fumier. Les perdre ou les brûler, comme on le fait dans certaines exploitations, c'est se priver d'éléments fertilisants semblables à ceux qu'on achète sous forme d'engrais chimiques.

Les bonnes balles des céréales, associées à des racines, constituent une excellente nourriture pour les bêtes à cornes, et on a grandement raison de leur donner cette destination. On ne jette sur les gazons que celles que les animaux ne peuvent pas consommer.

Parmi les résidus des récoltes et les mauvaises herbes, on ne doit rien brûler. La combustion détruit les substances azotées et carbonées, et ne laisse que les cendres composées exclusivement de substances minérales.

Les tiges de-pommes de terre, mises sous les tas de fumier, constituent un bon engrais, elles contiennent, à l'état sec, 0,43 p. 100 d'azote, 0,07 d'acide phosphorique, 0,41 de potasse, 0,91 de chaux. Les feuilles de betteraves, répandues sur le champ, forment un engrais dont les bons effets sont très sensibles sur la récolte suivante.

Les chardons, les moutardes sauvages, les chiendents, en un mot toutes les mauvaises herbes, réunies en tas et saupoudrées de phosphate fossile, ou de scories phosphoreuses, se décomposent facilement et font un excellent engrais qu'on réserve pour les prés, quand on craint qu'il s'y trouve encore des mauvaises graines ayant conservé leur faculté germinative. Les feuilles d'arbres, traitées de la même manière, donnent un terreau fécondant, qui contient une bonne proportion d'azote, d'acide phosphorique, de potasse et de chaux.

Dans le Perche, quand le marc de pomme ou de poire est abondant, on y mêle des scories phosphoreuses à raison de 100 kilog. par mètre cube de marc. Au bout de quelques jours, le tas s'échauffe et fermente activement. Il en résulte un terreau excellent, renfermant de l'azote, de la chaux, de la potasse, et de l'acide phosphorique rendu soluble par l'acide provenant de la fermentation du marc.

Pour 1,000 kilog. de marc de pomme contenant 75 p. 100 d'eau, M. Lechartier a trouvé :

	kil.	kil.
Azote...............................	2.20	
Acide phosphorique..................	0.70 à	0.84
Potasse............................	2.08 à	3.05
Chaux.............................	0.59 à	0.61
Magnésie...........................	0.44 à	0.87

Il est regrettable que ces marcs ne soient pas utilisés dans la plupart des exploitations. En les traitant par du phosphate tribasique de chaux, ils deviennent un engrais presqu'aussi fertilisant que le fumier.

Les marcs de raisin, quand ils ne sont pas consommés par les animaux, donnent aussi un bon engrais en les traitant, comme les marcs de pommes, avec du phosphate de chaux.

Les curures des mares et des fossés, les terres neuves prises le long des haies, ou sur les terrains non cultivés, exposées à l'air et mélangées à la chaux, servent à faire des composts contenant des substances fertilisantes qui, recueillies dans des moments perdus, coûtent moins cher que celles qu'on achète sous forme d'engrais chimiques. Les régions non calcaires du Maine, de l'Anjou, de la Normandie, de la Bretagne et de la Vendée ont trouvé un moyen puissant de fertilisation dans l'emploi des *tombes*. La tombe est un mélange de terreau, de chaux et de fumier. On recueille partout où on en trouve, des terres chargées de matières organiques, on en recouvre un tas de chaux en pierres telle qu'elle sort des fours. Cette chaux fuse et se met en poudre. Dès lors, on la brasse avec la terre, plus tard on y incorpore, par une nouvelle manipulation, une certaine quantité de fumier.

Quand on manque de terreau, on prend simplement la terre du champ.

D'autres fois on met ensemble la chaux et le fumier, et on les recouvre d'une bonne couche de terre.

Quelque temps après, on brasse ensemble les trois substances. Plus tard, on recommence l'opération. Par les deux procédés, on constitue une richesse artificielle qui transforme en nitrates et rend assimilable l'azote contenu dans les matières organiques de la tombe.

Ce mode de fumure, appliqué régulièrement aux herbages du Cotentin et aux terres arables dans d'autres localités, produit des effets si satisfaisants, qu'il s'est généralisé et maintenu dans une foule de localités, malgré les critiques dont il a été longtemps l'objet de la part des savants et des chimistes.

Les proportions de terre, de chaux et de fumier sont assez variables. La chaux varie du 1/8 au 1/30 de la masse. Le fumier représente le 1/5, le 1/4, le 1/3 et quelquefois la moitié du volume total.

Suivant Bobierre, la tombe comprend :

> 10 à 20 hectolitres de terre ;
> 4 hectolitres de chaux ;
> 1 mètre cube de fumier.

Suivant Morière, la tombe du Cotentin se compose de :

> 1 mètre cube de fumier ;
> 10 mètres de terre ;
> 1 hectolitre 1/2 de chaux.

On mélange la terre et le fumier avant l'hiver. Au bout de quelques mois, on recoupe la masse, et on répète cette opération quatre à cinq fois. On administre la chaux au dernier recoupage, quinze jours avant l'épandage sur le terrain.

Vidanges, et boues de ville.

Près des grands centres de population, les agriculteurs peuvent fumer leurs champs avec des vidanges et des boues de ville ou gadoues. La valeur fertilisante de ces substances varie comme leur composition chimique. Les vidanges sont plus ou moins riches suivant la quantité d'eau dont elles sont additionnées, et suivant le genre d'alimentation des populations.

Les vidanges sans addition d'eau, qu'on applique au sol dans le département des Alpes-Maritimes, sont plus riches que celles des villes où l'usage des cabinets à l'anglaise est devenu général.

M. Girardin a analysé trois sortes de vidanges prises à Lille, où cet engrais est très apprécié des cultivateurs.

La vidange sans addition d'eau contenait, par kilog :

Eau............................. 950.819
Azote ammoniacal................ 6.40 ⎱ 9.40
— organique................. 2.80 ⎰
Acide phosphorique.............. 3.30
Potasse......................... 2.03
Sa densité était de............. 1.031

La vidange ayant reçu un peu d'eau, contenait :

Eau............................. 981.55
Azote ammoniacal................ 4.6 ⎱ 6.5
— organique................. 1.9 ⎰
Acide phosphorique.............. 1.0
Potasse......................... 1.5
Densité......................... 1.017.5

Une troisième vidange ayant reçu beaucoup d'eau, contenait :

Eau............................	989.52
Azote ammoniacal..............	1.70)
— organique.................	0.12) 1.82
Acide phosphorique.............	0.25
Potasse........................	0.15
Densité........................	1.007.

Cet engrais est parfaitement utilisé en Belgique, en Hollande, dans la Flandre française, dans le Dauphiné et aux environs de Nice et de Lyon. Ailleurs, il est en grande partie perdu. Dans quelques exploitations, les cabinets d'aisance sont en rapport avec la fosse à fumier, et les déjections humaines augmentent la richesse de ce dernier engrais.

En Flandre, on l'applique à toutes les cultures, au tabac, à la betterave, à la pomme de terre, au blé, aux prairies naturelles ou artificielles, au lin, aux navets et aux œillettes, à la dose de 300 à 400 hectolitres par hectare. On l'associe au fumier et aux tourteaux pour les plantes sarclées, avides d'engrais, comme le tabac, la betterave et le colza.

L'engrais flamand doit être répandu sur le sol avant les semis et les plantations. Administré pendant la végétation, il est moins assimilable et n'est pas aussi bienfaisant.

Cependant on se trouve bien d'en mettre sur le froment, aux endroits où la céréale manque de force et de vigueur. Le trèfle, arrosé avec cet engrais, entre deux coupes, donne des produits extrêmement abondants. Les prairies naturelles qui en reçoivent pendant l'hiver sont débarrassées de la mousse, des oseilles et des laîches, et produisent plusieurs coupes abondantes de bonnes graminées.

Les boues de villes ont une composition qui varie avec les saisons et avec les habitudes des populations.

Dans les ports de pêche, ces résidus contiennent beaucoup de débris de poissons. En été, il s'y trouve plus de débris de légumes qu'en hiver.

Leur degré d'humidité varie aussi suivant les saisons, suivant la rareté ou l'abondance des pluies. Cet engrais n'est généralement pas employé à l'état frais : réuni en gros tas, il fermente activement et se transforme en un terreau aussi fertilisant que le bon fumier de ferme. Aux environs de Paris, il est très recherché pour la culture des asperges en plein champ.

On y trouve tous les objets déposés dans les rues par les ménages, de la cendre, des débris de légumes, des écailles d'huîtres, des pierres, des morceaux de verre, des boîtes vides de sardines, etc.

La gadoue de Paris dite gadoue *noire*, après quelques semaines de fermentation, contient, d'après les analyses de MM. Müntz et Girard :

Azote	0.48	%
Acide phosphorique	0.65	
Potasse	0.56	
Chaux	4.10	

Cette composition, plus riche que celle du fumier normal, démontre que la gadoue noire est un excellent engrais. Il est très actif, et dure plusieurs années, quand on l'emploie à forte dose comme le fumier : la gadoue fraîche n'est guère employée qu'à Bordeaux, pour fumer les vignes du Médoc.

En Flandre et dans le midi, on applique à la fumure des terres des tourteaux de graines oléagineuses. Leur valeur vénale et fertilisante est en rapport avec leur teneur en azote, acide phosphorique et potasse. Les tourteaux alimentaires ont plus de valeur pour la nourriture des animaux que pour la fumure des champs.

Aussi dans la plupart des exploitations, au lieu d'administrer directement les tourteaux à la terre arable, on préfère s'en servir pour l'alimentation des animaux. Le sol reçoit la partie des éléments qui passe dans les déjections des bêtes engraissées. On ne doit appliquer au sol que les tourteaux avariés et impropres à l'alimentation des animaux.

Néanmoins les cultivateurs du Midi et ceux de la Flandre, fument assez souvent leurs champs directement avec des tourteaux de graines oléagineuses. La valeur et le prix de ces résidus doivent être en rapport avec leur composition chimique. L'analyse constate dans les tourteaux, pour 1,000 parties :

PROVENANCE.	Azote.	Acide phosphorique.	Potasse.	Chaux.	Eau.
Tourteaux de colza..............	50.5	20.0	13.0	7.1	113
— de lin................	47.2	16.2	12.5	4.3	122
— de pavot.............	51	31.7	2.3	27.1	115
— de noix	55.3	20.2	15.3	3.1	137
— de faîne.............	29.1	9.1	6.1	12.4	160
de sésame............	58.6	32.7	14.5	25.1	111
— d'arachide	75.6	13.1	15.0	1.6	104
— de palme............	25.9	11.1	5.0	3.1	100
— de coton décortiqué...	62	30.5	15.8	2.9	112

On voit qu'ils sont loin d'offrir la même composition. Les uns contiennent une bonne proportion de tous les éléments fertilisants ; d'autres sont pauvres en potasse ou en acide phosphorique. Les effets de ces engrais doivent varier nécessairement, suivant la nature du sol et les exigences des cultures.

Les féculeries, les distilleries et les sucreries produisent des eaux de lavage qu'on doit utiliser pour fertiliser les prés ou les terres arables, sous forme d'arrosage. On doit appliquer au même usage, les vinasses étendues d'eau qui proviennent des distilleries. Elles sont plus fécondantes que les eaux de lavage.

Les écumes de défécation, sorties du filtre-presse des sucreries, sont excellentes, notamment pour les terres qui ont besoin de calcaire ; elles contiennent avec 40 % d'eau :

Azote................................	0.3 à 0.8
Acide phosphorique..................	0.8 à 1.5
Potasse.............................	0.1 à 0.5
Chaux..............................	15.0 à 30.0
Magnésie...........................	0.8 à 1.5

Les écumes provenant de la double carbonatation sont moins riches en azote, en acide phosphorique et en potasse.

Les cendres neuves de bois feuillus contiennent, pour 100, 3,5 d'acide phosphorique, et 10 de potasse; et les bois résineux, 2,5 d'acide phosphorique et 6 de potasse.

Les cendres lessivées, 2,0 d'acide phosphorique, et 0,5 de potasse.

Les cendres lessivées ou charrées produisent un excellent effet sur les prés acides et mal assainis. Elles agissent par leur phosphate de chaux; sous leur action, les plantes aquatiques font place aux graminées et aux légumineuses. Les cendres neuves conviennent au sol qui manque d'acide phosphorique et de potasse, et aux cultures avides de potasse (pomme de terre, betteraves, tabac, légumineuses).

CHAPITRE V.

ENGRAIS ET AMENDEMENTS CALCAIRES.

Marne, chaux, tangue, merl, sables coquilliers.

Le sol composé exclusivement de calcaire comme les terres de la Champagne pouilleuse ou comme les plaines jurassiques du Berry, les causses du Lot et de l'Aveyron, est toujours classé parmi les terrains ingrats et peu fertiles. On lui reproche son extrême perméabilité, sa dessication trop rapide en été, et son avidité pour les engrais. Au défaut de dépenser trop rapidement les fumures, se joint souvent celui, plus grave encore, d'être pierreux et rocheux. Les terrains dépourvus de calcaire ne sont guère plus riches et plus favorables aux cultures. Il n'y pousse que de la lande à l'état inculte; et si on les défriche, le froment et les légumineuses fourragères n'y viennent pas, tant que le terrain n'a pas été enrichi de carbonate de chaux.

Cette substance joue dans le sol un double rôle; elle entre dans la composition des plantes, et à ce titre elle est un engrais au même titre que la potasse et l'acide phosphorique. Une récolte de froment de 30 hectolitres, prend au sol 25 kilog. de chaux; le trèfle et toutes les légumineuses fourragères en consomment des quantités plus considérables.

Le second rôle du calcaire est peut-être plus important encore que le premier; il consiste à hâter la décomposition des matières organiques incorporées au sol par les fumiers ou par tous autres débris végétaux. Le calcaire provoque la nitrification des substances végétales, et rend assimilables tous les éléments de la fertilité. Les effets bienfaisants du calcaire sont depuis longtemps connus des praticiens. Dans toutes les régions non calcaires, où dominent les terres granitiques, schisteuses, siliceo-argileuses de la formation diluvienne, on s'ingénie à procurer au sol l'élément calcaire reconnu indispensable pour la fertilisation de la terre arable. Tant que le terrain n'a pas reçu cet amendement, il ne produit que de misérables récoltes de seigle, de sarrasin, de pomme de terre, de choux et de navets. Avec le calcaire et de bonnes fumures, il produit immédiatement du froment, du trèfle, de la vesce, de la betterave, etc. On n'est pas d'accord sur la quantité de chaux qu'on doit incorporer au sol, pour en tirer le plus de produits possibles. M. Joulie exige qu'on en mette 5 %. La terre arable représente, par hectare, un poids de 4 millions de kilogrammes pour une profondeur de 25 centimètres.

Ce serait 200,000 kilog. qu'il faudrait mettre dans un hectare de terrain. Ces 200,000 kilog. représentent, en nombre rond, 2,353 hectolitres d'engrais dont le prix varie entre 1 et 2 fr. l'hectolitre.

Ce serait une dépense exorbitante pour un terrain qui souvent ne vaut pas 1,000 fr. l'hectare.

Heureusement le sol ne demande pas une aussi forte proportion de chaux. On cite des terrains très fertiles, qui ne contiennent que 1 et même 1/2 pour 100 de chaux. Le limon des plateaux du Perche, analysé par M. Risler, ne renferme que 0,035 % de chaux, et on en obtient du trèfle et du froment à l'aide de 300, 400 et

500 kilogrammes de superphosphate associé au fumier.

Le froment atteint facilement 30 hectolitres par hectare, quand on y met une quantité suffisante d'azote et d'acide phosphorique. Le fumier et le phosphate de chaux fournissent au sol et à la plante toute la chaux qui est nécessaire pour assurer la réussite des cultures. Néanmoins, quand on peut se procurer l'élément calcaire à bon marché, il y a tout avantage à en donner une bonne proportion au terrain. Le calcaire, sous quelque forme qu'on l'emploie, améliore toujours les propriétés physiques du sol. Il rend les terres plus légères et plus perméables à l'air et à l'eau, et facilite l'action du ferment nitrique.

Le calcaire apporté au sol lui arrive sous forme de chaux, de craie, de marne, de tangue, de merl, de sables coquilliers ou de faluns.

La chaux s'emploie tantôt seule, tantôt à l'état de compost. Les tombes décrites précédemment, sont des composts de chaux, de terreau et de fumier.

Le compost de chaux est un mélange, dans des proportions variables, de terreau et de chaux. Quand on a à sa disposition de terres chargées de matières organiques, le compost est un mode d'emploi de la chaux extrêmement avantageux. La chaux décompose les débris organiques, et rend assimilables leurs éléments fertilisants. Le champ qui reçoit le compost ainsi composé es fertilisé, aussi bien que si on y avait mis un engrai complet contenant à la fois de l'azote, de l'acide phosphorique, de la potasse et de la chaux. Les agriculteurs qui manquent de terreau, appliquent directement la pierre à chaux sur le terrain. On en fait de petits tas qu'on recouvre de terre. La chaux s'éteint et fuse par l'action de l'humidité de la terre. Dès lors, on la mélange à la terre dont elle est recouverte, et on répand le tout uniformément sur le champ. Par des hersages et des labours, on achève de mélanger cette chaux dans toute l'épaisseur du sol.

La chaux grasse est plus estimée que la chaux hydraulique; elle est plus pure, plus avantageuse, et ne se prend pas en mortier durcissant à l'air comme la chaux hydraulique. Dans le cas où l'on ne possède que de la chaux hydraulique, il ne faut pas la traiter comme la chaux grasse; on doit la laisser s'éteindre et se carbonater à l'air avant de la mélanger au sol.

La dose de chaux à employer varie dans d'énormes proportions. Les forts chaulages de 200 et 300 hectolitres ne se renouvellent qu'à de très longs intervalles, tous les 15 ou 20 ans. Les chaulages plus faibles, de 20, 30, 40 et 50 hectolitres produisent de l'effet pour une durée de 5 à 10 ans. On calcule qu'une culture active exige, par hectare et par an, 4 à 6 hectolitres de chaux. Les cultures n'en dépensent pas de grandes quantités, mais les eaux pluviales enrichies de l'acide carbonique de l'air et du sol, transforment la chaux carbonatée en bicarbonate qui devient soluble et se perd par les eaux qui filtrent dans le sous-sol ou qui coulent à la surface. Le chaulage n'impose pas de gros frais de transport; ils sont plus considérables quand on introduit le calcaire au sol sous forme de marne.

Le cultivateur qui a le choix entre le marnage et le chaulage, prend naturellement le procédé qui lui procure la chaux au meilleur marché.

En Sologne, la plupart des agriculteurs préfèrent le marnage au chaulage; le marnage produit un meilleur effet que la chaux. Cela tient au défaut d'assainissement du sol. Les terres de cette contrée sont imperméables et pleines d'eau pendant l'hiver. Ce sont de mauvaises conditions pour l'emploi de la chaux. La marne souffre moins de cet excès d'humidité. Elle est par conséquent plus efficace et plus durable que la chaux ; il paraît qu'en outre elle améliore davantage les qualités physiques du sol.

Bien que la chaux se montre plus économique que le marnage, c'est ce dernier procédé qui s'est le plus répandu. Pour répondre à ce besoin de marne, la Compagnie d'Orléans a, pendant longtemps, réduit les frais de transport, et l'État a fait construire un canal spécialement destiné à transporter la marne dans les localités non desservies par la ligne ferrée.

La marne est un mélange intime de calcaire et d'argile ; ce n'est pas une combinaison, mais l'association est telle qu'il est impossible de la reproduire artificiellement.

Les marnes forment des assises géologiques qu'on trouve à partir des terrains triasiques. Elles constituent des couches puissantes dans le trias, les terrains jurassiques, crétacés et tertiaires. Il n'en existe pas dans les terrains primaires et primitifs. Ce serait peine perdue que d'en chercher. Ces groupes offrent parfois des gisements de calcaire cristallisé, métamorphique, dont on fait de la chaux à l'usage des terres.

La marne, à l'état naturel, forme des masses compactes d'une consistance moyenne, toujours moins dures que la pierre calcaire, quelques fois schisteuses, souvent meubles et très divisées. Quand elle est en morceaux à la sortie de la carrière, elle se délite à l'eau et à la pluie, c'est-à-dire qu'elle tombe en miettes parfaitement homogènes. Ce caractère la différencie des pierres calcaires, divisibles seulement par l'action de la gelée.

On distingue des marnes calcaires, argileuses et siliceuses, suivant qu'à l'analyse elles donnent, comme élément dominant, le carbonate de chaux, l'argile, ou le sable siliceux. Les plus estimées sont naturellement

celles qui contiennent la plus forte proportion de calcaire. On en trouve qui donnent 50, 70 et 90 p. 100 de
carbonate de chaux. Les marnes argileuses ou siliceuses
ont une richesse en calcaire variant de 10 à 50 p. 100.

Les marnes calcaires ou siliceuses conviennent aux
terres argileuses. Les marnes argileuses font, au contraire,
un meilleur effet sur les terres siliceuses sablonneuses.
Au reste, il est bien rare qu'on ait le choix de la marne.
C'est une matière encombrante qui ne se transporte pas
bien loin. Il y a toujours avantage à se servir de la
marne la plus rapprochée et la plus facile à extraire.
Cette extraction a lieu dans des carrières à ciel ouvert,
accessibles au tombereau, ou par des puits et des galeries
souterraines. Le premier procédé est le plus commode
et ne présente pas les dangers de l'extraction sous terre.

Dans le Perche, la craie marneuse appliquée au sol
donne lieu aux deux modes d'extraction. Sur les plateaux,
on est obligé de l'extraire par des puits qui ont 10 et
20 mètres de profondeur. Les mêmes couches affleurent
çà et là sur les flancs des vallées. Là, la marne s'extrait à
ciel ouvert. C'est une marne calcaire qui, par la cuisson,
donne une chaux sensiblement hydraulique. L'extraction par puits coûte 1 fr. à 1 fr. 50 le mètre cube. On
emploie environ 30 mètres cubes à l'hectare d'une marne
dosant 90 p. 100 de carbonate de chaux, et pesant 1,600
kilog. le mètre cube. Le calcaire pur contient 56 p. 100
de chaux, le mètre cube de 1,600 kilog. renferme 90 p. 100
de calcaire, soit 1,440 kilog. renfermant 56 p. 100 de chaux
ou 806 kilog. Un marnage de 30 mètres cubes apporte
dans le sol 24,180 kilog. de chaux. Cette quantité est
presque dix fois plus faible que celle qui en donnerait
5 p. 100 au terrain. L'expérience prouve qu'elle est largement suffisante pour 8 à 10 ans au moins. En Sologne,
on marne à la même dose avec une marne de même na-

ture. Il est reconnu que ce sont les terres argilo-siliceuses qui supportent bien un marnage de 30 mètres cubes à l'hectare. Plus les terres sont légères et siliceuses, moins on doit y mettre de marne; les meilleures marnes se délitent promptement et complètement à la pluie, sans laisser aucun noyau, aucune partie pierreuse. Après le délitement à la surface, il importe de bien la mélanger au sol par de nombreuses façons aratoires. En agissant ainsi, la marne fait de suite son effet, et opère dans le terrain des réactions favorables aux cultures. Les marnes qui se délitent lentement et difficilement font attendre leurs bons effets 2, 3, et même 4 ans.

A cause des frais de transport, le marnage de tout un domaine exige du temps et une assez forte dépense à l'hectare, rarement moins de 150 à 200 fr. Les contrées qui font un large emploi des phosphates et des superphosphates de chaux, reconnaissent que la marne n'est plus aussi nécessaire qu'autrefois. Par les phosphates, on introduit dans le sol de la chaux dans un grand état de division. Cette chaux provenant de l'engrais chimique paraît répondre amplement aux besoins du sol et des cultures. Rappelons qu'un équivalent de phosphate de chaux pur contient 71 p. d'acide phosphorique et 84 de chaux. De sorte que par le phosphatage, on met toujours dans le sol plus de chaux que d'acide phosphorique. Si on emploie des scories phosphoreuses contenant, comme celles du Creusot, 45 p. 100 de chaux, le phosphatage devient en même temps une sorte de chaulage, surtout si les scories sont employées à la dose 1,000 ou 2,000 kilog. à l'hectare. Ces scories, réduites en une poudre impalpable, fournissent une chaux parfaitement divisée qui, bien incorporée au sol, produit un effet plus prompt et plus intense qu'un marnage mal exécuté. Dans l'administration des engrais, on ne saurait apporter trop d'attention à la division de la substance employée, et à son mélange au sol. De moyennes doses d'engrais, bien divisées et bien mêlées au sol dans toute sa profondeur, sont plus accessibles aux racines des plantes que de fortes doses, à l'état grossier et mal réparties. C'est la raison qui fait que l'usage des superphosphates dispense l'exploitant de recourir comme autrefois au chaulage ou au marnage du terrain. A mesure que l'acide phosphorique est absorbé par la plante, la chaux devient disponible, et se montre d'autant plus efficace qu'elle est très divisée et qu'elle est parfaitement disséminée dans toute l'épaisseur du sol.

La chaux, si nécessaire pour certaines contrées, n'a pas de raisons d'être dans les régions calcaires ou marneuses.

La partie calcaire de la Corse n'en a nul besoin. La partie non calcaire n'en use pas à cause de la difficulté des transports, et du prix élevé de cet amendement.

L'Algérie ne connaît ni les marnages ni les chaulages : partout les terres et les eaux donnent aux cultures toute la chaux dont elles ont besoin.

L'épuisement de l'élément calcaire dans les terres anciennement marnées ou chaulées, se reconnaît à l'amoindrissement des produits de la culture, aux faibles rendements du froment et des légumineuses fourragères. Le manque de chaux se discerne encore à la production de certains végétaux spontanés. La petite oseille (*Rumex acetosella*) croît en abondance sur les terres qui réclament un nouvel apport de calcaire. Le petit jonc (*Juncus bufonius*), la renoncule des champs (*Ranunculus arvensis*), l'agrostis stolonifère (*Agrostis stolonifera*) envahissent les terres qui sont acides par le manque de calcaire. Ces ennemies des récoltes doivent être combattues par le chaulage ou le marnage.

Les chimistes ont reconnu, dans les départements de l'Indre et de la Haute-Marne, qu'il pouvait y avoir avantage à chauler ou à marner des terres contenant une forte proportion de pierres calcaires. Les parties meubles du sol sont argilo-siliceuses ou silico-argileuses, et les pierres, dont le sol est jonché, dérivent d'un calcaire jurassique très dur et inaltérable à l'air. A l'analyse, la partie fine de ces terrains n'accuse qu'une dose insignifiante de carbonate de chaux. Dans ces sortes de terrains, le marnage ou le chaulage constitue une excellente amélioration qui se traduit par une augmentation sensible dans les produits du sol.

Autrefois, Bouthier de Latour, ancien élève de Roville, s'est bien trouvé du chaulage d'une terre calcaire. C'est l'erreur d'un charretier qui lui a fait faire cette singulière découverte. Ce charretier s'est trompé de champ, en conduisant sur un champ calcaire une charretée de chaux destinée à un autre pauvre en chaux. Au grand étonnement de l'exploitant, la partie chaulée s'est montrée plus fertile que le reste de la même parcelle. Cette chaux a dû rendre plus assimilable les éléments fertilisants du sol. Peut-être aussi contenait-elle de l'acide phosphorique et de la potasse dont la terre pouvait avoir grand besoin.

Les terres des pays de plaine situées au nord de Paris sont, pour la plupart, constituées par le limon des plateaux reposant sur une puissante assise de craie. Cette roche apparaît au jour sur les flancs des vallées, en donnant lieu à des champs crayeux de mauvaise nature. Le limon des plateaux recouvrant la craie, occupe de grandes étendues dans les départements de l'Eure, d'Eure-et-Loir, de Seine-et-Oise, de l'Oise, de l'Aisne, de la Somme, du Pas-de-Calais et du Nord. Là on ne donne pas de marne aux terres limoneuses qui manquent de calcaire. Mais on y met une énorme quantité de craie. Souvent on l'extrait, dans le champ même, par des puits et des galeries souterraines. Quelquefois on va la prendre dans des carrières, ouvertes à flanc de coteau. Cette craie est une véritable pierre à chaux, dont on fait une excellente chaux grasse. Les puits ne sont pas profonds; on trouve la craie aussitôt qu'on a percé la couche plus ou moins épaisse de limon. Aussitôt la craie extraite, elle est répartie à la brouette, sur le champ, par les soins de l'entrepreneur du marnage.

Bien que la chaux ne soit pas chère, personne ne pratique le chaulage des terres. Le marnage à forte dose, à la craie, enrichit non seulement le sol de carbonate de chaux, mais il améliore considérablement les propriétés physiques du sol limoneux. Ce marnage le rend plus léger, plus perméable, moins *battant* à la pluie. La betterave, le trèfle, la luzerne, la vesce, la féverole, en un mot toutes les légumineuses donnent de très forts rendements sur les terres marnées de cette façon. L'amélioration est moins sensible sur le froment et l'avoine.

La craie ne se délite pas comme la marne, c'est la gelée seule qui la fait éclater et tomber en petits fragments, visibles à la surface des champs marnés. Pendant bien longtemps après l'opération du marnage, on voit des morceaux qui, recouverts de terre en hiver, n'ont pas subi l'action de la gelée.

Le marnage à la craie se fait, dans cette région, à des conditions exceptionnelles de bon marché. A Assainvillers, près Montdidier, le limon des plateaux est très pauvre en carbonate de chaux. On le marne à l'entreprise, avec de la craie, au prix de o fr. 75 le mètre cube, comprenant dans ce prix le percement des puits à 7 mètres de profondeur, l'extraction, le brouettage et l'épandage sur le champ. On marne à la dose de 50 mètres

cubes. Un plus fort marnage rendrait la terre trop légère, et moins favorable aux cultures de céréales. Une
fois le puits ouvert, on enlève la craie dans une galerie
circulaire, ayant pour centre l'ouverture du puits, et pour
soutien des colonnes de craie ménagées régulièrement
sous la voûte de l'excavation. On se dispense de l'emploi des étais en bois pour les galeries, et de planches
cintrées pour les parois du puits. L'opération terminée, le puits est recouvert par une voûte en brique,
à un mètre de profondeur. Ce mode de recouvrement
prévient les affaissements et les effondrements des excavations superficielles, qui se produisent quand le puits
est seulement comblé avec de la terre. La construction
de la voûte revient à une quinzaine de francs.

On tire d'un seul puits, 150 mètres cubes de craie,
quantité nécessaire pour le marnage de trois hectares;
le puits représente donc une dépense de cinq francs, par
hectare, à ajouter aux frais d'extraction et d'épandage.
Cette dernière dépense, évaluée plus haut à 0,75 le mètre
cube, s'élève parfois à 0,90 et même à un franc. Dans tous
les cas, le marnage à la craie dans les conditions que
nous venons d'indiquer, ne revient guère qu'à 50 ou
60 fr. par hectare. Il dure de 8 à 10 ans. Les effets de la
craie sont moins prompts que ceux des marnes qui se
délitent à l'air humide et à l'eau. La craie éclate par la
gelée, en petits fragments; il faut plusieurs années pour
qu'elle soit complètement pulvérisée et mélangée au sol.
Les gros fragments recouverts de terre pendant l'hiver,
restent intacts, et c'est seulement l'hiver suivant qu'ils
sont attaqués, pourvu encore que les façons aratoires les
aient ramenés à la surface.

L'extraction de la craie fournit en même temps des silex noirs qui sont empâtés dans la masse crayeuse. Le
marneur les met de côté pour ne pas en embarrasser le

champ. Généralement il se les réserve dans son marché. A Assainvillers, ils servent à l'entretien des routes, après qu'on a cassé et réduit en macadam les plus gros morceaux. Ces silex se vendent pour cet usage deux francs le mètre cube.

Marnage et chaulage en Sologne.

Les terres de la Sologne sont très pauvres en carbonate de chaux. Le froment et les légumineuses fourragères n'y réussissent pas, tant que le sol n'a pas reçu, par le marnage ou le chaulage, une quantité suffisante de chaux. Les terres humeuses de cette contrée, longtemps maintenues à l'état de bruyères, sont très riches en matières organiques. Elles contiennent un terreau acide dont les éléments ne fournissent des nitrates et d'autres substances assimilables, qu'après que la chaux a neutralisé l'acidité du terrain, et a permis à un ferment spécial de provoquer la décomposition des matières organiques. On enrichit de chaux les terres de la Sologne par le chaulage et le marnage. On préfère la marne à la chaux pour les terres légères, plus ou moins sablonneuses, et pour celles qui ne sont pas parfaitement assainies quelle que soit leur nature.

On accuse la chaux d'activer trop énergiquement la décomposition des engrais et des matières organiques des terres siliceuses sablonneuses, circonstance qui en cause promptement l'épuisement et la stérilité. En sol humide, la chaux produit peu d'effet, et se perd sans bénéfice apparent pour les cultures. La marne convient mieux aux terrains plus ou moins imperméables et sujets à souffrir d'un excès d'humidité pendant l'hiver. Malheureusement le marnage, par suite des frais de transport, coûte beaucoup plus que le chaulage. Les marnes sont impossibles à extraire en pleine Sologne; les couches marneuses sont à une grande profondeur, et elles sont accompagnées de nappes d'eau qui augmenteraient beaucoup les difficultés de leur extraction. C'est donc aux marnes affleurantes sur le périmètre extérieur de la Sologne, aux environs d'Orléans, de Vierzon et de Blancafort, qu'on doit avoir recours pour mettre à la disposition des exploitants ce précieux amendement. Ces marnes contiennent 30 à 40 p. 100 de calcaire. Elles pénètrent en Sologne par le chemin de fer du Centre, ou par le canal de Blancafort, perpendiculaire à la voie ferrée.

Ces deux voies de transport opèrent, de distance en distance, des dépôts où les cultivateurs viennent charger le précieux amendement, pour le transporter, avec des tombereaux, sur les champs de leurs domaines. On marne à raison de 40 à 50 mètres cubes par hectare. Quand l'État et le chemin de fer réduisent le prix du transport à l'aide de subventions et d'un tarif spécial, cet amendement n'est vendu que 1 fr. 50 le mètre cube aux cultivateurs. M. Masure, dans son excellente monographie de la Sologne, porte ce prix de vente à 2 fr. 50 le mètre cube. Le marnage d'un hectare coûterait, dans ce cas, 100 à 125 fr. auxquels il faudrait ajouter les frais de transport et d'épandage. Pour une distance de 8 à 10 kilomètres, les frais de transport dépassent le prix de la marne. Cette opération revient donc à 100 ou 125 fr. près des dépôts, et s'élève à 200 et 300 fr. par hectare, à des distances de 8 à 10 kilomètres.

Ce marnage fait sentir ses effets pendant 10 à 15 ans.

La chaux est infiniment plus économique; quarante hectolitres suffisent pour une durée de 6 à 8 ans. La chaux coûte 2 francs l'hectolitre, et occasionne peu de frais de transport. Malgré ces avantages, le marnage est généralement préféré au chaulage. Par, la marne, le succès est plus certain et plus durable. Le calcaire agit non seulement comme substance nutritive pour les plantes, mais il rend assimilables d'autres substances qui restent inertes et indécomposables, tant que le sol manque de chaux. A ce point de vue, la chaux contribue puissamment à l'épuisement du sol. C'est cet effet qui a fait dire autrefois qu'elle *enrichit les pères et ruine les enfants*.

Pour que le chaulage ou le marnage ne ruine pas les enfants, il est indispensable que l'on compense, par des fumures et des engrais chimiques, l'épuisement occasionné par les récoltes abondantes qu'on obtient sur les terrains marnés ou chaulés.

La marne et la chaux agissent principalement par leur richesse en chaux pure, et par leur état de division. Ces amendements sont d'autant plus efficaces qu'ils ont été mieux incorporés au sol, plus régulièrement répartis dans toute l'épaisseur de la terre arable. Une marne qui donnerait peu de calcaire pulvérulent, et qui resterait à l'état de fragments résistants et peu altérables sous l'action des agents atmosphériques, produirait peu d'effet au point de vue de la fertilité du sol. Les meilleures marnes sont celles qui, riches en carbonate de chaux (60 à 80 %), se délitent complètement et rapidement sous l'action de l'eau, de l'air et de la gelée. Quant à la chaux grasse, rien n'est plus facile que de l'amener à l'état d'une poudre impalpable qu'on mélange sans difficulté au sol convenablement ameubli et divisé au moment de l'opération. Les bonnes chaux grasses contiennent en moyenne 90 p. 100 de chaux pure.

La chaux et la marne peuvent contenir une certaine proportion d'acide phosphorique et de potasse. Il sera

bon d'en tenir compte dans l'analyse de ces amendements, ces deux substances devant augmenter sensiblement leur faculté fécondante.

Plâtrage.

Par le plâtre on introduit dans le sol deux substances
nutritives pour les végétaux, savoir, la chaux et l'acide
sulfurique; substances qui font toujours partie de la
composition chimique des plantes.

Le plâtre cuit ou cru doit être complètement pulvé-
risé. Quelquefois on l'associe aux engrais chimiques.
Il est un peu soluble dans l'eau, et se montre efficace
sur les terrains pourvus en chaux. On l'applique communément à la dose de 400 à 600 kilog. par hectare sur
les cultures de légumineuses (trèfle, luzerne, sainfoin,
vesce, féverole), au printemps, par un temps calme,
chaud et humide. Il favorise le développement des tiges
et des feuilles sur certains terrains. D'autres localités
n'en éprouvent aucun effet sensible. A l'École d'agriculture de Grignon, le plâtrage des légumineuses
n'a jamais donné de résultat appréciable. Les rosées
abondantes, les pluies légères et fréquentes favorisent
l'action du plâtre. Les sécheresses et les pluies abondantes paralysent, au contraire, son action.

CHAPITRE VI.

ENGRAIS VÉGÉTAUX DES PLAGES OCÉANIQUES
ET MÉDITERRANÉENNES.

L'Océan et la Méditerranée ne rejettent pas sur leurs plages des végétaux de même nature et de même composition chimique. Les prairies sous-marines de l'Océan comprennent principalement des algues de fortes dimensions, tandis que la Méditerranée se distingue par une production très abondante de zostéracées, plantes qui diffèrent complètement des algues marines. A quoi tient cette profonde différence dans les végétaux qui tapissent le fond de la mer, et qui vraisemblablement sont destinés à suffire à l'alimentation des êtres animés qui vivent dans l'eau salée. Le climat, la composition des roches sous-marines, les effets des flux et des reflux presque insensibles pour la Méditerranée, au contraire très apparents et très étendus le long des côtes de l'océan Atlantique, doivent évidemment exercer une grande influence sur la nature et le développement des végétaux sous-marins. Les algues marines qu'on désigne, prises en masse, sous les noms de *fucus, varech, goëmon,* possèdent la propriété de se fixer solidement sur les rochers. A marée basse on voit les rochers couverts de différentes algues dont quelques-unes offrent, en longueur et en largeur, de très fortes dimensions. L'algue la plus commune de l'Océan, celle qui, avec les fucus, compose en grande partie le goëmon, comprend des lanières qui ont 1 à 2 mètres de longueur sur 6 à 8 centimètres de largeur. Ces plantes, rejetées sur la plage par les vagues de la mer, sont généralement attachées à un fragment du rocher calcaire ou granitique sur lequel elles se sont développées. Le *Fucus vesiculosus*, très commun sur les côtes de Normandie et de Bretagne, possède une si grande force de préhension, qu'il s'accroche et se fixe sur les murs du poste construit avec les matériaux les plus durs et les plus résistants. Ces algues, si abondantes sur les rochers et les fonds pierreux, n'occupent jamais les fonds sablonneux ou argileux. Ceci explique l'absence du goëmon sur certaines plages. Les fonds composés de parties meubles sont rendus mobiles par le mouvement des vagues, et sont, par conséquent, impropres à toute végétation sous-marine. L'Océan produit, sur certains points, des algues en abondance. La Normandie, la Bretagne, la Vendée, les îles de Ré, de Noirmoutier, les îles anglaises de Jersey et de Guernesey, en font un large emploi pour la fertilisation des terres cultivées. C'est aux varechs qu'il faut attribuer, en grande partie, les riches productions des côtes de Bretagne, connues sous le nom de ceinture dorée, des jardins de Roscoff et de l'île de Jersey.

On distingue deux sortes de goëmon, celui qui est rejeté sur la plage par les vagues, qu'on nomme *goëmon d'échouage,* et celui qu'on va, à marée basse, arracher et récolter sur les rochers, à l'aide de grands rateaux. Ce dernier passe pour être plus fécondant que le premier. Le varech de l'Océan est composé en grande partie de fucacées, dont les espèces dominantes sont :

Le *Fucus siliquosus.*
— *digitatus.*
— *vesiculosus,*
Le *Ceramium rubrum.*
Le *Fucus saccharinus* (baudrier de Neptune).
— *serratus* (très commun sur les rochers).
Le *Ryliplaca pinastroïdes.*

Ces algues ont enrichi les terres granitiques et schisteuses qui bordent la mer, en Bretagne, en Normandie et dans les îles de Ré, de Noirmoutier, de Jersey et de Guernesey. Jersey est la plus grande des îles normandes. Son étendue est de 12,000 hectares. Sa population, qui est en décroissance, ne dépasse pas 51,000 habitants, dont 30 à 35,000 pour la ville de Saint-Hélier.

Nulle part, on n'utilise mieux les engrais végétaux de la mer. C'était une nécessité pour ce petit pays, où la paille est rare, et les fumiers, par conséquent, peu abondants. Au dire de M. Johanned, auquel nous devons une brochure fort intéressante sur l'île de Jersey, on y récolte le varech trois fois par an, en mars, mai et septembre; celui de mai est reconnu le plus fécondant. Il est employé directement pour les cultures de pommes de terre, de panais et d'autres légumes. Pour le blé et la prairie naturelle, on préfère la cendre de varech à raison de 6,000 kilog. par hectare.

Sans le goëmon, jamais les terres granitiques et schisteuses de Jersey n'auraient atteint cette prodigieuse fertilité qui en élève le prix de vente au taux de 8 à 10,000 fr. l'hectare, et la valeur locative à 300 et 700 fr. Jamais on n'aurait obtenu ces récoltes abondantes, qui ont permis de créer les meilleures vaches laitières que l'on connaisse.

Ces petites vaches fondent en lait. Les Américains viennent les acheter à des prix exorbitants; les taureaux

et les vaches de bonne provenance se vendent 25,000,
30,000 francs et plus. Les animaux ordinaires valent
couramment 1,000, 2,000, 3,000, 5,000 et 6,000 francs.

Aucune race ne donne, eu égard à la nourriture consommée, un lait plus riche et plus abondant.

Pour faire un kilog. de beurre, il ne faut que 16 à
18 litres de lait; il en faut 25 à 28 de la vache cotentine,
35 à 40 de la vache hollandaise.

La vache jersiaise produit, par an, 3 à 4,000 litres de
lait, et la cotentine, plus forte et mangeant davantage,
n'en donne que 3,000 à 3,500 litres.

Ces résultats témoignent de la vertu fertilisante des
engrais de mer, attestée du reste par la composition chimique de ces algues.

Suivant Isidore Pierre, les fucus les plus communs
sur les côtes de l'Océan contiennent, à l'état frais, de
l'azote dans les proportions suivantes :

Fucus vesiculosus...	2 kilog. pour 1000.	
— saccharinus...	13	—
— digitatus.....	9	—
Ceramium rubrum..	0.230	—
Le goëmon brûlé...	+	—

Ces plantes contiennent, en outre, d'assez fortes doses
d'acide phosphorique, de potasse et de chaux.

Divers échantillons de goëmon, analysés par M. Du-
rand-Claye, contenaient p. 100 :

1° GOEMON D'ÉPAVE.

Eau.................	76.06	72.74	72.35	61.11
Azote...............	0.38	0.53	0.43	0.57
Acide phosphorique.	0.08	0.07	0.11	0.20
Chaux...............	0.68	0.76	0.84	1.10

2° GOEMON DE COUPE OU DE ROCHE.

Eau	69.75	66.92
Azote	0.53	0.36
Acide phosphorique	0.13	0.15
Chaux	0.86	1.10

La dose de chaque élément chimique est assez variable, suivant les plantes et suivant les échantillons.

A poids égal, on reconnaît, dans tous les cas, que le goëmon ne vaut pas moins que le bon fumier de ferme. Dans le Finistère, on l'emploie à la dose de 60 à 80 mètres cubes à l'hectare. Le goëmon égoutté pèse 400 à 450 kilog. le mètre cube. Une fumure de 40 mètres cubes représente un poids de 16 à 18,000 kilog., charge considérable qu'il faut d'abord ramasser sur la plage sablonneuse et très tirante, et qu'on doit ensuite remonter sur les terres de la côte. A la distance de 10 à 12 kilomètres de la mer, les frais de transport dépassent la valeur de l'engrais, et on cesse par conséquent de l'appliquer au sol. Les cendres de goëmon deviennent plus économiques pour la fumure des terres éloignées de la mer.

A l'état frais, on peut l'appliquer immédiatement sur les terres nues, et l'incorporer au sol par un bêchage ou un labour, pourvu que la fumure ne soit pas très forte. Les fortes fumures se font avec le goëmon égoutté et lavé par la pluie et ayant subi un commencement de fermentation avant d'être apporté sur le terrain. Employé frais et chargé d'eau de mer, il déposerait dans le sol une forte quantité de sel marin dont la présence serait nuisible à la germination des graines et au développement des cultures.

On le mélange souvent au tas de fumier, et on s'en sert même comme litière dans les étables. Je l'ai vu employer de cette façon, en Morbihan, dans la presqu'île de Rhuis.

Sur les sables siliceux des dunes, aux environs des Sables d'Olonne, le goëmon s'applique directement à des cultures maraîchères d'asperges, de choux et de pommes de terre. A l'aide de cet engrais, on voit, au milieu de ces dunes, de belles luzernières et des vignes d'autant plus productives qu'elles sont à l'abri du phylloxera.

A mesure que l'on s'avance vers le Midi, le goëmon devient moins abondant et d'un usage plus rare. Cependant on en ramasse encore quelque peu sur la plage de Biarritz et de Saint-Jean-de-Luz. Ce n'est pas comparable aux abondantes récoltes de la Bretagne et des îles de l'Océan. Comparé au fumier, il est d'une décomposition plus rapide, et ne dure qu'une année si on l'emploie à petites doses. Il a sur le fumier, l'avantage de n'introduire dans le sol aucune mauvaise graine.

Le long de l'Océan, en France, en Écosse et en Irlande, on cite nombre de localités maritimes où les engrais de mer sont une source de richesse pour les exploitations agricoles et horticoles les plus rapprochées de la mer.

Pourquoi en est-il autrement sur les bords de la Méditerranée? En Provence, en Corse, en Algérie, les plantes marines ne sont pas utilisées pour la fertilisation du sol. C'est seulement en Italie, sur les bords de l'Adriatique, et du côté de Naples, qu'on fume les terres avec ces végétaux.

A en juger d'après les espèces déposées par les vagues sur les plages méditerranéennes, les fucus y sont beaucoup moins abondants que dans l'océan Atlantique. Les prairies sous-marines qui tapissent les rochers de la Méditerranée se couvrent spontanément de zostéracées, plantes essentiellement différentes de celles qui composent le goëmon. Parmi ces zostéracées, il en est une qui s'y développe avec une vigueur et une abondance prodigieuses. Je veux parler de la Posidonie (*Posidonia Caulini*). Les vagues en amoncèlent sur les côtes, des tas énormes, des tas qui ont un mètre de hauteur, plusieurs mètres de largeur et 500 à 600 mètres de longueur. Ces amas de matières végétales salissent les plages, et personne ne songe à s'en servir pour la fumure des champs. C'est bien la plante la plus abondante et la plus répandue sur les plages de la Méditerranée. On pourrait en appliquer des quantités énormes sur les terrains de la zone maritime, si cette zostéracée possédait les propriétés fertilisantes du goëmon. Malheureusement, elle semble être sous ce rapport très inférieure aux algues marines. Je l'ai fait employer à très forte dose sur les terrains granitiques du pénitencier de Chiavari (Corse). Ses effets ont été insensibles sur la vigne, la luzerne et l'orge. Ses feuilles rubanées prennent l'apparence de petites lanières de papier; elles se décomposent difficilement, et deviennent tellement légères qu'elles s'envolent au vent. On s'en sert encore sur le sol calcaire de l'île de Saint-Honorat. Elle ne paraît pas plus efficace sur les céréales et sur la vigne. Séchée et dessalée, elle constitue une bonne litière pour le gros bétail et les moutons. C'est le meilleur emploi qu'on en puisse faire dans les exploitations voisines de la mer, où l'on peut la récolter à peu de frais et sans avoir de grandes distances à parcourir. Associée aux déjections solides et liquides des animaux, elle forme un engrais précieux dans les contrées qui récoltent peu de paille, et qui doivent la réserver pour l'alimentation des troupeaux.

La Posidonie ne vaut pas autant que la paille dans

la composition du fumier, elle absorbe moins bien les liquides, et sa composition chimique est inférieure à celle des chaumes fistuleux des céréales. A l'analyse chimique, M. Müntz a trouvé qu'elle est pauvre en azote et en acide phosphorique. D'autres chimistes ont constaté la même pauvreté en éléments fertilisants. Ces analyses ont porté sur des échantillons roulés par les vagues et rouis par l'eau de mer. La plante fraîche est plus riche en principes fertilisants.

Son rôle dans l'agriculture n'a eu jusqu'à présent aucune importance, quelques rares exploitations qui manquent de paille l'utilisent pour la litière des animaux.

Dessalée et séchée à l'air, elle est, au contraire, très appréciée pour l'emballage des objets fragiles, et pour la confection de sommiers et de matelas d'un bon marché exceptionnel.

Ces différents usages n'en consomment que de très petites quantités, et à la vue de cette masse énorme de matières végétales qui pourrissent sans emploi sur les plages de la Méditerranée, on se prend à regretter qu'on ne s'ingénie pas à trouver à cette plante d'utiles applications dans l'agriculture et dans l'industrie. On y verrait en outre l'avantage de débarrasser les côtes d'une substance organique en putréfaction, qui salit les bords de la mer et nuit aux agréments des plus belles plages de la Provence et de l'Algérie.

On confond communément la Posidonie avec les algues marines. Les Bretons et les Normands qui voient les zostères sans utilité dans le Midi, ne manquent pas d'attribuer cette négligence à l'insouciance et à l'ignorance des cultivateurs. Cet abandon ne se justifierait pas, s'il était démontré que les zostères de la Méditerranée sont aussi fécondantes que les fucus de l'Océan.

Voici d'ailleurs à quels caractères on reconnaît la Posidonie qu'on aperçoit si verdoyante et si vigoureuse sur les fonds vaseux et sablonneux de la mer. Elle y forme des prairies sous-marines d'une grande beauté sur les côtes de Provence, notamment aux abords des îles de Lérins, dans les endroits où la mer a peu de profondeur.

Les botanistes les désignent sous les noms de *Posidonia caulinia, Posidonia oceanica, Zostera oceanica*, ou *Caulinia oceanica*. Elle offre une souche radicante, écailleuse, hérissée, ainsi que la tige, de nombreuses fibres roussâtres, formées par les débris et les gaînes déchirées des anciennes feuilles. Les feuilles sont radicales, rubanées, obtuses, larges de 6 à 10 millimètres, d'un vert foncé. Les tiges et les feuilles, agitées et roulées par les vagues, forment des boules arrondies, de la grosseur d'un œuf, qui rappellent les égagropiles qu'on trouve dans l'estomac des gros ruminants. Ces boules sont feutrées et composées de fils entrelacés, enveloppant assez souvent un noyau de tige. Ce produit particulier qui abonde sur les côtes de Provence, au milieu des tiges et des feuilles vertes de la même plante, permet de distinguer cette zostéracée des autres plantes marines.

Aucune autre plante marine ne donne des pelottes feutrées de cette forme et de cette nature. Ces boules ont été prises autrefois pour des débris d'animaux marins. Un examen attentif démontre facilement qu'elles résultent du rouissage à l'eau de mer, des tiges et des feuilles de la Posidonie. Aux amas de cette plante viennent se joindre les débris de deux autres zostéracées, le *Phucagrostis major*, et la *Zostera marina*.

Le *Phucagrostis major* se compose d'une souche grêle, rampante, de la grosseur d'une plume d'oie, rougeâtre, noueuse; de feuilles longues linéaires (1-3 millimètres), denticulées au sommet, très entières dans le reste de leur pourtour; le fruit est sec, ovale, formé de deux cou-

pelles. Elle fleurit en avril-juin, et mûrit son fruit en
août et septembre. Elle forme des prairies sous-marines
à Antibes, Cannes et sur beaucoup de points de la Provence. Elle affectionne les plages vaseuses et peu profondes. Les botanistes la désignent sous les noms de
*Phucagrostris major, Cymodocea nodosa, Zostera no-
dosa, Z. mediterranea.*

Les vagues, au moment des tempêtes, en rejettent à la
côte des débris assez abondants, jamais autant que ceux
de la Posidonie. Les agriculteurs ne s'en servent pas,
et les chimistes ne l'ont pas encore analysée. A son aspect extérieur, elle paraît moins sèche et plus fécondante
que la Posidonie.

La zostère marine qu'on désigne sous les noms de
Zostera marina, Z. nana, Phucagrostis minor se distingue à sa souche grêle, lisse, rampante, de la grosseur
d'une plume de corbeau, jaunâtre, à nœuds peu marqués ; à ses feuilles larges de 3 à 4 millimètres, entières,
à 3 nervures. Son fruit est allongé-cylindrique. Elle
fleurit en juin. Ses touffes épaisses se développent au
milieu des prairies de Phucragrostis.

La Posidonie, le Phucagrostis et la Zostère marine
composent ce que l'on pourrait appeler le varech de la
Méditerranée. Il paraît démontré que ce varech formé
de zostères, est moins fertilisant que celui de l'Océan
composé en grande partie d'algues marines. On peut
dire que jusqu'à présent il est de peu d'utilité pour les
cultures méridionales.

Le trois zostères de la Méditerranée méritent d'être
mieux étudiées et mieux expérimentées sur les cultures.
Il y a là une source d'engrais peu exploitée jusqu'à
présent, et qui, pour les localités voisines de la mer, peut
rendre des services aux cultivateurs, ne fût-ce que pour
fournir des litières toujours rares et chères sur les bords

de la Méditerranée. En Italie, aux environs d'Ancône et sur d'autres points de la côte adriatique, la Posidonie est fréquemment employée comme litière; ou bien on la laisse pourrir et se réduire en terreau avant de l'appliquer au sol. La Posidonie d'Algérie, analysée par M. Müntz, au laboratoire de l'Institut agronomique, contenait :

Pour 100.

Eau.....................	53.50	
Matières minérales........	17.58	contenant 1.57 de silice.
— organiques.......	28.92	— 0.49 d'azote.
Acide phosphorique......	0.11	
Carbonate de chaux......	6.34	
Potasse.................	0.89	
Soude..................	3.41	

Comparée au fumier, la plante renferme un peu moins d'acide phosphorique : on n'en trouve que, 0,11 p. 100; le fumier le plus pauvre en a 0,13 à 0,15 p. 100.

En ce qui concerne l'azote, la potasse et la chaux, elle vaut autant que le bon fumier de ferme.

Notons que la plante algérienne renferme peu d'eau. Si on la recueillait sous un climat plus humide et moins chaud, la plante prise à l'état normal, tel qu'on pourrait l'appliquer au sol, contiendrait 70 à 80 p. 100 d'eau. Dans cet état, sa richesse centésimale baisserait et serait inférieure à celle du fumier.

D'autres analyses donnent pour les plantes de la Méditerranée :

Ces analyses se rapportent à des échantillons desséchés.

	Eau %.	Azote %.	Acide phospho- rique %.	Potasse %.	Chaux %.
Plantes de la Méditerranée...	10	0.50	0.11	0.18	»
Zostère marine.............	10	0.44 à 1.20	0.14	0.71	3.00

chés, et contenant seulement 10 p. 100 d'eau. Les plantes recueillies à la côte sont humides, et renferment 70 ou 80 p. 100 d'eau, elles ont été rouies, et désorganisées sous l'action de l'eau de mer. Dans cet état, elles sont moins riches en principes fertilisants, et, en raison de leur pauvreté en acide phosphorique, elles se montrent peu efficaces sur les terres qui ne manquent pas de potasse, mais qui demandent des engrais phosphatés. C'est ce qui fait que l'usage de ces zostères ne s'est pas montré avantageux sur les terres granitiques de la Corse. Sur des sols composés autrement, leur emploi pourrait être plus satisfaisant.

La Posidonie nage longtemps dans l'eau de mer avant d'être déposée sur la plage. La plante est plus légère que les gros fucus de l'Océan, dont le poids s'augmente souvent d'un morceau de rocher adhérent à la plante. De plus, la mer en se retirant laisse à sec les algues fraîchement détachées de la roche. Il n'en est pas de même pour la Posidonie; la Méditerranée, avec ses marées insensibles, ne dépose la zostéracée que par les tempêtes qui font remonter les vagues à une grande hauteur sur la plage. C'est à ce moment qu'on trouve sur le sable, la Posidonie fraîche, verte et conservant toutes ses propriétés fertilisantes. Ces parties vertes ne seront rien en comparaison des parties lessivées, rouies, et épuisées de la même plante. En cet état, les feuilles deviennent des rubans desséchés comme des copeaux de papier; ils sont tellement légers qu'ils s'envolent au vent, et se répandent sur les terres du rivage. Les tas de Posidonie accumulés le long des côtes, se composent de cette substance altérée par une immersion trop prolongée dans l'eau de mer. C'est, à mon avis, la cause de son infériorité au point de vue de son emploi comme engrais.

Ce fait se démontrerait facilement par l'analyse comparative de la Posidonie fraîche, et de celle plus ou moins altérée qui forme les dépôts le long des côtes.

Il est certain qu'en cet état, la Posidonie appliquée au sol granitique de la Corse n'a produit aucun effet sensible sur les cultures. Les fumiers sont rares et chers sur les côtes de la Provence, on en a grand besoin pour les vignes, les orangers, les fleurs et les primeurs. Il n'est pas admissible qu'on persisterait à repousser la Posidonie, si elle avait les propriétés fécondantes du Goëmon tant recherché et tant estimé en Bretagne et en Normandie.

CHAPITRE VII.

Outre les engrais végétaux, la mer réunit sur les côtes des substances minérales et animales, qui contiennent des éléments chimiques d'une grande valeur pour la fertilisation des terres. Les roches calcaires attaquées et triturées par les vagues, les coquilles des mollusques, brisées et réduites en fragments plus ou moins menus, la substance excrétée par les polypiers lithophytes principalement par les *Millepora calcarea* produisent, le long de certaines côtes océaniques, des engrais dont les cultivateurs tirent grand parti pour amender et fumer les terres les plus rapprochées de la mer. Ces engrais marins, connus sous les noms de tangue, de merl et de trez, ont pour effet principal d'enrichir le sol de carbonate de chaux, et d'y déposer en même temps des doses variables d'azote, d'acide phosphorique, de potasse et de magnésie.

La tangue est un sable grisâtre ou blanchâtre, d'une finesse extrême, qui se dépose à l'embouchure des rivières de la basse Normandie et d'une petite partie de la Bretagne. On l'emploie principalement sur la zone maritime qui commence à Isigny et finit à Pontorson.

A la dose de 6 à 16 mètres par hectare, elle fait merveille sur les terres granitiques ou schisteuses des départements de la Manche et d'Ille-et-Vilaine. Si elle pénètre plus avant dans l'intérieur des terres que le goëmon, c'est qu'elle y produit une amélioration plus importante et plus durable sur le sol dépourvu de calcaire. Elle agit à la manière d'un chaulage ou d'un marnage. Elle pèse, suivant Isidore Pierre, 1,000 à 1,400 kilog. le mètre cube. C'est la plus légère qui produit le meilleur effet. On voit des cultivateurs qui n'hésitent pas à la transporter à une distance de 40 kilomètres de la côte. La meilleure tangue est celle qui contient le plus de carbonate de chaux. Ce calcaire paraît résulter en grande partie des coquilles marines réduites à l'état de matières impalpables.

D'après Isidore Pierre, le mètre cube de tangue contient, suivant sa provenance :

	kil.		kil.
Carbonate de chaux.........	304.00	à	619.00
Acide phosphorique..........	1.07	à	13.51
Azote......................	0.552	à	1.95
Potasse et soude............	0.40	à	12.78

La tangue qui se dépose dans les baies et les anses, est d'autant plus ténue qu'on se rapproche davantage du rivage. Partout où le flot peut s'étendre sans obstacle sur une vaste plage, les débris de coquilles, triturés par les vagues et suspendus dans l'eau, se déposent sur la grève, abandonnant d'abord la tangue la plus grossière, et laissant la plus fine sur les bords où les vagues n'ont plus qu'une faible vitesse.

Il faut se garder de l'appliquer au sol, fraîche et imprégnée d'eau de mer. Dans cet état, elle y introduit une quantité de sel marin dont la présence serait nuisible aux cultures. Exposée à l'air pendant plusieurs mois, elle foisonne, au dire d'Isidore Pierre, par l'effet des débris de coquilles qui se délitent et s'exfolient. Desséchée, elle s'emploie quelquefois directement sur le sol. Le plus souvent, on en fait des composts avec du fumier, des terres, des curures de fossés et des vases de toutes sortes.

Dans d'autres parties de la Bretagne, on extrait, au bord de la mer, des sables coquilliers dont la composition chimique est analogue à celle de la tangue. Ils en diffèrent entièrement par la couleur et par la grosseur de leurs éléments. On les désigne sous le nom de trez ou treaz. Celui que j'ai examiné au port de Quimper, est blanchâtre, et contient au milieu des débris de coquilles, beaucoup de paillettes micacées. A Landerneau, il est rosé, et semble être un mélange de débris de coquilles avec des fragments de cristaux feldspathiques. Le trez ou sable du Pouldec, si utile pour l'amélioration du sol granitique de l'école du Lézardeau, est d'une, teinte rougeâtre comme celui de Landerneau, mais son grain est plus fin et plus uniforme. Les dunes de l'Océan et de la Méditerranée offrent souvent des sables de même couleur et de même composition.

Dans cinq échantillons de trez, pris dans cinq localités différentes, on a trouvé :

	1	2	3	4	5
Matières organiques,	traces	traces	traces	6.86	5.40
Sable siliceux.........	29.00	51.50	69.00	74.66	88.88
Argile...............	»	1.50	»	3.73	2.60
Carbonate de chaux....	70.00	45.00	27.00	14.40	2.40
Phosphate de chaux...	0.95	»	»	»	»
Oxyde de de fer.......	»	0.05	traces.	»	»
Sels solubles de l'eau de mer.............	»	1.10	1.2	1.33	1.30
Totaux.........	99.95	99.15	97.2	100.98	100.58

La richesse en carbonate de chaux varie dans d'énormes proportions : le n° 1 en contient 70 p. 100, et le n° 5 seulement 2.40 p. 100. Ce dernier ne doit produire que très peu d'effet sur les terres qui manquent de calcaire.

A l'école du Lézardeau, le sable du Pouldec qu'on va prendre à une distance de 13 kilomètres, a servi à convertir une terre de bruyère en un sol éminemment propre aux céréales, aux racines et aux autres cultures fourragères. Répandu sur les pâturages, il favorise singulièrement le développement du trèfle blanc. On en fait souvent des composts avec du fumier. Employé de cette façon et appliqué à la betterave et à la pomme de terre, on en obtient des rendements comparables à ceux des régions les plus fertiles et les mieux cultivées.

Sur le port de Quimper, le trez se vend 1 fr. et 1 fr. 50 le mètre cube.

Le trez, comme la tangue, et pour les mêmes raisons, ne s'emploie jamais à l'état frais et imprégné d'eau salée. D'un autre côté, il perd son énergie quand on l'expose trop longtemps à l'air et à la pluie. Dès qu'il est dépouillé du sel, il faut l'employer : c'est le *trez vif*. On appelle *trez mort* celui qui par une exposition trop prolongée à l'air, a perdu une partie de ses principes fécondants.

Certains ports de la Bretagne qui fournissent des *trez*, donnent en même temps du *merl*, autre substance calcaire d'un aspect tout différent de celui du sable coquillier. On l'extrait de la mer, dans les départements du Morbihan et du Finistère. Il s'en trouve aussi en Angleterre, dans le Cornwall et le Devonshire. On en voit de nombreux dépôts, à côté du *trez*, sur les quais des ports de Vannes, de Quimper et de Morlaix. Il se présente sous forme de concrétions mamelonnées, vermiculaires, en fragments de toutes les grosseurs, depuis celle du grain de chènevis jusqu'à celle d'une noisette et même d'une noix. Ce doit être un produit excrété par des polypiers lithophytes. Ce merl est souvent mélangé à des débris de coquilles. Il est grisâtre ou rosé. On l'extrait, à marée basse, à la drague, du 15 mai au 15 octobre. Voici sa composition chimique sur 100 parties :

	Merl blanc de Morlaix.	Merl rose de Morlaix.	Merl rose de Belle-Isle.
Matières organiques.......	4.40	1.20	7.75
Sels solubles.............	1.35	0.20	2.12
Oxyde de fer et alumine...	3.60	1.90	3.60
Carbonate de chaux.......	55.65	71.60	76.00
— de magnésie...	traces.	traces.	traces.
Sable et argile...........	33.00	18.25	3.60
Eau et pertes............	2.00	6.85	6.90
Totaux................	100	100	100

Azote pour 1,000, d'après Payen et Boussingault 0,52.

Sa richesse en carbonate de chaux est moins variable que celle du trez, ce qui rend son emploi plus sûr et plus avantageux. Il coûte le même prix que le trez : 1 fr. à 1 fr. 50 le mètre cube. Les cultivateurs le transportent à des distances qui atteignent jusqu'à 20 et 25 kilomètres. On l'emploie souvent seul, mais généralement mélangé au fumier. Les uns l'emploient à petites doses, 4 à 5,000 kil. à l'hectare, et recommencent l'opération tous les trois ans; d'autres en mettent 16 à 20,000 kilog. pour une durée de 10 ans. Le *merl* frais et imprégné d'eau de mer est nuisible à la végétation; trop longtemps exposé à l'air, il est moins énergique et moins fécondant.

CINQUIÈME PARTIE.

DÉFRICHEMENTS. — FAÇONS ARATOIRES. — ENSEMENCEMENT. SOINS D'ENTRETIEN. — CONSERVATION DES PRODUITS.

CHAPITRE PREMIER.

DÉFRICHEMENTS.

On entend par défrichement, la mise en culture d'un terrain inculte. C'est une lande, un maquis, une broussaille, un marais tourbeux dont on veut faire une terre cultivée. La lande est un mélange d'ajoncs, de bruyères, de genêts, et de quelques graminées et autres plantes herbacées. Les maquis de la Corse comprennent des arbustes différents de ceux de la lande, et constituent des fourrés impénétrables dont la mise en valeur s'opère par des procédés spéciaux. Enfin les broussailles de l'Algérie se composent de végétaux autres que ceux de la Corse, qui nécessitent pour leur défrichement des travaux particuliers d'une exécution plus ou moins difficile.

Avant d'entreprendre un défrichement dans les pays où il existe de vastes étendues de terres incultes, il faut d'abord examiner avec la plus grande attention le sol et le sous-sol des surfaces à mettre en valeur. Il faut choisir de préférence les terres perméables, exemptes de pierres et de roches, et faciles à travailler. Le sol imperméable, argileux ou rocheux, sera toujours ingrat, difficile à améliorer, et peu productif.

En général, la bonté du fond, son degré de fertilité s'accusent par l'état de la végétation spontanée.

Une végétation arbustive vigoureuse dénote un bon fonds de terre. On est sûr d'y trouver de la fertilité, et des conditions naturelles favorables aux plantes cultivées. Beaucoup de landes reposent sur des couches de terre imperméable. C'est une circonstance naturelle qui est généralement nuisible aux cultures.

Défrichement des landes.

Les landes de la Sologne, de la Touraine, du Poitou, de la Bretagne et de la Gascogne, présentent des modifications très variables en ce qui concerne la nature du sol et les espèces végétales qui garnissent les surfaces. Le seul caractère commun à toutes les landes, c'est d'occuper un sol dépourvu de carbonate de chaux. Les végétaux de la lande ne se voient jamais sur les calcaires incultes de la Champagne pouilleuse ou du Berry.

Mais il s'en faut que les végétaux de la lande occupent toujours la même nature de sol; il y a des landes siliceuses, d'autres sont argileuses, d'autres sont siliceo-argileuses, d'autres enfin rentrent dans les catégories intermédiaires, qui viennent se placer entre les trois classes principales. Les meilleures landes à défricher sont

celles qui étant siliceo-argileuses sont aptes, par des améliorations judicieuses, à devenir de bonnes terres franches. On voit, en Sologne et en Gascogne, des landes sur
des surfaces purement siliceuses, reposant sur un sous-
sol argileux et imperméable. C'est sur ces terrains qu'on
trouve, en Sologne, les genétiers dont les jeunes pousses
sont broutées en hiver par les moutons. Il peut y avoir
avantage à les défricher pour les boiser, après y avoir
pris quelques récoltes de seigle et de sarrasin. Ces cultures faites économiquement avec des phosphates minéraux, couvrent facilement tous les frais de défrichement.
Les terres sont très bien utilisées par des semis de pins
maritimes.

La flore des landes fournit des précieuses indications
sur la nature du sol et son état de fertilité. Voici les
végétaux les plus intéressants qu'on y rencontre, en Bretagne et dans le centre de la France :

La bruyère commune.......	*Calluna vulgaris.*
— cendrée.	*Erica cinerea.*
— ciliée	— *Ciliaris,* sur les landes humides.
— —	— *Tetralix,* sur les landes tourbeuses et humides.
Bruyère à balai...........	*Erica scoparia.*
L'ajonc	*Ulex europaeus.*
Le genêt à balai...........	*Sarothamnus scoparius.*
— anglais...........	*Genista anglica.*
La fougère...............	*Pteris aquilina,* sur les terres siliceuses pourvues de potasse.

Les landes de la Gascogne offrent les mêmes végétaux, auxquels se mêle en assez grande abondance l'arbousier (*Arbutus unedo*). Les landes de la Provence et
celles de la Corse, en sol non calcaire, contiennent les végétaux précédents auxquels il faut ajouter :

La bruyère arborescente.....	*Erica arborea.*
Le calycotome épineux......	*Calycotome spinosa.*
Le myrte...................	*Myrthus communis.*
Le lentisque...............	*Pistacia lentiscus.*
Le genévrier oxycèdre......	*Juniperus oxycedrus.*
Plusieurs aster.	

Ce sont ces arbustes qui, prenant un grand développement, forment ces broussailles fourrées qu'on décore du nom de maquis, en Corse. Les produits ligneux qu'on en retire servent comme bois de chauffage, ou bien sont convertis en charbon. La bruyère arborescente fournit d'excellents échalas pour la vigne.

Les broussailles de l'Algérie, croissant sur un sol de bonne qualité, suffisamment calcaire, ne produisent pas les végétaux des landes qui poussent sur les terrains schisteux, granitiques, ou sur d'autres formations non calcaires.

Les broussailles du Sahel, sur terrain argilo-calcaire, sont composées comme il suit :

Le palmier nain	*Chamœrops humilis.*
Le jujubier sauvage........	*Zyzyphus vulgaris.*
Le chêne vert..............	*Quercus ilex.*
Le lentisque	*Pistacia lentiscus.*
Le houx...................	*Ilex aquifolium.*
Le thuya articulé.........	*Tuya articulata.*
L'agave	*Agave americana.*
Le calycotome	*Calycotome spinosa.*
L'arroche halime..........	*Atriplex halimus.*
L'asphodèle...............	*Asphodelus luteus.*
Le scille maritime........	*Scilla maritima.*

Les landes en sol siliceo-argileux et convenablement incliné pour l'écoulement des eaux pluviales, sont aptes à devenir de bonnes terres labourables, après qu'elles ont été enrichies de calcaire et d'acide phosphorique. A l'état de nature, elles sont couvertes d'ajonc (*Ulex europæus*), de bruyères à balais (*Erica scoparia*) et de plusieurs autres petites bruyères (*Calluna vulgaris, Erica cinerea*). La présence de l'ajonc et de la bruyère à balais indique une terre profonde, et douée d'une certaine fertilité. Il faut se défier, au contraire, des terrains qui ne produisent que les bruyères les plus petites et les plus chétives; une végétation aussi pauvre dénote un sol aride, et coûteux à améliorer. Les défrichements sur de forts végétaux ligneux donnent, par le phosphatage et le marnage, des terres fertiles, et supérieures aux vieilles terres arables épuisées de longue date par un mauvais système de culture.

En Sologne, il est souvent très avantageux de livrer les vieilles terres épuisées à des boisements de pin maritime, de chêne et de bouleau, et de conquérir de nouvelles terres par le défrichement des landes. Ces terres neuves, traitées convenablement, sont aptes à produire de belles récoltes de céréales et de fourrages.

Comment doit-on pratiquer le défrichement de la lande? En Bretagne et en Sologne, on laboure à une faible profondeur, et on fait en sorte que la lande soit placée au fond du sillon. On la laisse se décomposer pendant environ une année. L'année suivante, on fait un labour croisé sur le premier, et par des hersages, des roulages et des labours répétés on ameublit le terrain autant que possible.

Il faut alors désacidifier le terrain par le phosphate fossile à la dose de 1,000 kilog. par hectare et contenant 30 à 40 p. 100 de phosphate de chaux. Les scories phosphoreuses, à la dose de 2,000 kilog. à l'hectare, peuvent remplacer le phosphate fossile. L'effet est le même de part et d'autre. Le choix doit porter sur l'engrais le moins cher. Cette fumure complète la composition du sol, en lui donnant l'acide phosphorique et la chaux dont il est dépourvu. Quant à l'azote et à la potasse, la lande possédant de l'argile et des matières organiques, en contient toujours des quantités suffisantes au début du défrichement.

Après avoir fait une première récolte avec une forte dose de phosphate minéral, on peut encore en obtenir une seconde de seigle, de sarrasin, de pommes de terre par une simple addition de 500 à 1,000 kilog. du même phosphate. Pour les cultures ultérieures, il devient indispensable d'apporter dans le sol du fumier de ferme, et d'y joindre une bonne dose de calcaire, sous forme de chaulage ou de marnage. Dès lors, ce terrain défriché se traite comme les autres terres du domaine.

En Sologne, les mauvaises landes sont difficiles à boiser directement sans passer par un défrichement transitoire. Les graines de pin maritime qu'on y dépose, ou les pins sylvestres qu'on y plante, se défendent mal contre les bruyères, les ajoncs et les genêts. Le succès est plus certain quand avant d'opérer le boisement, le terrain est défriché, et cultivé deux ou trois ans à l'aide du phosphate minéral. Les opérations diverses enlevant au sol son aptitude à produire la lande, les semis de bois opérés dans la dernière culture se trouvent dans d'excellentes conditions de végétation.

Le défrichement à la charrue coûte beaucoup moins que le défrichement à la pioche. Mais son exécution présente parfois de sérieuses difficultés. Ce premier labour, sur un sol durci et rempli de racines ligneuses, exige une charrue très solide, et un fort attelage de 4 à 6 bœufs. Avant de labourer, il est indispensable d'enlever à la pioche ou par tout autre instrument, les plus forts végétaux ligneux, les ajoncs, les grandes bruyères, les genêts, etc. Le mieux est de couper et de raser la lande, et de convertir en litière les produits de cette opération. En Bretagne, M. Rieffel donnait au premier labour de la lande une profondeur de o^m,10. Les bandes complètement retournées, restaient ainsi pendant une année, temps jugé nécessaire pour la décomposition des bruyères. L'année suivante, les autres labours atteignaient o^m,20 de profondeur. Le terrain se trouvait suffisamment préparé pour porter une culture de sarrasin rapportant 18 hectolitres de grain à l'hectare. A l'automne suivant, le directeur de Grand-Jouan faisait un froment, dont on retirait environ 20 hectolitres de grain. Au sarrasin, on appliquait 8 hectolitres de noir animal, et 4 hectolitres au froment. Plus tard, on a remplacé le noir animal par du phosphate fossile à la dose de 1,000 kilog. à la première culture, et 500 kilog. à la seconde.

En Poitou, Moll a été dans l'impossibilité d'effectuer le premier labour de défrichement à la faible profondeur de o^m,10. Les racines des bruyères arrêtaient complètement la charrue. Il a fallu descendre à o^m,30 de profondeur, sous les fortes racines, pour que l'instrument pût bien fonctionner. Pour un tel travail, on a dû atteler la charrue de 3 à 4 paires de bœufs. On opérait sur un sol exempt de pierres et de rochers. En Bretagne, à une telle profondeur, on risquerait de briser la charrue sur des rochers schisteux ou granitiques. Après avoir divisé le premier labour de défrichement à coups de herse et d'araire, Moll faisait, la première année, un colza avec 5 hectolitres de noir animal, et l'année suivante, un froment avec 4 hectolitres de noir animal. Ce terrain, traité convenablement, produisait ensuite de l'avoine, du fourrage sec de graminées, et deux années de pâturage.

En Gascogne, les landes siliceuses et perméables se garnissent spontanément de pin maritime et de chêne liège. Du premier on tire du bois et des matières résineuses, et du second du liège. Ces deux produits sont d'un bon rapport sur les sables des dunes, et sur les sables tertiaires quand ils ne sont pas noyés en hiver. Les grandes landes de la Gascogne, mal assainies et remplies d'eau en hiver, sont peu favorables au développement des essences forestières. Le chêne, le pin maritime n'y viennent bien qu'avec un bon système d'assainissement; il le faut profond et bien entretenu; des fossés à 1 mètre ou 1 m,50 de profondeur descendant au-dessous de la couche d'alios sont nécessaires pour faire baisser le plan d'eau et permettre aux racines des arbres d'occuper un milieu à l'abri des eaux stagnantes. On sait que l'alios forme une couche continue d'une roche tendre constituée par du sable aggluliné avec des matières organiques ou avec un oxyde ferreux. Dans les grandes landes non assainies, et formant de vastes plaines sans inclinaison sensible, l'eau remonte à la surface pendant l'hiver. Un tel terrain se couvre de bruyères aquatiques, dont les débris forment un sol acide, plus ou moins tourbeux, sorte de terre de bruyère impropre aux essences ligneuses et aux plantes cultivées. Le boisement ou l'assainissement du sol est le meilleur emploi que l'on puisse faire de ces mauvais terrains.

Écobuage. — L'écobuage consiste à écrouter un sol riche en débris organiques, à faire sécher cette espèce de terreau, et à le brûler au cours de l'été. Les cendres qui en résultent, fécondent le sol pour une ou plusieurs récoltes. Cette opération est toujours coûteuse; l'écroutage se fait à la main; on dépense encore de la main-d'œuvre pour former les petits fourneaux, les faire brûler et répandre la cendre. Jamais l'opération complète ne coûte moins de 100 fr. par hectare. L'opération est avantageuse sur des surfaces tourbeuses, ou sur d'autres terres très riches en matières organiques. Par l'écobuage, on obtient de la potasse, de la chaux et d'autres matières minérales qui, jointes aux substances organiques des terrains, fournissent aux cultures toutes les substances nécessaires à leur alimentation.

Les cultivateurs de la vallée de Grésivaudan écobuent de temps en temps leurs terres arables douées naturellement d'une grande fertilité. C'est le moyen de se débarrasser des débris de plantes, et des racines dont le sol est encombré. Avec ces produits végétaux, on chauffe à une haute température la couche superficielle du sol qu'on divise en plaquettes, et dont on fait de petits fourneaux. C'est là une amélioration dont les cultivateurs sont satisfaits, ils y trouvent un double avantage : celui de féconder le sol, et celui de le purger par l'incinération d'une grande quantité de mauvaises graines. — A part ces circonstances spéciales, l'écobuage n'est pas à recommander dans beaucoup d'autres circonstances.

Certains propriétaires écobuent les landes en Bretagne, en Sologne, en Touraine et en Poitou, en Limousin et en Auvergne. On écobue la lande, puis on en mélange les cendres par un léger labour, et on emblave le terrain. Ce mode de défrichement était excellent autrefois, quand il n'y avait pas d'autre moyen de fertiliser la lande. Mais il avait l'inconvénient de détruire une partie des matières organiques, et de dissiper dans l'atmosphère l'azote et les autres substances de ces matières organiques. Maintenant qu'on peut désacidifier le sol des landes par du phosphate de chaux minéral, et l'enrichir en même temps de chaux et d'acide phosphorique, l'écobuage de la lande serait un moyen détestable de la mettre en valeur.

Par l'écobuage, on dépense en pure perte les matières

fertilisantes du sol, pour des récoltes toujours peu abondantes et très coûteuses.

C'est une pratique qu'il faut proscrire depuis que les défricheurs de landes peuvent se procurer à bon marché des phosphates fossiles ou des scories phosphoreuses. La lande, traitée de cette façon, ne perd rien de ses matières fertilisantes, et sa composition minérale complétée par l'engrais phosphaté la rend apte à produire une série de bonnes récoltes.

Défrichements en Corse et en Algérie.

Ce ne sont plus des défrichements de landes. Le maquis de la Corse est un fourré impénétrable d'arbustes serrés et vigoureux, qui atteignent parfois 2 et 3 mètres de hauteur; ils n'ont aucune ressemblance avec la misérable lande de la Sologne ou de la Bretagne. On y trouve en grande abondance, de la bruyère arborescente, des lentisques, du myrthe, du chêne vert, du calycotome épineux, du genévrier, des cistes, du phyllirea, etc. Je ne cite que les principaux végétaux, ceux qui dominent dans les plus forts maquis.

Le développement de cette végétation spontanée indique l'état de fertilité du sol. On doit préférer pour le défrichement les maquis les plus vigoureux et les plus chargés d'essences ligneuses, surtout si le sol est profond et exempt de rochers.

Les surfaces couvertes exclusivement de cistes sont faciles à défricher. On peut attaquer ces petits végétaux à la charrue, mais le sol qui n'a produit depuis un temps immémorial que des arbustes faibles et rabougris, n'a pas les qualités voulues pour devenir une bonne terre arable. Le défrichement des grands maquis offre les mêmes difficultés que celui d'un taillis de chêne. On ne peut l'attaquer qu'à la pioche, tant le terrain est encombré d'un réseau de racines ligneuses, vigoureuses et tenaces. Près des grands centres de population, on peut, par la vente des bois et la fabrication du charbon, solder avec bénéfice tous les frais du défrichement. Mais quelquefois on est obligé de brûler sur place les produits ligneux, par suite de l'éloignement des villes et du manque de voies de communication. Dans ce cas, le défrichement à la pioche peut coûter de 500 à 1,000 fr. l'hectare.

Cette dépense n'a rien d'exagéré quand il s'agit d'un défoncement à 0m,50 de profondeur, effectué en vue de la création d'une vigne. Au domaine de Casabianeda, on a défriché du maquis à meilleur marché, à l'aide du scarificateur coupant, mû par des machines à vapeur du système Fowler. Les machines étaient chauffées avec les racines du défrichement, et on possédait sur place l'eau d'alimentation pour les générateurs. Le terrain était parfaitement défriché et défoncé quand le scarificateur avait travaillé dans deux sens opposés, le second coup de l'instrument croisant les sillons de la première opération. En Algérie, les broussailles qu'on défriche pour y faire de la vigne, sont enlevées à la pioche quand elles sont constituées de végétaux ligneux formant de véritables bois taillis. Dans certains cas, le bois paye complètement le défrichement, ou vient en déduction d'une partie de la dépense. Pour des surfaces qui ne portent que du palmier nain, du jujubier sauvage, des asphodèles et de la scille maritime, le défrichement peut s'effectuer par la machine à vapeur. On trouve des entrepreneurs qui se chargent de ce travail à un prix qui varie suivant les difficultés ; il est de 400 à 800 fr. suivant l'abondance du palmier nain et du jujubier.

Il n'est pas de pays en France où le sol soit défoncé avec plus de soin et de perfection qu'en Provence. On apprécie les bons effets, au double point de vue de la fertilité et de la fraîcheur du sol, de ce travail qu'on ne craint pas de recommencer de temps à autre sur le même terrain, malgré la dépense considérable qu'impose à l'exploitant une si importante opération. On ramène la terre du fond à la surface, dans le but de renouveler la partie superficielle du sol et de la remplacer par le sous-sol où s'est accumulée une partie des engrais confiés au sol pendant une longue série de cultures. Le sol, remué et ameubli profondément, absorbe facilement les pluies d'été, toujours rares, mais très abondantes quand elles surviennent sous forme d'orages. Le sol bien défoncé absorbe complètement toute l'eau d'une forte pluie sans en laisser s'écouler et se perdre une partie à la surface, et la tient précieusement en réserve pour les besoins des plantes pendant les sécheresses estivales. Les défoncements se font à 0m,60, 0m,65 et 0m,70 de profondeur. On les exécute, bien entendu, à bras d'homme. La plus forte charrue, celle de M. Vallerand, dite la Révolution, attelée de 10 à 12 bœufs, ne peut pas dépasser 40 centimètres de profondeur, et son travail n'est jamais aussi complet ni aussi parfait que celui de l'instrument à bras. L'ouvrier défonceur se sert pour ce travail, non de la pioche, mais d'un bident composé d'une forte douille prolongée en deux fortes dents ayant au moins 32 centimètres de longueur, le tout en acier de première qualité, muni d'un manche court ayant à peine 0m,80 de longueur.

Il ouvre d'abord une grande jauge, sorte de fossé ayant la profondeur du défoncement à opérer.

La jauge ouverte, l'opérateur se tient au fond, muni de guêtres hautes et fortes qui le protègent contre la terre qui s'éboule et s'attache à ses jambes; il pioche à reculons la partie superficielle d'abord, qu'il jette derrière lui au fond de la jauge, il reprend ensuite le sous-sol qu'il place à la surface du champ. De cette façon, le sous-sol prend la place du sol, et réciproquement. Les pelletées du sol et du sous-sol sont constamment rejetées derrière le travailleur, le manche court de l'outil oblige ce dernier à se tenir constamment courbé; il ne se relève un peu que pour lancer la terre derrière lui. Ce travail est d'autant plus pénible qu'au poids de la terre s'ajoute celui de l'instrument, qui pèse environ 2 kilogr. et demi. En Provence, on lui donne le nom de *béchard,* et on l'achète neuf et emmanché pour le prix de 8 à 10 francs. Les extrémités des dents s'usent promptement dans les terres siliceuses et pierreuses; on les recharge aussi souvent que cela est nécessaire. Le béchard ou bident est une pioche à deux branches, et permet à l'ouvrier de déplacer la terre piochée à chaque coup de l'instrument. C'est un effet qu'on ne peut obtenir avec la pioche à une seule branche. Il faudrait une bêche ou une pelle pour déplacer la terre piochée. Le béchard provençal effectue les deux opérations en un seul coup.

Le labour de défoncement, exécuté dans les conditions énumérées plus haut, coûte 0 fr. 10, 0 fr. 125, 0 fr. 15 le mètre carré, suivant les difficultés du terrain. On paye 15 centimes le mètre carré pour les terrains argileux, encombrés de pierres et de racines; les pierres et les moellons sont ramenés à la surface et restent à la disposition du propriétaire. Les racines, assez nombreuses quand on opère sur une lande ou sur une vieille oliveraie, appartiennent au défricheur. Le travail exige une surveillance assidue, si l'on veut que l'ouvrier se maintienne constamment à la profondeur convenue. La fraude est difficile à constater quand le travail a été terminé sans avoir été contrôlé régulièrement pendant le cours de l'opération.

Les ouvriers provençaux ne consentent pas volontiers à entreprendre un travail aussi pénible. Sur la frontière italienne, ce sont les Piémontais qui l'exécutent pendant les mois d'hiver. Un homme défonce en une journée 35 à 40 mètres carrés. Il ne faut pas moins de 250 journées d'ouvrier pour le défoncement d'un hectare de terre. A ce travail, les hommes robustes gagnent 3 francs à 3 fr. 50 par jour.

Le défoncement à bras d'homme coûte de 1,000 à 1,500 francs l'hectare. La même opération revient au même prix en Algérie, où elle est pratiquée rarement par les colons français, mais par les vigoureux pionniers du sud de l'Espagne. C'est pour des plantations de vignes qu'on défonce le sol à une telle profondeur ; la vigne créée sur un défoncement à bras d'homme montre une vigueur et une précocité qu'on n'observe pas sur les vignes confiées à un sol défoncé à la charrue.

Le défoncement à bras d'homme coûte huit à dix fois plus que le défoncement à la charrue, mais l'abondance des premières récoltes rend le premier système de défoncement plus avantageux que le second. Seulement, quand il s'agit d'une grande surface à défoncer, on ne trouve pas toujours des travailleurs en nombre suffisant pour effectuer le travail dans l'espace des trois ou quatre mois d'hiver.

Le défrichement à la charrue, sur un sol compact et argileux que j'ai examiné aux environs d'Hyères, s'effectue avec un fort araire attelé de cinq chevaux ou mulets ; deux hommes et cinq bêtes, procédant très lentement, labourent à peine 20 ares par jour. La dépense par jour est de 6 francs pour les deux hommes et de 15 francs pour les cinq bêtes. Il faut en outre compter 5 francs pour l'usure et l'amortissement de l'instrument, soit 26 francs pour une journée de travail.

Ce labour de défoncement, ayant une profondeur variable de 25 à 30 centimètres, revient à 120 francs par hectare. C'est le dixième de la dépense du défoncement à bras d'homme et avec le béchard. Mais quelle différence entre ces deux systèmes de défoncement, et combien la vigne, placée sur un sol défoncé à 70 centimètres et bien ameubli, sera supérieure en vigueur et en production à celle qu'on plante sur un sol motteux, assez mal ameubli et défoncé à une trop faible profondeur! Il est reconnu que, pour l'exploitant en mesure de faire au terrain l'avance du défoncement à bras, c'est celui-ci qui dans l'avenir donne le plus de satisfaction et les plus gros bénéfices.

CHAPITRE II.

FAÇONS ARATOIRES.

On sait que le succès des cultures dépend plus des qualités physiques du sol que de ses propriétés chimiques. Un sol très fertile demeurera improductif, si, faute d'être travaillé, il demeure compact, tenace, imperméable, dur comme la pierre pendant l'été, et mou comme de la boue pendant l'hiver. Les plantes cultivées exigent une terre fraîche sans être humide, meuble et pénétrable aux agents atmosphériques, nette de mauvaises herbes. A ces conditions physiques, ajoutons les éléments principaux de la fertilité en bonne proportion, un climat bien équilibré en chaleur et en pluie, et nous aurons réalisé l'idéal des meilleures conditions de culture. C'est par les façons aratoires qu'on communique au sol les qualités physiques favorables au développement des plantes et qu'on défend ces dernières de l'envahissement des herbes parasites.

Le labour. — Le labour, dans la grande culture, correspond au béchage dans l'horticulture. Parmi les opérations qui s'appliquent au sol, il n'en est aucune qui soit plus importante et qui contribue plus efficacement au succès des végétaux cultivés. Le sol tient en réserve l'humidité et une partie des aliments des plantes, il est le siège de réactions qui servent à élaborer ces mêmes aliments des plantes. Mais pour que ces bons effets se produisent, il est indispensable que la terre soit maintenue à l'état meuble, et que dans toute sa masse elle donne un libre accès aux agents atmosphériques. La terre laissée, en repos et abandonnée à elle-même, se ferme et se tasse, elle devient, dans la plupart des cas, imperméable à l'air et à l'eau, et incapable de subir la fermentation qui rend assimilables les matériaux utiles aux végétaux. Tout le monde sait que la jachère morte labourée, hersée et remuée plusieurs fois par les façons aratoires dans le cours d'une année, voit sensiblement augmenter son degré de fertilité. Il n'en est pas de même d'un champ qui ne serait pas façonné à l'état de jachère.

La fertilisation du sol par les opérations aratoires se produit principalement sur les terres argileuses ou argilo-calcaires. Les terres siliceuses sablonneuses, et les terres calcaires, toujours meubles et perméables, ne retirent pas des labours autant d'avantages que les terres fortes et imperméables.

Dans tous les cas, le labour est toujours une opération très utile, il ramène à la surface la partie inférieure du sol, et place à la partie inférieure celle qui est à la surface. La première reçoit directement l'action des agents atmosphériques et présente une terre nouvelle à la jeune plante, tandis que la seconde, plus épuisée et plus fatiguée, ira au fond de la raie se refaire par le repos et par les substances que les eaux pluviales viendront y déposer. Aussi le principal objet du labour est d'ameublir le sol en le retournant, en mettant au fond les parties superficielles et réciproquement. L'ameublissement du sol dans toute sa profondeur a pour effet d'offrir aux racines des plantes un milieu favorable à leur développement. C'est le moyen de faciliter la respiration des racines, et de hâter la nitrification des matières organiques; et puis la terre meuble absorbe et met en réserve les eaux pluviales qui, dans les terres plus ou moins imperméables, couleraient et se perdraient à la surface.

Il n'y a pas de pays où l'action fertilisante du labour soit plus appréciée qu'en Algérie. On admet, en Mitidja, qu'on est sûr d'obtenir un bon blé sur la terre ayant reçu, au printemps, un labour permettant au sol de mûrir et de se nitrifier par les fortes chaleurs de l'été. Le blé se trouve dans de moins bonnes conditions quand on le sème sur un seul labour donné à l'époque des semailles. On peut dire en quelque sorte qu'un bon labour équivaut à une fumure. Sous l'ancien assolement triennal, la jachère traitée méthodiquement était considérée comme une préparation indispensable pour assurer le succès de la culture du froment. Elle paraissait nécessaire pour la fertilisation et le nettoiement du sol. Telle est l'action physiologique du labour. A cet effet principal et fondamental viennent se joindre d'autres genres d'utilité; il détruit les mauvaises herbes en les renversant au fond du sillon; il sert à mettre en terre les choux, les pommes de terre et les grosses semences. En terre légère, on ne craint pas d'enterrer à la charrue la semence du froment. C'est encore par le labour que l'on met le fumier en terre.

Forme du labour. — On doit considérer dans le labour la disposition des raies ou sillons et le groupement de ces sillons. On appelle enrayure, le premier sillon soulevé par la charrue, et dérayure le dernier sillon qui laisse une raie ouverte. Les charrues ou les araires à versoir fixe, retournant toujours la terre du même côté, ne peuvent pas revenir dans la dernière raie ouverte;

il faut que le laboureur aille reprendre une autre raie parallèle et symétrique à la première. En procédant ainsi, le champ se trouve divisé en planches parallèles séparées entre elles par une double dérayure. Le milieu de la planche représente en relief bombé une section inversement semblable à celle de la double dérayure. Dans les terres imperméables, les dérayures combinées avec la pente générale du terrain contribuent puissamment à l'assainissement des cultures hibernales.

Si le sol est peu profond et peu fertile, on restreint les planches au point de les composer de 4, 5 ou 6 raies. Ce sont des billons, des petites planches bombées qu'on rencontre encore très communément sur beaucoup de points de la France, notamment dans les régions imperméables. Les planches larges, usitées dans les pays les plus fertiles et les mieux cultivés, seraient d'un mauvais usage dans des conditions agrologiques toutes différentes. Il ne faut pas croire que les petits billons laissent une partie du champ improductive. Si la terre est bien fumée et bien préparée, la céréale profite de l'aération qui se produit sur les deux côtés du billon, la plante mieux éclairée talle davantage et finit par combler le vide du billon. Les blés en billons, convenablement traités, deviennent aussi épais et aussi grenus que les blés en planches des terres perméables. Sur les terres pauvres et peu profondes, le billon de 2 à 4 raies a pour effet d'augmenter l'épaisseur du sol et de placer la culture dans de meilleurs conditions de végétation.

La pratique des billons, inusitée dans les couches les plus fertiles et les mieux cultivées est, aux yeux de beaucoup d'agriculteurs, un signe de culture routinière et arriérée.

On lui reproche d'être une gêne et même un obstacle à l'emploi des machines perfectionnées. Les blés billonnés se fauchent difficilement à la machine. La charrue qui sert à construire les billons est inférieure au brabant double, si apprécié pour la confection des bons labours. Au reste, on a recours aux planches étroites même dans les pays fertiles, toutes les fois que la terre exige ce mode de labour pour son parfait assainissement en hiver. Quant aux champs labourés à plat sans planches apparentes, on est souvent obligé de tirer ce qu'on appelle des raies d'écoulement sur les parties exposées à souffrir de l'humidité pendant l'hiver et à être ravinées par les pluies. Sur les terres imperméables, on rencontre çà et là des agriculteurs qui suppriment les billons. Il n'y a aucun inconvénient à le faire, sur les terres draînées et défoncées, où, grâce à ces améliorations, les cultures n'ont plus à souffrir d'un excès d'humidité.

Dans les régions imperméables, le billon conservé pour les cultures d'hiver est généralement supprimé pour les cultures de printemps plutôt exposées à pâtir de la sécheresse que de l'humidité.

Revenons à l'exécution du labour. S'il s'agit de faire des billons ou planches, on emploie la charrue avec ou sans avant-train. L'araire, sans avant-train, est moins chère que la charrue à avant-train, et fatigue moins l'attelage. Néanmoins la charrue sans avant-train perd constamment du terrain ; elle exige de la part du laboureur plus d'attention, d'habileté et d'efforts.

Le brabant double est une charrue tout en fer, composée de deux charrues placées dos à dos. Cette combinaison permet de labourer avec une seule raie ouverte. La charrue inoccupée en allant, fonctionne en revenant dans la raie tracée par la charrue symétrique. C'est l'instrument adopté par les exploitants des régions les plus fertiles et les mieux cultivées. Partie des départements de l'Aisne, de l'Oise et de la Somme, cette charrue s'est répandue successivement dans tout le nord de la France et aux environs de Paris; de là, elle a été introduite sur d'autres points, et en général partout où l'on désire effectuer les meilleurs labours sous le rapport de la régularité et de la profondeur.

Dans les pays où les labours se font à plat, le brabant double offre sur les autres charrues des avantages incontestables. Il fait un meilleur travail que la charrue tourne-oreille qui permet, comme le brabant double, de labourer avec une seule raie ouverte. Il supprime les grosses enrayures et les profondes dérayures des labours exécutés avec l'araire. De cette façon, aucune parcelle de la surface n'est perdue. L'enrayure se pratique sans difficulté sur n'importe quel côté du champ. On n'est pas obligé de combiner les planches comme on le fait avec l'araire, ni de pratiquer des labours en pointe difficiles et longs à exécuter.

Par le brabant double, l'attelage tourne sur lui-même sans aucune perte de temps, sans piétiner et durcir les deux extrémités du champ dites *fourières*.

Enfin cet instrument se conduit et se règle avec une extrême facilité. Une fois bien réglé, il fonctionne sans qu'il soit nécessaire d'y appliquer le moindre effort. Un apprenti se met vite au courant de sa manœuvre, et n'est pas longtemps à savoir exécuter de bons labours. Avec un tel instrument, les labours profonds n'offrent pas de difficultés sérieuses, il suffit de choisir le modèle approprié à cette profondeur, et d'y appliquer un attelage en rapport avec la résistance du travail.

Pour des labours de moyenne profondeur, de $0^m,25$ à $0^m,30$ en terre franche, on se contente généralement d'un attelage de trois forts chevaux placés de front sur une volée spéciale. Cet attelage, court et facile à gouverner, tourne bien au bout de chaque raie. C'est celui qu'on préfère pour les labours ordinaires. Pour des labours plus légers de déchaumage ou de semailles, deux chevaux suffisent amplement.

Le brabant double est toujours d'un prix assez élevé. Mais par le fait, il n'est pas plus cher que les autres charrues, attendu qu'il est tout en fer, et qu'il se compose de deux charrues accouplées ensemble.

C'est la charrue des riches cultures et des bonnes terres profondes, exemptes de pierres et de rochers. Il fonctionne mal dans les terres pierreuses et rocheuses. Dans ce cas, on doit se contenter de charrues simples, avec un soc terminé en une longue pointe, disposition indispensable pour entamer les terres pleines de pierres.

Pratique du labour. — L'inclinaison de la bande de terre retournée par la charrue est subordonnée au rapport qui existe entre la largeur et la profondeur de la raie. Le labour incliné à 45° est celui qui offre la plus grande surface soumise à l'action bienfaisante des agents atmosphériques. Dans ce cas, la largeur est à la profondeur comme $\sqrt{2}$ est à 1. Cette vérité se démontre facilement par la géométrie. C'est par tâtonnement sur le régulateur de la charrue qu'on finit par remplir cette condition. Les labours faits avant l'hiver, en vue d'ameublir les terres fortes, demandent des raies inclinées à 45°, formant à la surface des prismes en relief, de forme triangulaire La section du prisme exposé à l'air est un triangle rectangle isocèle. Il est facile de démontrer géométriquement, qu'à hypothénuse égale (largeur du labour), c'est le triangle isocèle qui offre la plus grande surface exposée à l'air. Les labours plats des déchaumages et des semailles veulent une forte largeur contre une faible profondeur. Dans ce cas, la bande est complètement retournée et horizontale. Si la profondeur égale ou dépasse la largeur, la bande se retourne mal et reste droite, plus ou moins rapprochée de la direction verticale.

Le bon labour se reconnaît à la rectitude des raies, et à un fond de sillon parfaitement horizontal. Le mauvais laboureur ne laboure pas droit, et le soc ne fonctionne pas régulièrement et horizontalement au fond du sillon.

On démontre que dans le cas du labour incliné à 45° la largeur est à la profondeur comme $\sqrt{2}$: 1 ou comme 1, 41 : 1 ou comme 7 est à 5, rapport indiqué par Burger.

Casanova, auquel on doit une excellente brochure sur la charrue, démontre en outre que le triangle isocèle du relief extérieur du labour à 45° est celui qui offre la plus grande surface exposée à l'air.

Pour trouver graphiquement la largeur correspondant à une profondeur donnée, il suffit de prendre pour les largeurs l'hypothénuse d'un triangle isocèle ayant pour les côtés égaux la profondeur du labour.

État du sol au moment du labour. — Il est très important que le labour soit pratiqué dans de bonnes conditions d'ameublissement. Un champ labouré trop sec ou trop humide peut rester improductif pendant une assez longue durée, par suite de l'état compact et motteux de la terre. On exprime cet effet en disant que la terre est *gâtée*. Cet accident n'est jamais à redouter sur les terrains toujours meubles naturellement, ni sur les terres marneuses et calcaires qui se délitent à la pluie et à la gelée. Les terres argileuses ou argilo-siliceuses comme celles des Dombes et du limon des plateaux, se mettent en boue par les pluies abondantes, et deviennent dures comme la brique par une sécheresse prolongée. Il faut

se garder d'y toucher dans ces deux états extrêmes ; sèches et durcies, elles sont inattaquables par les charrues.
On s'exposerait à briser l'instrument, et on serait obligé
d'y appliquer un très puissant attelage. A l'état de boue,
elles sont plus maniables, mais la charrue enlève des
sillons compacts très difficiles à diviser plus tard par la
herse et le rouleau.

Les praticiens labourent ces terrains quand ils sont à
l'état de fraîcheur. Pris à point, ils s'émiettent et se divisent sous l'action de la charrue, et s'ameublissent parfaitement par de simples hersages. Il n'est même pas
nécessaire d'y appliquer le rouleau.

Les terres siliceo-argileuses, dites terres blanches,
sont faciles à façonner pourvu qu'on les laboure au
moment le plus convenable. Ces terres, pauvres en carbonate de chaux, mais riches en silice impalpable et gélatineuse, demandent, en ce qui concerne les labours, un traitement différent de celui qu'on applique aux terrains
contenant un bonne proportion de calcaire. Mathieu de
Dombasle recommande de ne pas les labourer avant
l'hiver. C'est un fait bien connu dans le Perche : le limon des plateaux reposant sur un sous-sol imperméable
ne doit pas être labouré avant l'hiver. Laissé en chaume,
on peut, au printemps, le labourer dans de bonnes conditions, tandis que cette même terre serait en très mauvais état au printemps, si on y avait mis la charrue
avant l'hiver. La terre non labourée reste saine, et se
trouve impénétrable aux eaux pluviales, tandis que la
terre labourée s'imbibe, regorge d'eau, et se ressuie difficilement à l'époque des semailles de printemps.

Pour ce qui est des labours d'hiver, on voit que certaines terres en profitent, tandis que d'autres en souffrent.
C'est au praticien d'en faire la distinction. Il laboure
en tout temps et en toute saison les terres perméables et

constamment meubles, et laisse en repos sans y toucher les terres imperméables dont les propriétés physiques perdraient par l'effet d'un labour fait avant l'hiver.

On distingue trois espèces de labour :

Le labour léger, atteignant.........	0^m.10 à 0^m.15
Le labour ordinaire...............	0^m.20 à 0^m.25
Le labour profond................	0^m.30 à 0^m.40

Le labour léger ne peut pas s'exécuter avec une charrue sans avant-train. Pour ce travail, il faut un instrument plus stable : le brabant double, ou toute autre charrue à avant-train. Le labour léger est indiqué pour déchaumer et pour recouvrir certaines semences. On l'applique encore au défrichement des prairies dont on veut, par des façons superficielles, hâter la décomposition du gazon.

Le labour ordinaire s'applique au sol qu'on veut ameublir à une moyenne profondeur. C'est celui que l'on pratique le plus communément, avec une charrue munie ou dépourvue d'avant-train.

Les labours profonds sont d'une exécution assez difficile : la résistance augmente considérablement avec la profondeur du labour. Dès qu'on dépasse 30 centimètres, il faut un attelage de 4 à 6 bœufs. Il en faut 8 à 10 pour une profondeur de 0^m,40. Un tel labour est un véritable défoncement qu'on applique aux champs destinés à porter de la betterave, de la luzerne ou de la vigne. Cette façon très chère s'exécute, dans la région des sucreries, avec un fort brabant double et des bœufs qui servent non seulement pour cette opération, mais encore pour le transport des betteraves. Après avoir été utilisés aux travaux des champs, ces animaux sont engraissés à la pulpe et aux tourteaux.

Dans de moyennes exploitations, de tels défoncements ne sont pas nécessaires; de bons labours de $0^m,25$ à $0^m,30$ répondent suffisamment aux exigences des céréales et des cultures fourragères. Les labours profonds exigent d'abondantes fumures, sinon l'opération serait mauvaise et nuisible aux cultures.

Le labour de défoncement ramène une terre neuve à la surface. Or, les céréales végètent mal sur ce sol tant qu'il n'a pas subi l'influence des agents atmosphériques. Il faut par conséquent s'abstenir de défoncer les champs qu'on veut emblaver en céréales. Les racines, les pommes de terre, les choux profitent au contraire d'un labour de défoncement, pourvu qu'on ne ménage pas le fumier et les engrais chimiques.

En procédant graduellement, et en ne défonçant que les champs destinés aux racines, on arrive peu à peu à défoncer toutes les terres d'un domaine. Cette opération, conduite prudemment, constitue une amélioration foncière d'une très grande importance. Le sol approfondi souffre moins de l'humidité et de la sécheresse, et place les végétaux dans les meilleures conditions de développement.

L'exploitant qui manque de fumier défonce son sol sans ramener la terre même à la surface. Il fait passer une fouilleuse derrière la charrue, et fouille le sous-sol à $0^m,08$ ou $0^m,10$ de profondeur. Cette opération produit un assez bon effet, mais elle est moins efficace qu'un labour de défoncement.

Dans le Midi, le défoncement est jugé indispensable pour le succès et la durée des luzernières. Là on ne possède ni le brabant double, ni les 10 bœufs que nécessite un défoncement à $0^m,40$ de profondeur. On s'y prend à deux fois pour obtenir le même résultat. On ouvre la raie avec une charrue ordinaire qui va à $0^m,25$ ou

0^m,30 de profondeur, et on fait suivre la premiere charrue d'une autre qui prend, au fond du sillon, une bande de 0^m,08 à 0^m,10 qu'elle dépose sur le premier sillon à l'aide d'un versoir d'une forme spéciale : c'est la charrue Bonnet, très connue et très appréciée dans Vaucluse et les départements voisins. Si la terre n'est pas forte, il suffit d'un attelage de deux bœufs à chacune des charrues. Ce genre de défoncement réussit à merveille sur les bonnes alluvions des vallées, où le sous-sol est généralement plus fertile que le sol plus ou moins épuisé par les cultures antérieures.

Croisements de labours. — Quand la forme du terrain ne s'y oppose pas, il y a tout avantage à ne pas labourer dans le même sens une terre à laquelle on juge utile de donner plusieurs labours. Le second labour, fait dans une direction qui se rapproche de la perpendiculaire sur le premier labour, mélange mieux le sol, l'ameublit davantage et corrige les défauts du premier labour mieux qu'un labour exécuté dans le même sens que le premier.

Le binotis. — On nomme ainsi un gros labour d'hiver ou de toute autre saison. On l'exécute avec un binot, sorte de butteur à deux versoirs. On met en relief une grosse raie sur une bande non labourée. Ce gros labour produit des reliefs inclinés à 45° et offrant une profondeur et une largeur double de celles des labours ordinaires. Le cube exposé à l'air est par conséquent très considérable, circonstance favorable à la fertilisation du sol par l'action des agents atmosphériques. Ce travail est expéditif puisqu'on ne remue que la moitié de la surface.

Le binotis est la façon qui expose la plus grande surface aux influences atmosphériques. Il n'est jamais plus efficace que sur les terres qui s'ameublissent sous l'action des gelées. On peut obtenir le même résultat avec la charrue ordinaire : il suffit de disposer le champ en billons de deux raies. Le binotis produit d'excellents effets pour enterrer le fumier, détruire les mauvaises herbes, et faciliter la nitrification du sol.

Force de traction. — On attèle à la charrue des bœufs, des chevaux et quelquefois des mulets. Les bœufs attelés au joug et traînant une araire sans avant-train, constituent, sans contredit, l'attelage le plus naturel et le plus économique.

On a une charrue qui n'est pas chère, et des animaux qui, pour les harnais et la nourriture, coûtent moins que les chevaux. De plus, les animaux réformés et engraissés ont conservé leur valeur comme bêtes de boucherie. Aussi, c'est l'attelage que l'on rencontre le plus communément dans une grande partie de la France. Le Berry, le Nivernais, l'Auvergne, la Bretagne, une partie de la Normandie, la Franche-Comté, et bien d'autres régions exécutent tous les travaux des champs avec des bœufs. La Corse et l'Algérie en font également un large emploi.

Dans d'autres localités, on emploie à la fois le cheval et le bœuf aux façons aratoires; appliquant le bœuf aux labours et aux lourds transports à travers champs, et réservant les chevaux pour les charrois rapides en bonne route.

Une économie bien entendue devrait toujours accorder la préférence au bœuf pour les travaux de la ferme; mais dans les pays où le cheval prend la place du bœuf, on ne trouve pas de bons bouviers et on apprécie dans le cheval sa docilité et la rapidité de ses allures. Si on pratique l'élevage sur une bonne race de trait, on peut effectuer les travaux avec des bêtes de 2 à 5 ans, qu'on livre au commerce quand l'animal a atteint sa plus grande valeur.

De cette façon, le travail du cheval n'atteint jamais un prix très élevé.

Les attelages de deux ou trois chevaux à une charrue, sont ceux qui conviennent le mieux pour les labours ordinaires. Un seul conducteur les dirige facilement aux tournées, et peut en exiger une allure régulière, et supérieure en rapidité à celle des bœufs. Un tel attelage labourera 50 ares en une journée, tandis que des bœufs ne feraient que 30 à 35 ares. Quand un labour de défoncement exige un attelage composé de quatre, six ou huit animaux, le bœuf, à l'allure paisible et patiente, est préférable au cheval, disposé à s'emporter et à tout briser quand le terrain n'est pas solide, et que la charrue exige un effort violent et exécuté d'ensemble.

Les Anglais ont inventé de puissantes charrues à vapeur dont quelques-unes fonctionnent en France et en Algérie. La charrue est tirée alternativement par des locomobiles routières placées aux deux extrémités du champ. Ces machines sont en mesure de fournir chacune une force de 20 chevaux vapeur. La charrue porte 3 à 5 socs, et fonctionne à la vitesse d'un cheval au petit trot. Ces appareils sont d'un prix très élevé. Ils ne conviennent qu'à de très grandes exploitations dont les champs forment de grands rectangles pourvus de bons chemins assez solides pour porter les machines pendant leur fonctionnement. Ces charrues sont aptes à faire des défrichements et des labours de défoncement comme il en faut pour la plantation de la vigne. En Algérie, ces travaux se font à l'entreprise pour le compte des propriétaires. Le prix varie avec la difficulté du travail; il s'élève en moyenne à 400 francs l'hectare pour une profondeur d'environ 0ᵐ,40. Le propriétaire qui veut créer 30 à 40 hectares de vignes en une année par un défoncement général du terrain, ne peut le faire qu'en appelant à son aide un entrepreneur de labourage à vapeur.

Jamais ces puissants et coûteux appareils ne seront utilisés dans les régions accidentées, et dans les exploitations plus ou moins morcelées et plus ou moins garnies de haies, de plantations et de fossés. Les très grandes exploitations d'un seul ténement sont d'assez rares exceptions. Il y faut toujours des animaux de trait pour le transport des fumiers et des récoltes. Ces attelages resteraient parfois inoccupés si la charrue à vapeur les dispensait des labours et des autres façons aratoires.

Hersage et roulage. — Le hersage a pour effet de compléter l'action de la charrue, en unissant la surface et en achevant l'ameublissement du sol. La herse agit autrement que la charrue, elle émiette le sol sur place sans le déranger, laissant en haut ce qui est à la surface et en bas ce qui est au fond du sillon. Par la herse et le rouleau, l'ameublissement du sol peut atteindre une grande perfection. Les petites graines demandent une terre fine et parfaitement divisée. C'est une condition de bonne germination et d'un prompt développement. Les semences plus volumineuses n'ont pas les mêmes exigences. Pour les cultures d'hiver, on évite même de pousser trop loin la division du sol : une surface motteuse est préférable; les mottes, servant d'abri à la jeune plante, empêchent le terrain de se battre, et en s'émiettant à la gelée ou à la pluie, elles renchaussent la céréale et fortifient son appareil souterrain.

La terre une fois labourée à 45°, faut-il la herser immédiatement ou la laisser à l'état de labour? Pour les labours d'hiver, l'hésitation n'est pas permise. La terre bien labourée doit rester telle pour subir les influences atmosphériques sur une surface aussi grande que possible.

Pendant l'été, on doit agir tout différemment; comme il importe de conserver l'humidité du sol en faveur des plantes, le labour doit être suivi immédiatement d'un coup de herse. Avant de rentrer à midi, le laboureur devra herser toute la terre labourée pendant la matinée et faire de même à la fin de la journée. La charrue et la herse doivent fonctionner alternativement et sans aucune interruption. On ne doit pas herser une terre mouillée, ni une terre trop sèche : il faut la prendre à l'état frais, quand les mottes sont tendres, friables et faciles à diviser.

Au printemps, il y a de graves inconvénients à ensemencer en avoine ou en orge une terre fraîchement labourée et hersée. Dans ce cas, les mauvaises graines, notamment la moutarde sauvage (*Sinapis arvensis*) et la ravenelle (*Raphanus raphanistrum*) germent en même temps que la céréale, elles l'affament et en réduisent considérablement le rendement. Tout le monde sait que la récolte est gravement compromise quand ces deux crucifères se montrent drues et vigoureuses au milieu d'un jeune semis.

La moutarde sauvage, en Beauce et en Brie, est un fléau qui fait un mal énorme aux céréales de printemps. A un moment donné, elle domine les avoines, et jaunit de ses fleurs les champs, à un tel point qu'on la fauche par dessus la céréale; on n'enlève ainsi qu'une partie des fleurs, il en reste assez pour donner des graines qui saliront encore le terrain au moment de la récolte. La moutarde sauvage est dominante sur les bonnes terres franches suffisamment pourvues de calcaire. La ravenelle se plaît, au contraire, en terre siliceuse ou silico-argileuse. Ces deux crucifères sont également épuisantes. La moutarde, avec sa silique déhiscente, s'égrène sur le sol; la ravenelle, au contraire, revient à la ferme par sa silique articulée dont les fragments retournent aux champs par le fumier.

Comment parvenir à arrêter cette végétation parasite si nuisible aux céréales de printemps? Il faut éviter les ensemencements sur labour frais. Avant de pratiquer le semis, il faut donner un coup de herse, et laisser aux mauvaises graines le temps de germer. Dès qu'elles sont sorties de terre, on sème la céréale, en ligne ou à la volée, en détruisant, par un nouveau coup de herse, les jeunes crucifères.

C'est dans l'assolement triennal, où l'avoine succède au froment, qu'on a à redouter l'envahissement de la céréale par les crucifères. Les avoines après plantes sarclées en sont généralement exemptes.

Ces mêmes crucifères paraissent parfois dans les céréales semées à l'automne. Sous le climat de Paris, l'hiver tant soit peu rigoureux en a raison. Cependant certains hivers doux et privés de fortes gelées, épargnent ces plantes parasites qui nuisent beaucoup au froment, et salissent le sol de leur graine, si on néglige de les extirper à l'époque de leur floraison. Le mieux est de les arracher et de les utiliser pour l'alimentation des bêtes à cornes qui ne s'en trouvent pas mal, pourvu qu'elles n'en prennent pas avec excès. Le froment d'hiver est parfois envahi encore par la renoncule des champs (*Ranunculus arvensis*). Elle affame la céréale autant que les mauvaises crucifères. Ces plantes nuisibles germent en même temps que le blé semé sur labour frais. La renoncule résiste aux gelées d'hiver qui tuent les crucifères.

Quoi qu'on fasse, les crucifères adventices se montrent toujours en plus ou moins grande quantité dans les jeunes avoines. Un hersage fait à propos détruit ces germinations, et communique à la céréale une nouvelle vigueur qui lui permet de dominer et de vaincre les mauvaises herbes.

Si la herse suffit pour ameublir une terre légère, siliceuse ou siliceo-argileuse, elle devient parfois inefficace sur le sol argileux ou argilo-calcaire. Là on se sert du rouleau plombeur pour les terres de consistance moyenne, et du rouleau Croskill pour celles qui forment des mottes dures et résistantes. Après le rouleau, on passe la herse, et on répète ces opérations autant de fois que cela est nécessaire pour l'ameublissement du sol.

La herse ramène les mottes à la surface et permet au rouleau de les attaquer et de les écraser.

Il y a des herses de toutes les formes, elles sont triangulaires, parallélogrammiques, trapézoïdales ou en ziz-zag. Les plus énergiques, sont des herses en fer d'un modèle anglais, dites herses Howard en ziz-zag. Accouplées par deux, trois ou quatre, elles prennent la forme du terrain et, par une bonne disposition des dents, elles font un travail régulier et irréprochable. La herse ameublit le sol superficiellement. Veut-on le travailler dans toute son épaisseur, la herse doit être remplacée par le scarificateur qui n'est à vrai dire qu'une herse à dents ou pieds plus longs, montée sur trois roues, et disposée pour agir à telle profondeur que l'on désire. Rien n'empêche d'aller aussi profondément que la charrue.

Les blés, en terre saine et consistante, profitent bien d'un hersage au printemps, suivi d'un coup de rouleau plombeur. Ces opérations écroutent le sol, aèrent les racines, et détruisent une partie des mauvaises herbes. C'est le moment d'appliquer à la céréale l'engrais chimique et la semence de la graine artificielle, si cette culture doit suivre celle du blé.

Les luzernières gagnent aussi à recevoir en hiver un coup énergique de herse, et mieux de scarificateur. Cette opération a pour effet de détruire les graminées vivaces qui envahissent la luzerne, et de favoriser la végétation de la légumineuse par l'aération et l'ameublissement du sol sur une certaine profondeur.

CHAPITRE III.

ENSEMENCEMENT.

On distingue les semis d'automne et ceux du printemps. Sous le climat de Paris, on sème en automne le froment, le seigle, la vesce d'hiver. Le colza, les choux, les rutabagas, semés ou plantés avant l'hiver, végètent également pendant les mois les plus froids de l'année. Un peu plus au sud, sous le climat de la Touraine, l'orge d'hiver ou escourgeon et l'avoine d'hiver se sèment aussi en automne.

On ne sème en automne que les végétaux qui supportent, en hiver, les froids les plus rigoureux sans périr. On n'est jamais sûr que l'hiver ne tuera pas les cultures confiées à la terre. Il arrive malheureusement, de loin en loin, des minima de 20 et quelques degrés au-dessous de zéro, auxquels ne résistent pas les récoltes en terre, et beaucoup d'arbres fruitiers et forestiers. Ces désastres se sont produits en 1871 et en 1879-80.

Le froment est, parmi les semailles d'automne, la plus importante, et celle qui occupe le plus de place dans la plupart des exploitations. On le sème en octobre dans la région du Nord, en novembre et décembre dans le Midi, en Corse et en Algérie. Ce sont généralement les blés semés les premiers qui atteignent les meilleurs rendements en grain et en paille.

Semis à la volée et semis en lignes. — Le semis à la main ou à la volée est toujours le procédé le plus communément employé dans les trois quarts de la France. C'est une opération d'une grande importance, surtout pour les cultures de céréales. La récolte peut être sérieusement compromise si la semence n'est pas répandue régulièrement et à la dose la plus convenable. Le froment semé trop dru, donne beaucoup de paille et peu de grain ; s'il est trop clair, les épis sont plus beaux, mais les places non garnies causent un déficit réel dans la récolte. Les bons semeurs sont toujours assez rares et on ne paie jamais trop ceux qui accomplissent ce travail avec toute la perfection désirable. Le froment, en raison de sa densité, n'est pas la céréale la plus difficile à semer. L'avoine et l'orge présentent plus de difficulté, surtout si le semis se fait par un grand vent. Les graines comme celles du lin, du trèfle, de la luzerne, de la navette, du trèfle incarnat et des graminées fourragères exigent de grandes précautions pour être régulièrement réparties sur le terrain.

Les semis en lignes, exécutés par les semoirs anglais, ont sur les semis à la volée des avantages incontestables. Les instruments ont atteint un grand degré de perfection. Ils permettent de régler mathématiquement la quantité à semer par hectare. Ils mettent la graine à une profondeur uniforme, résultat qu'il est impossible d'obtenir pour la graine semée à la volée et enterrée à la herse. Les semis en lignes facilitent le sarclage des plantes, à la main et à la houe à cheval. Toutes les graines se trouvant placées dans de bonnes conditions de germination, la quantité à semer par hectare est moindre que dans les semis à la volée. Pour les céréales, l'économie arrive à être d'un quart, d'un tiers, et même de moitié sur les terres très fertiles. Au lieu de 2 hectolitres de blé par hectare à la volée, on en met au semoir seulement 150, 130 et même 100 litres. Malgré ces avantages, les semailles en lignes ne sont usitées que dans les grandes exploitations de la région du Nord et des environs de Paris. Ailleurs, on ne les rencontre qu'à l'état d'exceptions. Les petites et les moyennes exploitations reculent devant la dépense d'un semoir anglais qui coûte 1,000 ou 1,200 francs et qui, pour le sarclage du semis, demande une houe spéciale d'un prix assez élevé. Ces instruments perfectionnés ne peuvent d'ailleurs bien fonctionner ni convenir pour les surfaces accidentées, ni pour les cultures en billons sur les terres peu fertiles. Le semoir ne donnerait aucune économie sur la semence.

Soins d'entretien des cultures. — On doit veiller attentivement à l'assainissement des surfaces. L'eau ne doit séjourner nulle part. On fait, à la bêche, des rigoles d'écoulement partout où la plante souffre d'un excès d'humidité.

Pendant la végétation, surviennent les façons d'entretien, aussi nécessaires que les façons préparatoires pour la bonne venue des plantes. Il y a lieu d'opérer en temps opportun, au printemps, le hersage des céréales semées à la volée, de passer la houe dans celles qui ont été semées en lignes. Après ces opérations, le rouleau plombeur émiette les mottes, unit les surfaces, et enterre la prairie artificielle dans le cas où on l'associe à la céréale.

Les plantes sarclées telles que le maïs, la betterave, la carotte, semées en lignes, veulent être éclaircies à la machine ou à la main, bien espacées sur les lignes, et nettes de mauvaises herbes. Les entrelignes sont binés à la houe à cheval, et les lignes sont travaillées à la main. Plus tard, le maïs, la pomme de terre, le topinambour réclament un buttage, opération qui consiste à ramener la terre au pied de la plante, dans le but, pour le maïs

de favoriser l'émission, de racines adventices, et pour
la pomme de terre et le topinambour, de faciliter le développement des tubercules. Cette opération s'exécute à
l'aide du butteur, sorte de charrue à double versoir.

Les binages à la main se font avec une houe spéciale,
connue sous le nom de binette dans la région du Nord.
Il ne faut pas attendre pour biner les plantes, que les
mauvaises herbes aient pris un grand développement. Le
travail se fait moins bien, et les cultures souffrent d'autant plus des mauvaises herbes qu'elles ont grandi et
demeuré plus longtemps sur le terrain. On doit biner à
la main et à la houe à cheval, aussi souvent que cela est
nécessaire pour que le terrain soit constamment
meuble et net de mauvaises herbes. C'est une condition
absolue de succès.

Un grand nombre de mauvaises herbes naissent spontanément au milieu des cultures. Voici les principales :

Le chardon des champs (*Cirsium arvense*). Il pullule
parfois dans les cultures de printemps, notamment dans
les avoines.

Les cultivateurs soigneux les font détruire en les
coupant entre deux terres, quand ils ont $0^m,15$ à $0^m,20$
de hauteur. Enlevés trop tôt, ils repoussent du pied et
produisent de nouveaux chardons. L'opération doit se
faire quand l'avoine n'est pas montée.

La nielle (*Githago segetum*) se montre dans le froment d'hiver, et doit être extirpée, au printemps, dès
qu'elle est visible et bien apparente au milieu de la récolte; si on néglige de la détruire, on retrouve, dans le
froment battu, sa graine ronde, noire, un peu anguleuse
et difficile à extraire autrement que par un bon trieur.
Le chiendent (*Triticum repens*), la folle avoine (*Avena
fatua*), le vulpin des champs (*Alopecurus agrestis*), la
moutarde sauvage (*Sinapis arvensis*), l'avoine à chapelet

(*Avena precatoria*), la renoncule des champs (*Ranun-culus arvensis*), le jonc des crapauds (*juncus bufonius*), la châtaigne de terre (*Carum bulbocastanum*), les muscaris, l'ail (*Allium vineale*) sont très nuisibles aux cultures, mais il est bien difficile de s'en débarrasser quand ils se développent au milieu des céréales. C'est par les plantes sarclées qu'on peut en purger complètement le terrain.

En employant de bonne semence, et en plaçant la céréale après une plante sarclée, on n'a presque rien à craindre des plantes adventices.

Une précaution à prendre, c'est de ne jamais laisser grener les mauvaises herbes. Malheur au cultivateur qui permet à la moutarde sauvage et au chardon d'arriver à maturité. Il salit son terrain pour un temps indéterminé. Quand la graine aigrettée du chardon s'envole au loin, emportée par le vent, elle salit non seulement les champs du domaine où l'on néglige de la détruire, mais elle envahit les cultures des voisins et cause à ces derniers un dommage considérable. La loi devrait rendre l'échardonnage obligatoire comme l'échenillage.

Les procédés de récolte varient avec chaque nature de culture. Les céréales se coupent à la faucille, à la sape, à la faulx et à la machine à moissonner. Le colza, les fourrages naturels et artificiels, les racines et les tubercules sont récoltés d'après des procédés qui seront décrits autre part.

Un point important pour les céréales comme pour les fourrages, c'est de les rentrer dans un état convenable de dessiccation. L'humidité est une cause d'altération qui déprécie le grain autant que les pailles et les fourrages.

Les fourrages verts et les racines se conservent bien dans des silos convenablement établis. Le maïs haché, et les autres fourrages verts exigent des silos impénétrables à l'air, condition qu'on remplit par un fort tassement et en chargeant d'un poids énorme la substance à conserver.

Les silos destinés aux betteraves, à la carotte et aux pommes de terre sont établis dans d'autres conditions. Ces plantes se conserveraient mal si elles étaient complètement privées d'air. La carotte se conserve moins bien que la betterave. Les meilleurs silos pour ces plantes ce sont les grands silos ouverts où l'on peut constamment s'assurer, *de visu*, de l'état de conservation de ces divers produits.

A défaut de granges ou de hangars, les céréales et les fourrages secs se conservent parfaitement en meules, pourvu qu'elles soient bien faites, préservées de l'humidité du sol, et à l'abri des eaux pluviales par une bonne couverture. Avec de telles précautions, la meule remplace la grange, toutefois il faut s'attendre, par le système des meules, à perdre toujours une certaine quantité de paille et de grain, ou de fourrage.

Les céréales, dès qu'elles sont récoltées, donnent lieu à une opération très importante qui consiste à séparer le grain de sa paille, et qu'on désigne sous le nom de battage.

Les procédés varient suivant les pays. Dans beaucoup de localités, le battage au fléau est encore usité pour une petite fraction de la récolte. Dans les grandes exploitations, les céréales sont battues à la machine à manège mue par des chevaux ou des bœufs, ou bien à la machine à grand travail actionnée par la vapeur.

Dans des contrées moins avancées, on bat les céréales avec un rouleau qu'on fait mouvoir par des bœufs ou des chevaux, sur des gerbes déliées et étendues sur une aire disposée en plein air. Enfin, en Camargue et dans quelques autres localités du Midi, on égrène les céréales en faisant trotter une troupe de petits chevaux sur les gerbes dispersées sur une aire comme pour le battage au rouleau. Ce genre de battage est connu sous le nom de dépiquage. Le battage du blé est toujours une opération assez chère, la dépense varie entre 1 et 2 francs l'hectolitre.

Les produits du sol ramenés à la ferme, veulent encore être surveillés pour être mis à l'abri des animaux nuisibles, et pour être préservés de diverses altérations.

CHAPITRE IV.

DOMMAGES ET RAVAGES DES CULTURES.

Donnons un aperçu des causes diverses qui peuvent faire subir aux agriculteurs des pertes importantes sur les produits du sol.

De toutes les maladies du froment aucune n'est plus redoutable que la carie, aucune n'expose l'agriculteur à des pertes plus considérables. Parfois la carie diminue d'un quart et même d'un tiers la valeur de la récolte. Parmi les nombreux procédés recommandés pour prévenir cette funeste maladie, il n'en est pas de plus simple, de plus commode et de plus efficace que le sulfatage au sulfate de cuivre, à la dose de 250 grammes par hectolitre de grain. Cette dose est dissoute dans 6 à 8 litres d'eau. C'est la quantité de liquide absorbée par un hectolitre de froment. Le procédé par aspersion, qui est le plus expéditif, suffit pour des grains résultant d'une récolte où l'on n'a aperçu aucune trace de carie. Les spores de la carie sont impalpables et invisibles à l'œil nu. Il est toujours prudent de sulfater les grains lors même qu'on n'aurait aucun épi carié dans la récolte sur pied.

Quant à la semence remplie de carie à l'état de sporules noires déposées à la houppe et dans le sillon des grains du froment, ou bien à l'état de grains arrondis et semblables à du chénevis, pour les purger complètement de ces deux sortes de carie, il faut sulfater la semence par immersion. On plonge la semence dans une eau sulfatée à la dose de 3 kilog. 500 par hectolitre d'eau. La carie en gros grains nage à la surface de l'eau, pourvu qu'on remue bien toute la masse du blé au fond d'un cuvier. Cette carie s'enlève facilement à l'aide d'un tamis qui prend en même temps les autres impuretés plus légères que le froment.

Après cette opération, on fait égoutter le blé dans une corbeille d'osier, puis on le fait sécher sur l'aire du grenier.

Ce procédé purge complètement le blé des deux sortes de caries, résultat qu'on n'obtiendrait pas du procédé par aspersion.

Dans le Perche, j'ai popularisé le procédé par aspersion sur des récoltes n'ayant aucune trace de carie. Mes voisins pratiquent le même procédé. Depuis qu'il s'est répandu dans le pays, il est impossible de rencontrer un seul épi carié dans les froments de mon canton. C'était bien différent, il y a une trentaine d'années, quand le chaulage des grains était négligé ou opéré autrement que par le sulfate de cuivre.

Les épis cariés produisent, à la place de la farine, une poussière noire, d'une mauvaise odeur, qui, en salissant les grains de blé, souille la farine et le pain qui en proviennent.

Il est donc très important de prévenir un tel accident. Ceux qui négligent le sulfatage des semences, subissent un double dommage : ils perdent d'abord le grain des épis cariés, et le bon grain vicié par les sporules de la carie est fortement déprécié sur le marché. Sur les champs de blé en épiaison, on reconnaît les épis atteints de la carie à leur odeur d'œuf pourri, à leur couleur luisante et scarieuse, et au manque des organes de la fructification. Les épis cariés ne fleurissent pas.

Il y a plusieurs autres procédés de sulfatage. Au lieu du sulfate de cuivre, Mathieu de Dombasle employait du sulfate de soude et de la chaux en poudre. Aucune de ces substances n'est vénéneuse et n'introduit dans la ferme un corps dangereux comme le sulfate de cuivre. Malgré cet inconvénient, le sulfate de cuivre s'est généralement substitué au sulfate de soude.

Le premier sel dispense de l'emploi de la chaux en poudre, fatigante pour le semeur, et difficile à employer par les semoirs mécaniques. Le blé chaulé encrasse l'instrument, et coule mal sur les cuillers et dans les tubes du semoir. Pour le semeur à la volée comme pour le semoir mécanique, le sulfatage au sulfate de cuivre constitue le procédé le plus simple et le plus avantageux. Depuis qu'on a constaté les bons effets des préparations cupriques pour combattre les champignons microscopiques des plantes cultivées, on comprend aisément que le sulfate de cuivre doit être le meilleur préservatif contre la carie du froment.

Le charbon (*Uredo carbo*) est une maladie moins nuisible que la carie. Ce champignon détruit le grain et ses glumes; il les réduit en une poussière noire qui tombe sur le champ sans nuire à la qualité des autres grains. Les sporules du parasite, répandues sur le sol, sont aptes à vicier les céréales confiées au même sol. Le charbon atteint indistinctement le blé, l'avoine et l'orge. Le sulfatage détruit régulièrement les sporules qui sont adhérentes aux grains de semence.

D'après des recherches récentes, il paraît démontré que les sporules d'une céréale ne seraient pas aptes à multiplier la plante parasite sur une céréale d'une autre espèce, le charbon de l'orge ne prendrait pas sur l'avoine.

Ces champignons parasites germent sur le sol avant de s'introduire et de végéter dans les tissus de la jeune céréale.

Le sulfatage, exécuté avec attention, purge complètement la semence des sporules de ces mauvais champignons. Mais il n'atteint pas ceux qui arrivent sur le sol par des voies différentes, il ne détruit pas les spores tombées avant la récolte de la céréale, ni ceux provenant des récoltes voisines, pas plus que ceux revenant de la ferme par les fumiers, par les animaux et par les personnes ayant été en contact avec des pailles et d'autres objets qui se sont chargés des germes des champignons au moment du battage des céréales. Ces différents modes de propagation peuvent engendrer la carie et le charbon sur des céréales dont la semence aura été convenablement sulfatée. Dans tous les cas, le sulfatage détruit les spores adhérents à la semence, qui sont le mode le plus puissant de reproduction de ces parasites.

Ces spores ne conservent pas longtemps leur faculté germinative. Au bout d'une année, ils ne germent plus. Du blé de 2 ans, employé comme semence, n'a pas besoin d'être sulfaté. Le charbon fait parfois des ravages considérables sur les céréales qui succèdent immédiatement à une autre céréale. J'ai vu de l'avoine d'hiver, succédant en septembre à un blé récolté au mois d'août de la même année, prendre du charbon sur le tiers de ses épis. On pourrait en conclure que les spores provenant du blé sont aptes à végéter sur des plantes d'avoine. A ce degré d'intensité, le dommage devient considérable. On l'évitera, en intercalant entre deux céréales, une culture d'une autre espèce, une culture de betteraves, de pommes de terre, de crucifères ou de légumineuses.

La rouille est une autre maladie parasitaire qui se

manifeste sur les feuilles et les chaumes des céréales. Quand elle apparaît de bonne heure, elle nuit à la qualité du grain et elle ôte à la paille une grande partie de sa valeur.

Les avoines et les blés rouillés le sont parfois à un tel point, au printemps, qu'en les parcourant, les chaussures et les vêtements en contact avec la céréale sont complètement jaunis par les spores de ce champignon.

On accuse l'épine vinette de contribuer à la propagation de cette maladie parasitaire. Quoi qu'il en soit, il est certain que la rouille atteint des cantons où cet arbuste n'existe pas, ou bien ne s'y trouve que par de très rares échantillons. Les changements brusques de température, des nuits froides au cœur de l'été paraissent favoriser le développement de cette maladie qui apparaît subitement, embrassant immédiatement les céréales sur un rayon très étendu. Dans sa marche envahissante, elle procède comme la maladie de la pomme de terre; son apparition est pour ainsi dire instantanée sur une étendue considérable d'une même région. Jusqu'à présent, le cultivateur est désarmé contre ce fléau plus nuisible pour les pailles que pour les grains. Les pailles rouillées sont peu estimées au point de vue alimentaire. C'est une grande ressource de moins pour les animaux de la ferme.

On sait que la paille de blé bien récoltée constitue une bonne nourriture pour les chevaux et les moutons. La bonne paille d'avoine et d'orge convient à l'alimentation hibernale des vaches. Si ces pailles diverses sont rouillées, on ne peut guère s'en servir que comme litière.

Le seigle est sujet à une maladie spéciale connue sous le nom d'ergot. C'est encore un champignon qui prend la place du grain et produit une substance vénéneuse, dangereuse pour les hommes quand elle est mélangée à la farine, et mortelle pour les volailles qui consomment du seigle ergoté. Heureusement cette maladie ne prend jamais une grande extension, et il est toujours facile de purger le grain de l'ergot, corps dur et consistant, facile à voir et à enlever de la masse du grain.

Nous n'en finirions pas, si nous voulions exposer ici les différents fléaux qui atteignent les récoltes sur pied. Il faut les étudier dans des traités spéciaux. Après les plantes nuisibles de la classe des phanérogames, et les végétaux de la classe des cryptogames, il y a à combattre les insectes nuisibles plus difficiles à atteindre que les végétaux parasites. Qui ne connaît les ravages, en Algérie, des sauterelles et des fourmis, sur beaucoup de cultures, et des altises sur la vigne.

En Europe, le hanneton à l'état de larve (ver blanc), cause des dégats considérables dans les jardins, les cultures et les prairies naturelles.

Nos beaux vignobles français ont été anéantis par le phylloxera; et les vignes reconstituées avec des espèces américaines ont à souffrir des champignons parasites, de l'oïdium, du mildiou, de l'anthracnose et du black-root. D'autres insectes et d'autres cryptogames ravagent les cultures d'oliviers et d'orangers; les cultivateurs de trèfle et de luzerne ont souvent une peine infinie à se défendre contre l'orobanche et la cuscute.

Ceux qui font de la betterave, ont à redouter les altises au début de la germination, et plus tard le ver blanc, le ver gris et la nématode. La maladie de la pomme de terre (*Peronospora infestans*) passe des feuilles et des tiges aux tubercules. Elle fait un tort énorme aux cultivateurs qui emploient ce tubercule pour leur propre nourriture et pour l'engraissement des porcs. Les anguillules stérilisent les céréales sur quelques points. Dans les jardins, on voit les taupes, les courtilières, les mulots bouleverser les carrés et détruire beaucoup de plantes.

Quant aux arbres fruitiers, combien ils ont à souffrir des insectes, des rongeurs et des oiseaux qui attaquent les fleurs et les fruits. L'*Antonomus pomorum* dévore les fleurs du pommier à cidre, et réduit à zéro une récolte qui semblait promettre une magnifique floraison. Le bouvreuil se nourrit des boutons des pruniers, et enlève tout espoir de récolte, si on ne se met pas à l'abri de ses déprédations.

Je ne cite que les principaux fléaux qui attaquent les produits du sol. Il y en a d'autres qui tiennent à la température, et qui, sous forme de grêle, d'inondations, de minima et de maxima de température, produisent des ravages sur une immense échelle, et causent parfois la ruine d'une contrée; ils causent aux populations des maux irréparables et les obligent parfois à chercher autre part d'autres moyens d'existence.

Le charançon ravage les grains en magasin : le pelletage est le moyen le plus sûr de les combattre.

L'alucite dévore les céréales dans les meules et les greniers. Les contrées sujettes à ces ravages doivent battre les blés immédiatement après la récolte et les livrer au marché.

Quand les grains ne sont pas suffisamment secs, ils s'échauffent et fermentent au grenier, ils prennent une odeur qui en diminue la valeur. On prévient cette altération en étendant ces grains en couches minces sur le grenier, et en les remuant plusieurs fois dans le courant d'une semaine. La paille, les gerbes, les fourrages ne sont jamais récoltés trop secs. L'humidité est une cause puissante d'altération pour les substances destinées à l'alimentation des animaux.

Quant aux rongeurs, aux rats et aux souris, si prompts

à se multiplier, et si nuisibles pour les grains qu'ils dévorent, on s'en débarrasse par de bons chats ou par différents procédés d'empoisonnement. On préfère naturellement les substances qui ne sont pas recherchées des animaux utiles de la ferme.

Malgré les pertes de toute nature auxquelles l'agriculteur est exposé, il est rare qu'une exploitation administrée avec sagesse et intelligence, ne récompense pas l'exploitant de ses peines et de ses travaux; mais les bénéfices de son entreprise, il ne les obtient que par des luttes incessantes contre les plantes et les animaux nuisibles, contre les intempéries et les accidents de température, et souvent encore contre le mauvais vouloir et les mille exigences de son personnel. Aucun succès n'est possible, si à force d'énergie et d'activité, on ne parvient pas à triompher des obstacles et des ennemis sans nombre qui trop souvent viennent entraver les spéculations de l'agriculture.

TABLE ANALYTIQUE

DES MATIÈRES

DEUXIÈME PARTIE.

ÉTUDE DU SOL DANS SES RAPPORTS AVEC LES VÉGÉTAUX CULTIVÉS ET SPONTANÉS.

CHAPITRE PREMIER.

TROISIÈME PARTIE.

TABLE ANALYTIQUE DES MATIÈRES.

QUATRIÈME PARTIE.

ALIMENTATION DES PLANTES CULTIVÉES.

CINQUIÈME PARTIE.

DÉFRICHEMENTS. FAÇONS ARATOIRES ENSEMENCEMENT. SOINS
D'ENTRETIEN. CONSERVATION DES PRODUITS.

BIBLIOTHÈQUE DE L'ENSEIGNEMENT AGRICOLE

OUVRAGES PUBLIÉS

Prairies et Herbages. — Volume de 759 pages avec 120 figures dans le texte, par M. BOITEL.

Les Plantes vénéneuses considérées au point de vue de l'empoisonnement des animaux de la ferme. — Volume d'environ 500 pages, avec 60 figures dans le texte, par M. CORNEVIN.

Les Engrais : Tome I. Alimentation des plantes, fumiers, engrais de villes et engrais végétaux. — Volume de 580 pages, avec figures dans le texte, par MM. MUNTZ et A.-CH. GIRARD.

Les Engrais : Tome II. Engrais azotés et engrais phosphatés. — Volume de 603 pages, par MM. MUNTZ et A.-CH. GIRARD.

Les Engrais : Tome III. Engrais potassiques, engrais calcaires, etc.; achat, transport, contrôle, essais des engrais. Volume de 627 pages, par MM. MUNTZ et A.-CH. GIRARD.

Les Méthodes de Reproduction : croisement, sélection, métissage. — Volume de 500 pages, avec 67 figures dans le texte, par M. BARON.

Le Cheval considéré dans ses rapports avec l'économie rurale et les industries de transport : Tome I. Alimentation, écuries, maréchalerie. — Volume de 483 pages, avec 89 figures dans le texte, par M. LAVALARD.

Les Irrigations : Tome I. Les eaux d'irrigation et les machines. — Volume de 720 pages, avec 192 figures dans le texte, par M. RONNA.

Les Irrigations : Tome II. Canaux et systèmes d'irrigation. — Volume de 618 pages, avec 360 figures dans le texte, par M. RONNA.

Les Irrigations : Tome III. Les cultures arrosées. L'économie des irrigations. Histoire, législation et administration. — Volume de 810 pages, avec 22 figures dans le texte, par M. RONNA.

Législation rurale. — Volume de 831 pages, par M. GAUWAIN.

Agriculture générale, par M. BOITEL.

Ouvrages sous presse :

Les Industries du lait, par M. LEZÉ.

L'Alimentation de l'homme et des animaux domestiques, par M. GRANDEAU.

Pour paraître incessamment :

Agriculture française, par MM. BOITEL et F. BERTHAULT.

Les Semences agricoles, par M. SCHRIBAUX.

Le Cheval : Tome II, par M. LAVALARD.

La Viticulture pratique, par M. PULLIAT.

La Richesse agricole de la France, par M. TISSERAND.

Les Maladies des Plantes, par M. PRILLIEUX.

Typographie Firmin-Didot et Cie. — Mesnil (Eure).

www.ingramcontent.com/pod-product-compliance
Lightning Source LLC
Chambersburg PA
CBHW031737210326
41599CB00018B/2613